干旱区极端气候变化及城市应对优化策略

皮原月 孙 忠 著

四川大学出版社
SICHUAN UNIVERSITY PRESS

图书在版编目（CIP）数据

干旱区极端气候变化及城市应对优化策略 / 皮原月，
孙忠著 . -- 成都 ：四川大学出版社，2025.2. -- ISBN
978-7-5690-7469-7

Ⅰ . P463.3

中国国家版本馆 CIP 数据核字第 2025XD3906 号

书　　名：干旱区极端气候变化及城市应对优化策略
　　　　　Ganhanqu Jiduan Qihou Bianhua ji Chengshi Yingdui Youhua Celüe
著　　者：皮原月　孙　忠

选题策划：王　睿
责任编辑：王　睿
特约编辑：孙　丽
责任校对：蒋　玙
装帧设计：开动传媒
责任印制：李金兰

出版发行：四川大学出版社有限责任公司
　　　　　地址：成都市一环路南一段 24 号（610065）
　　　　　电话：（028）85408311（发行部）、85400276（总编室）
　　　　　电子邮箱：scupress@vip.163.com
　　　　　网址：https://press.scu.edu.cn
印前制作：湖北开动传媒科技有限公司
印刷装订：武汉乐生印刷有限公司

成品尺寸：170mm×240mm
印　　张：24.25
字　　数：528 千字

版　　次：2025 年 2 月 第 1 版
印　　次：2025 年 2 月 第 1 次印刷
定　　价：99.00 元

四川大学出版社
微信公众号

前　　言

　　本书共分为 8 章。第 1 章概述了干旱区极端气候及研究现状。第 2、3 章详细论述了中国典型干旱区的极端气温、极端降水事件的时间变化特征、空间变化特征。第 4 章详细论述了极端气温、极端降水事件的突变和周期特征。第 5 章论述了中国典型干旱区的极端气温、极端降水事件空间分布格局特征,在此基础上,揭示空间分布格局背后的大气环流场特征,极端气温、降水指数与海温背景场的联系。第 6 章对中国典型干旱区极端气温、极端降水事件的模拟能力进行评估,在各单一模式及多模式集合的基础上,基于全球气候模式对中国西北干旱区极端气温、极端降水事件进行未来气候情景预估。第 7 章论述了干旱区城市应对极端气候的优化策略。第 8 章是本书研究的结论和展望。

　　本书理论与实践相结合,全面地阐述了干旱区极端气候变化及城市应对优化策略,具有较强的理论与现实意义,可作为极端气候及城市应对优化策略相关研究及实践的参考用书。

　　本书编写分工为:皮原月编写第 1 章、第 4 章、第 5 章、第 6 章、第 7 章(26.6 万字),孙忠编写第 2 章、第 3 章、第 8 章(26.2 万字)。

　　限于水平和时间,书中不足之处在所难免,恳请读者批评指正。

著　者

2024 年 9 月

目　　录

1 干旱区极端气候

1.1 气候与极端气候

气候是指某一地区长时间尺度下大气的平均状况,主要包括光照、风力、气温和降水等要素。气候的形成主要受辐射因子、地理位置(经纬度和海拔高度)、距海远近、地球运动、大气环流等因素影响。

极端气候是指某种气象要素引发的天气或气候严重偏离其平均状态,发生概率小、突发性强、危害性极大的气候事件。世界气象组织规定,当某个气候要素达到 25 年一遇时才称之为极端气候。极端气候包括干旱、洪涝、高温热浪和低温冷害等。随着环境污染日渐严重,极端气候的出现将更为频繁,次数将大幅增加。世界气象组织还指出,在 20 世纪最后十年里,全球每年水文、气象灾害的受灾人数约为 2.11 亿,造成直接经济损失约 4500 亿美元;2000 年 10 月上旬,飓风"基斯"肆虐中美洲,导致墨西哥 21 人死亡,约 2 万人受灾;2001 年 1 月 11 日,莫斯科出现近 25 年来最寒冷天气,气温最低值达 $-32℃$,造成 297 人死亡、2503 人受伤;2003 年夏末秋初,中国中部、西部以及东北地区普降暴雨,引发大面积洪水,造成约 73 万座建筑物被毁坏,123人死亡,直接经济损失高达 22 亿美元;2005 年 8 月 30 日,飓风"卡特里娜"袭击美国新奥尔良市,造成上百万人受灾,1185 人死亡,直接经济损失高达 440 亿美元;2008年 5 月 2 日,在孟加拉湾地区形成的强热带风暴"纳尔吉斯"以 $190\sim240km/h$ 的速度肆虐缅甸,造成死亡和失踪人数达十余万人;有关资料显示,2012 年台风"达维""苏拉""海葵"先后登陆中国东部沿海地区,直接导致中国 12 省市不同程度受灾,造成约 3084.8 万人次受灾,农作物受灾面积 2298 千公顷。

1.2 极端气候指标体系

极端气候指标体系主要包括百分位指数、绝对指数、门限指数、持续时间指数等。世界气候变化检测和指标专家组(Expert Team on Climate Change Detection Monitoring and Indices,ETCCDMI)提供 27 项极端气候指标体系指数,其中包括 11 项极端降水指标体系和 16 项极端气温指标体系。这些极端降水和气温指标主要反映极端降水和极端气温在频率、强度和持续时间方面的变化。

1.2.1 百分位指数

极端气候指标中的百分位指数通常反映某一时期气候变量分布的极值端点。极端气候指标主要包括冷夜日数(TN10P)、暖夜日数(TN90P)、冷昼日数(TX10P)和暖昼日数(TX90P),它们是日最高和最低温的最冷和最暖分位数,我们可以从中估计出极端温度变化的幅度;而极端降水指标表示降水量落在第 95 百分位点(R95p)和第 99 百分位点(R99p)以上的可能性,我们可以从中得知某年中最极端的降水事件。

1.2.2 绝对指数

极端气候指标中的绝对指数通常反映某一年、某一季节、某一月的最大值或者最小值,比如极端气温指标中的日最高温最大值(TXx)、日最高温最小值(TXn)、日最低温最大值(TNx)、日最低温最小值(TNn),极端降水指标中的某一段时期的一日或五日降水量的极大值(RX1day 或 RX5day)。

1.2.3 门限指数

极端气候指标中的门限指数指的是某温度值或降水值落在某一固定门限值以上或以下的日数,比如霜冻日数(FD0)、冰冻日数(ID0)、夏季日数(SU25)和热夜日数(TR20)等。

1.2.4 持续时间指数

极端气候指标中的持续时间指数是全球性的,主要指超越某个冷、暖、干、湿、生长季长度、冰冻融解期的时间,比如热浪持续日数(HWDI)、暖持续指数(WSDI)、冷持续日数(CSDI)、一年中的最长干期(CDD,也称持续干燥日数)、一年中的最长湿期(CWD)、生长季长度(GSL)。

1.2.5 其他指数

除上述四类极端气候指标以外,总降水量(PRCPTOT)、气温日较差(DTR)、日雨量强度(SDII,也称降水强度)等指数也常被使用来反映区域极端气候变化特征。

1.3 极端气候研究方法

1.3.1 Mann-Kendall 趋势检验

目前,有许多方法可以对气候数据进行趋势分析,通常情况下,采用 Mann-Kendall 趋势检验法(简称 M-K 趋势检验法)对非正态分布的气象、水文时间序列进行趋势检验。Mann-Kendall 趋势检验法是世界气象组织推荐使用的一种非参数检验统计方法(符涂斌等,1992),已经在不同研究领域得到了广泛应用。因此本书选用 Mann-Kendall 趋势检验法对西北干旱区极端气候事件变化趋势进行统计分析。

Mann-Kendall 趋势检验计算过程如下。

对于样本量为 t 的时间序列 x,其统计量 S 为:

$$S = \sum_{m=1}^{t-1} \sum_{j=m+1}^{t} \text{sgn}(x_j - x_m) \tag{1-1}$$

$$\text{sgn}(x_j - x_m) = \begin{cases} 1 & x_j - x_m > 0 \\ 0 & x_j - x_m = 0 \\ -1 & x_j - x_m < 0 \end{cases} \tag{1-2}$$

式中:x_j 为第 j 年的数值;x_m 为第 m 年的数值,且 $j > m$;t 表示系列的个数。

$S_j(j=1,2,\cdots,t)$ 为近似服从正态分布的随机序列,S_j 均值、标准差分别为:

$$u_s = 0, \quad \sigma_s = \sqrt{\frac{t(t-1)(2t+5) - \sum_{j=1}^{n} g_j(g_j-1)(2g_j+5)}{18}} \tag{1-3}$$

式中:n 为相同数的个数;g_j 表示第 j 个组的资料个数。

统计检验值 Z_f 为:

$$Z_f = \begin{cases} \dfrac{S-1}{\sigma_s} & S > 0 \\ 0 & S = 0 \\ \dfrac{S+1}{\sigma_s} & S < 0 \end{cases} \tag{1-4}$$

当 $Z_f > 0$ 时,为上升趋势;$Z_f < 0$,表示下降趋势。双尾趋势检验的临界值为 Z_c,当显著性水平 $\alpha = 0.05$ 时,$Z_c = 1.96$;当 $\alpha = 0.01$ 时,$Z_c = 2.58$。当 $|Z_f| \leqslant Z_c$ 时,表示序列无变化趋势;当 $|Z_f| > Z_c$ 时,说明存在变化趋势。当通过 $\alpha = 0.05$ 置信水平时,表明变化趋势显著;当通过 $\alpha = 0.01$ 显著性水平时,认为变化趋势极显著。

1.3.2　Mann-Kendall 突变检验

气候突变现象(Abrupt Climatic Change)是普遍存在于气候系统中的重要现象之一,又称为气候变化的不连续性、气候的跃变等。Mann-Kendall 突变检验法(简称 M-K 突变检验法)是一种非参数检验方法,它假设变量是近似随机分布,通常具有不受异常值干扰的优点,目前已成为检测气候、水文序列突变特征较常用的一种检测方法。本书采用 M-K 突变检验法、累积距平法,并结合滑动 T 检验法来检测西北干旱区极端气温、降水事件的突变情况,确保突变点可信。

Mann-Kendall 突变检验计算过程如下。

对于某个样本量为 k 的时间序列 x,构造一个秩序列 s_t:

$$s_t = \sum_{n=1}^{t} r_n \quad (t = 1, 2, 3, \cdots, k) \tag{1-5}$$

其中

$$r_n = \begin{cases} +1, & x_k > x_j \\ 0, & x_k \leqslant x_j \end{cases} \quad (j = 1, 2, \cdots, n) \tag{1-6}$$

由公式显示,秩序列 s_t 为第 n 时刻数值大于第 j 时刻数值个数的累计个数。

定义统计量 UF_t:

$$\mathrm{UF}_t = \frac{[s_t - E(s_t)]}{\sqrt{\mathrm{Var}(s_t)}} \quad (t = 1, 2, \cdots, k) \tag{1-7}$$

式中:$UF_1 = 0$;$E(s_t)$ 是累计个数 s_t 的均值;$\mathrm{Var}(s_t)$ 是累计个数 s_t 的方差,当 x_1,x_2,$\cdots$,x_k 相互独立连续分布时,它们可以通过下式计算得出:

$$E(s_t) = \frac{k(k+1)}{4} \tag{1-8}$$

$$\mathrm{Var}(s_t) = \frac{k(k+1)(2k+5)}{72} \tag{1-9}$$

UF_t 为标准正态分布,将序列按时间 x_1,x_2,$\cdots$,x_k 排列并计算出序列的统计量,给定某一显著性水平 α,若 $\mathrm{UF}_t > U_\alpha$,则说明序列存在一个较强的增加或减少趋势。

将时间序列 x 逆序排列 $x_k, x_{k-1}, \cdots, x_1$，再重复上述计算过程计算出 UB_t，使 $UB_t = -UF_t, t = k, k-1, \cdots, 1, UB = 0$。计算完毕后绘制出正序列 UB_t 与逆序列 UF_t 曲线，当曲线 UF_t 超过给定置信度线，表示序列存在明显增加或减少趋势，如果正序列 UF_t 曲线和逆序列 UB_t 曲线在给定置信区间内有交点，这一点就是序列的突变点。

1.3.3 连续小波分析

小波分析是一类具有震荡性并且能够迅速衰减到 0 的信号或函数，可以用来描述信号空间域和频率域的局部变化特征，小波函数 $\psi(t) \in L^2 R$ 且满足：

$$\int_{-\infty}^{+\infty} \psi(t) \mathrm{d}t = 0 \tag{1-10}$$

$$\psi_{a,b}(t) = |a|^{-1/2} \psi\left(\frac{a-b}{a}\right) \quad (a, b \in R, a \neq 0) \tag{1-11}$$

小波函数有许多种，其中 Morlet 小波变换是目前水文、气象领域应用最多的周期分析方法，且分析结果比较可靠。本书采用 Morlet 连续复小波对极端气温、降水指数进行周期分析。Morlet 连续复小波分析的优点在于能够提供连续、平滑的小波能量谱图，Morlet 连续复小波没有尺度函数且是非正交分解，不仅能够显示时间序列周期的振幅变化，还可以显示时间序列周期的位相变化。此外，Morlet 连续复小波的实部和虚部间相差 $\pi/2$，在一定程度上能够消除小波变换产生的虚假震荡，可以得到误差更小的结果。对于一个时间序列 $X(t)$，其函数为：

$$Q(s,t) = s^{-1/2} \int_{-\infty}^{\infty} X(t') \varphi^* \left(\frac{t'-t}{s}\right) \mathrm{d}t' \tag{1-12}$$

式中：s 为尺度参数；t 为平移参数；$*$ 为共轭运算符。用红噪声标准谱对小波谱是否显著进行检验。

1.3.4 经验正交函数分解法

在气候分析中经常用到经验正交函数（EOF）分解法分析气象数据的时间、空间变化特征。经验正交函数分解法不需要固定的函数，同时具有较快的收敛速度，可以对区域内不规则分布的气象站点进行正交函数分解，将变量场的信息集中表现在几个主要时间和空间模态上，能够高效提取变量场的强信号，将气象要素场（变量场）分解成相互正交的空间模态和对应的时间系数。具体方法如下。

将某一气象要素场以矩阵表示（m 表示空间点，n 表示时间点）。

$$\boldsymbol{X} = \begin{bmatrix} x_{11} & x_{12} & \cdots & x_{1n} \\ x_{21} & x_{22} & \cdots & x_{2n} \\ \vdots & \vdots & & \vdots \\ x_{m1} & x_{m2} & \cdots & x_{mn} \end{bmatrix} \tag{1-13}$$

将以上矩阵 X 分解成空间函数 V 和时间函数 T 两个部分，即 $X=VT$，其中 V 代表空间函数矩阵，T 代表时间函数矩阵；空间模态场和时间系数根据正交性原理，应满足以下条件：

$$\sum_{j=1}^{m} V_{jk}V_{jf} = 1 \quad (k=f) \tag{1-14}$$

$$\sum_{j=1}^{m} V_{jk}V_{jf} = 0 \quad (k \neq f) \tag{1-15}$$

根据实对称分解定理：

$$XX' = VTX' = VTT'V' = V\Lambda V'$$

式中 XX' 矩阵特征值构成的对角阵为 Λ。

$$TT' = \Lambda$$

式中 VV' 是单位矩阵，根据 XX' 中的特征向量可以计算出出空间函数矩阵。得出 V 后，即得到时间函数：

$$T = V'X$$

矩阵 Λ 为对角阵，对角元素为 XX' 矩阵的特征值 $\beta=(\beta_1,\beta_2,\cdots,\beta_m)$。将特征值由大到小排列为：$\beta_1 \geq \beta_2 \geq \cdots \geq \beta_m \geq 0$，然后再计算每个特征值所对应的方差贡献率：

$$R_s = \beta_s / \sum_{j=1}^{m} \beta_j \tag{1-16}$$

$$s = 1,2,\cdots,q \quad (q < m) \tag{1-17}$$

前 q 个特征向量的累计方差贡献：

$$W = \frac{\sum_{j=1}^{q} \lambda_j}{\sum_{j=1}^{m} \lambda_j} \tag{1-18}$$

1.3.5　水汽通量和水汽通量散度的计算

①水汽通量计算。

单位面积空气柱所含水汽凝结后可产生的液态水量（$kg \cdot m^{-2}$）的表达式为：

$$M(\lambda,\varphi,t) = \int_{P_t}^{P_s} q\mathrm{d}p \tag{1-19}$$

式中：q 为比湿，p_s 为地面气压，p_t 为大气柱顶层气压。

由于大气中的水汽大部分集中在对流层的中低层，所以本书只考虑 300hPa 以下大气中的水汽，因此大气水汽通量可表示为：

$$\overset{\omega}{Q} = \frac{1}{g} \int_{300}^{p_s} \overset{\omega}{V}\mathrm{d}p \tag{1-20}$$

式中：$\overset{\omega}{Q}$ 为垂直方向上自地面积分到 300hPa 的水汽通量，单位为 $kg \cdot m^{-1} \cdot s^{-1}$。

水汽通量 $\overset{\approx}{Q}$ 可分解为纬向 $\overset{\approx}{Q}_\lambda$ 和经向 $\overset{\approx}{Q}_\varphi$ 两部分水汽输送通量，并分别对应纬向风风速 u 和经向风风速 v，其表达式为：

$$\overset{\approx}{Q}_\lambda = \frac{1}{g} \int_{300}^{p_s} uq \, \mathrm{d}p \tag{1-21}$$

$$\overset{\approx}{Q}_\varphi = \frac{1}{g} \int_{300}^{p_s} vq \, \mathrm{d}p \tag{1-22}$$

②水汽通量散度计算。

$$Q_{\mathrm{div}} = \frac{1}{g} \int_{300}^{p_s} \mathbf{\nabla} \cdot (\overset{\kappa}{\mathbf{V}} q) \, \mathrm{d}p = \frac{1}{g} \int_{300}^{p_s} \overset{\sigma}{\mathbf{V}} \cdot \mathbf{\nabla} \cdot q \, \mathrm{d}p + \frac{1}{g} \int_{300}^{p_s} q \mathbf{\nabla} \cdot \overset{\sigma}{\mathbf{V}} \, \mathrm{d}p \tag{1-23}$$

式中：Q_{div} 为水汽通量散度，单位为 $\mathrm{kg \cdot m^{-2} \cdot s^{-1}}$；$g$ 为重力加速度，单位为 $\mathrm{m \cdot s^{-2}}$；$\overset{\approx}{\mathbf{V}}$ 为风矢量；$\overset{\kappa}{\mathbf{V}}$ 为各层大气垂直速度；$\overset{\sigma}{\mathbf{V}}$ 为水汽运移速度；u 和 v 分别是 u、v 方向风速，单位为 $\mathrm{m \cdot s^{-1}}$；q 为各层的比湿，单位为 $\mathrm{g \cdot kg^{-1}}$；地面气压 $p_s = 1000\mathrm{hPa}$，大气柱顶层气压 $p_t = 300\mathrm{hPa}$。

1.3.6 泰勒图

泰勒图可以更加直观、全面地比较分析各气候模式对夏季昼夜极端高温、低温事件各指标的模拟能力。泰勒图最初由 Taylor 所提出（Taylor，2001），它可以直观地将模拟场与观测场之间的相关系数（C）、中心化均方根误差（R）和标准差（σ_o）这三个统计值集中在一张极坐标图中，便于比较各模式的模拟能力，其工作原理如下。

观测场 CN05.1 的标准差：

$$\sigma_o = \left[\frac{1}{n} \sum_{i=1}^{n} (O_i - \overline{O})^2 \right]^{\frac{1}{2}} \tag{1-24}$$

模式 A 标准差：

$$\sigma_m = \left[\frac{1}{n} \sum_{i=1}^{n} (M_i - \overline{M})^2 \right]^{\frac{1}{2}} \tag{1-25}$$

二者相关系数：

$$C = \frac{\sum_{i=1}^{n} (M_i - \overline{M})(O_i - \overline{O})}{n\sigma_o \sigma_m} \tag{1-26}$$

式中：O_i、M_i 分别是观测场和模拟场的时间序列，n 为时间序列长度，$\overline{O}$、$\overline{M}$ 分别为观测和模拟场均值。

观测场和模拟场的中心化均方根误差：

$$R = \sqrt{\frac{1}{n} \sum_{i=1}^{n} \left[(M_i - \overline{M})(O_i - \overline{O}) \right]^2} \tag{1-27}$$

观测场和模拟场之间的 σ_o、σ_m、R 和 C 需满足：

$$R^2 = \sigma_o^2 + \sigma_m^2 - 2\sigma_o\sigma_m C \qquad (1\text{-}28)$$

若将多个指标表示在同一张泰勒图中，就需要对 σ_o、σ_m 和 R 进行标准化。

$$R' = \frac{R}{\sigma_o} \qquad (1\text{-}29)$$

$$\sigma_m' = \frac{\sigma_m}{\sigma_o} \qquad (1\text{-}30)$$

$$\sigma_o' = 1 \qquad (1\text{-}31)$$

式中：R' 代表标准化后的中心化均方根误差；σ_m' 表示标准化的模式的标准差；σ_o' 表示标准化的观测场的标准差，为 1。

正如图 1-1 所示，CN05.1 代表观测数据，图中模式 A、B 点到原点的距离表示标准化的模式的标准差；模式 A、B 点到 CN05.1 的距离表示模拟相对于观测结果的标准化后的中心化均方根误差；原点到模式 A、B 点连线的延长线与圆弧轴交点代表观测场与模拟场之间的相关系数，模式点距离 CN05.1 越近，该模式对观测场模拟能力越好，因此看图可判断出模式 A 的模拟效果优于模式 B。

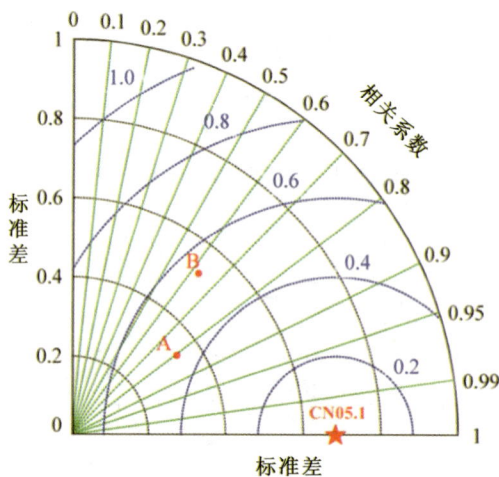

图 1-1　泰勒图

1.3.7　概率密度分布

设 $X = \{x_1, x_2, \cdots, x_n\}$ 为一连续随机变量，存在一个非负函数 $f(x) \geqslant 0$，对于任意变量 $x(x \in [x_{n-1}, x_n])$，其概率 $P(x_{n-1} < x < x_n)$ 为：

$$P = \int_{x_{n-1}}^{x_n} f(x)\,\mathrm{d}x \qquad (1\text{-}32)$$

式中：$f(x)$ 为随机变量 X 的概率密度函数，且 $f(x)$ 满足 $\int_{-\infty}^{+\infty} f(x)\mathrm{d}x = 1$。

设 $F(x)$ 为随机变量 X 的分布函数，则 $F(x)$ 满足：

$$F(x) = \int_{-\infty}^{x} f(t)\mathrm{d}t \tag{1-33}$$

$$\int_{x_{n-1}}^{x_n} f(x)\mathrm{d}x = F(x_n) - F(x_{n-1}) \tag{1-34}$$

$$\frac{\mathrm{d}F(x)}{\mathrm{d}x} = f(x) \tag{1-35}$$

1.3.8 均方根误差和相对偏差

相对偏差（RMSE'）是用来评估全球气候模式和多模式集合模拟性能的一种常用方法（李晓菲等，2019；Gong 等，2014；Sillmann 等，2013），用来表示某一模式相对于所有模式模拟平均水平的能力（Gleckler 等，2008），因此本书使用相对偏差（RMSE'）来评价 NEX-GDDP 高分辨率气候模式对各单一模式和多模式集合模拟夏季昼夜极端高温、冬季昼夜极端低温事件各指标的模拟性能，最终优选出最佳模式或多模式集合。首先需要计算模拟场和观测场的均方根误差（RMSE），其表达式为：

$$\mathrm{RMSE} = \frac{1}{G} \sum_m \sum_n G_{mn} (M_{mn} - N_{mn})^2 \tag{1-36}$$

式中：G_{ij} 是格点面积权重 G 的总和；M 和 N 分别代表模拟场和观测场的温度值；m 和 n 分别表示经、纬度方向网格。相对偏差（RMSE'）计算如下：

$$\mathrm{RMSE}' = \frac{\mathrm{RMSE} - \mathrm{RMSE}_{\mathrm{medi}}}{\mathrm{RMSE}_{\mathrm{medi}}} \tag{1-37}$$

式中：RMSE 表示各模式的均方根误差；$\mathrm{RMSE}_{\mathrm{medi}}$ 表示所有气候模式模拟均方根误差的中位数；RMSE'表示模式相对于模式平均水平的模拟能力，若为负值，表示该气候模式模拟能力显著优于大多数模式，负值越大表明模拟能力越好。

1.3.9 滑动 T 检验

滑动 T 检验是通过检验两组样本平均值的差异是否显著来验证突变的一种方法（Moraes 等，1998），基本原理是把一个连续气候序列 x 分成两段子序列 x_1、x_2，这里假设两段子序列 x_1、x_2 均值之间无显著差异，若两段子序列的均值差异超过了一定的显著性水平，可以认为有突变发生。x 的平均值、方差和样本长度（$i = 1,2$）分别用 v_i、w_i^2 和 m_i 表示。其中 m_i 表示定义长度。

原假设 $H0: v_1 - v_2 = 0$，统计量为：

$$r_0 = \frac{\overline{x_1} - \overline{x_2}}{w_p \left(\dfrac{1}{m_1} + \dfrac{1}{m_2} \right)^{\frac{1}{2}}} \tag{1-38}$$

其中 $m_1 = m_2 = m$，则

$$wr_0 = \frac{\overline{x_1} - \overline{x_2}}{\sqrt{(w_1^2 + w_2^2)}} \cdot \sqrt{m} \tag{1-39}$$

式中：w_p^2 表示联合样本方差，$w_p^2 = \frac{(m_1 - 1)w_1^2 + (m_2 - 1)w_2^2}{m_1 + m_2 - 2}$ 是 σ^2 的无偏估计（$E[w_p^2] = \sigma^2$），可以明显看出是 $r_0 \sim r(m_1 + m_2 - 2)$ 分布，假如给定信度 α，可得到临界值 r_a，然后计算 r_0，在 H0 条件下比较 r_0 与 r_a，当 $|r_0| \geqslant r_a$ 时，原假设 H0 不成立，表明存在显著性差异，当 $|r_0| < r_a$ 时，原假设 H0 成立。其中 m_1 具有主观性，需要多次改变 m_1 增加检验结果的可靠性。

1.3.10　Pettitt 方法

Pettitt 方法是直接利用秩序列来检验突变点的一种非参数检验方法（Pettitt，1979）。Pettitt A. N 在 1970 年最先将它应用于检验时间序列的突变点，后来用他的名字命名该方法。其计算方法是，先构造一个秩序列 w_i，分三种情况来定义：

$$w_i = \begin{cases} +1 & x_i > x_j \\ 0 & x_i = x_j \quad (j = 1, 2, \cdots, i) \\ -1 & x_i < x_j \end{cases} \tag{1-40}$$

秩序列 w_i 是第 i 时间点数值大于或者小于第 j 时间点数值个数的总累计数。如果在 u_0 时间点满足 $k_{u0} = \max|s_t| (t = 2, 3, \cdots, m)$，则认为 u_0 即为突变点，统计量为：

$$p = 2\exp\left(\frac{-6t_{u_0}^2}{m^3 + m^2}\right) \tag{1-41}$$

如果 $p < 0.05$，那么认为检测出的突变点在统计学上是显著的。

1.3.11　累积距平法

累积距平法常用来诊断气象要素和气候因子变化趋势，它可以清晰、直观地反映某段时间内气候变量的上升或下降趋势（何旭强等，2012；杨丽桃等，2008）。若累积距平在某时段为正值，表明在该时段的时间序列呈增加趋势；若累积距平在某时段为负值，表明在该时段的时间序列呈下降趋势。本书用 CUSUM 方法对夏季昼夜极端高温、冬季昼夜极端低温事件各指标时间序列中是否存在突变点进行检验。一组随机变量序列 $x_1, x_2, \cdots, x_n$，序列 $\{x_f\}$：

$$x_f = \delta + \varphi_f + \varepsilon_f \tag{1-42}$$

式中：δ 表示序列均值；φ_f 表示均值为 0、方差为 σ^2 的随机误差项。如果在 t 时间点存在均值变点，那么设定均值跳跃度为 Δ，那么：

$$\varphi_f = \begin{cases} 0 & 1 \leqslant f \leqslant t \\ \Delta & t+1 \leqslant f \leqslant n \end{cases} \tag{1-43}$$

检验统计量：

$$\mathrm{CUSUM}_x(t) = \frac{1}{\sqrt{n}} \left(\sum_{f=1}^{t} x_f - \frac{t}{n} \sum_{f=1}^{n} x_f \right) = \frac{t}{n} \left(1 - \frac{t}{n} \right) \left[\sqrt{n}(\overline{x}_t - \overline{x}_t^*) \right] \tag{1-44}$$

其中，

$$\overline{x}_t = \frac{1}{t} \sum_{f=1}^{t} x_f \tag{1-45}$$

$$\overline{x}_t^* = \frac{1}{n-t} \sum_{f=t+1}^{n} x_f \tag{1-46}$$

那么 CUSUM 统计量绝对值最大值 $\max\limits_{1 \leqslant t \leqslant n} |\mathrm{CUSUM}_x(t)|$ 对应的时刻 t 就被认为是时间序列的突变点。

1.3.12　T检验

T 检验(Student's T Test)是一种假设检验，主要用于样本含量较小($n<30$)且总体标准差 σ 未知的正态分布，常用它来检验两个样本总体的均值差异是否显著。T 检验包括单总体检验和双总体检验。本书采用双总体 T 检验来检验夏季昼夜极端高温、冬季昼夜极端低温事件各指标突变前后的均值变化及显著性水平(Dugmore 等,2007)。

独立样本 T 检验统计量为：

$$t = \frac{\overline{x}_1 - \overline{x}_2}{\left[\dfrac{(m_1-1)w_1^2 + (m_2-1)w_2^2}{m_1 + m_2 - 2} \left(\dfrac{1}{m_1} + \dfrac{1}{m_2} \right) \right]^{\frac{1}{2}}} \tag{1-47}$$

式中：w_1^2 和 w_2^2 为两样本的方差；m_1 和 m_2 为两样本的容量。

若二群配对样本 x_{1i} 与 x_{2i} 之差为 $\delta_i = x_{1i} - x_{2i}$，则 δ_i 的母体期望值 v_0 可通过下式计算：

$$t = \frac{(\overline{\delta} - v)}{w_\delta} \cdot n^{\frac{1}{2}} \tag{1-48}$$

式中：$\overline{\delta} = \dfrac{1}{k} \sum\limits_{i=1}^{k} \delta_i$ 代表配对样本平均数，$i=1,2,\cdots,k$；$w_\delta = \left[\dfrac{1}{k-1} \sum\limits_{i=1}^{k} (\delta_i - \overline{\delta})^2 \right]^{\frac{1}{2}}$ 代表配对样本标准差；k 表示配对样本数。

1.3.13　偏最小二乘多模式集合平均

偏最小二乘回归(Partial Least Squares Regression,PLS)是一种多线性回归建模方法,在建模中综合体现主成分分析、典型相关分析和线性回归分析等方法的特点,不仅提供合理的回归模型,还能有效解决多重相关变量间的相互依赖关系,从而使模型预测结果更优,所提供信息更加丰富且深入(Wold 等,2001;Höskuldsson 等,1988;Geladi 等,1986)。因此,本书采用偏最小二乘回归方法进行建模,以 CN05.1 实测格点资料为因变量,21 个 NEX-GDDP 全球气候模式数据为自变量建立回归模型。建模步骤(赵中军等,2015;邓念武等,2001)如下。

①分别将自变量 X 矩阵和因变量 Y 矩阵进行数据标准化(分别减去其各自平均值,再除以各自标准差),得到标准化矩阵 M_0 和 N_0;

②提取标准化矩阵 M_0 的第一主成分 p_1,提取标准化矩阵 N_0 的第一主成分 q_1,其中 p_1 和 q_1 相关系数原则上尽量达到最大,且需尽可能多地保留各自所在变量中的变异信息。而后建立 M_0 和 N_0 对 p_1 的回归模型,具体为:

$$M_0 = p_1 \gamma_1^{\mathrm{T}} + M_1 \tag{1-49}$$

$$N_0 = p_1 \delta_1^{\mathrm{T}} + N_1 \tag{1-50}$$

式中:M_1 为 M_0 的残差矩阵;N_1 是 N_0 的残差矩阵;γ_1^{T}、δ_1^{T} 为回归系数。之后,用残差矩阵 E_1 取代 M_0,残差矩阵 F_1 取代 N_0。随后提取各自的第二个主成分 p_2,第三个主成分 p_3,依次按步骤提取第 n 个主成分 p_n,直到得到一个合理的预测模型,成分个数 n 可根据交叉有效性检验来判断和最终确定(马明德等,2014)。

③初步建立 N_0 与各主成分 $p_1,p_2,p_3,p_4,\cdots,p_n$ 的回归方程,而后将方程表示为 N_0 对 M_0 的回归方程形式。

④将 N_0 对 M_0 的回归方程通过逆标准化处理还原为 Y 对 X 的回归方程,最后得到的就是偏最小二乘回归模型(PLS)。

1.4 研究背景及意义

1.4.1 研究背景

近百年来,全球气候系统正经历一次以变暖为主要特征的显著变化,全球变暖已经引起科学界、社会公众和各国政府的高度关注(Ridder 等,2020;Wen 等,2016;Yu and Li,2015;Li 等,2011;Gay-Garcia 等,2009;Alexander 等,2006)。IPCC 第四次评估报告(AR4)指出,全球平均地表温度一直在持续升高,近 50 年来的变暖率(0.13±0.03)℃/10a 几乎是近百年来的两倍(IPCC,2007)。IPCC 第五次评估报告(AR5)指出,地球变暖趋势仍旧在持续,全球海陆表面平均温度呈线性上升趋势,2013 年全球海陆表面平均温度比 1961—1990 年的全球海陆平均温度高 0.5℃,比 2001—2010 年的全球海陆平均温度高 0.03℃(IPCC,2013)。众多研究表明全球变暖已是公认事实(Liu 等,2020;Lesk 等,2016;IPCC,2013;Loikith 等,2012)。温室气体过量排放、土地利用方式转变、化石燃料大量燃烧等强度史无前例的人类活动是导致全球变暖最关键因素。然而,最值得我们注意的是,这种变暖趋势仍旧在继续,预计到 21 世纪末,全球平均地表温度将会在 1986—2005 年气候平均态基础上继续升高 0.3～4.8℃,增暖趋势不容乐观(IPCC,2013)。全球气候变暖正在导致冰川融化、海平面上升、海洋酸化、极端天气和气候事件频发或者强度增加等一系列气候和环境问题,对气候变化较为敏感和脆弱的地区表现更加明显。在过去半个世纪,极端高温、强降水、大风、沙尘暴等极端气候事件均表现为增多增强趋势,给经济社会发展和人类生产生活造成了严重影响和损失。

在全球变暖背景下,全球最高温和最低温均已向高值方向发展(Donat and Alexander,2012)。全球不同地区气候变暖趋向存在明显的区域差异:北美洲气候表现出暖干化发展趋势;欧洲、亚洲大部分地区和非洲地区表现出暖湿化发展趋势;南半球的南美洲和澳大利亚西部地区表现出湿冷化发展趋势(Shi and Xu,2008)。在热带和小部分亚热带地区表现为最高温增速比最低温略快;在中高纬度地区表现为最低温增速快于最高温(Kharin 等,2013)。这种全球温度暖化推移趋势必将导致全球气温平均态发生变化,以及极端温度事件发生频次趋多、强度趋强和影响范围趋广(IPCC,2012)。目前已有大量研究证实,在全球大部分陆地区域,与最高温有关的极端高温事件显著增加,与最低温有关的极端低温事件明显减少,特别是在 20 世纪后期表现尤为突出(Lelieveld 等,2016;Donat 等,2013;Orlowsky and Seneviratne,2012;Alexander 等,2006)。极端温度事件的增多、增强必然对自然生态系统、社会经济发展、国家利益和安全、人类生命财产安全和身体健康产生严重且深远的影响(Li 等,2018;Zhang 等,2016;Huang 等,2016;Hatfeld 等,2015;Bala 等,2010)。譬如极端温度会加速冰川和积雪融化,致使沿海低海拔地区遭受洪涝甚至是被淹没的威胁(Doktycz 等,2019);对生物多样性、陆地和海洋生态系统稳定所造成的影响是不可逆的(Crabbe 等,2016;Rammig 等,2015);对人类最直接的影响体现为加快恶性疾病传播、威胁粮食生产安全、造成巨额经济损失(Zhang 等,2016;Kreft 等,2016;Robine 等,2008);甚至还可能导致区域冲突、暴力事件升级和爆发不可避免的战争(Van 等,2018;Sakaguchi 等,2016;Hsiang 等,2013;Scheffran 等,2012)。《2019 全球气候风险指数》结果显示,在 1998—2016 年,全球共发生约 1.15 万起极端气候事件,共造成约 52.6 万人死亡,直接经济损失高达 3.47 万亿美元,与过去两年报告结果相比,全球极端气候事件发生起数及其所造成的经济损失均在逐年增加。最应该关注的是,极端温度事件趋强趋多的变化趋势在未来不断升温大背景下将会进一步发展(Stott,2016;秦大河,2014;Russo and Sterl,2011;IPCC,2011;Easterling 等,2000)。预计极端高温事件进一步增多增强,极端低温事件减少减弱。

1.4.2 研究意义

地球变暖导致极端气候事件频繁发生,给世界经济发展带来了巨大的负面影响,据不完全统计,全世界每年因重大气象灾害造成的经济损失非常大,人员伤亡数量逐年增加,极端气候事件不仅给人们的生产生活造成极大危害,而且对自然生态环境、社会、经济健康发展造成不同程度的影响。极端气候事件的影响包括:第一,对自然生态环境的影响。伴随着全球变暖,水分蒸发速率加快,加速了全球水循环,加剧了冰川退缩和冰盖及积雪消融,导致全球海平面上升,干旱、洪涝、高温等极端气候事件频发,生物的生存状况令人担忧;全球变暖导致全球降水重新分配,当前世界气候格局发生改变,给草原、森林、湿地等自然生态系统造成严重影响。第二,对农业发展的影响。未来干旱区范围可能会扩大,土地荒漠化加剧,将会严重影响农业发展,此外,二氧化碳浓度升高导致杂草生长繁茂,增加农作物病虫害发生概率,直接影响世界粮食安全;台风、干旱、洪涝、泥石流、山体滑坡等自然灾害频繁发生导致大面积农作物减产。第三,对人类生命财产安全的影响。伴随着全球变暖,暴雨、滑坡、洪水、寒潮等自然灾害频发,给人类的生命财产安全造成严重威胁,气温升高使人类各种生理性疾病发病概率增大,还会使许多新的病毒和细菌滋生,对人类身体健康造成严重危害。因此,我们有必要深入研究和分析极端气候事件变化特征和发生机理,对极端气候事件进行预警和防范,采取必要措施,尽可能将极端气候事件对人民生命财产造成的危害和损失减少到最低。

西北干旱区是生态环境非常脆弱的地区,同时也是亚洲中纬度干旱区的核心部分,是西风带气候和季风气候相互作用的过渡地带,对全球气候变化的响应十分敏感,并对区域和全球气候变化具有一定的反馈作用。

目前,对我国西北干旱区年均气温和降水变化特征的研究成果较多,但对于西北干旱区极端气温、极端降水与大气环流、海温场关系的研究还较少。本书拟初步探究西北干旱区极端气候事件变化特征及其与大气环流、海表温度的关系,有助于进一步了解这一区域气候变化特征和发生机理,对极端气候事件的监测、预警和灾害预防提供一定的参考,有助于进一步深入理解气候变化规律和提高应对极端气候变化风险管理能力,将极端气候事件可能带来的人员伤亡和经济损失降到最低。

新疆位于亚欧大陆的中心,是北半球中纬度地区典型的内陆干旱区,是全球暖化背景下升温较快的地区之一(Chen 等,2009),同时也是近年来极端温度事件的频发地之一。CMIP5 全球气候模式最低温和最高温数据显示未来气温仍将继续上升,这必将导致干旱少雨的新疆极端温度事件的发生发展较其他区域更加趋多趋强,并且在将来很有可能常态化。新疆极端温度事件是如何变化的,新疆极端温度事件变化背后的关键驱动环流因子是什么?新疆的大气环流异常形势如何?新疆未来极端温度事件时空变化趋势如何?这些问题至今仍缺少系统深入研究。因此,本书将重点分析新疆极端温度事件的时空演变,确定其影响范围和脆弱区域,检测新疆极端气温事件突变特征,探究极端温度事件的大气环流异常和关键驱动环流因子,并基于全球气候模式模拟评估和预估未来极端温度事件变化趋势。更好地把握新疆未来极端温度事件的时空变化规律,提高对灾害性极端温度事件的预测水平,期待能够弥补新疆极端温度事件相关研究的不足,为区域防灾减灾、气象灾害风险管理、水资源规划管理和跨流域水利工程设计和施工提供科学依据和参考。

1.5　国内外研究现状

近年来,极端天气和气候事件(Extreme weather and climate events)因对自然环境和生态系统、人类生命健康和财产安全以及社会经济协调可持续发展造成极其严重影响而日益备受国际气象组织、各国政府部门和研究学者的高度关注和重视(Perera 等,2020;Johnson 等,2018;Thirumalai 等,2016;Trenberth 等,2015;Wang 等,2013;Meehl 等,2000),纷纷制定减缓气候变化条约和协定温室气体减排措施等。深入理解极端温度事件变化特征和揭示内在大气环流驱动机理是目前大气科学领域的关键研究课题。国内外学者对极端天气和气候事件的定义有很多种,通常情况下,极端气候事件被认为是在特定时间和地点,气候状态严重偏离其平均态,发生概率极小(一般小于 10%,甚至更低),且造成严重社会经济或人员伤亡的极端天气和气候事件(郑景云等,2014;任国玉等,2010a,b;胡宜昌等,2007)。

1.5.1　极端气候变化特征

近半个世纪以来,在全球气候变暖背景下,极端气候事件的发生频率和强度持续增加,影响范围日益广泛,造成了巨大的经济损失。有关统计表明,全球气候灾害所造成经济损失是过去 40 年所造成经济损失的 10 倍(IPCC,2007),严重影响世界经济的快速发展,因此有必要深入研究极端气候事件的变化特征。近几年来,国内外众多学者从各个方面对极端气候事件展开了不同层面的广泛研究。

(1)极端气温变化特征

国外学者从不同角度对极端气温做了大量的研究。如 Gruze 等对俄罗斯的极端高温日数和低温日数进行了统计分析,发现极端高温日数呈现逐年增加趋势,而极端低温日数呈逐年减少趋势,表明俄罗斯温度正在逐年上升。Manton 等对东南亚及南太平洋地区高温日数、低温日数和暖夜、冷夜频率进行了分析,发现上述地区高温日数和暖夜频率呈现显著增加趋势,而低温日数和冷夜频率呈显著减少趋势,说明东南亚及南太平洋地区增温趋势显著。Alexander 等研究证实,全球极端气温事件增暖显著,其中以极端低温指数变化尤为显著,极端气温日较差明显减小,极端气温事件在美国和加拿大也呈现相同的变化趋势。Griffiths 对亚太地区极端气温指数进行了分析,得出的结论与全球变暖一致,主要表现在日较差呈减小趋势,表征寒冷的极端气温指数呈减少趋势,而表征温暖的极端气温指数呈增加趋势。

目前,国内学者对极端温度事件的发生频率、强度和变化趋势方面做了大量研究并得出一些有意义的研究成果,如史军等分析了 1960—2005 年华东地区逐日尺度最高气温数据,结果显示:华东地区每年高温日数和日均最高气温存在较大的空间地域差异。高温日数在华东中南及西南部地区较多,而在华东东部沿海地区较少,城市化影响因子也在一定程度上增加了华东高温事件的发生频率。马柱国分析了北方干旱及半干旱地区极端温度发生频率和强度变化特征,发现近 50 年来该地区极端低温发生频率显著减少,低于 0℃ 日数也表现为显著减少趋势。任福民等利用中国 1951—1990 年极端温度资料,分析了我国极端温度的区域变化趋势以及季节变化特征,发现东北、华北北部、内蒙古中东部等地极端低温在各季节均表现为明显增温趋势。王晓等基于云南省 1960—2011 年最低、最高气温日数据,分析了云南省极端气候事件变化特征,研究发现云南省极端气温冷指数均表现为下降趋势,极端气温暖指数均表现为上升趋势,表明云南省增温趋势显著。

(2)极端降水变化特征

极端降水在不同区域、时段表现形式不同。Heino 等的研究表明,在一些地区强降水频次及强度随总降水量的增加而呈现明显增加趋势;而在另一些地区,当总降水量减少或保持不变时,极端强降水量和降水频率仍在增加。Choi 等分析指出在一些地区尽管总降水量、极端降水量减少或不变,但极端降水强度和频率却呈现增加趋势;而另外一些地区总降水量呈增加趋势,但降水强度和频率却表现为减小趋势。Kunkel 等研究发现,在 20 世纪初,美国极端降水频次呈减少趋势,而在 20 世纪 20 年代至 21 世纪初期间,极端降水频率又表现为增加趋势。Goswami 等根据降水量大小将极端降水划分为不同的等级,分析发现,在 1871—2003 年间,印度中部地区极端降水量和极端降水频次增加趋势非常明显。

国内学者也对极端降水事件做了不少研究,如李红梅等对我国东部近 40 年夏季日降水变化特征进行了分析,研究表明长江流域在夏季的总降水量、极端降水频率以及暴雨降水强度均表现为增大、增多趋势,华北地区则呈明显减少趋势。袁文德等研究表明,西南地区一日最大降水量(RX1day)、极端降水比率从东部到西部呈现显著减少趋势。极端降水强度、极端降水量和 RX1day 呈现由东南向西北递减趋势。李双双等分析表明,长江下游地区降水量在 1960—2013 年间呈增加趋势,具体表现为:降水日数减少,降水强度增加,长江下游地区极端降水强度增加显著。孙建奇等研究表明,中国近 50 年来冬季降水、极端降水在年代际尺度上对区域增暖具有明显响应,在 20 世纪 80 年代中期,降水、极端降水随着气温突变也存在突变现象,研究结果显示,中国冬季气温增加幅度明显高于全球平均水平。

1.5.2 极端气候影响因子

（1）大气环流

目前,国内外众多学者在极端气候事件变化与大气环流的相关性方面做了很多的工作,大量研究证明大气环流异常与区域气候变化存在密切关系。Hurrell 通过研究北大西洋涛动与气候变化之间的关系,发现北大西洋涛动对全球气候变化有着重要影响。Zhu 等在 1992 年的分析指出,当冬季厄尔尼诺发展异常强盛时,西太平洋遥相关型(WP)表现为异常偏弱,而太平洋-北美遥相关型(PNA)则表现为异常偏强。东亚季风环流活动异常不仅会增加东亚地区冬季出现寒潮、暴雪等灾害性天气的发生频次,而且会通过西风环流影响附近以及北美大部分地区的气候,同时也会影响西太平洋地区大尺度的空气对流活动,进而对哈德莱环流和沃克环流产生重要影响。

众多学者对某种特定的极端气候事件(极端降水、沙尘暴、极端气温等)环流模式相关性方面开展了一系列研究。杨素英等利用 NCEP/NCAR 再分析资料,初步分析了影响东北地区冬季气温异常的环流因子,发现西伯利亚高压强弱对东北冬季气温异常影响十分显著,东北地区冬季异常偏冷对应西伯利亚高压偏强,冬季异常偏暖对应西伯利亚高压偏弱。卢明等探讨了江淮流域夏季降水与西印度洋大气环流之间的关系,发现西印度洋大气环流异常程度与江淮流域夏季降水呈显著正相关关系,西太平洋副热带高压异常偏弱对应东亚夏季风较弱,江淮流域则降水偏少,反之亦然。张庆云等研究发现,长江中下游地区夏季降水受鄂霍次克海气压的影响十分显著,当鄂霍次克海高压异常偏强时,亚洲中高纬度地区的距平场呈现"正—负—正"的距平波列型,容易造成东亚夏季梅雨降水量增多,反之亦然。伍红雨等研究表明,华南冬季气温和西伯利亚高压联系较密切,当西伯利亚高压异常偏弱、太平洋副热带高压异常偏强时,华南地区容易出现暖冬,华南地区冬季气温整体表现为一致性偏高,但明显低于全国平均冬季增温速率。

（2）海温

我国众多学者对气温与海温之间的关系进行了探讨。吴胜安等的研究表明:西北太平洋西部海域是影响海南省冬季气温的最显著海域,对海南省夏季气温影响最显著海域是南海海域。侯伟芬等分析指出,江南冬季气温与加利福尼亚西岸海区前一年夏季海温异常有较强的正相关关系,即加利福尼亚西岸海区前一年夏季海温异常偏低对应江南地区冬季气温异常偏低,反之则异常偏高。陈豫英等分析指出海温对极端气温的影响存在明显的滞后性,宁夏地区极端最低气温与前一年 1—6 月加利福尼亚西岸海区的海温存在显著正相关关系,当同期冬季西太平洋副高强度加强时,极端最低气温偏高,反之则偏低。齐冬梅等的分析表明:高原冬季风偏强对应西南地区冬季气温异常偏高,高原冬季风偏弱对应西南地区冬季气温异常偏低。

（3）太阳活动

太阳活动是地球气候形成和变化的最重要驱动因子之一。2003 年,美国将太阳活动与气候变化的研究列为重大科学研究计划之一;2006 年欧洲核能研究中心启动 CLOUD 计划,主要研究太阳辐射对地球云层和气候的可能影响。目前,已有众多学者的研究证实了气候与太阳活动之间的相关关系,如 Eddy 研究表明太阳黑子的 Sporer 极小期和 Maunder 极小期造成了全球 2 个时期寒冷的"小冰期"事件,并得出太阳辐射长期变化与气候变化关系密切。Friis-Christensen 等的研究结果表明,北半球陆地表面温度随着太阳黑子周期变短而逐渐升高,两者之间有极好的相关关系,这说明太阳活动年代际变化与气候变化间存在着密切关联。

冯松等的研究表明太阳黑子周期变化处于慢周期时,北半球温度较低且冷期持续时间较短;太阳黑子周期变化处于快周期时,北半球温度较高并且暖期持续时间较长。段长春等分析发现,强太阳活动年,夏季南方、东北地区降水较少,黄河、长江中上游及黄淮等地区降水偏多,反之则降水偏少。程国生等分析了太阳活动对江淮地区梅雨的影响,研究表明太阳活动对江淮地区梅雨量、梅雨强度的影响存在明显的地域性特征,太阳活动较强年份,江淮北部地区梅雨强度较大,江淮北部和南部地区梅雨量偏少,江淮中部地区梅雨量偏多。葛全胜等研究表明,当太阳活动处于极小期时,长江流域气候干旱,而华南沿海和华北平原地区降水偏多;当太阳活动处于极大期时,长江流域、西北地区东部降水偏多,而华北和华南地区气候偏干。

1.5.3　极端温度观测结果研究进展

自 20 世纪 50 年代以来,已有研究结果表明全球陆地大部分地区冬季极端冷指数呈显著减少趋势,而极端暖指数呈显著增加趋势（Shi 等,2018;Morak 等,2013;IPCC,2013;You 等,2011;Alexander 等,2006;Christidis 等,2005）。国外众多学者从全球、半球、洲际、国家和地区尺度对极端气温事件展开研究,New 等（2006）的研究结果显示非洲南部和西部地区在 1961—2000 年的冷昼日数和冷夜日数的减少速率分别为 3.7d/10a 和 6d/10a,暖昼日数和暖夜日数的增加速率分别为 8.2d/10a 和 8.6d/10a。Fang 等（2008）对北半球陆地和水体极端气候事件变化规律展开深入分析并指出,北半球极端温暖事件在 1948—2006 年间趋多趋强,与陆地相比,水体的增暖趋势更显著。Donat 等（2014）研究指出,整个阿拉伯地区自 20 世纪中叶以来的变暖趋势是一致的,具体表现为暖日和暖夜日数增加,极端温度升高,冷日和冷夜日数减少,寒冷时间缩短。Fioravanti 等（2016）研究发现意大利大多数站点的夏季日数、热夜日数、高温热浪等极端高温指数都有显著增暖趋势,夏季和春季变暖趋势更明显,冬季和秋季变暖趋势较弱。Lorenz 等（2019）研究发现整个欧洲地区 1950—2018 年极端高温日数已经增加了三倍多,极端高温增加了 2.3℃,增温幅度超过夏季平均气温 50%;极端寒冷天气减少 $\frac{1}{3} \sim \frac{1}{2}$,气温上升了约 3℃,冬季极端低温上升幅度比冬季平均气温高得多。大约 94% 的站点极端高、低温均表现出不同幅度增暖趋势。同时,在南美洲(Beharry 等,2015)、北美洲(Griffiths 等,2007)、美国(Costa 等,2011)、加拿大(Wijngaarden,2015)、泰国(Chulalongkorn 等,2012)、巴基斯坦(Ullah 等,2018)、俄罗斯(Trenberth 等,2012)、塞尔维亚(Milicevic 等,2016;Ruml 等,2016;Unka evi 等,2013)、中东(Zhang 等,2005)和伊朗(Rahimi 等,2016;Rahimzadeh 等,2009)等国家和地区对极端气温事件展开了研究,发现表征冷的极端气温指数普遍减少,表征暖的极端气温指数普遍增加,与全球暖化大背景相一致。

我国学者从国家、流域、省级行政区、典型气候区和特殊地貌单元尺度对极端温度事件进行了大量研究。You 等(2011)利用全国 303 个气象站点观测数据分析了1961—2003 年极端气温事件变化特征,发现在全国范围内,冷昼日数、冷夜日数、霜冻日数等极端冷指数和气温日较差分别以 $-0.47d/10a$、$-2.06d/10a$、$-3.37d/10a$ 和 $-0.18℃/10a$ 速率呈显著下降趋势;暖昼日数、暖夜日数、生长季长度和夏季日数等极端暖指数分别以 $0.62d/10a$、$1.75d/10a$、$3.04d/10a$ 和 $1.18d/10a$ 速率呈显著增加趋势。Shi 等(2018、2019)研究了 1961—2015 年我国极端气温变化,研究结果显示,在空间上,全国最低温度最大值(TNx)和最低温度最小值(TNn)增幅范围分别为 $0 \sim 0.5℃/10a$ 和 $0.2 \sim 1.0℃/10a$;夏季日数、暖夜日数和暖昼日数等极端暖指数的增幅范围分别为 $1.5 \sim 5d/10a$、$0 \sim 4d/10a$ 和 $0 \sim 3d/10a$;霜冻日数、冷夜日数和冷昼日数等极端冷指数的下降幅度范围分别为 $1.5 \sim 6d/10a$、$0.5 \sim 4.5d/10a$ 和 $0 \sim 2.1d/10a$。类似的极端气温事件研究尺度包括:省级行政区尺度如内蒙古自治区(雅茹等,2020;Tong 等,2019;杨方兴,2012)、河北省(姜国艳等,2016;曹祥会等,2015)、河南省(张延伟等,2016)、山东省(于凤硕等,2016、2019)山西省(王颖苗等,2020;曹永旺等,2015)、福建省(唐宝琪等,2016;陈丽娟等,2016)、甘肃省(Wen 等,2016)、云南省(杨蓉等,2016)等;流域尺度如松花江流域(Zhong 等,2016)、长江流域(Guan 等,2015;王琼等,2013)、珠江流域(刘青娥等,2015)、澜沧江流域(王学等,2017)、鄱阳湖流域(Tao 等,2014)、塔里木河流域(王光焰,2019)、黄河流域(张克新等,2020)等;区域尺度如中国东部(齐庆华等,2019)、天山山区(Xu 等,2018)、川渝地区(冯磊,2019)、长白山地区(张婷等,2016)、黄淮海地区(管玥等,2021)、秦巴山地(李富民等,2020)、华东地区(居丽丽等,2020)、青藏高原(李桂华等,2019;Sun 等,2016)、柴达木盆地(葛根巴图等,2020)、中国北方(胡伟伟,2019)等。这些不同尺度上的极端温度事件研究揭示了我国整体上存在显著的变暖趋势,大部分地区冷指数增暖趋势显著大于暖指数,不同地区暖化速率存在显著差别。

综上所述,无论是全球、半球、洲际,还是国家、流域、省级行政区和区域尺度上的极端气温研究均证实:在过去半个多世纪,极端气温指数变化趋势整体上与全球变暖相一致,具体表现为极端冷指数不断减少而极端暖指数不断增加,变化幅度大小因地区而异。

1.5.4 极端温度事件驱动因素研究进展

很多研究表明极端气候事件频繁发生与大气环流异常密切相关(Dong 等,2019;Shi 等,2018;Zhong 等,2016;Bieniek 等,2016;Kim 等,2016;卢明等,2013;Ustrnul 等,2010;Scaife 等,2008;Maheras 等,2006;杨素英等,2005;Domonkos 等,2003;张庆云等,1998)。特别是极端高温、低温事件频繁发生背后的大气环流异常问题引起学者们高度关注。如 Yu 等(2020)探讨了北美冬季极端温度的年际变化及其与大气环流的联系,发现前一个秋季到冬季的太平洋-北美(PNA)环流模式异常会导致加拿大中西部地区产生更多的极端暖事件和更少的极端冷事件。PNA 环流模式异常会驱动热平流,导致北美温度异常,以及中纬度太平洋北部海表温度异常。Popova(2018)研究了西伯利亚西部地区 2012—2016 年夏初温度的长期变化、年际变化和极端变化的大尺度大气环流异常,结果显示减弱的西风环流导致阻塞高压和极端温度异常的频率增加。Horton 等(2015)研究了北半球七个中纬度地区极端温度事件变化特征,发现区域和全球尺度的热力学变化是引起绝大部分地区极端温度事件发生的关键驱动因素,而近期环流模式的频率、持久性和最大持续时间变化也会较大程度改变某些区域极端温度变化。Loikith 等(2012)研究结果表明北美大部分地区极端高温指数与 500hPa 位势高度正异常和海平面压力异常有关,高大山脉及水体区域的极端温度对环流的微弱变化更加敏感。Kysely(2007)研究了 20 世纪欧洲地表气温异常与大气环流模式之间的关系,结果表明,大气环流模式的持久性与地表空气温度异常密切相关,且会影响极端温度的发生频次和严重程度。

此外,还有一些研究揭示了海洋表层温度(Sea Surface Temperature,SST,简称海表温度)对极端气温变化的影响。如 Dittus 等(2018)研究了全球 1959—2013 年期间,海表温度强迫作用对极端温度指数变化趋势的影响,结果表明海表温度驱动了全球平均极端温度指数年际变化,对极端降水的影响相对较小。Chen 等(2018)评估了海表温度/海冰范围(Sea Ice Extent,SIE)和人为强迫因素在多大程度上影响了中国西部 2015 年夏季酷夏的严重程度,研究结果表明 SST/SIE 的变化直接导致了地表增温和极端高温事件的增加,人为强迫因素对 2015 年中国西部夏季极端高温严重程度的直接影响具有突出作用。Cattiaux 等(2011)的敏感性试验表明,海温异常通过高空热和水汽平流与欧洲大陆上空的辐射通量相互作用导致欧洲陆地温度上升,这种机制在秋季和冬季尤为明显,在春季和夏季,海温的影响较小。Alexander 等(2009)对 1870—2006 年全球海表温度的季节变化模式进行了分类,在此基础上研究了 1951—2003 年不同海表温度变化对陆地上极端温度变化的影响,结果表明,在强拉尼娜年陆地的极端最高温度明显低于澳大利亚、非洲南部、印度和加拿大的强厄尔尼诺年,而在美国和西伯利亚东北部情况则相反,当全球增暖幅度较大时,这种变化趋势会更明显。许多研究结果表明,海表温度变化引起大气环流异常,导致极端天气和气候事件的发生和发展(齐冬梅等,2016;Dong 等,2016;Miao 等,2016;伍红雨等,2014;陈豫英等,2008;Liu 等,2007;侯伟芬等,2005)。

北极海冰面积覆盖率呈下降趋势直接影响全球极端气候事件的发生和发展(张向东等,2020;Huang 等,2016;Gerber 等,2014;Jeffries 等,2013;Meier 等,2012;Zhang 等,2008;Zhang 等,2001)。北极海冰面积减少对中高纬度地区影响最显著,如 Ge 等(2020)研究指出,巴伦支海和格陵兰以东海域的海冰密集度下降对中国冬季极端低温日数有显著的负面影响。Cvijanovic 等(2015)研究指出,在中纬度北部,海冰面积覆盖率减小影响冬季和秋季纬向风对全球变暖的响应程度,还会直接影响冬季极端降水和温度事件的强度和频率。Screen 等(2015)指出北极海冰面积覆盖率减小预计会使高纬度地区、北美洲中部和东部地区极端寒冷天气发生频次和持续时间减少,但中亚地区则会增加;高纬度地区极端炎热天气的发生频率和持续时间预计会增加;高纬度地区、地中海和中亚地区的极端湿润天气将增加;中纬度欧亚大陆和高纬度地区的干旱持续时间预计会减少。Tang 等(2013)研究发现,自 1979 年以来,北极海冰范围在所有月份均呈减少趋势,冬季最小,9 月份最大;北极海冰减少有利于北方大陆中纬度地区冬季极端寒冷事件的发生。

太阳活动强弱影响地球磁场、电离层以及地球大气运动和全球气候形成和发展(程国生等,2012;Haigh 等,2007;Li 等,2002;Rind 等,2002)。不同时间尺度上的极端天气、气候变化受太阳活动影响显著(葛全胜等,2016;周立旻等,2007;赵海燕等,2003)。研究人员很早就注意到太阳活动对气候变化的影响(程国生等,2012;段长春等,2006;冯松等,1997;Christensen 等,1991;Eddy 等,1977)。Weng 等(2012)指出弱太阳活动年,低纬度和高纬度之间的热对比增强,中纬度斜压超长波活动和海陆热对比度均增强,从而放大了地形波;增强的中纬度波反过来加强了从低纬到高纬的经向热输送,中纬度地表大规模的辐合上升气流有利于极端天气/气候事件的发生;热力驱动西伯利亚高压增强从而增强东亚冬季风。对于强太阳活动年,中纬度环流模式波动较小,经向输送较少。南半球高压趋于正,西伯利亚高压和东西伯利亚高压比正常偏弱,强太阳活动对不同地区的极端气候事件影响程度不同。Maravilla 等(2004,2008)指出墨西哥湾极端低温变化与太阳活动信号具有相似的显著周期,表明太阳活动可能存在于墨西哥地区的极端低温纪录中。Karakhanyan 等(2006)对 20世纪下半叶北半球高纬度地区极端温度变化幅度与地磁活动变化进行了比较,结果表明,观测到的极端温度变化主要是由太阳活动引起的。Mendoza 等(2001)研究表明,墨西哥极端最低温与太阳黑子数、太阳磁周期、宇宙线通量和地磁活动周期具有相似峰值,同时也捕捉到周期性的厄尔尼诺现象与准两年振荡相类似的信号,说明太阳活动可能影响墨西哥中部极端最低温。

还有很多学者认为人类活动是全球和区域极端温度事件增多增强的主要驱动因素(Freychet 等,2018;Yin 等,2016;Peng 等,2016;Li 等,2016;Mitchell 等,2016;Marvel 等,2015;Sun 等,2014;Jones 等,2013;Christidis 等,2011;Stott 等,2011;Shiogama 等,2006;Trenberth 等,2005),尤其是人为温室气体和气溶胶排放(Ma 等,2016;Mascioli 等,2016;Kasoar 等,2016;Wen 等,2013)。人为强迫在观测到的极端温度变化中是可以被清晰检测到的(Yin 等,2016;Min 等,2013;Zwiers 等,2011;Christidis 等,2005)。Yin 等(2018)采用最优指纹方法多个范围内均能够在 4 个固定阈值极端温度指数中检测出人为强迫信号,而大多数指数的自然信号却无法被识别,表明人为强迫对极端温度起主导作用。Lu 等(2016)发现在中国东部和西部暖昼、暖夜、冷昼和冷夜等极端温度指数变化中可以分别清楚地检测到人类影响信号。Christidis 等(2016)重点检测了 16 个极端温度指数在欧洲和全球尺度上的人为强迫信号,研究证实,近几十年来,人类活动范围和强度对极端温度变化特征的影响表现极其显著,且这种影响程度要远大于全球和大部分洲际尺度上的内部变异性。同时,部分国家的极端温度事件归因研究表明,人为强迫明显增加了极端高温事件的发生概率(Lewis 等,2013;Sun 等,2014、2016)。需要特别指出的是,除了温室气体和气溶胶等人为强迫因素外,城市化因素也是一个值得深入研究的重要外部强迫因素。

1.5.5 全球气候模式对极端温度事件的模拟评估和未来气候情景预估研究进展

国际耦合模式比较计划(Coupled Model Intercomparison Project,CMIP)被公认是研究人类活动对气候影响、模拟和预估未来气候变化的重要工具(Ragone 等,2016;周天军等,2014;Huo 等,2013;Taylor 等,2012)。在最近几十年,随着计算机科学的飞速发展,研究人员不断改进模型并深入理解气候系统物理机理,全球气候模式的模拟能力不断提高(张飞跃等,2016;Barfus 等,2014;IPCC,2013)。

世界气候研究计划(World Climate Research Program)自 1995 年开始组织并推动了一系列国际耦合模式比较计划的发展,而后这些计划得到了有效实施并推动了气候系统模式的快速发展,有效促进了耦合模式研究、气候模拟和诊断、气候变化归因和预估等气候领域的国际交流与合作,推动了全球气候模式数据共享和气候研究领域卓有成效的发展,引起各国政府和社会各界对气候变化研究的高度重视,成为地球科学领域最为成功的国际计划之一(周天军等,2014)。此外,CMIP 关于气候模式模拟评估以及未来气候情景预估的研究结果被国际政府间气候变化专门委员会每隔 5 年发布一次的 IPCC 报告屡次引用。例如,最近发布的 IPCC 第五次评估报告在致谢中特别强调了 CMIP5 数据对报告提供的重要支撑作用。相关统计显示,2016 年发表在权威气象顶刊 *Journal of Climate* 上的明确标注引用了 CMIP5 有关的大气和气候研究学术论文成果约占 46%(周天军等,2019)。与 CMIP3 相比,CMIP5 在参数化方案、通量处理方法和气候模式耦合技术等诸多方面进行了一系列改进,极大地提高了模式的模拟性能和预估准确性(江滢等,2018;陈峥等,2018;赵宗慈等,2015;Lee 等,2014;陶辉等,2012)。基于 CMIP 的科学成果在推动和支撑全球气候变化研究中发挥了重要作用(Chhin 等,2020;Ryu 等,2017;周天军等,2014;Dufresne 等,2013;孙泓川等,2012;王冀,2008)。

目前,CMIP6 正在进行中并与 CMIP5 保持了良好的衔接,CMIP6 是 CMIP 自1995 年实施以来参与的模式数量最多(全球 33 家机构)、气候模式试验设计最完善、模拟数据量最庞大的一次计划。这些数据将对未来 5~10 年全球气候变化和预估、气候变化归因和区域气候变化及其过程等研究起到重要支撑作用。但是,CMIP6 的数值设计试验面临巨大的计算资源、先进的数据存储资源和人力智力资源投入短缺问题,这导致 CMIP6 的数值设计试验实际进展相当滞后,截至目前可向科研工作者提供的 CMIP6 气候试验模式数据较少且分辨率较低,这将严重影响极端温度事件模拟评估的不确定性和预估结果的准确性(周天军等,2019)。

最近几十年,国内外学者基于 CMIP 耦合气候模式数据在气候态平均气温、极端气温、季风演变、潜在蒸散发和积雪覆盖率等多方面展开模拟评估和未来情景预估研究。在国内,Liu 等(2020)的研究结果,显示 CMIP5 与 CMIP6 均较好地模拟出与气候基准期观测值潜在蒸散发一致的增加趋势。在相同排放情景下,CMIP6 对未来潜在蒸散发量的模拟值略高于 CMIP5,表明 CMIP6 具有较强的升温效应,研究还指出未来潜在蒸散发变化的主要驱动因子是表层水汽压差。邢楠等(2017)评估分析了过去一百多年全球年平均地面气温变化并预估了平均地面气温未来在 RCP4.5 和 RCP8.5 两种温室气体排放情景下的变化趋势,研究指出气候模式能够较好再现不同尺度平均地面气温多年代际变化观测特征。平均地面气温在未来 RCP4.5 和 RCP8.5 温室气体排放情景下均表现为显著升温趋势,全球、南半球、北半球年平均地面气温变化趋势分别为 0.17℃/10a 和 0.29℃/10a、0.11℃/10a 和 0.23℃/10a、0.22℃/10a 和 0.36℃/10a。夏坤等(2015)基于 CMIP5 气候模式数据和遥感数据,依据均方根误差、相关系数、泰勒图和标准差等评价指标对欧亚大陆积雪覆盖率的模拟能力展开评估并对其未来变化进行预估。结果表明 CMIP5 气候模式总体上可以较好地再现欧亚大陆积雪覆盖率的年代和季节变化以及空间分布形势。RCP2.6 和RCP4.5 情景下的积雪覆盖率变化率较小,在高排放情景下,积雪覆盖率减少趋势极其显著,其中春季、秋季和冬季减少趋势尤为突出,西欧和青藏高原地区是积雪覆盖率减少最显著区域。

在国外,Moon 等(2016)基于 27 个 CMIP5 气候模式对亚洲季风时间演变和强度变化进行研究并指出,未来亚洲季风的影响范围将增加 22.6%,季风爆发时间提前,结束日期延迟,强度将增强。Andrade 等(2014)的研究结果显示,葡萄牙地区未来夏季最高气温增温显著,且冬季变化比其他季节弱。Almazroui 等(2020)的研究结果显示,阿拉伯半岛中部地区在 21 世纪的各个季节都会经历较高的温度,其中阿拉伯半岛中部和南部地区在冬季和春季会经历较大幅度的温度变化。Nayak 等(2016)研究指出,日本在 21 世纪后期 RCP4.5 气候情景下距离地面 2m 气温将增加 $2℃$,降水强度增加到每天 15mm 以上。未来平均降水强度随温度变化率为 $2.4\%/℃$。此外,还有很多学者运用多模式统计降尺度集合方法(SDMME)研究不同尺度上的气候变化,均表现出较好的模拟效果(Ahmed 等,2019;周莉等,2018;陈鹏翔等,2016;刘长征等,2013;Semenov 等,2010;Krishnamurti 等,2009;Zhu 等,2008)。

随着气候模式研究的不断深入,多模式集合平均(Multi-Model Ensemble Mean,MME)因模拟性能优于大多数单一气候模式(Zhai 等,2019;Yan 等,2016;Qu 等,2014;Xu 等,2012;Kirtman 等,2009;许崇海等,2007),目前已经被学者们广泛应用于气候变化研究工作中。如田孟勤等(2019)基于 CMIP5 气候模式对云南省气候变化进行模拟评估及未来预估,研究结果表明 CMIP5 多模式集合可以较好地模拟基准期内气温、降水的年际变化趋势,且气温的模拟能力要显著优于降水。气温在未来 RCP2.6、RCP4.5 和 RCP8.5 排放情景下均呈一致增加趋势,且高排放情景增加趋势大于低排放情景。Zhao 等(2014)评估 CMIP5 气候模式对全球以及干旱和半干旱地区气候变化的模拟能力并预估其未来气候变化,大多数气候模式能够捕捉到 1951—2005 年全球以及干旱和半干旱地区气温时空变化主要特征,可以较好地再现观测到的变暖趋势,但模拟的变暖幅度比观测值略小;多模型集合均值总体上优于单个模式的模拟能力。Li 等(2016)利用 NCEP/NCAR 再分析数据和 CMIP5 气候数据研究欧亚大陆关键区域阻塞高压的历史和未来变化。结果表明,1956—2006 年,整体上欧亚大陆的阻塞高压高峰频率呈下降趋势,大多数 CMIP5 模式都可以再现 1956—2005 年期间欧亚大陆上的历史时期阻塞高压趋势。未来预测表明,欧亚大陆长生命周期阻塞高压的变化并不总是与整个北半球一致。

Samouly 等(2018)开发和测试了两种多模式集合(基于平均值和中位数),结果表明,基于均值的多模式集合总体优于基于中值的集合和单一气候模式。Elguindi 等(2014)等采用 32 个 CMIP5 气候模式的多模式集合平均结果基本再现了全球气候的主要空间变化特征,在 RCP4.5 和 RCP8.5 两种排放情景下,热带气候类型的总面积覆盖率将分别扩大 11% 和 19%。多模式集合平均是目前较常用的等权集合平均方法,可以有效降低未来气候预估中的不确定性(Almazroui 等,2016;Gong 等,2014;Wang 等,2009)。近年来,部分学者采用加权集合平均,主要通过对相互独立的气候模式赋予不同的权重系数来提高预测结果准确性,根据相关研究对比发现,对不同气候模式赋予不同权重系数的多模式集合方法可以较好地改善预估结果(李晓菲等,2019;Wu 等,2018;Raisanen 等,2011)。

1.5.6 研究进展综述

中国西北干旱区是对全球气候变化最敏感的地区之一,气候变化导致极端气候、水文事件的发生频率和强度不断增加,灾害程度加重。西北干旱区的极端气候、水文事件在 1970 年以后呈显著增加趋势,此外新疆地区有变暖湿趋势,而河西走廊东部则表现为变干趋势。任朝霞和杨达源(2007)的研究结果显示,西北干旱区近 40 年极端低温日数减少趋势显著,而极端高温日数表现为增加趋势,西北干旱区年最低温升高趋势显著,年最高温有略微下降趋势。赵丽等(2016)对我国西北干旱区极端降水的时空变化特征进行了分析,结果表明:极端降水量空间分布区域差异性较大,北疆地区、天山山区极端降水量总体上增加趋势显著,而在河西走廊、阿拉善高原地区增加趋势并不明显。汪宝龙等(2012)分析探讨了西北干旱区极端气候事件的变化特征,研究发现,西北干旱区极端气温暖指数呈上升趋势,极端气温冷指数呈下降趋势,且极端气温的年较差减小趋势十分明显。

目前,对于西北干旱区的研究主要集中在极端气候、水文事件频度和强度特征、区域特征、季节变化特征等方面,而对于探究极端气候事件内在发生机理以及影响因素方面的研究相对较少,因此有必要深入分析大气环流和海表温度对西北干旱区极端气候事件的影响,揭示西北干旱区极端气候事件的时空变化特征及内在影响因素,这对于预测灾害性气候事件和防灾减灾具有重要意义。

上述有关极端气温的研究主要围绕 ETCCDI 定义的 16 个极端气温指数展开,包括夏季日数(SU25)、霜冻日数(FD0)、热带夜数(TR20)、冰冻日数(ID0)、日最高温最大值(TXx)、日最高温最小值(TXn)、日最低温最大值(TNx)、日最低温最小值(TNn)、暖昼日数(TX90P)、暖夜日数(TN90P)、冷昼日数(TX10P)、冷夜日数(TN10P)、暖持续日数(WSDI)、冷持续日数(CSDI)、气温日较差(DTR)等,这些指数能够间接反映极端气温在频次、强度和持续日数方面的变化,直接针对极端气温事件本身发生频次、强度和持续日数的研究相对匮乏。同时对极端气温事件开始日期、结束日期和时间长度方面的研究也相对较少。

此外,以上单个指标只能反映白天或者夜间极端气温变化,不能反映昼夜并发极端温度变化,然而白天和夜间同时出现的极端气温事件比单一事件对生态系统和社会经济发展所造成的影响更严重,昼夜极端高温事件开始日期早晚和时间长度变化会直接影响土壤水分蒸发和作物蒸腾以及土壤墒情及旱情的发展,对农业生产造成显著影响。持续性昼夜极端高温事件会加速逼熟乳熟期早稻从而造成减产;持续性昼夜极端高温事件使棉花产区(如新疆)棉花蒸腾作用加强而导致水分供需失调,造成严重的萎蔫、落蕾和落铃现象;昼夜同发极端高温事件还会使城镇居民用水、用电量激增,还会增加中暑、心脑血管疾病和胃肠疾病等的发病率。昼夜极端低温事件开始日期早晚和时间长度变化会直接影响牲畜越冬生存、积雪消融速率、春耕期、果树产量、人体免疫力和呼吸道疾病发病率等。因此这种昼夜并发极端温度事件更值得我们深入研究。鉴于此,本书选择昼夜并发极端高温事件和昼夜并发极端低温事件的频次、强度、持续日数、强度最大值、持续日数最大值、开始日期、结束日期和时间长度等指标展开研究。

目前大多数研究集中于温度、降水、大气环流场和冰雪面积变化的模拟评估和预估,而对于昼夜并发极端温度事件的预估研究相对较少。在数据方面,由于 CMIP6 数据目前可供使用的气候模式较少且分辨率较低,这极大地增加了极端温度研究中的不确定性。因此本书选择气候模式数量多、分辨率高的 CMIP5 统计降尺度的气候模式数据集来展开对新疆夏季昼夜极端高温、冬季昼夜低温事件的模拟评估和未来气候情景预估研究。

1.6 研究区概况

1.6.1 研究区特征

1.6.1.1 西北干旱区

（1）地理位置

西北干旱区位于 34°N～48°N,73°E～107°E 之间,位于我国西北边陲,深居欧亚大陆中心腹地,总面积约为 $2.53×10^6 km^2$,约占我国陆地总面积的四分之一,主要包括新疆维吾尔自治区、青海柴达木盆地、内蒙古自治区贺兰山以西地区以及甘肃省河西走廊地区。西北干旱区东西、南北跨度很大,南邻青海省和四川省,东部与陕西相接,东北部与内蒙古自治区相连,并与蒙古国、俄罗斯、哈萨克斯坦、吉尔吉斯斯坦、塔吉克斯坦、阿富汗等国家和地区相接,地理位置非常重要,是我国古代丝绸之路的中转站,也是我国联系中亚及欧洲国家的重要纽带。

（2）地形地貌特征

西北干旱区地域广袤,地形地貌复杂,最突出的地貌特征是山脉、盆地相间分布,其北部西缘有阿尔泰山,南部有昆仑山、阿尔金山、祁连山等高山,东部有贺兰山,西部为帕米尔高原,中部为天山山脉,西北干旱区西段为伊犁河谷地区,其东段下陷为吐鲁番-哈密盆地,高大的山脉包围着塔里木盆地、准噶尔盆地和柴达木盆地,高山和盆地的海拔悬殊,山脉海拔多在 3000m 以上,盆地海拔大多在 250～500m 之间,吐鲁番盆地的艾丁湖是西北干旱区海拔最低的地方,海拔为 $-155m$。

(3)气候特征

西北干旱区气候总特征为干旱少雨、多沙尘天气、气温日较差较大。西北干旱区冬季天气寒冷,主要受蒙古-西伯利亚冷高压的控制;夏季,地表吸收强烈太阳辐射后增温迅速;春、秋季节冷空气影响频繁,冷热变化十分剧烈。西北干旱区深居内陆、地形复杂,外加山脉的阻挡,来自海洋的暖湿气流很难到达此地,因此干旱就成为西北干旱区最显著的气候特征。且各地纬度和海拔不同,使得西北干旱区气候十分复杂。

西北干旱区降水量的空间分布受下垫面影响非常显著,青藏高原、天山、祁连山等高大山系对西北干旱区降水的分布影响强烈,高大山系阻挡来自东南方向的暖湿水汽到达西北干旱区中部,即使少部分水汽到达这里,大多都集中在对流层中高层区域,同样很难形成有效降水。在许多高大山脉的迎风坡,水汽不断被抬升,发生凝结,容易形成有效降水;而在地势偏低的盆地、沙漠及戈壁地带,水汽大多以下沉气流为主,空气绝热增温,很难形成降水,如柴达木盆地、塔克拉玛干沙漠、河西走廊西部地区、内蒙古西部的巴丹吉林沙漠等地年降水量一般均不超过50mm,形成极端干旱区。受西风带的影响较大的新疆北部和西部山区,年降水量一般大于400mm。

西北干旱区气温受地形因素影响非常显著,所以气温的空间差异较大。西北干旱区气温从东南向西北方向逐渐递减。东部季风所携带的暖湿气流可以到达陕西省和甘肃省位于秦岭以南的地区,因此该地区气候较温暖湿润,年均气温在12℃以上;陕西省和甘肃省不受东部季风作用的地区以及宁夏的年均气温大概在8℃左右;而青海省的东南部地区,年均气温只有−4～0℃;位于西北干旱区西北部的天山山区一带,气温随海拔升高而迅速降低,成为西北干旱区年均气温最低的地方。

1.6.1.2 新疆

新疆地处欧亚大陆中心腹地,远离海洋,降水稀少,光热和风力资源丰富,蒸发量大,自然环境极端脆弱和复杂多样。新疆位于我国西北边陲地区,陆地总面积约为166万km²,约占我国陆地面积的六分之一。新疆地形总体轮廓俗称"三山夹二盆",高山环抱盆地,其北部是阿尔泰山系,南部是昆仑山系,中部是天山山系;通常把天山以南地区称为南疆地区,天山以北地区称为北疆地区,哈密和吐鲁番一带称为吐哈盆地。

新疆气候总特征为干旱少雨,年降水量为158mm,仅占东部季风区年降水量的25%(Yao等,2019),以戈壁为主的下垫面迅速吸收太阳辐射导致地面水分蒸发加速,使气候更加干燥,沙尘暴天气多发,气温日较差较大。新疆地区冬季主要受蒙古-西伯利亚高压控制,气温较低,天气异常寒冷,风雪天气居多;夏季,地表强烈吸收太阳辐射后增温迅速,气温日较差大;春、秋季节受冷空气影响频繁,冷热变化十分剧烈。新疆深居内陆、地形复杂,来自海洋的暖湿气流经过长距离输送外加山脉的阻挡,很难到达此地,因此干旱就成为新疆最显著的气候特征。且各地纬度和海拔不同,使得新疆气候十分复杂。

1.6.2 资料来源

(1)气象资料:本书所用站点数据资料来源于中国气象数据网,考虑到资料缺测情况,本书选取 1960 年 1 月 1 日至 2013 年 12 月 31 日西北干旱区 72 个站点日尺度的降水量、最高气温和最低气温资料,运用 T 检验法和多元回归法对 72 个站点(表 1-1)数据进行缺测值插补、均一化检验及订正。

表 1-1 西北干旱区站点信息

序号	所属省区	站号	站点名称	经度/(°)	纬度/(°)
1	新疆	51053	哈巴河	86.40	48.05
2	新疆	51068	福海	87.47	47.12
3	新疆	51076	阿勒泰	88.08	47.73
4	新疆	51133	塔城	83.00	46.73
5	新疆	51156	和布克赛尔	85.72	46.78
6	新疆	51186	青河	90.38	46.67
7	新疆	51232	阿拉山口	82.57	45.18
8	新疆	51241	托里	83.60	45.93
9	新疆	51243	克拉玛依	84.85	45.62
10	新疆	51288	北塔山	90.53	45.37
11	新疆	51330	温泉	81.02	44.97
12	新疆	51334	精河	82.90	44.62
13	新疆	51346	乌苏	84.67	44.43
14	新疆	51365	蔡家湖	87.53	44.20
15	新疆	51379	奇台	89.57	44.02
16	新疆	51431	伊宁	81.33	43.95

续表

序号	所属省区	站号	站点名称	经度/(°)	纬度/(°)
17	新疆	51437	昭苏	81.13	43.15
18	新疆	51463	乌鲁木齐	87.65	43.78
19	新疆	51467	巴仑台	86.30	42.73
20	新疆	51477	达板城	88.32	43.35
21	新疆	51495	七角井	91.73	43.22
22	新疆	51526	库米什	88.22	42.23
23	新疆	51542	巴音布鲁克	84.15	43.03
24	新疆	51567	焉耆	86.57	42.08
25	新疆	51573	吐鲁番	89.20	42.93
26	新疆	51628	阿克苏	80.23	41.17
27	新疆	51633	拜城	81.90	41.78
28	新疆	51642	轮台	84.25	41.78
29	新疆	51644	库车	82.97	41.72
30	新疆	51656	库尔勒	86.13	41.75
31	新疆	51701	吐尔尕特	75.40	40.52
32	新疆	51705	乌恰	75.25	39.72
33	新疆	51709	喀什	75.98	39.47
34	新疆	51711	阿合奇	78.45	40.93
35	新疆	51716	巴楚	78.57	39.80
36	新疆	51720	柯坪	79.05	40.50
37	新疆	51730	阿拉尔	81.27	40.55
38	新疆	51765	铁干里克	87.70	40.63

续表

序号	所属省区	站号	站点名称	经度/(°)	纬度/(°)
39	新疆	51777	若羌	88.17	39.03
40	新疆	51804	塔什库尔干	75.23	37.77
41	新疆	51811	莎车	77.27	38.43
42	新疆	51818	皮山	78.28	37.62
43	新疆	51828	和田	79.93	37.13
44	新疆	51839	民丰	82.72	37.07
45	新疆	51855	且末	85.55	38.15
46	新疆	51931	于田	81.65	36.85
47	新疆	52101	巴里塘	93.05	43.60
48	新疆	52203	哈密	93.52	42.82
49	新疆	52313	红柳河	94.67	41.53
50	甘肃	52323	马鬃山	97.03	41.80
51	内蒙古	52378	拐子湖	102.37	41.37
52	甘肃	52418	敦煌	94.68	40.15
53	甘肃	52424	安西	95.77	40.53
54	甘肃	52436	玉门镇	97.03	40.27
55	甘肃	52446	鼎新	99.52	40.30
56	内蒙古	52495	巴音毛道	104.80	40.17
57	甘肃	52533	酒泉	98.48	39.77
58	甘肃	52546	高台	99.83	39.37
59	内蒙古	52576	阿拉善右旗	101.68	39.22
60	甘肃	52652	张掖	100.43	38.93

续表

序号	所属省区	站号	站点名称	经度/(°)	纬度/(°)
61	甘肃	52661	山丹	101.08	38.80
62	甘肃	52674	永昌	101.97	38.23
63	甘肃	52679	武威	102.67	37.92
64	甘肃	52681	民勤	103.08	38.63
65	甘肃	52787	乌鞘岭	102.87	37.20
66	甘肃	52797	景泰	104.05	37.18
67	内蒙古	53502	吉兰太	105.75	39.78
68	宁夏	53519	惠农	106.77	39.22
69	内蒙古	53602	阿拉善左旗	105.67	38.83
70	宁夏	53614	银川	106.22	38.48
71	宁夏	53615	陶乐	106.70	38.80
72	宁夏	53705	中宁	105.68	37.48

(2)极端气候指数:本书从世界气象组织气候学委员会制定的"气候变化监测指标体系"中选用极端气候指数,这个指标体系从不同层面确定了16个极端气温指数和11个极端降水指数,本书依据西北干旱区气温、降水特征,从不同层面选取了6个极端气温指数[冷夜日数(TN10P)、冷昼日数(TX10P)、霜冻日数(FD0)、暖夜日数(TN90P)、夏季日数(SU25)、暖昼日数(TX90P)]和6个极端降水指数[一日最大降水量(RX1day)、降水强度(SDII)、强降水日数(R10)、五日最大降水量(RX5day)、强降水量(R95p)、持续干燥日数(CDD)],如表1-2所示,其中冷指数和暖指数各3个,湿润指数5个,干旱指数1个,并用RClimDex软件对所选取的12个极端气候指数进行计算,进而对西北干旱区极端气候事件进行分析。

表1-2　　　　　　　　　　　极端气候指数

极端气候指数	缩写	定义	单位
霜冻日数	FD0	一年中日最低温<0℃的日数	d

极端气候指数	缩写	定义	单位
夏季日数	SU25	日最高气温＞25℃的日数	d
冷夜日数	TN10P	日最低气温＜10％分位值的日数	d
暖夜日数	TN90P	日最低气温＞90％分位值的日数	d
冷昼日数	TX10P	日最高温＜10％分位值的日数	d
暖昼日数	TX90P	日最高温＞90％分位值的日数	d
五日最大降水量	RX5day	每月内连续五日的最大降水量	mm
一日最大降水量	RX1day	每月内连续五日的最大降水量	mm
持续干燥指数	CDD	日降水量＜1mm的最长连续日数	d
普通日降水强度	SDII	降水量≥1mm的总量与日数之比	mm
强降水日数	R10	每年日降水量≥10mm的总日数	d
强降水量	R95p	95％分位值强降水之和	mm

(3)500hPa高度场资料：选用美国国家环境预报中心(NCEP)和国家大气研究中心(NCAR)的1960—2013年500hPa高度场资料，分辨率是 $2.5°×2.5°$。数据可在 https://www.psl.noaa.gov/data/gridded/data.ncep.reanalysis.derived.surface.html网页下载。

(4)云量资料：来源于欧洲中期天气预报中心ERA-20C的1960—2010年低云量数据，分辨率是 $1°×1°$。

(5)水汽通量资料：来源于欧洲中期天气预报中心1960—2013年逐月水汽通量资料，包括八个标准气压层的风场(u,v 分量)、比湿 q 和相应的地面气压(P_s)数据资料。

(6)海温资料：选用美国国家环境预报中心和美国国家大气研究中心的NOAA重构的1960—2013年 $2°×2°$ 海温数据资料。

(7)全球气候模式数据：选用美国国家航空航天局发布的全球逐日降尺度数据集(NASA Earth Exchange Global Daily Downscaled Projection，NEX-GDDP)。这套数据共有21个全球气候模式历史数据(1961—2005年)以及未来气候情景预估数据：低辐射强迫情景(RCP4.5)和高辐射强迫情景(RCP8.5)的日尺度气温数据(2006—2100年)(表1-3)，由于其中2个气候模式数据缺乏2100年预估数据，因此本书未来预估时段选择 2006—2099 年,数据空间分辨率为 0.25°×0.25°,该数据可通过 https://nex.nasa.gov/nex/projects/1356/获取。

(8)CN05.1 格点观测数据:来自国家气象中心约 2400 个国家级气象站的观测资料,分别采用角距权重法和薄盘样条函数插值、叠加处理后得到逐日气温和降水格点数据(吴佳等,2013),分辨率为 0.25°×0.25°。

表 1-3 全球气候模式信息

编号	模式名称	研究机构
1	ACCESS1-0	联邦科学与工业研究组织和气象局(澳大利亚)
2	bcc-csm1-1	国家气候中心(中国)
3	BNU-ESM	北京师范大学(中国)
4	CanESM2	加拿大气候模拟与分析中心(加拿大)
5	CCSM4	美国国家大气研究中心(美国)
6	CESM1-BGC	美国国家大气研究中心(美国)
7	CNRM-CM5	法国国家气象研究中心(法国)
8	CSIRO-Mk3-6-0	联邦科学与工业研究组织(澳大利亚)
9	GFDL-CM3	美国地球物理流体动力学实验室(美国)
10	GFDL-ESM2G	美国地球物理流体动力学实验室(美国)
11	GFDL-ESM2M	美国地球物理流体动力学实验室(美国)
12	inmcm4	俄罗斯数值模拟研究所(俄罗斯)
13	IPSL-CM5A-LR	法国 Pierre-Simon Laplace 研究所(法国)
14	IPSL-CM5A-MR	法国 Pierre-Simon Laplace 研究所(法国)
15	MIROC5	东京大学大气海洋研究所, 国立环境研究所和日本海洋地球科学技术研究所(日本)
16	MIROC-ESM	东京大学大气海洋研究所, 国立环境研究所和日本海洋地球科学技术研究所(日本)
17	MIROC-ESM-CHEM	东京大学大气海洋研究所, 国立环境研究所和日本海洋地球科学技术研究所(日本)

续表

编号	模式名称	研究机构
18	MPI-ESM-LR	德国马克斯·普朗克气象研究所(德国)
19	MPI-ESM-MR	德国马克斯·普朗克气象研究所(德国)
20	MRI-CGCM3	日本气象研究所(日本)
21	NorESM1-M	挪威气候中心(挪威)

1.6.3 指标定义

昼夜极端高温、昼夜极端低温事件频次、强度、持续日数、强度最大值、持续日数最大值、开始日期、结束日期和时间长度等指标的详细定义见表1-4、表1-5。

表1-4　　　　　　　　　　　**昼夜极端高温事件及各指标定义**

名称	缩写	定义	单位
昼夜极端高温事件	CDNH	同时满足以下3个条件,记为一次昼夜极端高温事件: (1)日最高温≥1960—2016年日最高温90%分位阈值; (2)日最低温≥1960—2016年日最低温90%分位阈值; (3)至少持续3天	次
频次	CDNHF	每年昼夜极端高温事件发生次数之和	次
强度	CDNHI	每年每次昼夜极端高温事件强度之和	℃^{2}
持续日数	CDNHD	每年每次昼夜极端高温事件持续日数之和	d
强度最大值	CDNHMI	每年发生昼夜极端高温事件的强度最大值	℃^{2}
持续日数最大值	CDNHMD	每年发生昼夜极端高温事件的持续日数最大值	d
开始日期	CDNHS	当年第一次出现昼夜极端高温事件的日期	—
结束日期	CDNHE	当年最后一次出现昼夜极端高温事件的日期	—
时间长度	CDNHL	当年第一次昼夜极端高温事件发生日期和最后一次昼夜极端高温事件结束日期之间的时间段	d

表 1-5 昼夜极端低温事件及各指标定义

名称	缩写	定义	单位
昼夜极端低温事件	CDNC	同时满足以下 3 个条件,记为一次昼夜极端低温事件: (1)日最高温≤1960—2016 年日最高温 10% 分位阈值; (2)日最低温≤1960—2016 年日最低温 10% 分位阈值; (3)至少持续 3 天	次
频次	CDNCF	每年昼夜极端低温事件发生次数之和	次
强度	CDNCI	每年每次极端低温事件强度之和	℃^{2}
持续日数	CDNCD	每年每次极端低温事件持续日数之和	d
强度最大值	CDNCMI	每年发生昼夜极端低温事件的强度最大值	℃^{2}
持续日数最大值	CDNCMD	每年发生昼夜极端低温事件的持续日数最大值	d
开始日期	CDNCS	当年第一次出现昼夜极端低温事件的日期	—
结束日期	CDNCE	当年最后一次出现昼夜极端低温事件的日期	—
时间长度	CDNCL	当年第一次昼夜极端低温事件发生日期和最后一次昼夜极端低温事件结束日期之间的时间段	d

1.7 研究内容与技术路线

1.7.1 研究内容

(1)极端气候指数时空变化特征

从世界气象组织气候学委员会制定的"气候变化监测指标体系"中选取 6 个极端气温指数和 6 个极端降水指数,运用经验正交函数分解法、气候倾向率、Mann-Kendall 趋势检验分析西北干旱区各个极端气温、降水指数的时间变化特征和空间变化趋势。

（2）极端气候指数突变和周期分析

运用 Mann-Kendall 突变检验法检验各个极端气温、降水指数时间序列的突变特征；运用 Morlet 连续小波法来分析西北干旱区各个极端气温、降水指数周期变化特征；探讨极端气温、降水事件在时间上的突变和周期变化规律。

（3）西北干旱区极端气候事件与大气环流和海表温度的联系

利用高度场资料、云量资料、水汽通量资料、海温资料与有代表性的极端气温、降水指数做合成分析，初步探讨西北干旱区极端气温、降水事件变化与云量场、海温场、环流场、水汽通量场之间存在的可能联系，揭示大气环流和海表温度对极端气候事件的可能影响。

综合考虑白天和夜间并发的昼夜极端高温和低温事件，围绕新疆夏季昼夜极端高温、冬季昼夜低温事件发生频次、强度、持续日数、强度最大值、持续日数最大值、开始日期、结束日期和时间长度等指标全面分析 1960—2016 年新疆昼夜极端温度事件各指标的时间变化特征、空间分布规律和空间变化趋势。

为了确保得到可信度高的极端温度事件突变点，本书共采用 6 种突变检测方法来检测昼夜极端高温和低温事件各指标是否存在突变现象，在此基础上分析极端温度事件在突变前后的变化特征。

主要从大气环流异常出发，分析极端高温事件在凉夏年、热夏年和极端低温事件在冷冬年、暖冬年对应的大气环流背景场特征，探讨驱动极端高温、低温事件异常的关键环流因子，主要包括极地-欧亚遥相关型（POL）指数和北极涛动（AO）分别对新疆夏季昼夜极端高温和冬季昼夜极端低温事件空间分布格局的影响。

综合评估和检验单个模式和多模式集合对新疆夏季昼夜极端高温、冬季昼夜低温事件各指标的模拟性能优劣，运用优选后的 PLS 多模式集合对新疆夏季昼夜极端高温、冬季昼夜极端低温事件进行模拟评估和未来气候情景预估。

1.7.2 技术路线

本书技术路线图如图 1-2、图 1-3 所示。

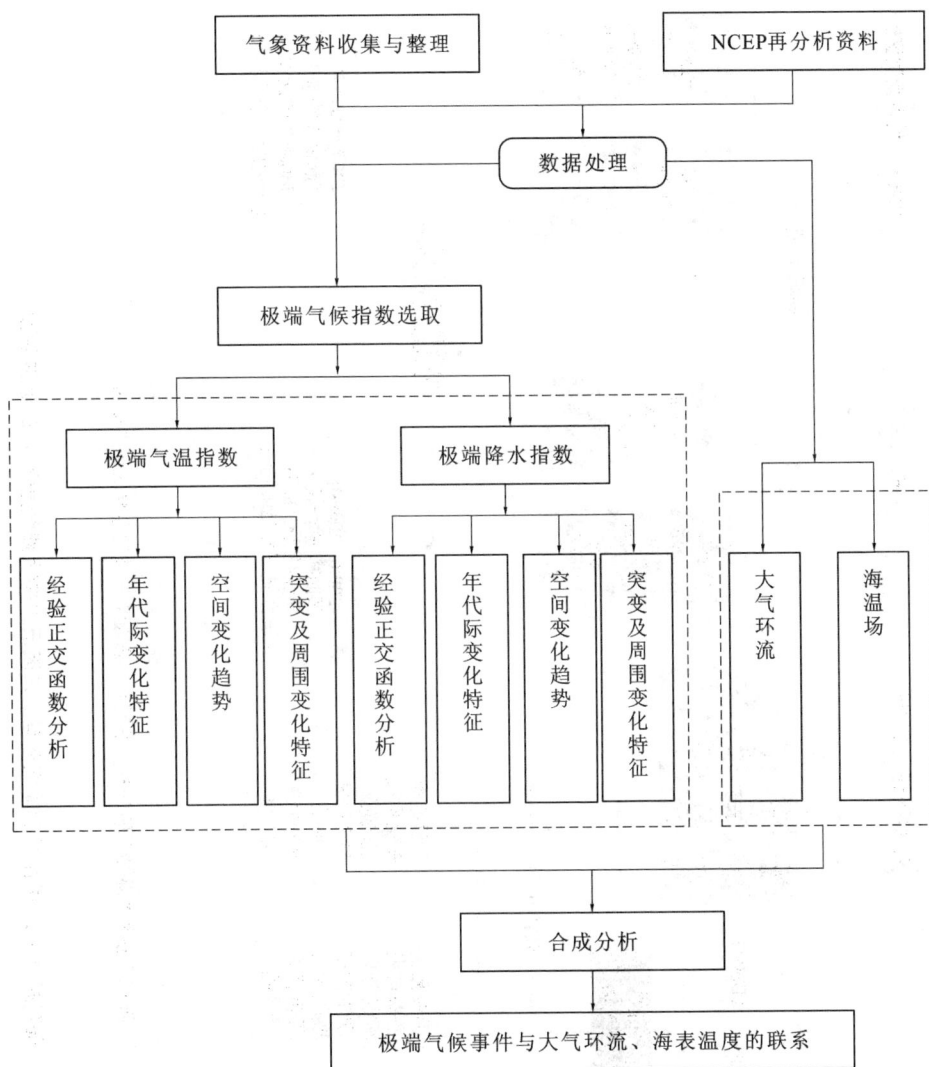

图 1-2　极端气候事件与大气环流、海表温度联系的研究路线图

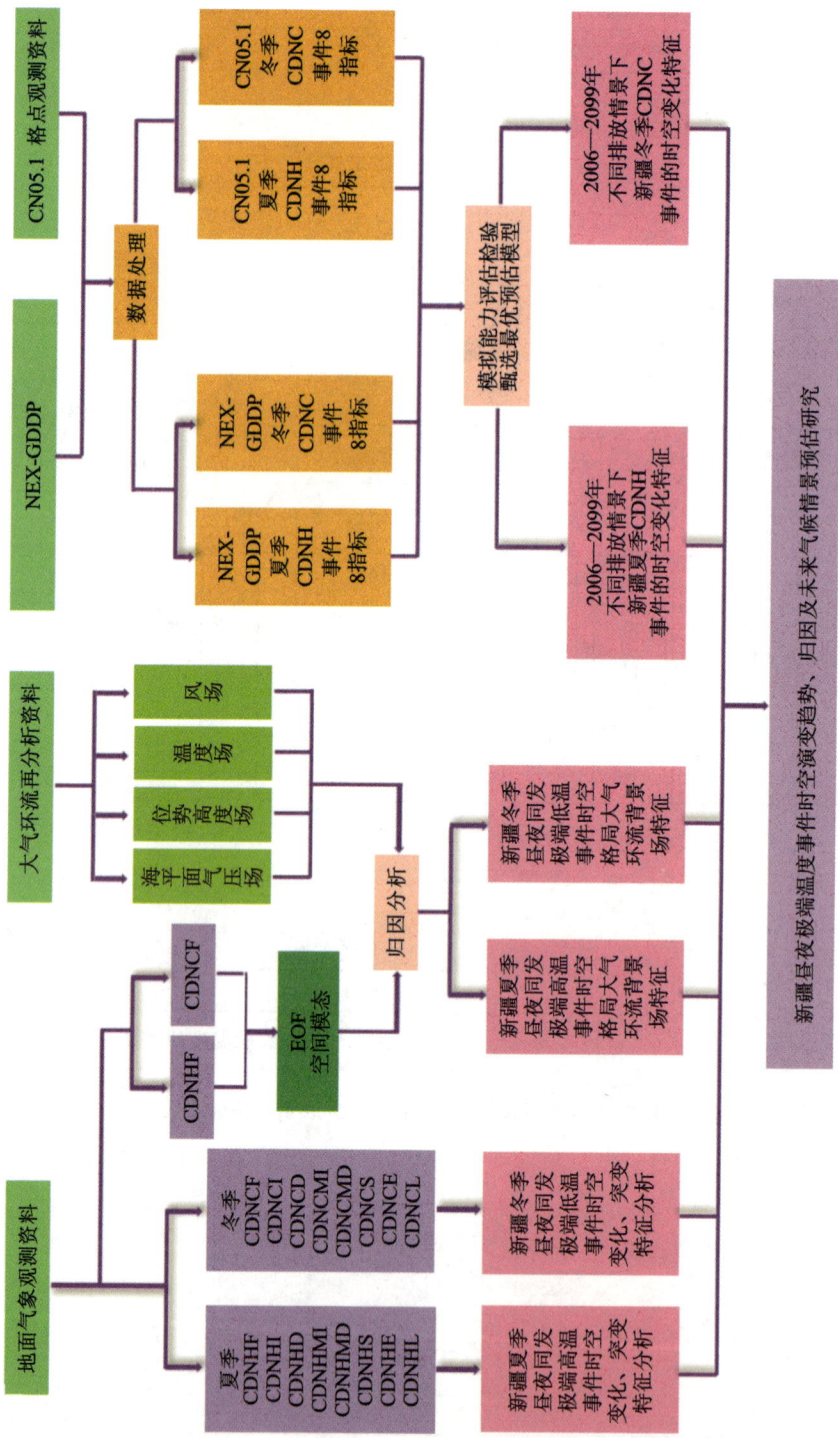

图 1-3 昼夜极端温度事件时空演变趋势、归因及未来气候情景预估研究路线图

数据源：CN05.1 格点观测资料；NEX-GDDP；大气环流再分析资料；地面气象观测资料

数据处理

CN05.1 冬季 CDNC 事件8指标；CN05.1 夏季 CDNH 事件8指标；NEX-GDDP 冬季 CDNC 事件8指标；NEX-GDDP 夏季 CDNH 事件8指标

模拟能力评估检验 甄选最优预估模型

2006—2099年 不同排放情景下 新疆冬季CDNC 事件的时空变化特征

2006—2099年 不同排放情景下 新疆夏季CDNH 事件的时空变化特征

风场；温度场；位势高度场；海平面气压场

CDNCF；CDNHF

EOF 空间模态

归因分析

新疆冬季 昼夜同发 极端低温 事件局地大气 环流背景 场特征

新疆夏季 昼夜同发 极端高温 事件局地大气 环流背景 场特征

冬季 CDNCF CDNCI CDNCD CDNCMI CDNCMD CDNCS CDNCE CDNCL

夏季 CDNHF CDNHI CDNHD CDNHMI CDNHMD CDNHS CDNHE CDNHL

新疆冬季 昼夜同发 极端低温 事件时空 变化、突变 特征分析

新疆夏季 昼夜同发 极端高温 事件时空 变化、突变 特征分析

新疆昼夜极端温度事件时空演变趋势、归因及未来气候情景预估研究

2 干旱区极端气温变化特征

2.1 极端气温指数变化特征

2.1.1 极端气温指数 EOF 时空特征分析

(1)霜冻日数 EOF 时空特征分析

西北干旱区霜冻日数 EOF 分解的第一、第二载荷向量(LV1、LV2)及对应的第一、第二模态标准化时间系数(PC1、PC2)如表 2-1、表 2-2、图 2-1 所示。方差贡献率为 55.6%,能反映西北干旱区霜冻日数时空变化的主要特征。全区绝大部分地区 LV1 均为正值,表明西北干旱区霜冻日数变化在第一空间尺度上具有很好的一致性,即霜冻日数一致偏多或者偏少,霜冻日数的这种变化特征可能受到相同气候态影响。高值区大致在河西走廊地区,说明该地区霜冻日数较多。第一模态标准化时间系数在 20 世纪 90 年代初由正值转为负值,表明西北干旱区霜冻日数在 20 世纪 90 年代初期以前呈增加趋势,在 20 世纪 90 年代初期之后呈减少趋势。

EOF2 的空间分布大致呈现南、北反相的变化特征,即南疆地区霜冻日数多、北疆和河西走廊地区霜冻日数少的分布形式,反之亦然,其原因可能是蒙古的高压冷空气受到天山山脉的阻挡,导致南疆地区和北疆、河西走廊地区出现霜冻日数的步调不一致。结合第二模态标准化时间系数可看出,北疆和河西走廊地区霜冻日数在 20 世纪 60 年代到 80 年代初期呈增加趋势,而南疆地区呈减少趋势;北疆和河西走廊地区霜冻日数在 20 世纪 80 年代初到 90 年代末期呈减少趋势,而南疆地区呈增加趋势;2008—2013 年南疆地区霜冻日数呈增加趋势,而北疆和河西走廊地区霜冻日数呈减少趋势。

表 2-1　　　　　　　　　　　　霜冻日数第一、二载荷向量

序号	站号	经度/(°)	纬度/(°)	LV1	LV2
1	51053	86.40	48.05	0.80	−0.42
2	51068	87.47	47.12	0.83	−0.41
3	51076	88.08	47.73	0.64	−0.50
4	51133	83.00	46.73	0.84	−0.32
5	51156	85.72	46.78	0.77	−0.42
6	51186	90.38	46.67	0.72	−0.34
7	51232	82.57	45.18	0.68	−0.19
8	51241	83.60	45.93	0.83	−0.33
9	51243	84.85	45.62	0.70	−0.27
10	51288	90.53	45.37	0.70	−0.28
11	51330	81.02	44.97	0.73	−0.21
12	51334	82.90	44.62	0.70	−0.23
13	51346	84.67	44.43	0.64	−0.27
14	51365	87.53	44.20	0.79	−0.25
15	51379	89.57	44.02	0.66	−0.38
16	51431	81.33	43.95	0.70	0.10
17	51437	81.13	43.15	0.82	−0.17
18	51463	87.65	43.78	0.63	−0.17
19	51467	86.30	42.73	0.82	0.07
20	51477	88.32	43.35	0.77	−0.14
21	51495	91.73	43.22	0.89	−0.02

续表

序号	站号	经度/(°)	纬度/(°)	LV1	LV2
22	51526	88.22	42.23	0.79	−0.05
23	51542	84.15	43.03	0.57	−0.34
24	51567	86.57	42.08	0.87	0.05
25	51573	89.20	42.93	0.85	0.09
26	51628	80.23	41.17	0.85	0.34
27	51633	81.90	41.78	0.67	0.49
28	51642	84.25	41.78	0.83	0.26
29	51644	82.97	41.72	0.07	0.58
30	51656	86.13	41.75	0.67	0.44
31	51701	75.40	40.52	0.53	−0.27
32	51705	75.25	39.72	0.78	0.12
33	51709	75.98	39.47	0.62	0.56
34	51711	78.45	40.93	0.88	0.10
35	51716	78.57	39.80	0.64	0.60
36	51720	79.05	40.50	0.58	0.64
37	51730	81.27	40.55	0.35	0.60
38	51765	87.70	40.63	0.70	0.25
39	51777	88.17	39.03	0.81	0.34
40	51804	75.23	37.77	0.63	−0.04
41	51811	77.27	38.43	0.63	0.63
42	51818	78.28	37.62	0.58	0.66
43	51828	79.93	37.13	0.76	0.29

序号	站号	经度/(°)	纬度/(°)	LV1	LV2
44	51839	82.72	37.07	0.76	0.29
45	51855	85.55	38.15	0.72	0.37
46	51931	81.65	36.85	0.46	0.70
47	52101	93.05	43.60	0.84	−0.22
48	52203	93.52	42.82	0.77	−0.05
49	52313	94.67	41.53	0.75	−0.08
50	52323	97.03	41.80	0.61	0.18
51	52378	102.37	41.37	0.83	−0.13
52	52418	94.68	40.15	0.90	0.05
53	52424	95.77	40.53	0.81	0.02
54	52436	97.03	40.27	0.76	0.16
55	52446	99.52	40.30	0.82	0.07
56	52495	104.80	40.17	0.64	0.00
57	52533	98.48	39.77	0.81	0.14
58	52546	99.83	39.37	0.77	−0.01
59	52576	101.68	39.22	0.87	−0.21
60	52652	100.43	38.93	0.82	−0.11
61	52661	101.08	38.80	0.84	−0.19
62	52674	101.97	38.23	0.72	−0.08
63	52679	102.67	37.92	0.82	0.10
64	52681	103.08	38.63	0.88	0.01
65	52787	102.87	37.20	0.74	−0.06

续表

序号	站号	经度/(°)	纬度/(°)	LV1	LV2
66	52797	104.05	37.18	0.83	−0.04
67	53502	105.75	39.78	0.85	−0.05
68	53519	106.77	39.22	0.80	−0.07
69	53602	105.67	38.83	0.83	−0.18
70	53614	106.22	38.48	0.84	−0.09
71	53615	106.70	38.80	0.76	−0.06
72	53705	105.68	37.48	0.75	−0.05

表 2-2 霜冻日数解释的总方差

成分	初始特征值			提取平方和载入		
	合计	方差/%	累积/%	合计	方差/%	累积/%
1	40.060	55.639	55.639	40.060	55.639	55.639
2	6.518	9.053	64.692	6.518	9.053	64.692
3	4.663	6.477	71.169	4.663	6.477	71.169
4	2.91	4.042	75.211	2.91	4.042	75.211
5	2.203	3.06	78.271	2.203	3.06	78.271
6	1.78	2.472	80.744	1.78	2.472	80.744
7	1.483	2.059	82.803	1.483	2.059	82.803
8	1.119	1.554	84.357	1.119	1.554	84.357

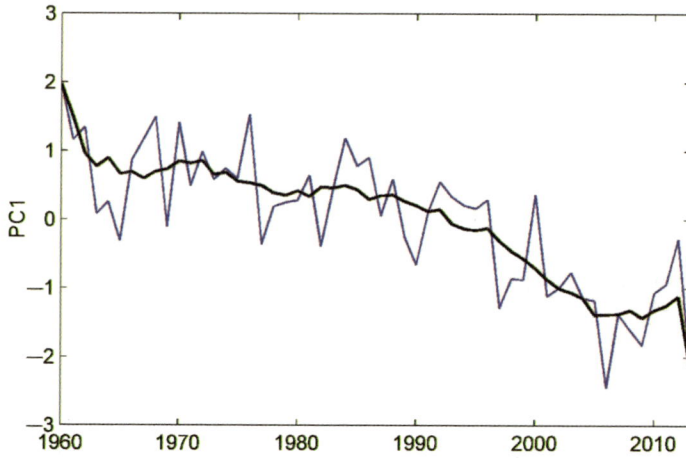

(a)

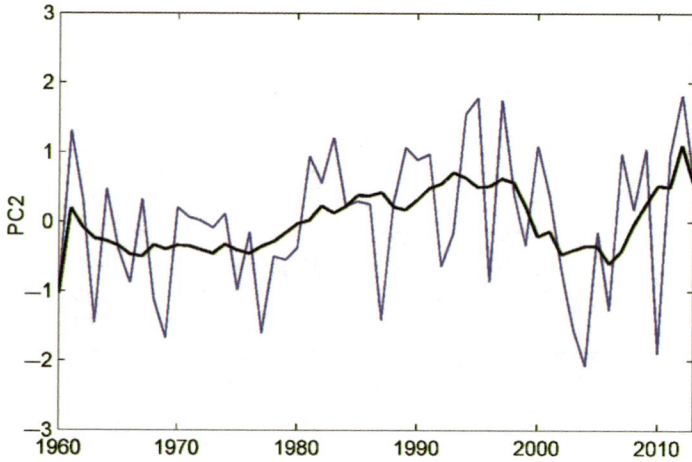

(b)

图 2-1　西北干旱区霜冻日数标准化时间系数

（a）第一模态标准化时间系数；（b）第二模态标准化时间系数

（2）夏季日数 EOF 时空特征分析

西北干旱区夏季日数 EOF 分解的第一、第二载荷向量（LV1、LV2）及对应的第一、第二模态标准化时间系数（PC1、PC2）如表 2-3、表 2-4、图 2-2 所示。方差贡献率为 45.8%，能反映西北干旱区夏季日数时空变化的主要特征。全区 LV1 均为正值，表明西北干旱区夏季日数呈现一致偏多或者偏少特征，高值区（0.6 以上）大致在南疆地区、河西走廊地区，说明该地区夏季日数较多。第一模态标准化时间系数具有明显的年际和年代际变化特征，高值年与空间模态正值区乘积结果表示该地区夏季日数多，高值年与空间模态负值区乘积结果表示该地区夏季日数少。可以清楚地看出，西北干旱区夏季日数在 20 世纪 60 年代到 90 年代初呈增加趋势，而从 20 世纪 90 年代初开始，西北干旱区夏季日数显著增加。

EOF2 空间型表明西北干旱区大致可以分为三个区域，即北疆地区、南疆地区和河西走廊地区，北疆地区为高值区（0.2 以上），河西走廊地区为低值区（−0.2 以下）。北疆地区夏季日数多时，南疆地区和河西走廊地区夏季日数少。结合第二模态标准化时间系数（PC2）可看出，南疆和河西走廊地区夏季日数在 20 世纪 60 年代初到 70 年代初呈增加趋势，而在北疆地区夏季日数呈减少趋势；南疆和河西走廊地区夏季日数在 20 世纪 70 年代初到 80 年代末呈减少趋势，而北疆地区夏季日数呈增加趋势。

表 2-3　　　　　　　　　　夏季日数第一、二载荷向量

序号	站号	经度/(°)	纬度/(°)	LV1	LV2
1	51053	86.40	48.05	0.55	0.48
2	51068	87.47	47.12	0.62	0.47
3	51076	88.08	47.73	0.54	0.42
4	51133	83.00	46.73	0.66	0.55
5	51156	85.72	46.78	0.50	0.24
6	51186	90.38	46.67	0.61	0.02
7	51232	82.57	45.18	0.41	0.68
8	51241	83.60	45.93	0.55	0.39
9	51243	84.85	45.62	0.47	0.62
10	51288	90.53	45.37	0.44	0.10
11	51330	81.02	44.97	0.06	0.45

序号	站号	经度/(°)	纬度/(°)	LV1	LV2
12	51334	82.90	44.62	0.64	0.55
13	51346	84.67	44.43	0.70	0.49
14	51365	87.53	44.20	0.71	0.50
15	51379	89.57	44.02	0.74	0.34
16	51431	81.33	43.95	0.76	0.38
17	51437	81.13	43.15	0.42	0.55
18	51463	87.65	43.78	0.34	0.34
19	51467	86.30	42.73	0.51	0.07
20	51477	88.32	43.35	0.67	0.29
21	51495	91.73	43.22	0.86	0.05
22	51526	88.22	42.23	0.75	0.26
23	51542	84.15	43.03	0.08	0.32
24	51567	86.57	42.08	0.88	0.19
25	51573	89.20	42.93	0.61	0.17
26	51628	80.23	41.17	0.82	0.16
27	51633	81.90	41.78	0.78	0.10
28	51642	84.25	41.78	0.78	0.20
29	51644	82.97	41.72	0.73	0.19
30	51656	86.13	41.75	0.00	0.00
31	51701	75.40	40.52	0.79	0.24
32	51705	75.25	39.72	0.22	0.25
33	51709	75.98	39.47	0.71	0.10
34	51711	78.45	40.93	0.44	0.16
35	51716	78.57	39.80	0.76	0.22

续表

序号	站号	经度/(°)	纬度/(°)	LV1	LV2
36	51720	79.05	40.50	0.72	0.18
37	51730	81.27	40.55	0.76	0.05
38	51765	87.70	40.63	0.78	0.16
39	51777	88.17	39.03	0.70	0.07
40	51804	75.23	37.77	0.10	0.21
41	51811	77.27	38.43	0.73	0.13
42	51818	78.28	37.62	0.68	0.13
43	51828	79.93	37.13	0.77	0.09
44	51839	82.72	37.07	0.70	−0.03
45	51855	85.55	38.15	0.77	0.02
46	51931	81.65	36.85	0.74	0.02
47	52101	93.05	43.60	0.63	−0.03
48	52203	93.52	42.82	0.77	0.10
49	52313	94.67	41.53	0.76	−0.06
50	52323	97.03	41.80	0.69	−0.17
51	52378	102.37	41.37	0.64	−0.35
52	52418	94.68	40.15	0.80	−0.14
53	52424	95.77	40.53	0.80	−0.21
54	52436	97.03	40.27	0.83	−0.39
55	52446	99.52	40.30	0.84	−0.35
56	52495	104.80	40.17	0.69	−0.54
57	52533	98.48	39.77	0.84	−0.36
58	52546	99.83	39.37	0.82	−0.41
59	52576	101.68	39.22	0.72	−0.52

续表

序号	站号	经度/(°)	纬度/(°)	LV1	LV2
60	52652	100.43	38.93	0.83	−0.39
61	52661	101.08	38.80	0.67	−0.45
62	52674	101.97	38.23	0.69	−0.19
63	52679	102.67	37.92	0.76	−0.47
64	52681	103.08	38.63	0.00	0.00
65	52787	102.87	37.20	0.67	−0.53
66	52797	104.05	37.18	0.68	−0.48
67	53502	105.75	39.78	0.65	−0.50
68	53519	106.77	39.22	0.67	−0.59
69	53602	105.67	38.83	0.70	−0.44
70	53614	106.22	38.48	0.73	−0.52
71	53615	106.70	38.80	0.63	−0.58
72	53705	105.68	37.48	0.73	−0.52

表 2-4　　　　　　　　　　　　夏季日数解释的总方差

成分	初始特征值			提取平方和载入		
	合计	方差/%	累积/%	合计	方差/%	累积/%
1	32.075	45.822	45.822	32.075	45.822	45.822
2	8.626	12.323	58.145	8.626	12.323	58.145
3	7.364	10.520	68.665	7.364	10.520	68.665
4	3.689	5.270	73.935	3.689	5.270	73.935
5	2.945	4.207	78.142	2.945	4.207	78.142
6	2.118	3.026	81.168	2.118	3.026	81.168

成分	初始特征值			提取平方和载入		
	合计	方差/%	累积/%	合计	方差/%	累积/%
7	1.390	1.985	83.153	1.390	1.985	83.153
8	1.292	1.846	84.999	1.292	1.846	84.999
9	1.002	1.431	86.430	1.002	1.431	86.430

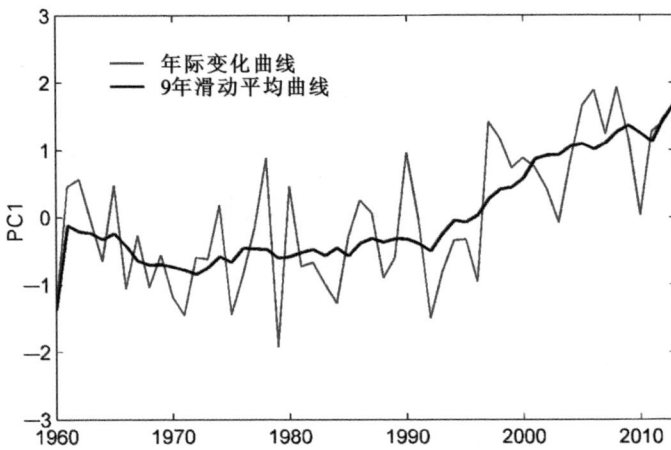

(a)

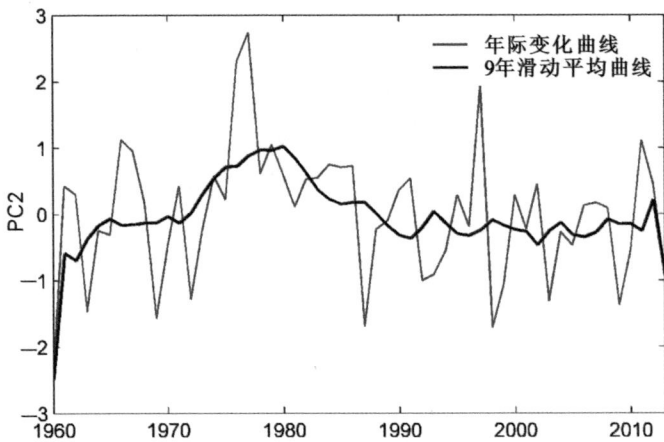

(b)

图 2-2　西北干旱区夏季日数标准化时间系数

(a)第一模态标准化时间系数；(b)第二模态标准化时间系数

（3）冷夜日数 EOF 时空特征分析

西北干旱区冷夜日数 EOF 分解的第一、第二载荷向量（LV1、LV2）及对应的第一、第二模态标准化时间系数（PC1、PC2）如表 2-5、表 2-6、图 2-3 所示。方差贡献率为 61.4%，能反映西北干旱区冷夜日数时空变化的主要特征，全区 LV1 均为正值，表明西北干旱区冷夜日数变化在第一空间尺度上具有很好的一致性，即冷夜日数一致偏多或者偏少。第一模态标准化时间系数整体呈逐年下降趋势，且趋势变化较为迅速，第一模态标准化时间系数（PC1）在 1988 年由正值转为负值，表明西北干旱区冷夜日数在 1988 年后由原来的增加趋势转为减少趋势。

低值区位于北疆及天山山区，高值区位于南疆西南部和河西走廊地区，这一特征代表北疆及天山山区冷夜日数变化趋势与南疆西南部地区及河西走廊地区为相反的空间分布形式。结合第二模态标准化时间系数（PC2）来看，北疆地区冷夜日数在 20 世纪 60 年代初期、20 世纪 70 年代中期到 90 年代中期呈减少趋势，而在 20 世纪 60 年代中期到 70 年代中期及 20 世纪 90 年代中叶之后呈增加趋势，南疆和河西走廊地区变化特征则相反。

表 2-5   冷夜日数第一、二载荷向量

序号	站号	经度/(°)	纬度/(°)	LV1	LV2
1	51053	86.40	48.05	0.81	−0.37
2	51068	87.47	47.12	0.89	−0.26
3	51076	88.08	47.73	0.66	−0.54
4	51133	83.00	46.73	0.85	−0.37
5	51156	85.72	46.78	0.86	−0.37
6	51186	90.38	46.67	0.84	−0.29
7	51232	82.57	45.18	0.90	−0.30
8	51241	83.60	45.93	0.83	−0.21
9	51243	84.85	45.62	0.84	−0.42
10	51288	90.53	45.37	0.75	−0.45
11	51330	81.02	44.97	0.85	−0.18
12	51334	82.90	44.62	0.88	−0.18

续表

序号	站号	经度/(°)	纬度/(°)	LV1	LV2
13	51346	84.67	44.43	0.86	−0.41
14	51365	87.53	44.20	0.79	−0.18
15	51379	89.57	44.02	0.61	−0.61
16	51431	81.33	43.95	0.83	−0.13
17	51437	81.13	43.15	0.85	−0.05
18	51463	87.65	43.78	0.65	−0.41
19	51467	86.30	42.73	0.85	0.10
20	51477	88.32	43.35	0.81	−0.37
21	51495	91.73	43.22	0.88	0.13
22	51526	88.22	42.23	0.85	−0.14
23	51542	84.15	43.03	0.50	−0.14
24	51567	86.57	42.08	0.83	0.00
25	51573	89.20	42.93	0.88	−0.12
26	51628	80.23	41.17	0.91	0.06
27	51633	81.90	41.78	0.81	0.08
28	51642	84.25	41.78	0.78	−0.02
29	51644	82.97	41.72	−0.01	−0.13
30	51656	86.13	41.75	0.82	−0.04
31	51701	75.40	40.52	0.69	0.27
32	51705	75.25	39.72	0.79	0.21
33	51709	75.98	39.47	0.48	0.39
34	51711	78.45	40.93	0.85	0.10

序号	站号	经度/(°)	纬度/(°)	LV1	LV2
35	51716	78.57	39.80	0.78	0.27
36	51720	79.05	40.50	0.57	0.03
37	51730	81.27	40.55	0.51	−0.23
38	51765	87.70	40.63	0.76	0.03
39	51777	88.17	39.03	0.88	0.06
40	51804	75.23	37.77	0.38	0.48
41	51811	77.27	38.43	0.77	0.39
42	51818	78.28	37.62	0.71	0.36
43	51828	79.93	37.13	0.75	0.28
44	51839	82.72	37.07	0.78	0.27
45	51855	85.55	38.15	0.86	0.21
46	51931	81.65	36.85	0.47	0.37
47	52101	93.05	43.60	0.86	−0.06
48	52203	93.52	42.82	0.70	−0.24
49	52313	94.67	41.53	0.90	−0.08
50	52323	97.03	41.80	0.64	−0.20
51	52378	102.37	41.37	0.85	−0.01
52	52418	94.68	40.15	0.94	0.13
53	52424	95.77	40.53	0.81	0.19
54	52436	97.03	40.27	0.82	0.05
55	52446	99.52	40.30	0.81	0.12
56	52495	104.80	40.17	0.50	−0.23

续表

序号	站号	经度/(°)	纬度/(°)	LV1	LV2
57	52533	98.48	39.77	0.80	0.04
58	52546	99.83	39.37	0.75	0.39
59	52576	101.68	39.22	0.86	0.10
60	52652	100.43	38.93	0.84	0.28
61	52661	101.08	38.80	0.90	0.27
62	52674	101.97	38.23	0.78	0.27
63	52679	102.67	37.92	0.70	0.36
64	52681	103.08	38.63	0.86	0.29
65	52787	102.87	37.20	0.83	0.11
66	52797	104.05	37.18	0.84	0.23
67	53502	105.75	39.78	0.79	0.08
68	53519	106.77	39.22	0.76	0.18
69	53602	105.67	38.83	0.88	0.05
70	53614	106.22	38.48	0.82	0.20
71	53615	106.70	38.80	0.83	0.04
72	53705	105.68	37.48	0.84	0.31

表 2-6 **冷夜日数解释的总方差**

成分	初始特征值			提取平方和载入		
	合计	方差/%	累积/%	合计	方差/%	累积/%
1	44.200	61.389	61.389	44.200	61.389	61.389
2	4.764	6.616	68.005	4.764	6.616	68.005
3	3.757	5.218	73.223	3.757	5.218	73.223
4	3.076	4.272	77.495	3.076	4.272	77.495

成分	初始特征值			提取平方和载入		
	合计	方差/%	累积/%	合计	方差/%	累积/%
5	2.133	2.963	80.458	2.133	2.963	80.458
6	1.743	2.421	82.879	1.743	2.421	82.879
7	1.372	1.905	84.784	1.372	1.905	84.784
8	1.237	1.718	86.502	1.237	1.718	86.502

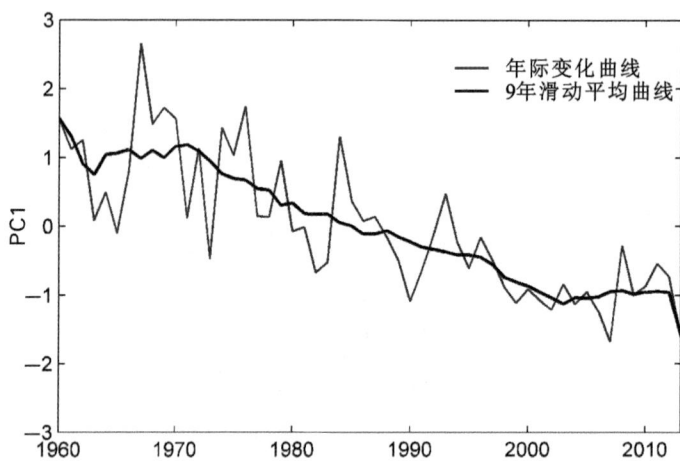

(a)

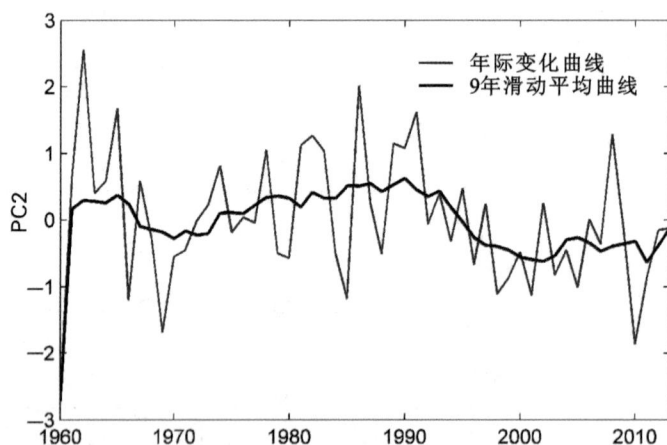

(b)

图 2-3　西北干旱区冷夜日数标准化时间系数

(a)第一模态标准化时间系数;(b)第二模态标准化时间系数

(4)暖夜日数 EOF 时空特征分析

西北干旱区暖夜日数 EOF 分解的第一、第二载荷向量(LV1、LV2)及对应的第一、第二模态标准化时间系数(PC1、PC2)如表 2-7、表 2-8、图 2-4 所示。方差贡献率达到 70%,说明西北干旱区暖夜日数的空间分布特征用第一载荷向量场便可基本反映出来,它表现为区域性的一致偏冷或偏暖,表明西北干旱区暖夜日数变化在第一空间尺度上具有很好的一致性,即暖夜日数一致偏多或者偏少,暖夜日数的这种变化特征可能受到相同的气候态控制。高值区(0.8 以上)大致在河西走廊地区、南疆的东南部地区以及北疆的伊犁河谷地区,说明这些地区暖夜日数较多,出现这种情况可能与上述地区夜间云量多有关。第一模态标准化时间系数具有明显的年际和年代际变化特征,高值年与空间模态正值区的乘积结果表示该地区暖夜日数多,高值年与空间模态负值区的乘积结果表示该地区暖夜日数少。可以清楚地看出,西北干旱区 1960—1991 年暖夜日数呈减少趋势,从 20 世纪 90 年代开始,西北干旱区暖夜日数增加趋势显著。

暖夜日数的空间分布大致呈南北反相的空间分布特征,即北疆地区与南疆及河西走廊地区呈相反的空间变化趋势,北疆地区为高值区(0.3 以上),南疆、河西走廊地区为低值区(0 以下),北疆地区暖夜日数多时,南疆地区和河西走廊地区暖夜日数少,反之亦然,该现象可能云量多寡有关。结合第二模态标准化时间系数(PC2)分布特征来看,南疆和河西走廊地区暖夜日数分别在 20 世纪 60 年代中期到 21 世纪初、20 世纪 70 年代末期到 21 世纪初呈现减少趋势,而后呈现增加趋势,北疆地区变化趋势则相反。

表 2-7 暖夜日数第一、二载荷向量

序号	站号	经度/(°)	纬度/(°)	LV1	LV2
1	51053	86.40	48.05	0.81	0.34
2	51068	87.47	47.12	0.87	0.29
3	51076	88.08	47.73	0.45	0.76
4	51133	83.00	46.73	0.88	0.31
5	51156	85.72	46.78	0.87	0.32
6	51186	90.38	46.67	0.87	0.29
7	51232	82.57	45.18	0.84	0.42
8	51241	83.60	45.93	0.83	0.32

序号	站号	经度/(°)	纬度/(°)	LV1	LV2
9	51243	84.85	45.62	0.60	0.67
10	51288	90.53	45.37	0.77	0.39
11	51330	81.02	44.97	0.80	0.28
12	51334	82.90	44.62	0.87	0.25
13	51346	84.67	44.43	0.64	0.64
14	51365	87.53	44.20	0.83	0.38
15	51379	89.57	44.02	0.23	0.71
16	51431	81.33	43.95	0.89	0.14
17	51437	81.13	43.15	0.89	0.05
18	51463	87.65	43.78	0.56	0.37
19	51467	86.30	42.73	0.84	−0.04
20	51477	88.32	43.35	0.87	0.27
21	51495	91.73	43.22	0.90	−0.11
22	51526	88.22	42.23	0.79	0.10
23	51542	84.15	43.03	0.78	0.06
24	51567	86.57	42.08	0.92	−0.08
25	51573	89.20	42.93	0.93	0.01
26	51628	80.23	41.17	0.92	−0.14
27	51633	81.90	41.78	0.84	−0.04
28	51642	84.25	41.78	0.92	−0.03
29	51644	82.97	41.72	−0.29	0.12
30	51656	86.13	41.75	0.89	−0.06
31	51701	75.40	40.52	0.77	−0.14
32	51705	75.25	39.72	0.78	−0.09

续表

序号	站号	经度/(°)	纬度/(°)	LV1	LV2
33	51709	75.98	39.47	0.81	−0.30
34	51711	78.45	40.93	0.90	−0.19
35	51716	78.57	39.80	0.83	−0.20
36	51720	79.05	40.50	0.47	−0.01
37	51730	81.27	40.55	0.60	−0.20
38	51765	87.70	40.63	0.89	−0.05
39	51777	88.17	39.03	0.88	−0.07
40	51804	75.23	37.77	0.71	−0.27
41	51811	77.27	38.43	0.87	−0.22
42	51818	78.28	37.62	0.88	−0.24
43	51828	79.93	37.13	0.93	−0.20
44	51839	82.72	37.07	0.91	−0.27
45	51855	85.55	38.15	0.87	−0.20
46	51931	81.65	36.85	0.75	−0.33
47	52101	93.05	43.60	0.93	0.00
48	52203	93.52	42.82	0.82	0.24
49	52313	94.67	41.53	0.91	0.03
50	52323	97.03	41.80	0.85	−0.12
51	52378	102.37	41.37	0.90	0.03
52	52418	94.68	40.15	0.92	−0.08
53	52424	95.77	40.53	0.93	−0.08
54	52436	97.03	40.27	0.87	−0.06
55	52446	99.52	40.30	0.88	−0.08
56	52495	104.80	40.17	0.85	0.02

续表

序号	站号	经度/(°)	纬度/(°)	LV1	LV2
57	52533	98.48	39.77	0.91	−0.12
58	52546	99.83	39.37	0.89	−0.21
59	52576	101.68	39.22	0.92	−0.01
60	52652	100.43	38.93	0.90	−0.21
61	52661	101.08	38.80	0.95	−0.11
62	52674	101.97	38.23	0.92	−0.15
63	52679	102.67	37.92	0.87	−0.24
64	52681	103.08	38.63	0.93	−0.19
65	52787	102.87	37.20	0.91	−0.11
66	52797	104.05	37.18	0.90	−0.20
67	53502	105.75	39.78	0.89	−0.14
68	53519	106.77	39.22	0.90	−0.07
69	53602	105.67	38.83	0.90	−0.02
70	53614	106.22	38.48	0.88	−0.19
71	53615	106.70	38.80	0.82	−0.04
72	53705	105.68	37.48	0.84	−0.27

表 2-8　　　　　　　　　　暖夜日数解释的总方差

成分	初始特征值			提取平方和载入		
	合计	方差/%	累积/%	合计	方差/%	累积/%
1	50.421	70.029	70.029	50.421	70.029	70.029
2	4.633	6.434	76.463	4.633	6.434	76.463
3	2.728	3.790	80.253	2.728	3.790	80.253

续表

成分	初始特征值			提取平方和载入		
	合计	方差/%	累积/%	合计	方差/%	累积/%
4	2.026	2.814	83.067	2.026	2.814	83.067
5	1.749	2.429	85.496	1.749	2.429	85.496
6	1.030	1.431	86.927	1.030	1.431	86.927

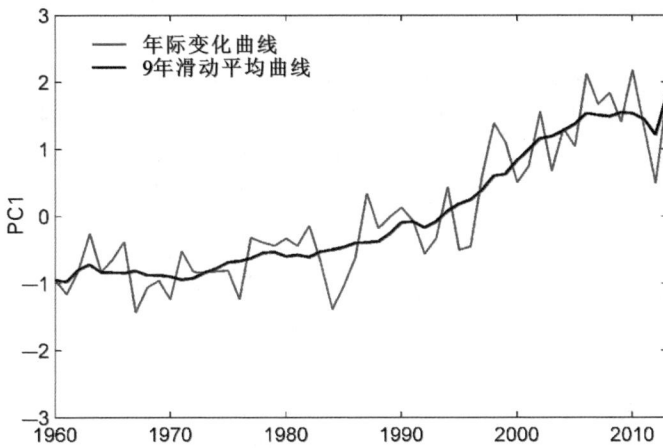

(a)

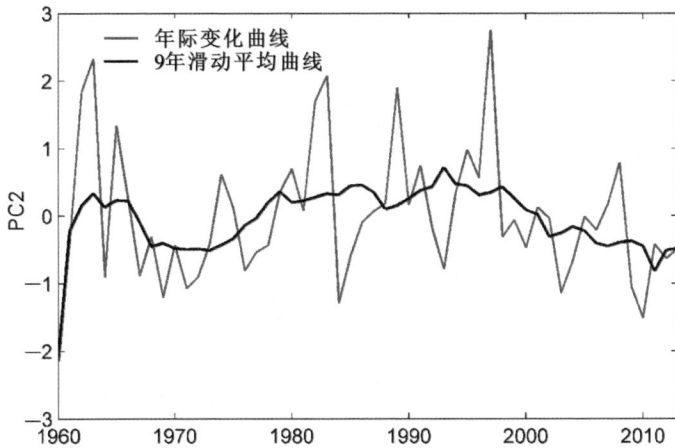

(b)

图 2-4　西北干旱区暖夜日数标准化时间系数

(a)第一模态标准化时间系数；(b)第二模态标准化时间系数

(5)冷昼日数 EOF 时空特征分析

西北干旱区冷昼日数 EOF 分解的第一、第二载荷向量(LV1、LV2)及对应的第一、第二模态标准化时间系数(PC1、PC2)如表 2-9、表 2-10、图 2-5 所示。方差贡献率为 58.9%,能反映西北干旱区冷昼日数时空变化的主要特征,全区 LV1 均为正值,表明西北干旱区冷昼日数表现出一致偏多或者偏少,高值区大致在河西走廊地区和南疆南部地区,说明该地区冷昼日数较多。第一模态标准化时间系数(PC1)在 20 世纪 90 年代初由正值转为负值,表明西北干旱区冷昼日数由原来的增加趋势转为减少趋势。

冷昼日数的空间分布大致呈现南、北反相的变化特征,即北疆地区冷昼日数少、南疆地区和河西走廊地区冷昼日数相对较多的分布形式,该现象可能受到云量因素影响,从而导致北疆地区和南疆、河西走廊地区冷昼日数的不一致。结合第二模态标准化时间系数分布来看,北疆地区冷昼日数在 20 世纪 60 年代初期呈增加趋势,在 20 世纪 60 年代中期到 80 年代中期呈减少趋势,在 20 世纪 80 年代中期到 21 世纪初期转变为增加趋势,而后呈现减少趋势,南疆和河西走廊地区变化特征与北疆地区正好相反。

表 2-9   **冷昼日数第一、二载荷向量**

序号	站号	经度/(°)	纬度/(°)	LV1	LV2
1	51053	86.40	48.05	0.73	0.44
2	51068	87.47	47.12	0.71	0.48
3	51076	88.08	47.73	0.72	0.46
4	51133	83.00	46.73	0.75	0.49
5	51156	85.72	46.78	0.71	0.53
6	51186	90.38	46.67	0.76	0.41
7	51232	82.57	45.18	0.73	0.48
8	51241	83.60	45.93	0.79	0.48
9	51243	84.85	45.62	0.74	0.47
10	51288	90.53	45.37	0.81	0.42
11	51330	81.02	44.97	0.52	0.54

序号	站号	经度/(°)	纬度/(°)	LV1	LV2
12	51334	82.90	44.62	0.78	0.51
13	51346	84.67	44.43	0.78	0.49
14	51365	87.53	44.20	0.77	0.39
15	51379	89.57	44.02	0.77	0.51
16	51431	81.33	43.95	0.77	0.40
17	51437	81.13	43.15	0.79	0.38
18	51463	87.65	43.78	0.67	0.52
19	51467	86.30	42.73	0.84	0.17
20	51477	88.32	43.35	0.77	0.44
21	51495	91.73	43.22	0.81	0.27
22	51526	88.22	42.23	0.77	0.25
23	51542	84.15	43.03	0.56	0.13
24	51567	86.57	42.08	0.73	−0.04
25	51573	89.20	42.93	0.74	0.33
26	51628	80.23	41.17	0.82	−0.07
27	51633	81.90	41.78	0.69	−0.13
28	51642	84.25	41.78	0.83	−0.12
29	51644	82.97	41.72	0.80	−0.18
30	51656	86.13	41.75	0.87	−0.07
31	51701	75.40	40.52	0.60	−0.07
32	51705	75.25	39.72	0.71	−0.03
33	51709	75.98	39.47	0.70	−0.02

序号	站号	经度/(°)	纬度/(°)	LV1	LV2
34	51711	78.45	40.93	0.77	0.04
35	51716	78.57	39.80	0.79	−0.16
36	51720	79.05	40.50	0.75	−0.19
37	51730	81.27	40.55	0.77	−0.18
38	51765	87.70	40.63	0.86	0.01
39	51777	88.17	39.03	0.90	−0.13
40	51804	75.23	37.77	0.24	−0.13
41	51811	77.27	38.43	0.72	−0.15
42	51818	78.28	37.62	0.73	−0.17
43	51828	79.93	37.13	0.71	−0.22
44	51839	82.72	37.07	0.76	−0.17
45	51855	85.55	38.15	0.87	−0.23
46	51931	81.65	36.85	0.72	−0.15
47	52101	93.05	43.60	0.78	0.11
48	52203	93.52	42.82	0.77	0.24
49	52313	94.67	41.53	0.82	0.23
50	52323	97.03	41.80	0.81	−0.04
51	52378	102.37	41.37	0.76	−0.32
52	52418	94.68	40.15	0.88	−0.17
53	52424	95.77	40.53	0.89	−0.21
54	52436	97.03	40.27	0.91	−0.21
55	52446	99.52	40.30	0.78	−0.31

续表

序号	站号	经度/(°)	纬度/(°)	LV1	LV2
56	52495	104.80	40.17	0.80	−0.30
57	52533	98.48	39.77	0.88	−0.21
58	52546	99.83	39.37	0.84	−0.36
59	52576	101.68	39.22	0.78	−0.39
60	52652	100.43	38.93	0.87	−0.36
61	52661	101.08	38.80	0.83	−0.35
62	52674	101.97	38.23	0.85	−0.34
63	52679	102.67	37.92	0.81	−0.39
64	52681	103.08	38.63	0.72	−0.46
65	52787	102.87	37.20	0.77	−0.24
66	52797	104.05	37.18	0.79	−0.35
67	53502	105.75	39.78	0.70	−0.45
68	53519	106.77	39.22	0.74	−0.37
69	53602	105.67	38.83	0.78	−0.40
70	53614	106.22	38.48	0.73	−0.43
71	53615	106.70	38.80	0.73	−0.40
72	53705	105.68	37.48	0.70	−0.49

表 2-10　　　　　　　　　**冷昼日数解释的总方差**

成分	初始特征值			提取平方和载入		
	合计	方差/%	累积/%	合计	方差/%	累积/%
1	42.402	58.891	58.891	42.402	58.891	58.891
2	7.735	10.742	69.633	7.735	10.742	69.633
3	6.649	9.234	78.868	6.649	9.234	78.868

成分	初始特征值			提取平方和载入		
	合计	方差/%	累积/%	合计	方差/%	累积/%
4	2.147	2.982	81.850	2.147	2.982	81.850
5	1.525	2.119	83.969	1.525	2.119	83.969
6	1.224	1.700	85.668	1.224	1.700	85.668
7	1.200	1.667	87.335	1.200	1.667	87.335

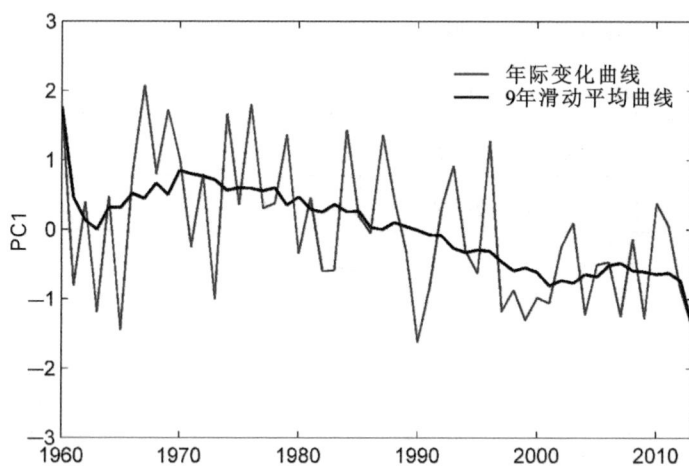

(a)

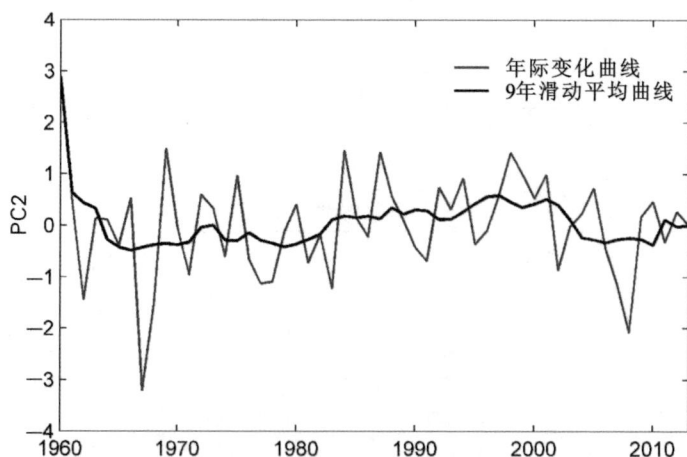

(b)

图 2-5　西北干旱区冷昼日数标准化时间系数

(a)第一模态标准化时间系数;(b)第二模态标准化时间系数

(6)暖昼日数 EOF 时空特征分析

西北干旱区暖昼日数 EOF 分解的第一、第二载荷向量(LV1、LV2)及对应的第一、第二模态标准化时间系数(PC1、PC2)如表 2-11、表 2-12、图 2-6 所示。方差贡献率为 62.5%,能充分反映西北干旱区暖昼日数时空变化的主要特征,全区 LV1 均为正值,表明西北干旱区暖昼日数空间变化特征步调一致,即暖昼日数一致偏多或者偏少。高值区大致在河西走廊地区和南疆地区(0.7 以上),低值区大致在北疆地区。第一模态标准化时间系数图中高值年与空间模态正值区的乘积结果表示该地区暖昼日数多,低值年与空间模态正值区的乘积结果表示该地区暖昼日数少。结合第一模态标准化时间系数可以清楚地看出,1960—1993 年西北干旱区暖昼日数呈现减少趋势,1994—2013 年西北干旱区暖昼日数呈现显著增加趋势。

LV2 自南向北呈现"—+"型分布,即北疆地区表现为正异常,南疆地区、河西走廊地区表现为负异常,这反映了西北干旱区暖昼日数呈现南、北反相的空间分布特征。北疆地区暖昼日数多时,南疆地区和河西走廊地区暖昼日数少,该现象可能与云量多少有关。结合第二模态标准化时间系数(PC2)可以清楚地看出,北疆地区暖昼日数在 1960—2005 年间呈增加、减少交替变化,而在 2005—2013 年间呈现减少趋势,南疆和河西走廊地区在 2005—2013 年间暖昼日数呈现明显增加趋势。

表 2-11 暖昼日数第一、二载荷向量

序号	站号	经度/(°)	纬度/(°)	LV1	LV2
1	51053	86.40	48.05	0.50	0.74
2	51068	87.47	47.12	0.58	0.71
3	51076	88.08	47.73	0.59	0.72
4	51133	83.00	46.73	0.65	0.58
5	51156	85.72	46.78	0.71	0.52
6	51186	90.38	46.67	0.71	0.52
7	51232	82.57	45.18	0.47	0.66
8	51241	83.60	45.93	0.70	0.57
9	51243	84.85	45.62	0.49	0.71
10	51288	90.53	45.37	0.78	0.44
11	51330	81.02	44.97	0.57	0.43

序号	站号	经度/(°)	纬度/(°)	LV1	LV2
12	51334	82.90	44.62	0.77	0.45
13	51346	84.67	44.43	0.74	0.56
14	51365	87.53	44.20	0.67	0.56
15	51379	89.57	44.02	0.74	0.54
16	51431	81.33	43.95	0.78	0.38
17	51437	81.13	43.15	0.62	0.48
18	51463	87.65	43.78	0.55	0.58
19	51467	86.30	42.73	0.77	−0.16
20	51477	88.32	43.35	0.80	0.37
21	51495	91.73	43.22	0.88	0.08
22	51526	88.22	42.23	0.84	0.26
23	51542	84.15	43.03	0.52	0.03
24	51567	86.57	42.08	0.87	0.11
25	51573	89.20	42.93	0.88	0.22
26	51628	80.23	41.17	0.91	−0.03
27	51633	81.90	41.78	0.89	0.03
28	51642	84.25	41.78	0.88	0.05
29	51644	82.97	41.72	0.82	0.05
30	51656	86.13	41.75	0.82	0.10
31	51701	75.40	40.52	0.57	−0.11
32	51705	75.25	39.72	0.50	−0.24
33	51709	75.98	39.47	0.83	−0.15
34	51711	78.45	40.93	0.80	−0.10
35	51716	78.57	39.80	0.84	−0.09

续表

序号	站号	经度/(°)	纬度/(°)	LV1	LV2
36	51720	79.05	40.50	0.86	0.02
37	51730	81.27	40.55	0.80	0.00
38	51765	87.70	40.63	0.93	−0.10
39	51777	88.17	39.03	0.93	−0.15
40	51804	75.23	37.77	0.58	−0.25
41	51811	77.27	38.43	0.86	−0.18
42	51818	78.28	37.62	0.84	−0.22
43	51828	79.93	37.13	0.81	−0.28
44	51839	82.72	37.07	0.76	−0.36
45	51855	85.55	38.15	0.89	−0.23
46	51931	81.65	36.85	0.79	−0.32
47	52101	93.05	43.60	0.84	0.21
48	52203	93.52	42.82	0.85	0.19
49	52313	94.67	41.53	0.84	0.13
50	52323	97.03	41.80	0.84	−0.11
51	52378	102.37	41.37	0.82	−0.15
52	52418	94.68	40.15	0.90	−0.12
53	52424	95.77	40.53	0.92	−0.07
54	52436	97.03	40.27	0.91	−0.20
55	52446	99.52	40.30	0.90	−0.19
56	52495	104.80	40.17	0.87	−0.27
57	52533	98.48	39.77	0.91	−0.25
58	52546	99.83	39.37	0.88	−0.28
59	52576	101.68	39.22	0.81	−0.41

续表

序号	站号	经度/(°)	纬度/(°)	LV1	LV2
60	52652	100.43	38.93	0.87	−0.27
61	52661	101.08	38.80	0.80	−0.35
62	52674	101.97	38.23	0.88	−0.33
63	52679	102.67	37.92	0.83	−0.37
64	52681	103.08	38.63	0.81	−0.41
65	52787	102.87	37.20	0.80	−0.32
66	52797	104.05	37.18	0.84	−0.39
67	53502	105.75	39.78	0.81	−0.40
68	53519	106.77	39.22	0.86	−0.32
69	53602	105.67	38.83	0.83	−0.39
70	53614	106.22	38.48	0.87	−0.33
71	53615	106.70	38.80	0.83	−0.37
72	53705	105.68	37.48	0.85	−0.38

表 2-12　　　　　　　　　　　　暖昼日数解释的总方差

成分	初始特征值			提取平方和载入		
	合计	方差/%	累积/%	合计	方差/%	累积/%
1	44.991	62.488	62.488	44.991	62.488	62.488
2	9.180	12.751	75.238	9.180	12.751	75.238
3	3.477	4.830	80.068	3.477	4.830	80.068
4	2.066	2.870	82.938	2.066	2.870	82.938
5	1.510	2.097	85.035	1.510	2.097	85.035
6	1.452	2.017	87.051	1.452	2.017	87.051

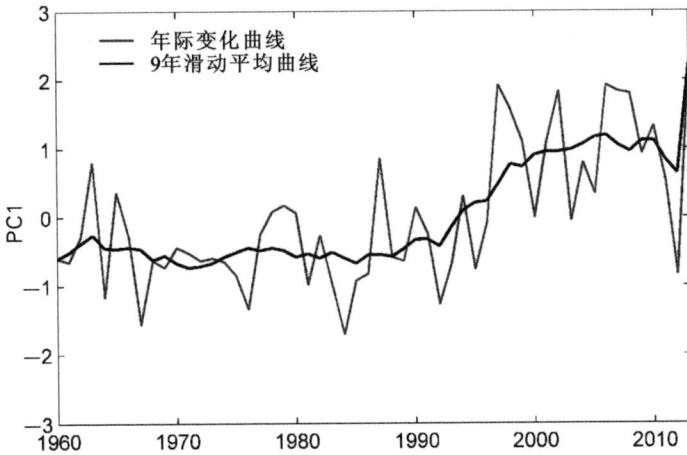

(a)

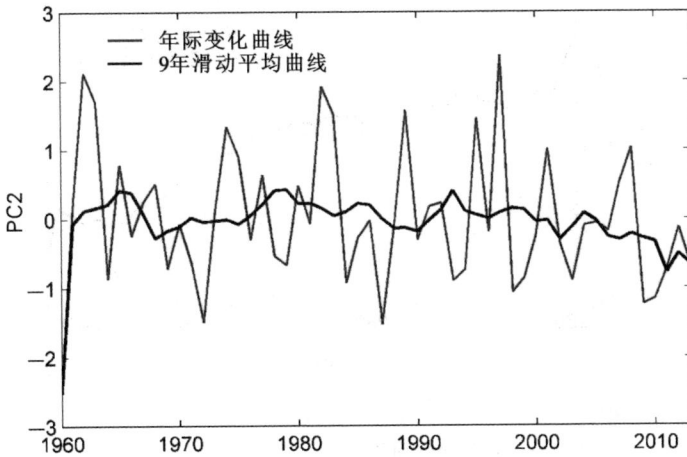

(b)

图 2-6 西北干旱区暖昼日数标准化时间系数

(a)第一模态标准化时间系数;(b)第二模态标准化时间系数

2.1.2 极端气温指数年代际变化特征对比分析

由图 2-7 可知,霜冻日数、冷夜日数、冷昼日数等极端气温冷指数均呈波动减少趋势,从 9 年滑动平均曲线上看,霜冻日数和冷夜日数减少趋势最明显,冷昼日数减少趋势较明显;霜冻日数整体上在波动中呈逐年减少趋势,其中在 20 世纪 60 年代、

20 世纪 90 年代到 21 世纪初减少趋势较显著;冷夜日数整体上呈线性减少趋势,其中在 20 世纪 60 年代初到 70 年代初、2000—2013 年减少趋势缓慢;冷昼日数整体上在降—升波动中缓慢减少,在 20 世纪 60 年代呈现先减少后增加趋势,1970—2002 年间呈减少趋势,2002 年后减少趋势减缓。

夏季日数、暖夜日数、暖昼日数等极端气温暖指数均呈波动增加趋势,从 9 年滑动平均曲线上看,暖昼日数增加趋势最明显,夏季日数、暖夜日数增加趋势较明显;夏季日数整体上在降—升波动中增加,20 世纪 60 年代呈减少趋势,20 世纪 70、80 年代增加趋势不明显,20 世纪 90 年代后增加迅速;暖夜日数整体上在波动中迅速增加,1960—2005 年间呈现迅速增加趋势,2005 年后增加趋势减缓;暖昼日数整体上在波动中缓慢增加,20 世纪 60 年代至 80 年代增加不明显,20 世纪 90 年代后呈迅速增加趋势。

总的来说,西北干旱区 1960—2013 年间极端气温冷指数整体在波动中减少,而极端气温暖指数整体在波动中增加,这与全球暖化背景相一致。

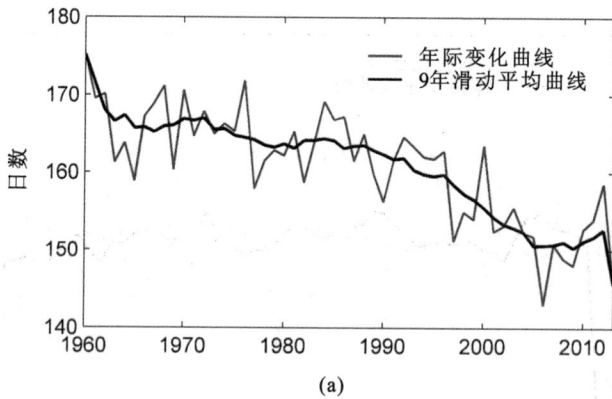

(a)

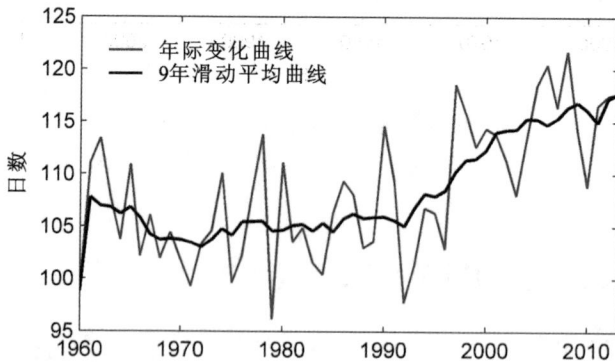

(b)

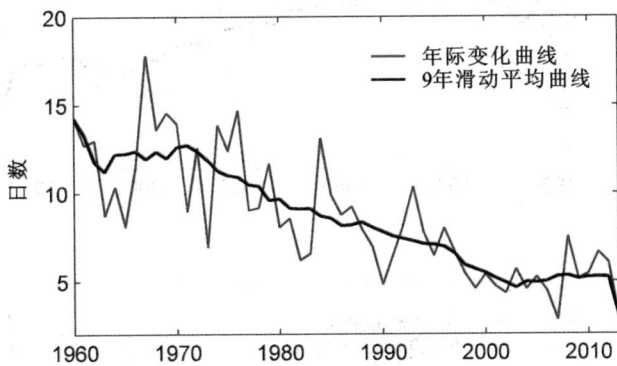

(c)

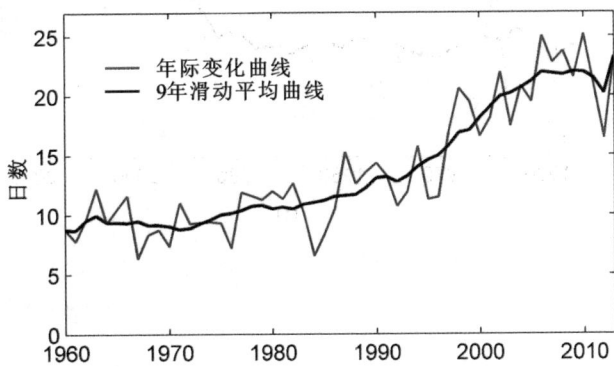

(d)

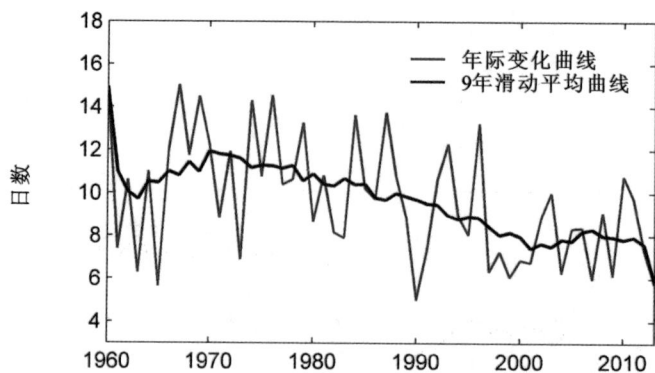

(e)

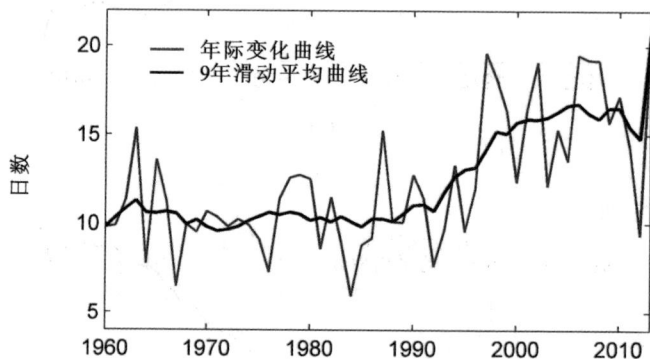

(f)

图 2-7　西北干旱区极端气温指数年际变化特征
(a)霜冻日数;(b)夏季日数;(c)冷夜日数;(d)暖夜日数;(e)冷昼日数;(f)暖昼日数

2.1.3　极端气温指数空间变化趋势

从表 2-13 极端气温指数空间变化趋势中可以看出,霜冻日数、冷夜日数、冷昼日数等极端气温冷指数整体上呈减少趋势。霜冻日数减少趋势最显著的地区是北疆地区,平均以 −3.7d/10a 的倾向率减少,其次是南疆和河西走廊地区,平均以 −3.6d/10a 的倾向率减少;冷夜日数减少趋势最显著的地区是北疆地区,平均以 −1.8d/10a 的倾向率减少,南疆和河西走廊地区次之,分别平均以 −1.7d/10a 和 −1.6d/10a 的倾向率减少;冷昼日数减少趋势最显著的地区是南疆和河西走廊地区,平均以 −0.8d/10a的倾向率减少,其次是北疆地区,平均以 −0.7d/10a 的倾向率减少;霜冻日数、冷夜日数、冷昼日数在全区通过 0.05 显著性检验的站点分别占全区的 94％、94％、73.6％,说明极端气温冷指数在西北干旱区的减少趋势非常显著,西北干旱区气温向暖化方向发展。

从表 2-14 极端气温指数空间变化趋势中可以看出,夏季日数、暖夜日数、暖昼日数等极端气温暖指数整体上呈增加趋势。夏季日数增加趋势最显著的地区是河西走廊地区,平均以 3d/10a 的倾向率增加,其次是南疆地区,平均以 2.6d/10a 的倾向率增加,最后是北疆地区,平均以 1.7d/10a 的倾向率增加;暖夜日数增加趋势最显著的地区是南疆地区,平均以 3d/10a 的倾向率增加,河西走廊和北疆地区次之,分别平均以 2.7d/10a 和 2.4d/10a 的倾向率增加;暖昼日数增加趋势最显著的地区是河西走廊地区,平均以 1.7d/10a 的倾向率增加,其次是南疆和北疆地区,分别平均以 1.5d/10a 和 0.9d/10a 的倾向率增加;夏季日数、暖夜日数、暖昼日数等极端气温暖指数在全区通过 0.05 显著性检验的站点分别占全区的 79.2％、98.6％、91.7％,说明极端气温暖指数在西北干旱区的增加趋势显著。

总的来说,西北干旱区极端气温暖指数呈增加趋势,而极端气温冷指数呈减少趋势,说明西北干旱区气候暖化趋势显著,这与前文研究结果相一致。

表 2-13   **霜冻日数、冷夜日数、冷昼日数空间变化趋势**

编号	省份	站号	站点名称	经度/(°)	纬度/(°)	FD0 (显著性)	FD0 (变化趋势)	TN10P (显著性)	TN10P (变化趋势)	TX10P (显著性)	TX10P (变化趋势)
1	新疆	51053	哈巴河	86.40	48.05	1	−5.000	1	−1.985	0	−0.733
2	新疆	51068	福海	87.47	47.12	1	−4.773	1	−1.991	1	−0.975
3	新疆	51076	阿勒泰	88.08	47.73	1	−2.439	1	−1.150	1	−0.800
4	新疆	51133	塔城	83.00	46.73	1	−5.000	1	−2.359	1	−1.195
5	新疆	51156	和布克赛尔	85.72	46.78	1	−4.412	1	−2.000	1	−0.728
6	新疆	51186	青河	90.38	46.67	1	−6.176	1	−2.735	1	−1.120
7	新疆	51232	阿拉山口	82.57	45.18	1	−3.556	1	−1.957	0	−0.382
8	新疆	51241	托里	83.60	45.93	1	−6.316	1	−2.302	1	−0.956
9	新疆	51243	克拉玛依	84.85	45.62	1	−3.529	1	−1.562	0	−0.387
10	新疆	51288	北塔山	90.53	45.37	1	−2.813	1	−1.120	1	−0.761
11	新疆	51330	温泉	81.02	44.97	1	−2.800	1	−2.081	0	0.600

续表

编号	省份	站号	站点名称	经度/(°)	纬度/(°)	FD0（显著性）	FD0（变化趋势）	TN10P（显著性）	TN10P（变化趋势）	TX10P（显著性）	TX10P（变化趋势）
12	新疆	51334	精河	82.90	44.62	1	−3.333	1	−2.100	1	−1.000
13	新疆	51346	乌苏	84.67	44.43	1	−2.619	1	−2.105	1	−0.917
14	新疆	51365	蔡家湖	87.53	44.20	1	−3.636	1	−1.512	1	−0.719
15	新疆	51379	奇台	89.57	44.02	1	−1.515	0	−0.589	0	−0.512
16	新疆	51431	伊宁	81.33	43.95	1	−3.529	1	−2.187	1	−1.283
17	新疆	51437	昭苏	81.13	43.15	1	−5.263	1	−2.027	1	−0.795
18	新疆	51463	乌鲁木齐	87.65	43.78	0	−1.667	1	−1.256	0	0.139
19	新疆	51467	巴仑台	86.30	42.73	1	−5.517	1	−2.035	1	−0.850
20	新疆	51477	达板城	88.32	43.35	1	−2.222	1	−1.303	0	−0.430
21	新疆	51495	七角井	91.73	43.22	1	−8.421	1	−2.743	1	−1.363
22	新疆	51526	库米什	88.22	42.23	1	−2.800	1	−1.745	1	−0.713
23	新疆	51542	巴音布鲁克	84.15	43.03	1	−3.947	1	−0.913	0	−0.627
24	新疆	51567	焉耆	86.57	42.08	1	−4.000	1	−1.976	1	−0.676
25	新疆	51573	吐鲁番	89.20	42.93	1	−7.333	1	−2.840	1	−0.809
26	新疆	51628	阿克苏	80.23	41.17	1	−5.128	1	−2.339	1	−0.944
27	新疆	51633	拜城	81.90	41.78	1	−2.333	1	−2.075	1	−1.061
28	新疆	51642	轮台	84.25	41.78	1	−5.000	1	−2.080	1	−0.909
29	新疆	51644	库车	82.97	41.72	0	1.111	1	1.294	1	−0.744
30	新疆	51656	库尔勒	86.13	41.75	1	−2.000	1	−1.667	1	−0.908
31	新疆	51701	吐尔尕特	75.40	40.52	1	−7.059	1	−1.880	1	−1.200
32	新疆	51705	乌恰	75.25	39.72	1	−6.190	1	−2.486	0	−0.448
33	新疆	51709	喀什	75.98	39.47	1	−3.125	1	−1.570	0	−0.617
34	新疆	51711	阿合奇	78.45	40.93	1	−3.939	1	−1.836	0	−0.539

续表

编号	省份	站号	站点名称	经度/(°)	纬度/(°)	FD0（显著性）	FD0（变化趋势）	TN10P（显著性）	TN10P（变化趋势）	TX10P（显著性）	TX10P（变化趋势）
35	新疆	51716	巴楚	78.57	39.80	1	−2.593	1	−1.983	0	−0.641
36	新疆	51720	柯坪	79.05	40.50	1	−2.000	0	−0.639	0	−0.423
37	新疆	51730	阿拉尔	81.27	40.55	0	0.000	0	−0.033	0	−0.367
38	新疆	51765	铁干里克	87.70	40.63	1	−1.538	1	−1.531	1	−1.025
39	新疆	51777	若羌	88.17	39.03	1	−2.632	1	−1.525	1	−1.097
40	新疆	51804	塔什库尔干	75.23	37.77	1	−4.286	1	−1.574	1	−0.750
41	新疆	51811	莎车	77.27	38.43	1	−2.727	1	−1.556	0	−0.623
42	新疆	51818	皮山	78.28	37.62	1	−1.481	1	−2.205	0	−0.620
43	新疆	51828	和田	79.93	37.13	1	−5.000	1	−1.961	0	−0.667
44	新疆	51839	民丰	82.72	37.07	1	−5.333	1	−2.747	1	−0.618
45	新疆	51855	且末	85.55	38.15	1	−2.258	1	−1.896	1	−1.037
46	新疆	51931	于田	81.65	36.85	0	−0.667	1	−1.046	0	−0.550
47	新疆	52101	巴里塘	93.05	43.60	1	−7.813	1	−2.531	1	−1.093
48	新疆	52203	哈密	93.52	42.82	1	−1.905	1	−0.978	1	−1.118
49	新疆	52313	红柳河	94.67	41.53	1	−2.727	1	−1.915	1	−0.870
50	甘肃	52323	马鬃山	97.03	41.80	1	−1.538	1	−0.482	1	−1.240
51	内蒙古	52378	拐子湖	102.37	41.37	1	−5.333	1	−2.064	0	−0.512
52	甘肃	52418	敦煌	94.68	40.15	1	−3.548	1	−1.805	1	−0.725
53	甘肃	52424	安西	95.77	40.53	1	−2.727	1	−1.650	1	−0.800
54	甘肃	52436	玉门镇	97.03	40.27	1	−2.609	1	−1.025	1	−0.790
55	甘肃	52446	鼎新	99.52	40.30	1	−3.000	1	−1.169	1	−0.735
56	内蒙古	52495	巴音毛道	104.80	40.17	1	−1.935	0	−0.522	1	−0.986
57	甘肃	52533	酒泉	98.48	39.77	1	−1.875	1	−0.896	1	−0.824

续表

编号	省份	站号	站点名称	经度/（°）	纬度/（°）	FD0（显著性）	FD0（变化趋势）	TN10P（显著性）	TN10P（变化趋势）	TX10P（显著性）	TX10P（变化趋势）
58	甘肃	52546	高台	99.83	39.37	1	−3.333	1	−1.087	1	−0.825
59	内蒙古	52576	阿拉善右旗	101.68	39.22	1	−4.231	1	−1.862	1	−0.693
60	甘肃	52652	张掖	100.43	38.93	1	−3.095	1	−1.522	1	−0.939
61	甘肃	52661	山丹	101.08	38.80	1	−4.500	1	−2.395	1	−0.767
62	甘肃	52674	永昌	101.97	38.23	1	−2.667	1	−1.397	1	−0.757
63	甘肃	52679	武威	102.67	37.92	1	−3.125	1	−1.336	1	−0.670
64	甘肃	52681	民勤	103.08	38.63	1	−5.333	1	−2.183	0	−0.550
65	甘肃	52787	乌鞘岭	102.87	37.20	1	−3.043	1	−1.339	1	−0.800
66	甘肃	52797	景泰	104.05	37.18	1	−3.793	1	−1.714	1	−0.716
67	内蒙古	53502	吉兰太	105.75	39.78	1	−3.784	1	−1.536	1	−0.588
68	宁夏	53519	惠农	106.77	39.22	1	−4.878	1	−2.013	1	−0.805
69	内蒙古	53602	阿拉善左旗	105.67	38.83	1	−5.000	1	−1.833	1	−0.798
70	宁夏	53614	银川	106.22	38.48	1	−4.783	1	−2.050	1	−0.885
71	宁夏	53615	陶乐	106.70	38.80	1	−4.286	1	−2.025	1	−0.814
72	宁夏	53705	中宁	105.68	37.48	1	−3.571	1	−1.812	1	−0.812

注："−"表示呈下降趋势。

表 2-14　　　　夏季日数、暖夜日数、暖昼日数空间变化趋势

编号	省份	站号	站点名称	经度/（°）	纬度/（°）	SU25（显著性）	SU25（变化趋势）	TN90P（显著性）	TN90P（变化趋势）	TX90P（显著性）	TX90P（变化趋势）
1	新疆	51053	哈巴河	86.40	48.05	1	+2.500	1	+2.982	1	+0.860
2	新疆	51068	福海	87.47	47.12	1	+2.500	1	+2.895	1	+0.911
3	新疆	51076	阿勒泰	88.08	47.73	0	+1.667	1	+0.589	1	+0.808
4	新疆	51133	塔城	83.00	46.73	1	+3.714	1	+3.652	1	+1.659

续表

编号	省份	站号	站点名称	经度/(°)	纬度/(°)	SU25（显著性）	SU25（变化趋势）	TN90P（显著性）	TN90P（变化趋势）	TX90P（显著性）	TX90P（变化趋势）
5	新疆	51156	和布克赛尔	85.72	46.78	1	+2.632	1	+2.721	1	+0.975
6	新疆	51186	青河	90.38	46.67	1	+5.714	1	+3.663	1	+1.881
7	新疆	51232	阿拉山口	82.57	45.18	0	+0.667	1	+2.721	0	+0.187
8	新疆	51241	托里	83.60	45.93	0	+2.273	1	+4.350	1	+1.103
9	新疆	51243	克拉玛依	84.85	45.62	0	0.000	1	+1.511	0	+0.095
10	新疆	51288	北塔山	90.53	45.37	0	+1.875	1	+1.793	1	+1.031
11	新疆	51330	温泉	81.02	44.97	1	−4.783	1	+1.967	0	−0.112
12	新疆	51334	精河	82.90	44.62	1	+2.500	1	+3.050	1	+1.717
13	新疆	51346	乌苏	84.67	44.43	1	+2.174	1	+1.539	1	+1.154
14	新疆	51365	蔡家湖	87.53	44.20	1	+2.500	1	+2.433	1	+0.844
15	新疆	51379	奇台	89.57	44.02	1	+1.500	0	+0.288	1	+0.847
16	新疆	51431	伊宁	81.33	43.95	1	+3.750	1	+3.344	1	+1.520
17	新疆	51437	昭苏	81.13	43.15	0	+1.111	1	+3.686	0	+0.685
18	新疆	51463	乌鲁木齐	87.65	43.78	1	−2.632	1	+1.248	0	+0.054
19	新疆	51467	巴仑台	86.30	42.73	0	+1.765	1	+6.172	1	+0.989
20	新疆	51477	达板城	88.32	43.35	1	+2.353	1	+1.560	1	+1.211
21	新疆	51495	七角井	91.73	43.22	1	+5.000	1	+6.465	1	+2.874
22	新疆	51526	库米什	88.22	42.23	1	+1.852	1	+1.714	1	+1.038
23	新疆	51542	巴音布鲁克	84.15	43.03	0	0.000	1	+1.514	1	+1.069
24	新疆	51567	焉耆	86.57	42.08	1	+3.056	1	+3.381	1	+1.557
25	新疆	51573	吐鲁番	89.20	42.93	1	+2.500	1	+5.292	1	+2.050
26	新疆	51628	阿克苏	80.23	41.17	1	+4.000	1	+4.711	1	+2.370
27	新疆	51633	拜城	81.90	41.78	1	+3.077	1	+1.977	1	+1.668

编号	省份	站号	站点名称	经度/(°)	纬度/(°)	SU25（显著性）	SU25（变化趋势）	TN90P（显著性）	TN90P（变化趋势）	TX90P（显著性）	TX90P（变化趋势）
28	新疆	51642	轮台	84.25	41.78	1	+3.333	1	+5.863	1	+1.650
29	新疆	51644	库车	82.97	41.72	0	+1.579	1	−1.331	1	+0.743
30	新疆	51656	库尔勒	86.13	41.75	1	+2.821	1	+2.189	1	+1.700
31	新疆	51701	吐尔尕特	75.40	40.52	0	0.000	1	+1.996	1	+0.921
32	新疆	51705	乌恰	75.25	39.72	0	+1.818	1	+3.010	0	+0.630
33	新疆	51709	喀什	75.98	39.47	1	+3.182	1	+3.131	1	+1.485
34	新疆	51711	阿合奇	78.45	40.93	1	+2.333	1	+3.374	1	+0.726
35	新疆	51716	巴楚	78.57	39.80	1	+2.903	1	+2.405	1	+1.547
36	新疆	51720	柯坪	79.05	40.50	1	+2.381	1	+0.606	1	+0.936
37	新疆	51730	阿拉尔	81.27	40.55	1	+2.308	1	+0.740	1	+0.797
38	新疆	51765	铁干里克	87.70	40.63	1	+3.158	1	+2.400	1	+2.152
39	新疆	51777	若羌	88.17	39.03	1	+2.432	1	+2.010	1	+2.100
40	新疆	51804	塔什库尔干	75.23	37.77	0	+1.875	1	+2.000	1	+1.900
41	新疆	51811	莎车	77.27	38.43	1	+2.667	1	+2.722	1	+1.379
42	新疆	51818	皮山	78.28	37.62	1	+2.500	1	+2.673	1	+1.113
43	新疆	51828	和田	79.93	37.13	1	+3.333	1	+6.531	1	+1.717
44	新疆	51839	民丰	82.72	37.07	1	+2.692	1	+3.819	1	+1.432
45	新疆	51855	且末	85.55	38.15	1	+3.333	1	+2.328	1	+2.409
46	新疆	51931	于田	81.65	36.85	1	+3.158	1	+1.568	1	+1.486
47	新疆	52101	巴里塘	93.05	43.60	1	+3.846	1	+6.109	1	+1.393
48	新疆	52203	哈密	93.52	42.82	1	+3.077	1	+1.553	1	+1.867
49	新疆	52313	红柳河	94.67	41.53	1	+2.857	1	+2.834	1	+1.421
50	甘肃	52323	马鬃山	97.03	41.80	1	+7.692	1	+1.370	1	+3.248

续表

编号	省份	站号	站点名称	经度/(°)	纬度/(°)	SU25（显著性）	SU25（变化趋势）	TN90P（显著性）	TN90P（变化趋势）	TX90P（显著性）	TX90P（变化趋势）
51	内蒙古	52378	拐子湖	102.37	41.37	0	+1.163	1	+3.773	1	+1.261
52	甘肃	52418	敦煌	94.68	40.15	1	+2.000	1	+2.283	1	+1.495
53	甘肃	52424	安西	95.77	40.53	1	+2.553	1	+2.425	1	+1.876
54	甘肃	52436	玉门镇	97.03	40.27	1	+3.810	1	+1.746	1	+2.556
55	甘肃	52446	鼎新	99.52	40.30	1	+2.889	1	+2.173	1	+1.790
56	内蒙古	52495	巴音毛道	104.80	40.17	1	+2.143	1	+1.883	1	+1.554
57	甘肃	52533	酒泉	98.48	39.77	1	+3.333	1	+2.041	1	+1.506
58	甘肃	52546	高台	99.83	39.37	1	+4.000	1	+2.164	1	+1.798
59	内蒙古	52576	阿拉善右旗	101.68	39.22	1	+1.500	1	+3.253	1	+1.032
60	甘肃	52652	张掖	100.43	38.93	1	+3.636	1	+2.491	1	+1.707
61	甘肃	52661	山丹	101.08	38.80	1	+2.045	1	+4.288	1	+0.972
62	甘肃	52674	永昌	101.97	38.23	1	+4.194	1	+2.569	1	+1.495
63	甘肃	52679	武威	102.67	37.92	1	+4.000	1	+3.025	1	+1.367
64	甘肃	52681	民勤	103.08	38.63	1	+1.923	1	+3.574	1	+1.014
65	甘肃	52787	乌鞘岭	102.87	37.20	0	0.000	1	+2.346	1	+1.178
66	甘肃	52797	景泰	104.05	37.18	1	+3.077	1	+2.859	1	+1.436
67	内蒙古	53502	吉兰太	105.75	39.78	0	+1.429	1	+2.116	1	+1.250
68	宁夏	53519	惠农	106.77	39.22	1	+2.609	1	+3.025	1	+1.765
69	内蒙古	53602	阿拉善左旗	105.67	38.83	1	+3.182	1	+4.029	1	+1.329
70	宁夏	53614	银川	106.22	38.48	1	+3.939	1	+3.234	1	+2.267
71	宁夏	53615	陶乐	106.70	38.80	1	+2.778	1	+2.479	1	+1.638
72	宁夏	53705	中宁	105.68	37.48	1	+4.444	1	+2.384	1	+2.444

注:"—"表示呈下降趋势,"＋"表示呈上升趋势。

2.1.4 小结

本节采用经验正交函数分解法和 Mann-Kendall 趋势检验法,对西北干旱区 1960—2013 年的霜冻日数、冷夜日数、冷昼日数、夏季日数、暖夜日数、暖昼日数等 6 个极端气温指数进行经验正交函数分解,分析各个极端气温指数的时间和空间变化特征,从而揭示西北干旱区在 1960—2013 年的气温变化特征,得到以下结论:

(1)1960—2013 年西北干旱区霜冻日数、冷夜日数、冷昼日数、夏季日数、暖夜日数、暖昼日数等极端气温指数 EOF 第一模态标准化时间系数表明,6 种极端气温指数在第一模态空间尺度上具有很好的一致性,即极端气温指数呈现一致偏多或偏少特征,第一模态时间系数清晰表明,在 20 世纪 80 年代末至 90 年代初,极端气温暖指数由减少趋势转为增加趋势,而极端气温冷指数由增加趋势转为减少趋势。

(2)西北干旱区极端气温指数 EOF 第二模态空间型表明,西北干旱区极端气温指数大致呈现南、北反相的空间分布特征,即北疆地区表现为正异常时,南疆地区、河西走廊地区表现为负异常。

(3)从西北干旱区极端气温指数年际变化上看,极端气温冷指数均呈波动减少趋势,其中霜冻日数和冷夜日数减少趋势最明显;极端气温暖指数均呈波动增加趋势,其中暖昼日数增加趋势最明显。这在一定程度上说明西北干旱区气温向暖化方向发展,这与全球变暖大背景相一致。

(4)从西北干旱区极端气温指数空间变化趋势上看,霜冻日数、冷夜日数、冷昼日数等极端气温冷指数在西北干旱区呈减少趋势,但各个极端气温冷指数减少趋势存在空间差异,霜冻日数和冷夜日数在北疆地区减少趋势最显著,冷昼日数在南疆和河西走廊地区减少趋势最显著;夏季日数、暖夜日数、暖昼日数等极端气温暖指数在全区呈增加趋势,但各个极端气温暖指数增加趋势存在空间差异,夏季日数和暖昼日数在河西走廊地区增加最显著,暖夜日数在南疆地区增加最显著。

2.2 极端高温事件变化特征

2.2.1 新疆昼夜极端高温事件时间变化特征

(1)新疆昼夜极端高温事件量级指标时间变化特征

①频次。

新疆 1960—2016 年间发生昼夜极端高温事件频次的时间变化如图 2-8(a)所示,频次在研究时段内呈波动增加趋势,最大值(5.72 次)出现在 2008 年,最小值(0.74

次)出现在 1993 年,二者相差近 5 次。从 9 年滑动平均曲线上可以看出,1960—1992 年间频次均值呈平稳增加趋势,1993—2008 年则呈显著增加趋势。频次年代际均值(表 2-15)随着时间变化从 20 世纪 60 年代的 1.89 次持续增加至 2000—2016 年的 3.81 次,增加了近 1 倍。新疆 1960—2016 年间昼夜极端高温事件各指标气候倾向率显示(表 2-16),新疆昼夜极端高温事件发生频次以 0.46 次/10a 的速率呈显著增加趋势($p<0.01$)。20 世纪 60 年代、70 年代、90 年代和 2000—2016 年的气候倾向率均呈增加趋势,其中 90 年代增加趋势最显著,为 2.28 次/10a,80 年代以-0.39 次/10a 呈微弱下降趋势。

通过图 2-9(a)频次距平和累积距平可直观判断新疆 1960—2016 年间发生昼夜极端高温事件的频次和变化趋势。首先,在 1960—1995 年频次距平以负值为主,仅有 4 个年份的距平值大于 0,且累积距平曲线呈减少趋势,表明在该时期新疆昼夜极端高温事件的发生频次较低。在 1996—2016 年,频次距平以正值为主,其中,仅有 2 个年份的距平值小于 0,且累积距平曲线呈增加趋势,表明在该时期新疆昼夜极端高温事件发生频次较高。此外,根据累积距平曲线可以判断出新疆昼夜极端高温事件频次发生突变的时间点为 1996 年前后。

②强度。

新疆 1960—2016 年间昼夜极端高温事件年际总强度整体上呈波动增加趋势[图 2-8(b)],最大值出现在 2015 年,为 422.2℃²,最小值出现在 1993 年,为 11.82℃²,二者相差 410.38℃²。从 9 年滑动平均曲线上可以看出,1960—1978 年间昼夜极端高温事件强度均值呈缓慢增加趋势,1979—1992 年强度均值变化不大,1993—2014 年强度均值增加趋势较显著。强度均值的年代际变化趋势与频次相似(表 2-15),呈现逐年代增加趋势,其中 20 世纪 70 年代和 20 世纪 80 年代强度均值分别为 80.40℃² 和 84.24℃²,低值出现在 20 世纪 60 年代(62.28℃²),高值出现在 2000—2016 年(183.54℃²),增加了近 2 倍。新疆 1960—2016 年昼夜极端高温事件强度以 28.82℃²/10a 的速率显著增加($p<0.01$)(表 2-16),除了 80 年代呈微弱下降趋势外($-2.82℃²/10a$),其余年代强度均呈增加趋势,其中增加速率最大的是 90 年代(126.43℃²/10a),增加速率最小的是 60 年代(17.07℃²/10a)。

图 2-9(b)强度距平和累积距平直观反映了新疆 1960—2016 年间昼夜极端高温事件强度大小和趋势,在 1960—1996 年强度距平以负值为主,仅有 3 个年份的距平值大于 0,且累积距平曲线呈陡减趋势,表明在该时间段内新疆发生的昼夜极端高温事件强度较小。在 1997—2016 年,强度距平以正值为主,仅有 2 个年份的距平值小于 0,且累积距平曲线呈显著增加趋势,表明在该时期新疆昼夜极端高温事件强度较大。此外,根据累积距平曲线可以判断出,1997 年是新疆昼夜极端高温事件强度发生突变的大致年份。

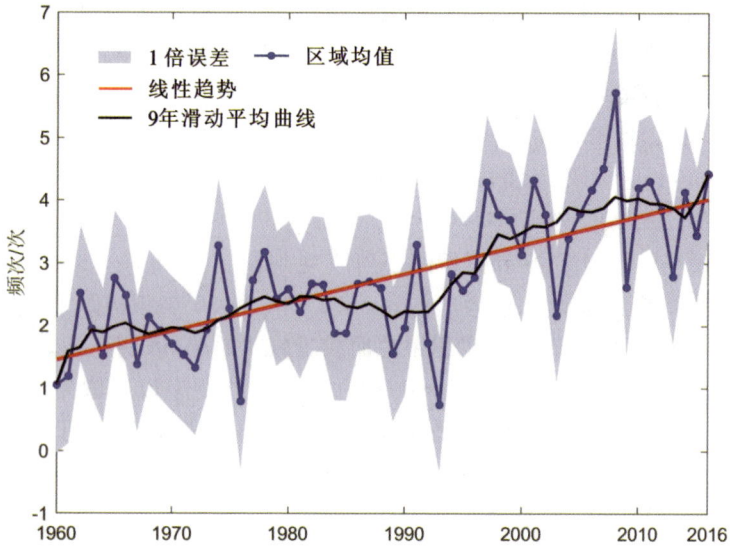

(a)

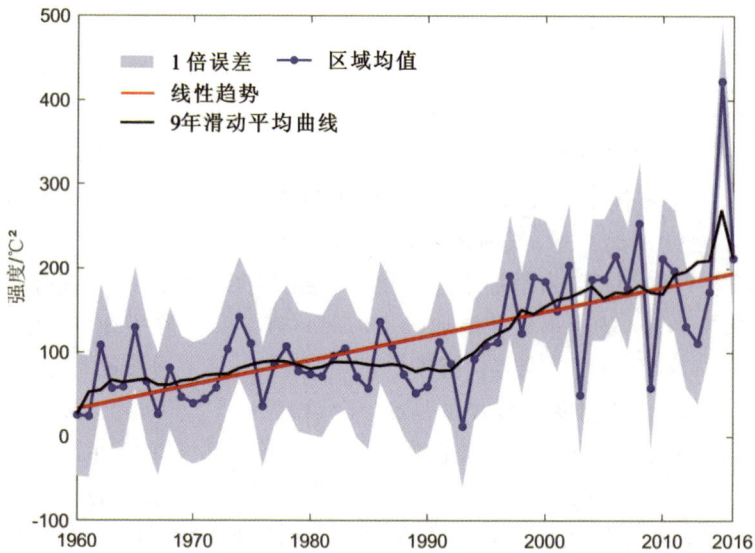

(b)

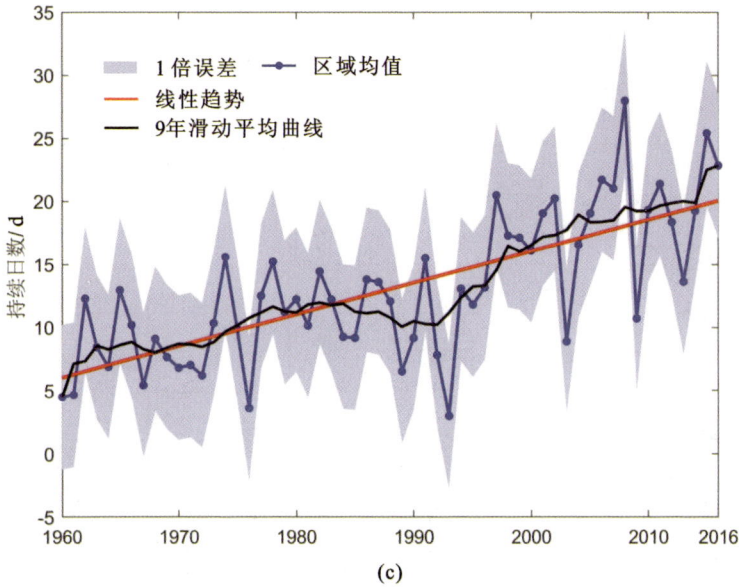

图 2-8 新疆 1960—2016 年昼夜极端高温事件频次、强度、持续日数指标的年际变化特征

(a)频次;(b)强度;(c)持续日数

表 2-15 新疆 1960—2016 年昼夜极端高温事件各指标年代际均值

指标	1960—2016 年	20 世纪 60 年代	20 世纪 70 年代	20 世纪 80 年代	20 世纪 90 年代	2000— 2016 年
CDNHF/次	2.74	1.89	2.12	2.34	2.77	3.81
CDNHI/℃²	113.61	62.28	80.40	84.24	108.62	183.54
CDNHD/d	13.05	8.21	9.84	11.34	12.84	18.91
CDNHMI/℃²	63.16	34.32	48.37	50.90	57.52	99.34
CDNHMD/d	5.66	3.90	4.89	5.79	5.32	7.26
CDNHS	7 月 1 日	7 月 6 日	7 月 5 日	7 月 7 日	6 月 28 日	6 月 23 日
CDNHE	8 月 5 日	8 月 3 日	8 月 3 日	8 月 4 日	8 月 3 日	8 月 9 日
CDNHL/d	35.32	27.70	29.10	28.20	36.10	47.18

表2-16 新疆1960—2016年基于M-K趋势检验法的昼夜极端高温事件各指标气候倾向率

指标	1960—2016年				20世纪60年代	20世纪70年代	20世纪80年代	20世纪90年代	2000—2016年
	气候倾向率	Z值	变化趋势	显著性					
CDNHF	0.46次/10a	5.74	↑	$p<0.01$	0.70次/10a	1.25次/10a	−0.39次/10a	2.28次/10a	0.27次/10a
CDNHI	28.82℃²/10a	5.36	↑	$p<0.01$	17.07℃²/10a	41.38℃²/10a	−2.82℃²/10a	126.43℃²/10a	47.45℃²/10a
CDNHD	2.51d/10a	5.76	↑	$p<0.01$	2.22d/10a	6.20d/10a	−2.26d/10a	10.71d/10a	2.83d/10a
CDNHMI	15.02℃²/10a	5.02	↑	$p<0.01$	7.78℃²/10a	14.68℃²/10a	2.60℃²/10a	56.75℃²/10a	33.21℃²/10a
CDNHMD	0.73d/10a	5.45	↑	$p<0.01$	0.89d/10a	1.64d/10a	−0.59d/10a	2.45d/10a	1.54d/10a
CDNHS	−3.17d/10a	−4.14	↓	$p<0.01$	−3.82d/10a	−9.27d/10a	6.12d/10a	−1.58d/10a	3.63d/10a
CDNHE	1.49d/10a	2.95	↑	$p<0.01$	−3.88d/10a	5.21d/10a	−0.85d/10a	22.36d/10a	3.65d/10a
CDNHL	4.67d/10a	4.91	↑	$p<0.01$	−0.30d/10a	14.73d/10a	−7.76d/10a	23.94d/10a	−0.20d/10a

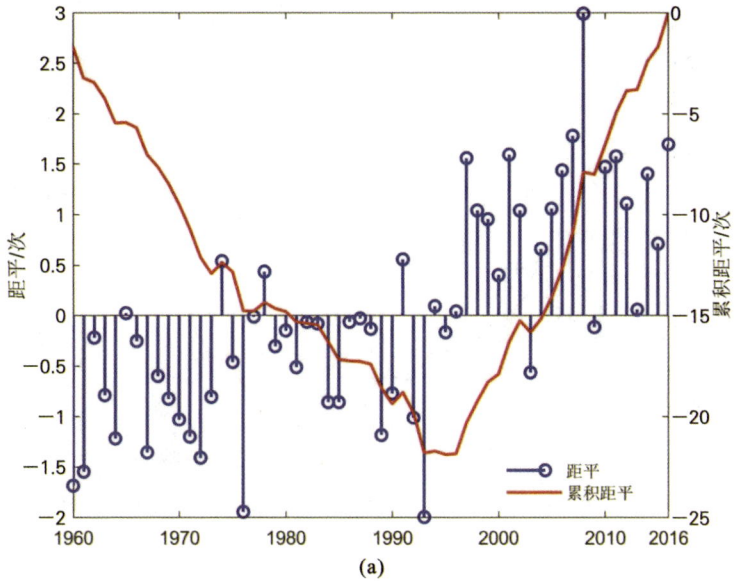

(a)

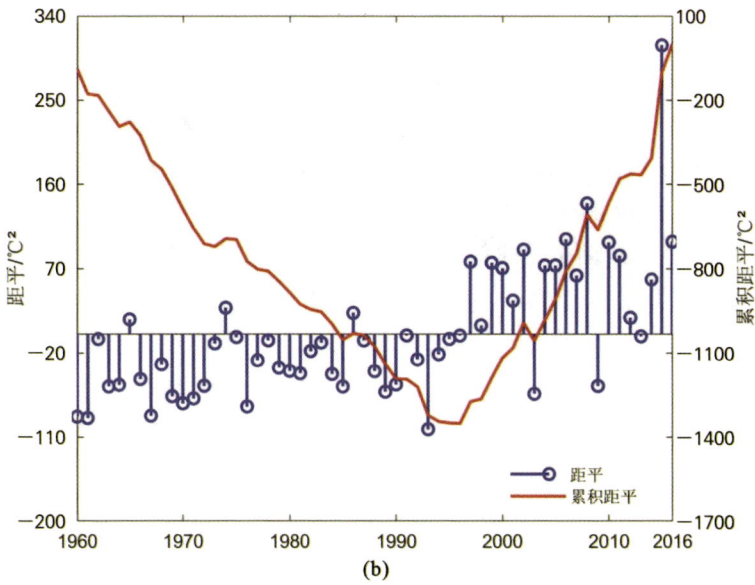

(b)

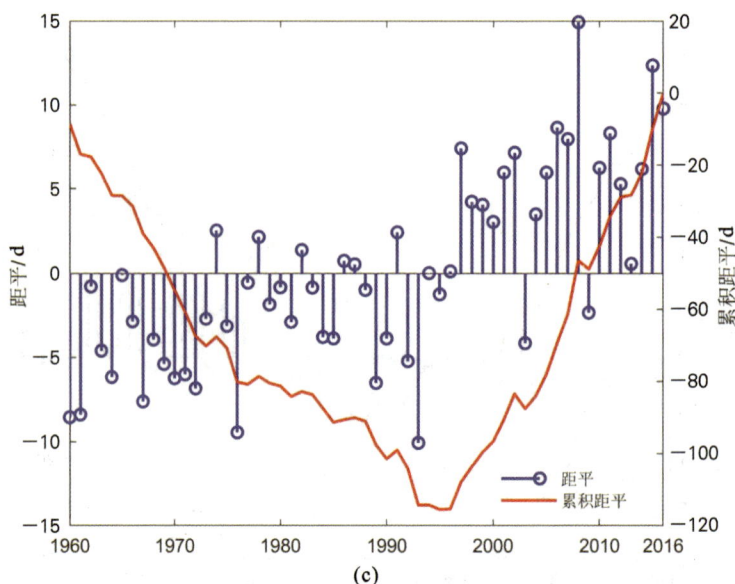

图 2-9　新疆 1960—2016 年昼夜极端高温事件频次、强度、持续日数指标的
距平变化特征

(a)频次；(b)强度；(c)持续日数

③持续日数。

新疆昼夜极端高温事件总持续日数 1960—2016 年间在波动中呈显著增加趋势
[图 2-8(c)]，最大值出现在 2008 年，为 27.98d，最小值出现在 1993 年，为 2.98d，二
者相差 25d。从 9 年滑动平均曲线上可看出，2000—2016 年持续日数均值增加幅度
最大，其次是 20 世纪 90 年代，20 世纪 60—70 年代增加幅度较小，80 年代呈微弱减
少趋势。1960—2016 年的持续日数均值为 13.05d，均值最小值出现在 20 世纪 60 年
代(8.21d)，均值最大值出现在 2000—2016 年间(18.91d)，增加了近 11 天(表 2-15)。
由表 2-16 可知，新疆 1960—2016 年间昼夜极端高温事件持续日数的增加速率是
2.51d/10a($p<0.01$)。20 世纪 80 年代的昼夜极端高温事件持续日数呈微弱减少趋
势(−2.26d/10a)。20 世纪 60 年代、20 世纪 70 年代、20 世纪 90 年代和 2000—2016
年的气候倾向率呈增加趋势，增加速率依次为 2.22d/10a、6.20d/10a、10.71d/10a、
2.83d/10a。

图 2-9(c)是新疆昼夜极端高温事件持续日数距平和累积距平变化,在 1960—
1995 年持续日数距平以负值为主,其中有 6 个年份的距平值大于 0,且累积距平曲线
在波动中呈减少趋势,表明在该时期新疆昼夜极端高温事件的持续日数较少。在
1996—2016 年,持续日数距平以正值为主,其中,仅有 2 个年份的距平值小于 0,且累
积距平曲线呈增加趋势,表明在该时间段内新疆发生昼夜极端高温事件的持续日数
较多。此外,从累积距平曲线上可以看出新疆昼夜极端高温事件持续日数在 1996 年
前后发生突变。

(2)新疆昼夜极端高温事件极值指标时间变化特征

①强度最大值。

新疆 1960—2016 年间昼夜极端高温事件强度最大值在研究时段内呈显著增加
趋势[图 2-10(a)],最大值出现在 2015 年,为 322.39℃²,最小值出现在 1993 年,为
10.41℃²,二者相差约 312℃²。从 9 年滑动平均曲线上可以看出,在 20 世纪 60—80
年代强度最大值的平均值增加趋势不明显,自 90 年代后则随时间变化呈显著增加趋
势。结合表 2-15 可知,20 世纪 60 年代强度最大值均值是 34.32℃²,70 年代增加到
48.37℃²,80 年代增加到 50.90℃²,90 年代增加到 57.52℃²,2000—2016 年增加到
99.34℃²。新疆昼夜极端高温事件强度最大值以 15.02℃²/10a 的速率呈显著增加趋势
(p<0.01)(表 2-16),年代际气候倾向率均呈增加趋势,增加速率从大到小依次为 90 年
代>2000—2016 年>70 年代>60 年代>80 年代,速率值依次为 56.75℃²/10a、
33.21℃²/10a、14.68℃²/10a、7.78℃²/10a 和 2.60℃²/10a。

图 2-11(a)是强度最大值的逐年距平和累积距平曲线,直接反映了新疆 1960—
2016 年间昼夜极端高温事件强度最大值的大小和变化趋势。1960—2016 年间,新疆
昼夜极端高温事件累积距平存在先减少后增加的现象。在 1960—1994 年间,强度最
大值距平以负值为主,仅有 3 个年份的距平值大于 0,且累积距平曲线呈减少趋势,
表明在该时期新疆昼夜极端高温事件强度最大值较小。在 1995—2016 年,强度最大
值距平以正值为主,其中仅有 5 个年份的距平值小于 0,且累积距平曲线呈波动增加
趋势,表明在该时期新疆昼夜极端高温事件强度最大值较大。此外,从累积距平曲线
上可以初步判断出新疆昼夜极端高温事件强度最大值发生突变的时间为 1995 年
前后。

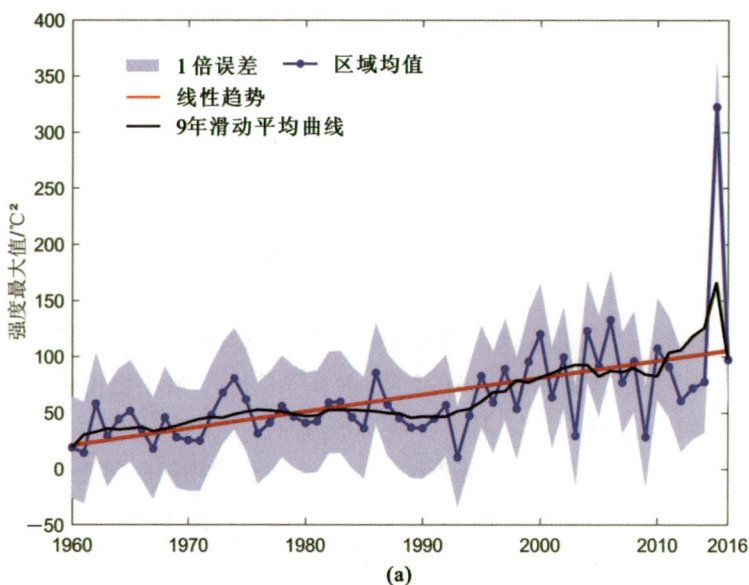

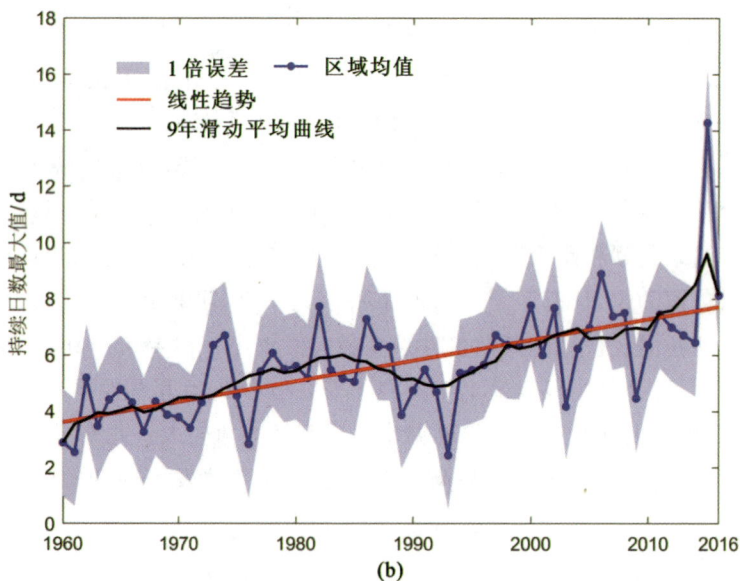

图 2-10　新疆 1960—2016 年昼夜极端高温事件强度最大值和
持续日数最大值指标的年际变化特征

（a）强度；（b）持续日数

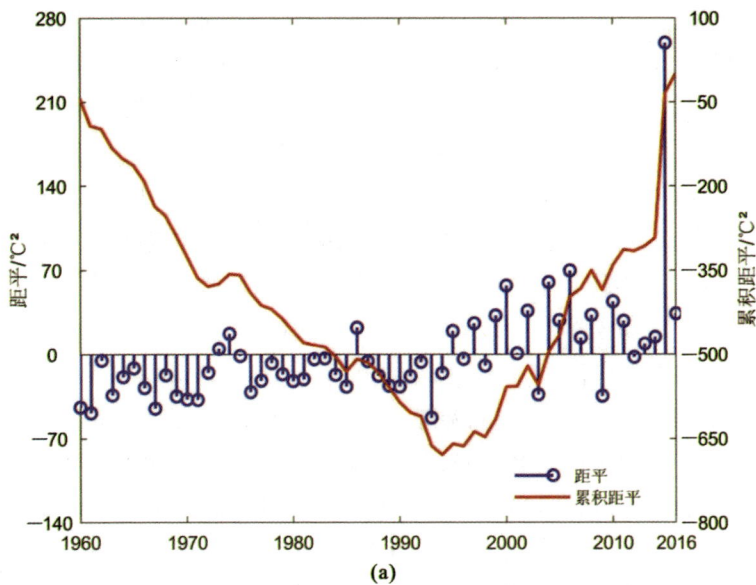

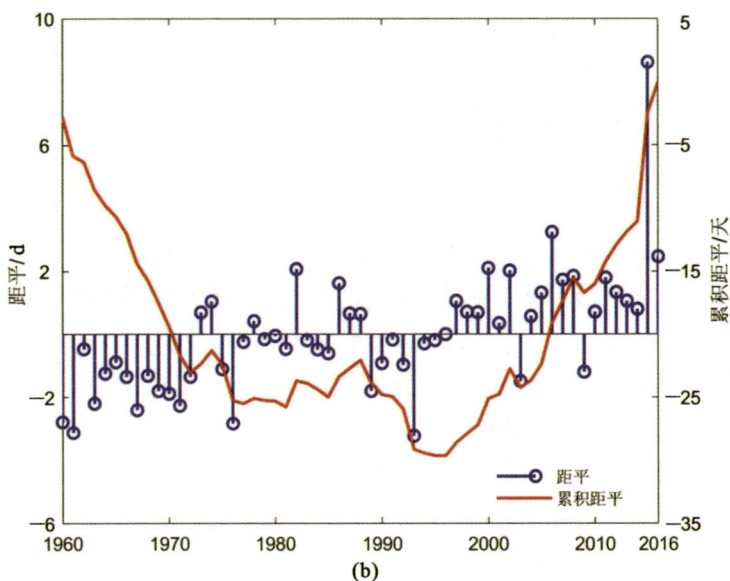

图 2-11　新疆 1960—2016 年昼夜极端高温事件强度最大值和
持续日数最大值指标的距平变化特征

（a）强度；（b）持续日数

②持续日数最大值。

新疆 1960—2016 年间昼夜极端高温事件持续日数最大值在波动中呈显著增加趋势[图 2-10(b)],最大值出现在 2015 年,为 14.28d,最小值出现在 1993 年,为 2.43d,二者相差 11.85d。9 年滑动平均曲线显示,1960—1984 年和 1993—2015 年持续日数最大值的平均值增加趋势较显著,1985—1992 年呈微弱减少趋势。20 世纪 60 年代、70 年代、80 年代、90 年代持续日数最大值均值依次为 3.90d、4.89d、5.79d、5.32d,2000—2016 年均值是 60 年代的 1.86 倍(表 2-15)。从表 2-16 可知,新疆 1960—2016 年间昼夜极端高温事件持续日数最大值的增加速率是 0.73d/10a(p<0.01)。20 世纪 80 年代的昼夜极端高温事件持续日数最大值呈微弱减少趋势(—0.59d/10a)。20 世纪 60 年代、70 年代、90 年代和 2000—2016 年的气候倾向率均呈增加趋势,增加速率依次为 0.89d/10a、1.64d/10a、2.45d/10a 和 1.54d/10a。

图 2-11(b)是新疆昼夜极端高温事件持续日数最大值距平和累积距平变化,1960—1972 年和 1988—1996 年间持续日数最大值距平以负值为主,且累积距平曲线在波动中呈减少趋势,表明在该时期新疆昼夜极端高温事件的持续日数最大值较小。在 1997—2016 年,持续日数最大值距平以正值为主,其中仅有 2 个年份的距平值小于 0,且累积距平曲线呈显著增加趋势,表明在该时间段内新疆昼夜极端高温事件的持续日数最大值较大。此外,从累积距平上可看出新疆昼夜极端高温事件持续日数最大值在 1997 年前后发生突变。

(3)新疆昼夜极端高温事件起止日期和时间长度指标时间变化特征

①开始日期。

新疆 1960—2016 年间昼夜极端高温事件开始日期的时间变化如图 2-12(a)所示,新疆昼夜极端高温事件开始日期随着时间变化呈现提前趋势,开始日期最早出现在 6 月 4 日,最晚出现在 7 月 21 日,二者相差 47d。从 9 年滑动平均曲线可看出,1962—1984 年开始日期均值的提前和推迟趋势不明显,1985—2001 年开始日期均值提前趋势显著。从昼夜极端高温事件年代际均值表(表 2-15)可看出,新疆 1960—2016 年昼夜极端高温事件平均开始日期为 7 月 1 日,2000—2016 年开始日期与 57 年平均开始日期相比提前一周,20 世纪 60 年代、70 年代、80 年代的开始日期与 57 年均值相比分别推迟 5d、4d 和 6d。新疆 1960—2016 年间昼夜极端高温事件各指标年际和年代际气候倾向率(表 2-16)显示,新疆昼夜极端高温事件开始日期以 —3.17d/10a 的速率呈显著下降趋势,且通过 0.01 显著性水平检验,这表明新疆昼夜极端高温事件开始日期整体上提前。其中,20 世纪 60 年代、70 年代、90 年代开始日期的气候倾向率为负值,表明这 3 个时期新疆昼夜极端高温事件的开始日期提前,80 年代和 2000—2016 年开始日期的气候倾向率分别为 6.12d/10a 和 3.63d/10a,表明这两段时期的开始日期推迟。

通过图 2-13(a)开始日期距平和累积距平可直观判断新疆 1960—2016 年昼夜极端高温事件开始日期早晚和变化趋势。通过距平值的正负可直接判断该年份发生昼夜极端高温事件的开始日期是相对推迟还是相对提前。1960—1994 年距平值以正为主,表明发生昼夜极端高温事件的开始日期推迟,其中 1962 年、1966 年、1974 年、1977 年、1978 年、1988 年、1990 年和 1991 年的距平值为负,说明这些年份新疆发生昼夜极端高温事件的开始日期提前。1995—2016 年的距平值以负值为主,仅有 3 个年份的距平值大于 0,表明在该时期新疆昼夜极端高温事件的开始日期提前。与 57 年平均开始日期相比,1964 年开始日期推迟 20d,2008 年开始日期提前 26d。此外,1960—2016 年间,新疆昼夜极端高温事件开始日期累积距平值存在先增加后减少的现象。在 1960—1989 年间,开始日期累积距平曲线在波动中持续上升,表明该时期新疆昼夜极端高温事件开始日期与多年平均开始日期相比推迟;在 1996—2016 年间,开始日期累积距平曲线在波动中呈下降趋势,表明该时期新疆昼夜极端高温事件开始日期与多年平均开始日期相比提前。

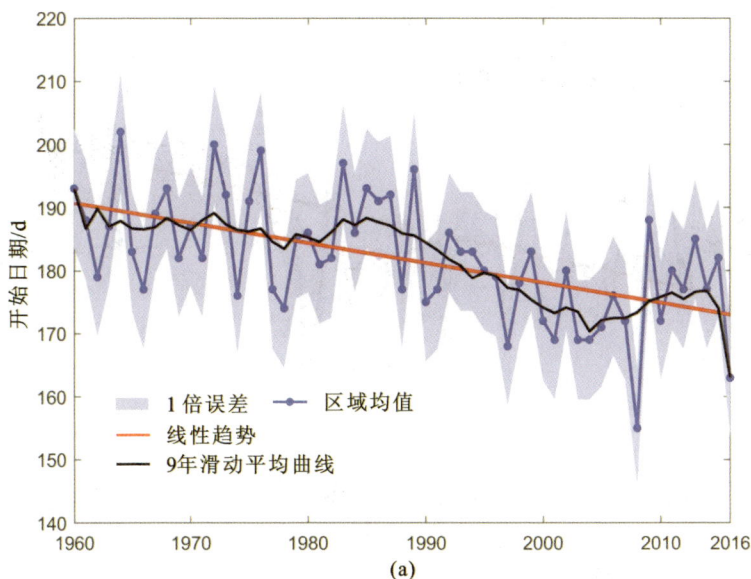

(a)

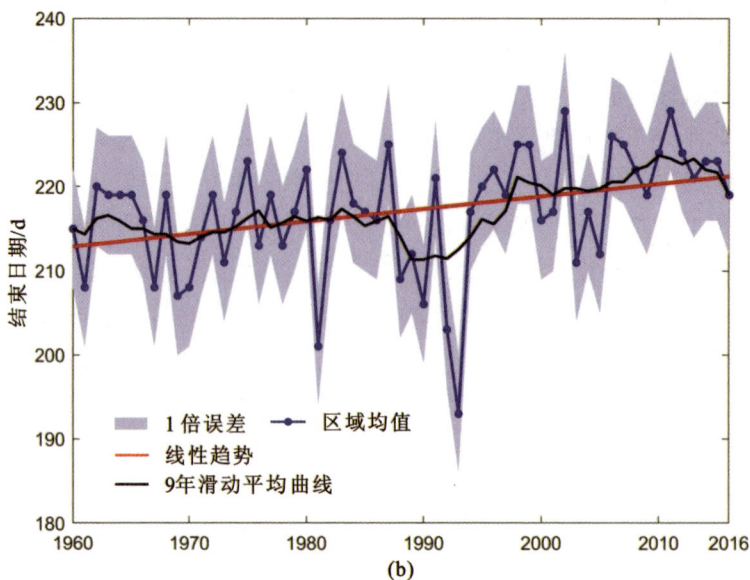

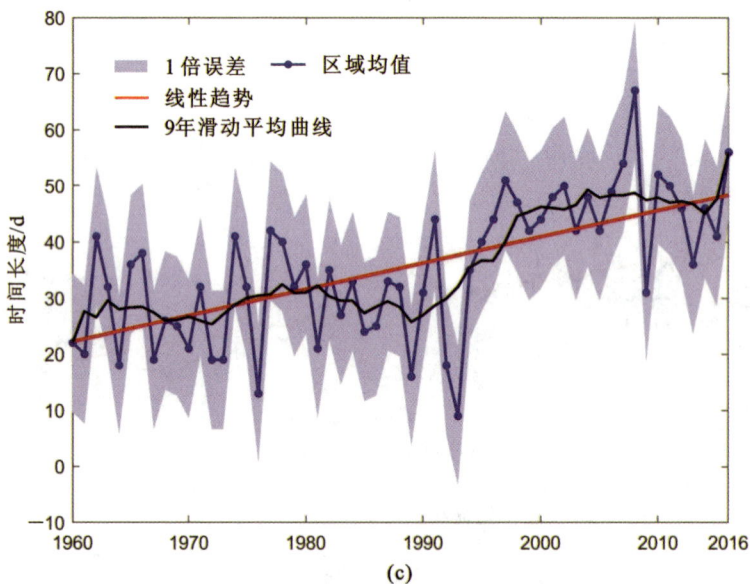

图 2-12　新疆 1960—2016 年昼夜极端高温事件开始日期、结束日期和
时间长度指标的年际

（a）开始日期；（b）结束日期；（c）时间长度

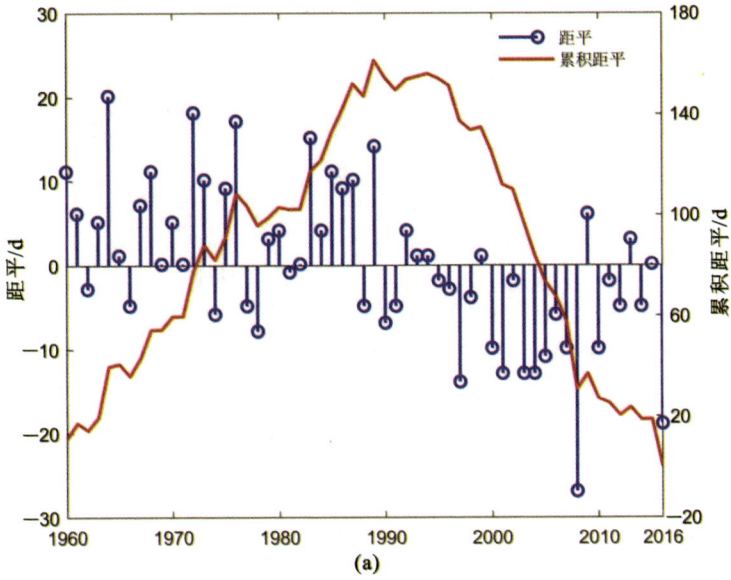

(a)

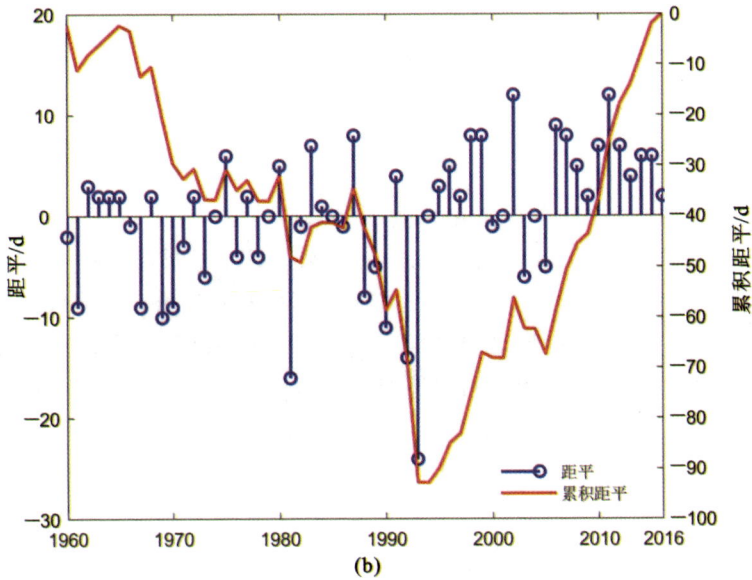

(b)

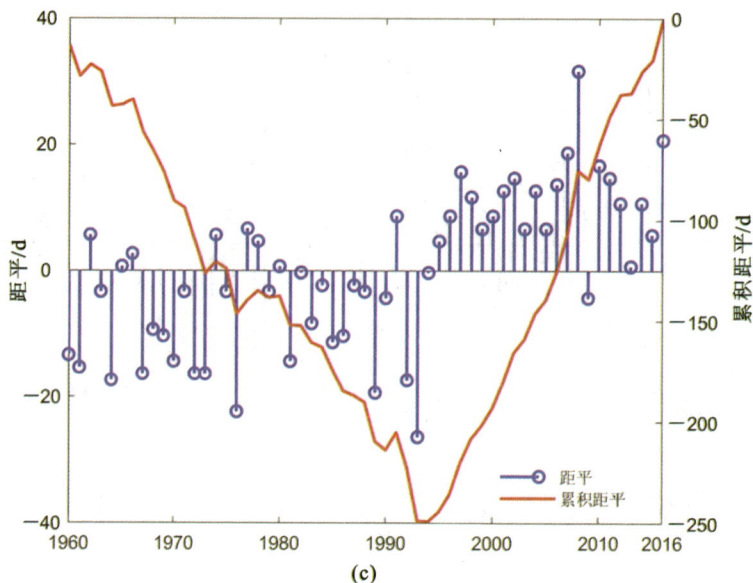

图 2-13　新疆 1960—2016 年昼夜极端高温事件开始日期、结束日期和
时间长度指标的距平变化特征

(a)开始日期;(b)结束日期;(c)时间长度

②结束日期。

新疆 1960—2016 年间昼夜极端高温事件结束日期[图 2-12(b)]呈线性增加趋势,表明新疆昼夜极端高温事件结束日期推迟,结束日期最早出现在 1993 年 7 月 12 日,最晚出现在 2011 年 8 月 17 日,二者相差 36d。9 年滑动平均曲线显示,1992—1998 年结束日期的推迟趋势最显著,2001—2010 年结束日期呈平缓推迟趋势。表 2-15 显示,新疆 57 年昼夜极端高温事件平均结束日期为 8 月 5 日,各年代平均结束日期与 57 年平均结束日期相差不大,20 世纪 60 年代、70 年代和 90 年代结束日期为 8 月 3 日,2000—2016 年的平均结束日期为 8 月 9 日。整体上,新疆 1960—2016 年昼夜极端高温事件结束日期以 1.49d/10a 的速率显著增加($p<0.01$),其中 20 世纪 60 年代和 80 年代结束日期趋势为负值(-3.88d/10a 和-0.85d/10a),说明 60 年代和 80 年代结束日期提前,而 70 年代、90 年代和 2000—2016 年结束日期趋势为正值,说明这三个时期结束日期推迟,推迟速率分别为 5.21d/10a、22.36d/10a 和 3.65d/10a(表 2-16)。

图 2-13(b)是新疆昼夜极端高温事件结束日期的逐年距平值和累积距平曲线,由图可知,在 1960—1993 年间,结束日期距平主要以负值为主,且累积距平曲线呈波动下降趋势,表明在该时期新疆昼夜极端高温事件的结束日期提前。与 57 年平均结

束日期(8月5日)相比,1993年新疆昼夜极端高温事件结束日期提前了23天;在1994—2016年间,结束日期距平主要以正值为主,仅有3个年份的距平值为负,且累积距平曲线呈波动上升趋势,表明在该时期新疆昼夜极端高温事件的结束日期推迟。与57年平均结束日期(8月5日)相比,2011年新疆昼夜极端高温事件结束日期推迟了12天。此外,根据累积距平曲线上还可以初步判断出结束日期发生突变的大致时间可能为1993年。

③时间长度。

从时间长度的时间变化趋势[图2-12(c)]可看出,新疆1960—2016年昼夜极端高温事件时间长度在波动中增加,时间长度最大值出现在2008年,为67天,最小值出现在1993年,为9天,二者相差58天。从9年滑动平均曲线可看出,1960—1988年时间长度呈现"增加—减少—增加—减少"的波动变化,1989—2004年时间长度增加幅度最大。从表2-15可看出,新疆1960—2016年昼夜极端高温事件平均时间长度是35.32d,其中20世纪60年代、70年代、80年代平均时间长度短于57年平均时间长度,分别为27.70d、29.10d和28.20d。20世纪90年代和2000—2016年的平均时间长度长于57年平均时间长度,分别为36.1d和47.18d。新疆昼夜极端高温事件时间长度整体上以4.67d/10a的速率呈显著增加趋势,且通过0.01显著性水平检验。时间长度的年代际气候倾向率总体呈现"减少—增加—减少"特征,20世纪60年代时间长度以−0.3d/10a的速率缩短,70年代时间长度以14.73d/10a的速率延长,80年代时间长度以−7.76d/10a的速率缩短,90年代时间长度以23.94d/10a的速率延长,而2000—2016年时间长度以−0.2d/10a的速率缩短(表2-16)。

通过图2-13(c)时间长度距平和累积距平可直观看出新疆1960—2016年间昼夜极端高温事件时间长度的长短和变化趋势。在1960—1993年时间长度距平以负值为主,仅有8个年份的距平值大于0,且累积距平曲线呈持续减少趋势,表明在该时期新疆昼夜极端高温事件时间长度较短。在1994—2016年,时间长度距平以正值为主,其中仅有2个年份的距平值小于0,且累积距平曲线呈持续增加趋势,表明在该时期新疆昼夜极端高温事件时间长度较长。在研究时段内,时间长度经历了前期短到后期长的显著变化,说明新疆极端高温期存在显著的延长态势。此外,从累积距平曲线上可以判断出新疆昼夜极端高温事件时间长度发生突变的大致时间点为1994年。

2.2.2 新疆昼夜极端高温事件空间分布特征

(1)新疆昼夜极端高温事件量级指标空间分布特征

表2-17是新疆昼夜极端高温事件发生频次的空间分布,发生昼夜极端高温事件3次以上的区域位于塔城和阿勒泰部分地区;发生频次少的区域位于昆仑山北麓和田和巴州小部分区域。新疆典型区域昼夜极端高温事件发生频次从多到少依次为北

疆、吐哈盆地、天山山区、南疆(表2-18),频次分别为3.29次、2.67次、2.54次和2.43次,其中北疆地区的频次多于57年频次均值(2.74次)。总体上,历年来新疆夏季气温相对较低的区域昼夜极端高温事件发生频次较多,夏季气温相对较高的区域发生频次相对较少。

新疆昼夜极端高温事件强度整体上从南到北呈现增加趋势。高值区位于塔城、阿勒泰、哈密部分区域和克州西部地区,强度变化幅度为116~206℃²;低值区位于和田东部和巴州西南部地区,强度变化幅度为26~56℃²。新疆典型区域昼夜极端高温事件各指标平均值(表2-18)显示,强度最大值在北疆地区(155.42℃²),其次是吐哈盆地(138.79℃²),接下来是天山山区(95.72℃²),南疆地区强度值最小(85.20℃²),其中北疆和吐哈盆地的强度分别比57年新疆全区强度均值高41.81℃²和25.18℃²,天山山区和南疆的强度分别比57年新疆全区强度均值低17.89℃²和28.41℃²。总体上,新疆昼夜极端高温事件强度高值区分布在夏季气温较低区域,低值区分布在夏季气温较高区域。

北疆、克州、喀什和哈密大部分地区的昼夜极端高温事件持续12d以上;和田、阿克苏和巴州大部分地区的持续日数为6~12d。从表2-18中可知,1960—2016年新疆昼夜极端高温事件持续日数为13.05d,其中南疆地区持续日数为11.51d,北疆地区持续日数为15.83d,天山山区持续日数为11.93d,吐哈盆地持续日数为12.87d。

表 2-17　新疆昼夜极端高温事件频次、强度、持续日数指标站点空间分布特征值

序号	省份	分区	站号	站点名称	经度/(°)	纬度/(°)	海拔高度/m	频次/次	强度/℃²	持续日数/d
1	新疆	北疆	51053	哈巴河	86.40	48.05	532.6	3.61	161.47	17.39
2	新疆	北疆	51060	布尔津	86.52	47.42	473.9	2.47	95.78	11.53
3	新疆	北疆	51068	福海	87.47	47.12	500.9	2.40	98.41	10.51
4	新疆	北疆	51076	阿勒泰	88.08	47.73	735.3	3.68	189.69	16.79
5	新疆	北疆	51087	富蕴	89.31	46.59	807.5	2.88	195.72	15.30
6	新疆	北疆	51133	塔城	83.00	46.73	534.9	3.70	166.42	17.33
7	新疆	北疆	51156	和布克赛尔	85.72	46.78	1291.6	3.72	173.60	17.96
8	新疆	北疆	51186	青河	90.38	46.67	1218.2	2.68	145.26	13.74
9	新疆	北疆	51232	阿拉山口	82.57	45.18	336.1	3.77	182.79	18.93
10	新疆	北疆	51238	博乐	82.04	44.54	532.2	3.11	109.85	15.16

续表

序号	省份	分区	站号	站点名称	经度/ (°)	纬度/ (°)	海拔 高度/m	频次/ 次	强度/ ℃²	持续 日数/d
11	新疆	北疆	51241	托里	83.60	45.93	1077.8	3.77	207.18	18.54
12	新疆	北疆	51243	克拉玛依	84.85	45.62	449.5	4.19	215.88	21.37
13	新疆	北疆	51288	北塔山	90.53	45.37	1653.7	3.96	211.72	18.49
14	新疆	北疆	51334	精河	82.90	44.62	329.2	3.02	119.73	14.93
15	新疆	北疆	51346	乌苏	84.67	44.43	478.7	3.75	158.14	18.46
16	新疆	北疆	51365	蔡家湖	87.53	44.20	440.5	2.26	86.28	9.72
17	新疆	北疆	51379	奇台	89.57	44.02	793.5	2.37	83.08	10.40
18	新疆	北疆	51463	乌鲁木齐	87.65	43.78	935	3.79	196.59	18.42
19	新疆	天山	51330	温泉	81.02	44.97	1357.8	3.49	140.52	17.14
20	新疆	天山	51431	伊宁	81.33	43.95	662.5	2.65	87.54	12.68
21	新疆	天山	51433	尼勒克	82.57	43.80	1105.3	1.81	57.25	8.00
22	新疆	天山	51437	昭苏	81.13	43.15	1851	3.02	119.81	13.40
23	新疆	天山	51467	巴仑台	86.30	42.73	1732.4	2.72	86.79	12.89
24	新疆	天山	51470	天池	88.07	43.53	1942.5	3.89	147.50	18.65
25	新疆	天山	51477	达板城	88.32	43.35	1103.5	1.04	26.30	3.89
26	新疆	天山	51542	巴音布鲁克	84.15	43.03	2458	1.04	37.92	4.04
27	新疆	天山	52101	巴里塘	93.05	43.60	1679.4	2.05	104.21	10.35
28	新疆	天山	52112	淖毛湖	94.59	43.45	479	3.25	147.45	16.23
29	新疆	天山	52118	伊吾	94.42	43.16	1728.6	3.02	97.60	13.98
30	新疆	吐哈	51495	七角井	91.73	43.22	721.4	3.19	227.81	16.14
31	新疆	吐哈	51573	吐鲁番	89.20	42.93	34.5	2.79	92.40	12.47
32	新疆	吐哈	51581	鄯善	90.23	42.85	398.6	2.39	87.12	10.61
33	新疆	吐哈	52203	哈密	93.52	42.82	737.2	2.05	105.60	10.21
34	新疆	吐哈	52313	红柳河	94.67	41.53	1573.8	2.95	181.03	14.93

续表

序号	省份	分区	站号	站点名称	经度/(°)	纬度/(°)	海拔高度/m	频次/次	强度/℃²	持续日数/d
35	新疆	南疆	51526	库米什	88.22	42.23	922.4	2.30	93.18	10.40
36	新疆	南疆	51567	焉耆	86.57	42.08	1055.3	2.18	58.34	9.09
37	新疆	南疆	51628	阿克苏	80.23	41.17	1103.8	2.58	98.14	12.40
38	新疆	南疆	51633	拜城	81.90	41.78	1229.2	1.98	57.58	8.58
39	新疆	南疆	51639	沙雅	82.47	41.14	980.4	2.91	83.85	13.68
40	新疆	南疆	51642	轮台	84.25	41.78	982	2.82	96.94	12.75
41	新疆	南疆	51644	库车	82.97	41.72	1081.9	2.88	101.56	13.25
42	新疆	南疆	51656	库尔勒	86.13	41.75	931.5	2.54	112.21	11.42
43	新疆	南疆	51701	吐尔尕特	75.40	40.52	3504.4	2.60	117.01	13.54
44	新疆	南疆	51704	阿图什	76.10	39.43	1298.7	3.47	135.75	17.42
45	新疆	南疆	51705	乌恰	75.25	39.72	2175.7	3.05	138.27	15.89
46	新疆	南疆	51709	喀什	75.98	39.47	1385.6	2.88	94.13	14.39
47	新疆	南疆	51711	阿合奇	78.45	40.93	1985.1	3.11	110.89	15.21
48	新疆	南疆	51720	柯坪	79.05	40.50	1161.8	2.74	109.99	14.26
49	新疆	南疆	51730	阿拉尔	81.27	40.55	1012.2	2.33	51.15	9.88
50	新疆	南疆	51765	铁干里克	87.70	40.63	846	2.00	69.42	8.75
51	新疆	南疆	51777	若羌	88.17	39.03	887.7	1.37	38.74	5.32
52	新疆	南疆	51804	塔什库尔干	75.23	37.77	3090.1	2.89	131.75	16.72
53	新疆	南疆	51811	莎车	77.27	38.43	1231.2	2.30	69.30	11.42
54	新疆	南疆	51818	皮山	78.28	37.62	1375.4	2.37	71.76	10.72
55	新疆	南疆	51828	和田	79.93	37.13	1375	2.77	93.46	13.35
56	新疆	南疆	51839	民丰	82.72	37.07	1409.5	1.37	39.39	5.79
57	新疆	南疆	51855	且末	85.55	38.15	1247.2	1.47	43.67	6.42
58	新疆	南疆	51931	于田	81.65	36.85	1422	1.30	28.34	5.65

表 2-18　　　**1960—2016 年新疆典型区域昼夜极端高温事件各指标平均值**

指标	南疆	北疆	天山山区	吐哈盆地	全区
CDNHF/次	2.43	3.29	2.54	2.67	2.74
CDNHI/℃²	85.20	155.42	95.72	138.79	113.61
CDNHD/d	11.51	15.83	11.93	12.87	13.05
CDNHMI/℃²	51.80	80.36	54.09	75.70	63.16
CDNHMD/d	5.48	6.27	5.08	5.60	5.66
CDNHS	7月5日	6月25日	7月2日	7月3日	7月1日
CDNHE	8月4日	8月6日	8月7日	8月3日	8月5日
CDNHL/d	30	42	36	31	35

（2）新疆昼夜极端高温事件极值指标空间分布特征

新疆昼夜极端高温事件强度最大值空间分布如表 2-19 所示,塔城、阿勒泰、哈密和克州大部分区域的强度最大值可达到 65～95℃²,天山中西部和南疆大部分地区的强度最大值变化幅度为 20～65℃²。从新疆典型区域昼夜极端高温事件各指标均值（表 2-18）可知,强度最大值从大到小依次是北疆地区、吐哈盆地、天山山区、南疆地区,依次为 80.36℃²、75.70℃²、54.09℃² 和 51.8℃²,其中北疆和吐哈盆地强度最大值分别比新疆全区强度最大值 57 年均值高出 17.20℃² 和 12.54℃²,天山山区和南疆强度最大值比 1960—2016 年新疆全区强度最大值均值分别低 9.07℃² 和 11.36℃²。总体上,新疆昼夜极端高温事件强度最大值高值区分布在新疆夏季气温较低的北疆地区,低值区分布在夏季气温较高的南疆地区。

新疆昼夜极端高温事件持续日数最大值空间分布如表 2-19 所示,从表中可看出,和田东部、巴州西南部和巴音布鲁克等区域的单次昼夜极端高温事件持续日数所能达到的最大值为 3～5d,克州、塔城西北部和哈密东部地区持续日数最大值在 6d 以上。南疆地区持续日数最大值均值为 5.48d,北疆地区持续日数最大值均值为 6.27d,天山山区持续日数最大值均值为 5.08d,吐哈盆地的持续日数最大值均值为 5.60d（表 2-18）。

表 2-19　新疆昼夜极端高温事件强度最大值和持续日数最大值指标站点空间
分布特征值

序号	省份	分区	站号	站点名称	经度/(°)	纬度/(°)	海拔高度/m	强度最大值/℃²	持续日数最大值/d
1	新疆	北疆	51053	哈巴河	86.40	48.05	532.6	78.36	6.68
2	新疆	北疆	51060	布尔津	86.52	47.42	473.9	57.57	5.49
3	新疆	北疆	51068	福海	87.47	47.12	500.9	58.49	4.79
4	新疆	北疆	51076	阿勒泰	88.08	47.73	735.3	91.93	6.18
5	新疆	北疆	51087	富蕴	89.31	46.59	807.5	102.48	6.11
6	新疆	北疆	51133	塔城	83.00	46.73	534.9	82.54	6.18
7	新疆	北疆	51156	和布克赛尔	85.72	46.78	1291.6	91.85	6.84
8	新疆	北疆	51186	青河	90.38	46.67	1218.2	78.67	5.74
9	新疆	北疆	51232	阿拉山口	82.57	45.18	336.1	90.78	7.44
10	新疆	北疆	51238	博乐	82.04	44.54	532.2	56.81	6.25
11	新疆	北疆	51241	托里	83.60	45.93	1077.8	105.04	6.91
12	新疆	北疆	51243	克拉玛依	84.85	45.62	449.5	110.25	8.02
13	新疆	北疆	51288	北塔山	90.53	45.37	1653.7	105.19	6.35
14	新疆	北疆	51334	精河	82.90	44.62	329.2	64.61	6.40
15	新疆	北疆	51346	乌苏	84.67	44.43	478.7	82.49	7.26
16	新疆	北疆	51365	蔡家湖	87.53	44.20	440.5	52.14	4.89
17	新疆	北疆	51379	奇台	89.57	44.02	793.5	45.90	4.74
18	新疆	北疆	51463	乌鲁木齐	87.65	43.78	935	91.34	6.53
19	新疆	天山	51330	温泉	81.02	44.97	1357.8	76.44	6.81
20	新疆	天山	51431	伊宁	81.33	43.95	662.5	50.53	5.46
21	新疆	天山	51433	尼勒克	82.57	43.80	1105.3	34.77	3.67
22	新疆	天山	51437	昭苏	81.13	43.15	1851	68.64	5.25

续表

序号	省份	分区	站号	站点名称	经度/ (°)	纬度/ (°)	海拔 高度/m	强度 最大值/℃²	持续日数 最大值/d
23	新疆	天山	51467	巴仑台	86.30	42.73	1732.4	48.64	5.86
24	新疆	天山	51470	天池	88.07	43.53	1942.5	73.51	6.89
25	新疆	天山	51477	达板城	88.32	43.35	1103.5	20.43	2.56
26	新疆	天山	51542	巴音布鲁克	84.15	43.03	2458	30.90	2.88
27	新疆	天山	52101	巴里塘	93.05	43.60	1679.4	53.43	4.11
28	新疆	天山	52112	淖毛湖	94.59	43.45	479	79.91	6.35
29	新疆	天山	52118	伊吾	94.42	43.16	1728.6	57.75	6.02
30	新疆	吐哈	51495	七角井	91.73	43.22	721.4	100.98	5.42
31	新疆	吐哈	51573	吐鲁番	89.20	42.93	34.5	46.97	5.46
32	新疆	吐哈	51581	鄯善	90.23	42.85	398.6	51.06	4.84
33	新疆	吐哈	52203	哈密	93.52	42.82	737.2	69.91	5.60
34	新疆	吐哈	52313	红柳河	94.67	41.53	1573.8	109.58	6.70
35	新疆	南疆	51526	库米什	88.22	42.23	922.4	56.07	5.14
36	新疆	南疆	51567	焉耆	86.57	42.08	1055.3	36.64	4.47
37	新疆	南疆	51628	阿克苏	80.23	41.17	1103.8	60.02	5.67
38	新疆	南疆	51633	拜城	81.90	41.78	1229.2	41.80	4.98
39	新疆	南疆	51639	沙雅	82.47	41.14	980.4	49.51	5.96
40	新疆	南疆	51642	轮台	84.25	41.78	982	50.64	4.93
41	新疆	南疆	51644	库车	82.97	41.72	1081.9	59.47	6.07
42	新疆	南疆	51656	库尔勒	86.13	41.75	931.5	73.87	5.54
43	新疆	南疆	51701	吐尔尕特	75.40	40.52	3504.4	76.75	6.68
44	新疆	南疆	51704	阿图什	76.10	39.43	1298.7	78.90	7.47
45	新疆	南疆	51705	乌恰	75.25	39.72	2175.7	81.14	6.89
46	新疆	南疆	51709	喀什	75.98	39.47	1385.6	55.19	6.14

续表

序号	省份	分区	站号	站点名称	经度/(°)	纬度/(°)	海拔高度/m	强度最大值/℃²	持续日数最大值/d
47	新疆	南疆	51711	阿合奇	78.45	40.93	1985.1	63.65	6.65
48	新疆	南疆	51720	柯坪	79.05	40.50	1161.8	67.63	6.77
49	新疆	南疆	51730	阿拉尔	81.27	40.55	1012.2	33.03	5.05
50	新疆	南疆	51765	铁干里克	87.70	40.63	846	44.56	4.72
51	新疆	南疆	51777	若羌	88.17	39.03	887.7	26.46	3.26
52	新疆	南疆	51804	塔什库尔干	75.23	37.77	3090.1	79.33	8.30
53	新疆	南疆	51811	莎车	77.27	38.43	1231.2	43.91	6.00
54	新疆	南疆	51818	皮山	78.28	37.62	1375.4	42.98	5.02
55	新疆	南疆	51828	和田	79.93	37.13	1375	51.47	5.84
56	新疆	南疆	51839	民丰	82.72	37.07	1409.5	23.26	2.96
57	新疆	南疆	51855	且末	85.55	38.15	1247.2	26.91	3.53
58	新疆	南疆	51931	于田	81.65	36.85	1422	20.00	3.42

(3)新疆昼夜极端高温事件起止日期和时间长度指标空间分布特征

新疆昼夜极端高温事件起止日期和时间长度的空间分布如表 2-20 所示。从表中可看出昼夜极端高温事件开始日期提前的区域主要分布在北疆地区,开始日期在 6 月 18 日—6 月 29 日之间;开始日期推迟的区域分布在克州西部、伊犁、和田东部和巴州西南部大部分地区,开始日期在 7 月 4 日之后,最晚不超过 7 月 19 日。从表 2-18 中可知,开始日期从早到晚依次为北疆、天山山区、吐哈盆地、南疆,时间分别为 6 月 25 日、7 月 2 日、7 月 3 日和 7 月 5 日,其中北疆地区开始日期比 1960—2016 年开始日期提前一周。

表 2-20　**新疆昼夜极端高温事件起止日期和时间长度指标空间分布特征值**

序号	省份	分区	站号	站点名称	经度/(°)	纬度/(°)	海拔高度/m	开始日期/d	结束日期/d	时间长度/d
1	新疆	北疆	51053	哈巴河	86.40	48.05	532.6	176	222	45
2	新疆	北疆	51060	布尔津	86.52	47.42	473.9	176	208	32

序号	省份	分区	站号	站点名称	经度/(°)	纬度/(°)	海拔高度/m	开始日期/d	结束日期/d	时间长度/d
3	新疆	北疆	51068	福海	87.47	47.12	500.9	177	205	29
4	新疆	北疆	51076	阿勒泰	88.08	47.73	735.3	169	223	54
5	新疆	北疆	51087	富蕴	89.31	46.59	807.5	176	219	43
6	新疆	北疆	51133	塔城	83.00	46.73	534.9	177	223	46
7	新疆	北疆	51156	和布克赛尔	85.72	46.78	1291.6	173	221	48
8	新疆	北疆	51186	青河	90.38	46.67	1218.2	175	211	37
9	新疆	北疆	51232	阿拉山口	82.57	45.18	336.1	175	221	46
10	新疆	北疆	51238	博乐	82.04	44.54	532.2	175	218	43
11	新疆	北疆	51241	托里	83.60	45.93	1077.8	176	226	50
12	新疆	北疆	51243	克拉玛依	84.85	45.62	449.5	171	226	55
13	新疆	北疆	51288	北塔山	90.53	45.37	1653.7	173	224	51
14	新疆	北疆	51334	精河	82.90	44.62	329.2	174	211	37
15	新疆	北疆	51346	乌苏	84.67	44.43	478.7	173	216	43
16	新疆	北疆	51365	蔡家湖	87.53	44.20	440.5	178	208	30
17	新疆	北疆	51379	奇台	89.57	44.02	793.5	186	218	32
18	新疆	北疆	51463	乌鲁木齐	87.65	43.78	935	176	225	49
19	新疆	天山	51330	温泉	81.02	44.97	1357.8	177	224	47
20	新疆	天山	51431	伊宁	81.33	43.95	662.5	181	217	36
21	新疆	天山	51433	尼勒克	82.57	43.80	1105.3	190	221	31
22	新疆	天山	51437	昭苏	81.13	43.15	1851	190	232	43
23	新疆	天山	51467	巴仑台	86.30	42.73	1732.4	179	219	40
24	新疆	天山	51470	天池	88.07	43.53	1942.5	181	232	51
25	新疆	天山	51477	达板城	88.32	43.35	1103.5	190	207	17
26	新疆	天山	51542	巴音布鲁克	84.15	43.03	2458	199	212	12

续表

序号	省份	分区	站号	站点名称	经度/(°)	纬度/(°)	海拔高度/m	开始日期/d	结束日期/d	时间长度/d
27	新疆	天山	52101	巴里塘	93.05	43.60	1679.4	179	217	38
28	新疆	天山	52112	淖毛湖	94.59	43.45	479	176	218	42
29	新疆	天山	52118	伊吾	94.42	43.16	1728.6	174	215	40
30	新疆	吐哈	51495	七角井	91.73	43.22	721.4	176	221	45
31	新疆	吐哈	51573	吐鲁番	89.20	42.93	34.5	179	211	33
32	新疆	吐哈	51581	鄯善	90.23	42.85	398.6	182	210	29
33	新疆	吐哈	52203	哈密	93.52	42.82	737.2	190	214	25
34	新疆	吐哈	52313	红柳河	94.67	41.53	1573.8	186	223	37
35	新疆	南疆	51526	库米什	88.22	42.23	922.4	185	214	30
36	新疆	南疆	51567	焉耆	86.57	42.08	1055.3	184	212	29
37	新疆	南疆	51628	阿克苏	80.23	41.17	1103.8	184	217	33
38	新疆	南疆	51633	拜城	81.90	41.78	1229.2	196	219	24
39	新疆	南疆	51639	沙雅	82.47	41.14	980.4	181	221	39
40	新疆	南疆	51642	轮台	84.25	41.78	982	182	220	38
41	新疆	南疆	51644	库车	82.97	41.72	1081.9	182	221	40
42	新疆	南疆	51656	库尔勒	86.13	41.75	931.5	181	217	36
43	新疆	南疆	51701	吐尔尕特	75.40	40.52	3504.4	192	223	31
44	新疆	南疆	51704	阿图什	76.10	39.43	1298.7	179	221	42
45	新疆	南疆	51705	乌恰	75.25	39.72	2175.7	187	224	37
46	新疆	南疆	51709	喀什	75.98	39.47	1385.6	184	218	34
47	新疆	南疆	51711	阿合奇	78.45	40.93	1985.1	183	223	40
48	新疆	南疆	51720	柯坪	79.05	40.50	1161.8	182	220	38
49	新疆	南疆	51730	阿拉尔	81.27	40.55	1012.2	183	213	29
50	新疆	南疆	51765	铁干里克	87.70	40.63	846	186	209	23

序号	省份	分区	站号	站点名称	经度/(°)	纬度/(°)	海拔高度/m	开始日期/d	结束日期/d	时间长度/d
51	新疆	南疆	51777	若羌	88.17	39.03	887.7	191	206	15
52	新疆	南疆	51804	塔什库尔干	75.23	37.77	3090.1	188	221	34
53	新疆	南疆	51811	莎车	77.27	38.43	1231.2	184	210	27
54	新疆	南疆	51818	皮山	78.28	37.62	1375.4	183	209	26
55	新疆	南疆	51828	和田	79.93	37.13	1375	182	217	35
56	新疆	南疆	51839	民丰	82.72	37.07	1409.5	187	209	23
57	新疆	南疆	51855	且末	85.55	38.15	1247.2	187	206	19
58	新疆	南疆	51931	于田	81.65	36.85	1422	176	222	45

塔城西北部、伊犁河谷西部和克州西部地区结束日期在 8 月 8 日—8 月 13 日，其中极少部分区域结束日期在 8 月 13 日—8 月 20 日；喀什、阿克苏、伊犁州、昌吉、哈密大部分地区结束日期在 8 月 3 日—8 月 5 日；和田和巴州大部分区域结束日期在 7 月 24 日—8 月 3 日。各典型区域的结束日期相差不大(表 2-18)，均集中在 8 月 5 日前后，结束日期最早的是南疆和吐哈盆地(8 月 3 日和 8 月 4 日)，其次是北疆地区(8 月 6 日)和天山山区(8 月 7 日)。

昼夜极端高温事件时间长度大致呈现从南到北延长的空间分布。塔城西北部地区和阿勒泰小部分区域时间长度在 44～55d；北疆大部分区域时间长度在 36～44d；喀什、阿克苏和吐鲁番大部分地区时间长度在 28～36d；和田东部和巴州西南部地区时间长度在 20～28d。表 2-18 是新疆典型区域昼夜极端高温事件各指标均值，从表中可知，各典型区域时间长度存在差异，其中时间长度最长的区域位于北疆地区(42d)，其次是天山山区(36d)，吐哈盆地时间长度为 31d，南疆地区时间长度约为 30d。总体上，夏季气温较冷的北疆地区和天山山区的昼夜极端高温事件时间长度较长，夏季气温较高的南疆地区和吐哈盆地昼夜极端高温事件的时间长度较短。

2.2.3 新疆昼夜极端高温事件空间变化趋势

(1)新疆昼夜极端高温事件量级指标空间变化趋势

从表 2-21、表 2-22 和表 2-23 可看出，新疆昼夜极端高温事件频次整体上以增加趋势为主，极少部分站点呈下降趋势，增减幅度为 −0.7～1.5 次/10a，89.66% 的气象站点呈增加趋势，其中有 67.24% 的气象站点呈显著增加趋势，且这种增加趋势通过了 0.05 显著性水平检验。结合表 2-21 新疆典型区域昼夜极端高温事件各指标气候倾向率可知,频次增加幅度由大到小依次为吐哈盆地(0.64 次/10a)、天山山区(0.59 次/10a)、北疆地区(0.49 次/10a)、南疆地区(0.34 次/10a)。

表 2-21　新疆 1960—2016 年典型区域昼夜极端高温事件各指标气候倾向率

指标	南疆	北疆	天山山区	吐哈盆地	全区
CDNHF/(次/10a)	0.34**	0.49**	0.59**	0.64**	0.46**
CDNHI/($℃^2$/10a)	18.23**	33.66**	31.66**	55.99**	28.82**
CDNHD/(d/10a)	1.82**	2.60**	3.18**	3.96**	2.51**
CDNHMI/($℃^2$/10a)	10.10**	17.41**	16.72**	26.24**	15.02**
CDNHMD/(d/10a)	0.53**	0.75**	0.98**	1.13**	0.73**
CDNHS/(d/10a)	−3.18**	−3.14**	−2.63**	−4.67**	−3.17**
CDNHE/(d/10a)	0.73	1.71	2.44**	2.69**	1.49**
CDNHL/(d/10a)	3.84**	4.88**	5.06**	7.34**	4.67**

注:＊＊代表通过 0.01 显著性水平检验。

新疆绝大部分站点昼夜极端高温事件强度呈增加趋势,呈增加趋势的站点数约占总站点数量的 87.93%,增加趋势幅度为 35～139 $℃^2$/10a,其中约 79.31% 的气象站点呈显著增加趋势($p<0.05$)(表 2-22)。结合新疆典型区域昼夜极端高温事件各指标气候倾向率来看(表 2-21),强度增加幅度最大的为吐哈盆地(55.99 $℃^2$/10a),接下来是北疆地区(33.66 $℃^2$/10a)和天山山区(31.66 $℃^2$/10a),强度增加幅度最小的是南疆地区(18.23 $℃^2$/10a)。总体上,新疆昼夜极端高温事件强度以增加趋势为主导。

结合表 2-22 和表 2-23 可清晰看到新疆各气象站点昼夜极端高温事件持续日数的变化趋势,新疆 89.66% 气象站点的昼夜极端高温事件持续日数呈增加趋势,增加趋势幅度为 0～8.5d/10a,其中约 81.03% 的气象站点呈显著增加趋势,且这种增加趋势通过了 0.05 显著性水平检验。结合表 2-21 新疆典型区域昼夜极端高温事件各指标气候倾向率可看出,吐哈盆地持续日数增加速率为 3.96d/10a,天山山区持续日数增加速率为 3.18d/10a,北疆地区持续日数增加速率为 2.60d/10a,南疆地区持续日数增加速率为 1.82d/10a。

表 2-22　新疆 1960—2016 年昼夜极端高温事件各指标变化趋势的站点百分比

指标	增加	显著增加	减少	显著减少
CDNHF	89.66%	67.24%	10.34%	6.90%
CDNHI	87.93%	79.31%	12.07%	3.45%
CDNHD	89.66%	81.03%	10.34%	5.17%
CDNHMI	86.21%	70.69%	13.79%	3.45%
CDNHMD	86.21%	70.69%	13.79%	3.45%
CDNHS	67.24%	10.34%	32.76%	8.62%
CDNHE	86.21%	51.72%	13.79%	5.17%
CDNHL	89.66%	63.79%	10.34%	5.17%

表 2-23　　　　新疆昼夜极端高温事件量级指标站点变化趋势

序号	省份	分区	站号	站点名称	经度/(°)	纬度/(°)	海拔高度/m	频次/(次/10a)	强度/(℃²/10a)	持续日数/(d/10a)
1	新疆	北疆	51053	哈巴河	86.40	48.05	532.6	0.81	50.58	4.01
2	新疆	北疆	51060	布尔津	86.52	47.42	473.9	0.52	30.69	2.69
3	新疆	北疆	51068	福海	87.47	47.12	500.9	0.67	42.22	3.61
4	新疆	北疆	51076	阿勒泰	88.08	47.73	735.3	−0.22	−11.20	−1.10
5	新疆	北疆	51087	富蕴	89.31	46.59	807.5	1.01	89.76	5.75
6	新疆	北疆	51133	塔城	83.00	46.73	534.9	0.86	56.86	4.69
7	新疆	北疆	51156	和布克赛尔	85.72	46.78	1291.6	0.74	50.73	3.95
8	新疆	北疆	51186	青河	90.38	46.67	1218.2	0.90	71.49	5.41
9	新疆	北疆	51232	阿拉山口	82.57	45.18	336.1	0.43	25.24	1.67
10	新疆	北疆	51238	博乐	82.04	44.54	532.2	0.99	49.76	5.60

续表

序号	省份	分区	站号	站点名称	经度/(°)	纬度/(°)	海拔高度/m	频次/(次/10a)	强度/(℃²/10a)	持续日数/(d/10a)
11	新疆	北疆	51241	托里	83.60	45.93	1077.8	0.76	53.92	4.03
12	新疆	北疆	51243	克拉玛依	84.85	45.62	449.5	0.29	10.60	1.14
13	新疆	北疆	51288	北塔山	90.53	45.37	1653.7	0.51	48.13	2.54
14	新疆	北疆	51334	精河	82.90	44.62	329.2	0.84	52.81	4.76
15	新疆	北疆	51346	乌苏	84.67	44.43	478.7	0.36	15.54	1.54
16	新疆	北疆	51365	蔡家湖	87.53	44.20	440.5	0.14	21.45	1.15
17	新疆	北疆	51379	奇台	89.57	44.02	793.5	−0.39	−13.41	−1.75
18	新疆	北疆	51463	乌鲁木齐	87.65	43.78	935	−0.35	−39.20	−2.87
19	新疆	天山	51330	温泉	81.02	44.97	1357.8	0.26	8.41	1.16
20	新疆	天山	51431	伊宁	81.33	43.95	662.5	0.82	40.10	4.56
21	新疆	天山	51433	尼勒克	82.57	43.80	1105.3	0.95	35.96	4.52
22	新疆	天山	51437	昭苏	81.13	43.15	1851	0.84	39.98	4.13
23	新疆	天山	51467	巴仑台	86.30	42.73	1732.4	0.56	30.49	3.03
24	新疆	天山	51470	天池	88.07	43.53	1942.5	0.27	19.34	1.74
25	新疆	天山	51477	达板城	88.32	43.35	1103.5	0.12	7.25	0.66
26	新疆	天山	51542	巴音布鲁克	84.15	43.03	2458	0.28	12.97	1.26
27	新疆	天山	52101	巴里塘	93.05	43.60	1679.4	1.11	62.17	6.04
28	新疆	天山	52112	淖毛湖	94.59	43.45	479	0.93	64.52	5.60
29	新疆	天山	52118	伊吾	94.42	43.16	1728.6	0.30	27.08	2.32
30	新疆	吐哈	51495	七角井	91.73	43.22	721.4	1.47	138.73	8.40
31	新疆	吐哈	51573	吐鲁番	89.20	42.93	34.5	0.44	33.61	2.81

续表

序号	省份	分区	站号	站点名称	经度/(°)	纬度/(°)	海拔高度/m	频次/(次/10a)	强度/(℃²/10a)	持续日数/(d/10a)
32	新疆	吐哈	51581	鄯善	90.23	42.85	398.6	0.58	34.28	3.13
33	新疆	吐哈	52203	哈密	93.52	42.82	737.2	0.20	14.74	1.58
34	新疆	吐哈	52313	红柳河	94.67	41.53	1573.8	0.53	58.58	3.87
35	新疆	南疆	51526	库米什	88.22	42.23	922.4	0.28	22.93	2.10
36	新疆	南疆	51567	焉耆	86.57	42.08	1055.3	0.32	16.88	1.43
37	新疆	南疆	51628	阿克苏	80.23	41.17	1103.8	0.81	53.03	4.94
38	新疆	南疆	51633	拜城	81.90	41.78	1229.2	0.19	15.94	1.21
39	新疆	南疆	51639	沙雅	82.47	41.14	980.4	0.77	26.43	3.80
40	新疆	南疆	51642	轮台	84.25	41.78	982	1.15	51.81	5.58
41	新疆	南疆	51644	库车	82.97	41.72	1081.9	−0.66	−29.44	−3.68
42	新疆	南疆	51656	库尔勒	86.13	41.75	931.5	0.34	31.21	2.22
43	新疆	南疆	51701	吐尔尕特	75.40	40.52	3504.4	0.36	14.47	1.69
44	新疆	南疆	51704	阿图什	76.10	39.43	1298.7	0.15	−5.28	0.25
45	新疆	南疆	51705	乌恰	75.25	39.72	2175.7	0.38	26.66	2.68
46	新疆	南疆	51709	喀什	75.98	39.47	1385.6	0.40	18.50	2.44
47	新疆	南疆	51711	阿合奇	78.45	40.93	1985.1	0.35	17.42	1.81
48	新疆	南疆	51720	柯坪	79.05	40.50	1161.8	−0.46	−17.20	−2.34
49	新疆	南疆	51730	阿拉尔	81.27	40.55	1012.2	−0.27	−6.37	−1.35
50	新疆	南疆	51765	铁干里克	87.70	40.63	846	0.33	26.67	2.18
51	新疆	南疆	51777	若羌	88.17	39.03	887.7	0.08	4.92	0.34
52	新疆	南疆	51804	塔什库尔干	75.23	37.77	3090.1	0.29	24.56	1.71

序号	省份	分区	站号	站点名称	经度/(°)	纬度/(°)	海拔高度/m	频次/(次/10a)	强度/(℃²/10a)	持续日数/(d/10a)
53	新疆	南疆	51811	莎车	77.27	38.43	1231.2	0.27	15.56	1.85
54	新疆	南疆	51818	皮山	78.28	37.62	1375.4	0.69	30.47	3.70
55	新疆	南疆	51828	和田	79.93	37.13	1375	0.89	47.00	4.79
56	新疆	南疆	51839	民丰	82.72	37.07	1409.5	0.57	23.45	2.73
57	新疆	南疆	51855	且末	85.55	38.15	1247.2	0.63	24.60	2.93
58	新疆	南疆	51931	于田	81.65	36.85	1422	0.20	3.18	0.68

(2)新疆昼夜极端高温事件极值指标空间变化趋势

新疆昼夜极端高温事件极值指标空间变化趋势如表 2-24 所示,新疆绝大部分站点昼夜极端高温事件强度最大值呈增加趋势,呈增加趋势的站点数约占总站点数量的 86.21%,呈减少趋势的站点数约占 13.79%,增加幅度为 0～60℃²/10a,其中约 70.69% 气象站点呈显著增加趋势($p<0.05$)(表 2-22)。强度最大值增加幅度最大的为吐哈盆地(26.24℃²/10a),北疆地区和天山山区强度最大值增加幅度分别为 17.41℃²/10a 和 16.72℃²/10a,强度最大值增加幅度最小的是南疆地区(10.10℃²/10a)(表 2-21)。总体上,新疆昼夜极端高温事件强度最大值以增加趋势为主。

新疆各气象站点昼夜极端高温事件持续日数最大值的变化趋势,新疆 86.21% 的气象站点的昼夜极端高温事件持续日数最大值呈增加趋势,13.79% 的气象站点持续日数最大值呈减少趋势(表 2-22)。新疆典型区域昼夜极端高温事件各指标气候倾向率存在区域差异(表 2-21),气候倾向率增加幅度由大到小依次为吐哈盆地、天山山区、北疆地区、南疆地区,分别为 1.13d/10a、0.98d/10a、0.75d/10a 和 0.53d/10a。整体上,新疆昼夜极端高温事件持续日数最大值呈增加趋势。

表 2-24　　**新疆昼夜极端高温事件极值指标站点变化趋势**

序号	省份	分区	站号	站点名称	经度/(°)	纬度/(°)	海拔高度/m	强度最大值/(℃²/10a)	持续日数最大值/(d/10a)
1	新疆	北疆	51053	哈巴河	86.40	48.05	532.6	21.22	0.88

续表

序号	省份	分区	站号	站点名称	经度/(°)	纬度/(°)	海拔高度/m	强度最大值/(℃²/10a)	持续日数最大值/(d/10a)
2	新疆	北疆	51060	布尔津	86.52	47.42	473.9	16.09	0.77
3	新疆	北疆	51068	福海	87.47	47.12	500.9	21.34	1.15
4	新疆	北疆	51076	阿勒泰	88.08	47.73	735.3	−0.30	−0.19
5	新疆	北疆	51087	富蕴	89.31	46.59	807.5	41.63	1.60
6	新疆	北疆	51133	塔城	83.00	46.73	534.9	24.44	1.10
7	新疆	北疆	51156	和布克赛尔	85.72	46.78	1291.6	23.58	0.72
8	新疆	北疆	51186	青河	90.38	46.67	1218.2	35.31	1.59
9	新疆	北疆	51232	阿拉山口	82.57	45.18	336.1	11.10	0.20
10	新疆	北疆	51238	博乐	82.04	44.54	532.2	24.34	1.83
11	新疆	北疆	51241	托里	83.60	45.93	1077.8	24.96	0.94
12	新疆	北疆	51243	克拉玛依	84.85	45.62	449.5	7.51	0.37
13	新疆	北疆	51288	北塔山	90.53	45.37	1653.7	19.30	0.42
14	新疆	北疆	51334	精河	82.90	44.62	329.2	25.42	1.42
15	新疆	北疆	51346	乌苏	84.67	44.43	478.7	10.17	0.36
16	新疆	北疆	51365	蔡家湖	87.53	44.20	440.5	14.76	0.80
17	新疆	北疆	51379	奇台	89.57	44.02	793.5	−0.91	−0.15
18	新疆	北疆	51463	乌鲁木齐	87.65	43.78	935	−6.55	−0.35
19	新疆	天山	51330	温泉	81.02	44.97	1357.8	5.60	0.25
20	新疆	天山	51431	伊宁	81.33	43.95	662.5	21.42	1.39
21	新疆	天山	51433	尼勒克	82.57	43.80	1105.3	20.28	1.58
22	新疆	天山	51437	昭苏	81.13	43.15	1851	20.56	0.86

序号	省份	分区	站号	站点名称	经度/(°)	纬度/(°)	海拔高度/m	强度最大值/(℃²/10a)	持续日数最大值/(d/10a)
23	新疆	天山	51467	巴仑台	86.30	42.73	1732.4	13.76	0.67
24	新疆	天山	51470	天池	88.07	43.53	1942.5	10.24	0.53
25	新疆	天山	51477	达板城	88.32	43.35	1103.5	6.15	0.51
26	新疆	天山	51542	巴音布鲁克	84.15	43.03	2458	8.65	0.57
27	新疆	天山	52101	巴里塘	93.05	43.60	1679.4	29.64	2.08
28	新疆	天山	52112	淖毛湖	94.59	43.45	479	32.46	1.56
29	新疆	天山	52118	伊吾	94.42	43.16	1728.6	15.14	0.83
30	新疆	吐哈	51495	七角井	91.73	43.22	721.4	55.41	1.95
31	新疆	吐哈	51573	吐鲁番	89.20	42.93	34.5	11.57	0.74
32	新疆	吐哈	51581	鄯善	90.23	42.85	398.6	17.83	0.84
33	新疆	吐哈	52203	哈密	93.52	42.82	737.2	9.97	0.74
34	新疆	吐哈	52313	红柳河	94.67	41.53	1573.8	36.44	1.40
35	新疆	南疆	51526	库米什	88.22	42.23	922.4	13.28	0.91
36	新疆	南疆	51567	焉耆	86.57	42.08	1055.3	9.89	0.45
37	新疆	南疆	51628	阿克苏	80.23	41.17	1103.8	28.52	1.53
38	新疆	南疆	51633	拜城	81.90	41.78	1229.2	11.53	0.54
39	新疆	南疆	51639	沙雅	82.47	41.14	980.4	15.05	1.17
40	新疆	南疆	51642	轮台	84.25	41.78	982	24.70	1.31
41	新疆	南疆	51644	库车	82.97	41.72	1081.9	−12.78	−1.11
42	新疆	南疆	51656	库尔勒	86.13	41.75	931.5	19.56	0.77
43	新疆	南疆	51701	吐尔尕特	75.40	40.52	3504.4	11.15	0.59

序号	省份	分区	站号	站点名称	经度/ (°)	纬度/ (°)	海拔高度/m	强度最大值/ (℃²/10a)	持续日数最大值/ (d/10a)
44	新疆	南疆	51704	阿图什	76.10	39.43	1298.7	−0.99	−0.08
45	新疆	南疆	51705	乌恰	75.25	39.72	2175.7	15.72	1.01
46	新疆	南疆	51709	喀什	75.98	39.47	1385.6	8.95	0.71
47	新疆	南疆	51711	阿合奇	78.45	40.93	1985.1	12.84	0.63
48	新疆	南疆	51720	柯坪	79.05	40.50	1161.8	−8.06	−0.86
49	新疆	南疆	51730	阿拉尔	81.27	40.55	1012.2	−3.35	−0.34
50	新疆	南疆	51765	铁干里克	87.70	40.63	846	15.33	0.78
51	新疆	南疆	51777	若羌	88.17	39.03	887.7	2.27	0.03
52	新疆	南疆	51804	塔什库尔干	75.23	37.77	3090.1	11.27	0.38
53	新疆	南疆	51811	莎车	77.27	38.43	1231.2	8.02	0.49
54	新疆	南疆	51818	皮山	78.28	37.62	1375.4	14.02	0.87
55	新疆	南疆	51828	和田	79.93	37.13	1375	21.63	1.04
56	新疆	南疆	51839	民丰	82.72	37.07	1409.5	11.63	0.86
57	新疆	南疆	51855	且末	85.55	38.15	1247.2	12.59	1.07
58	新疆	南疆	51931	于田	81.65	36.85	1422	−0.30	−0.12

(3)新疆昼夜极端高温事件起止日期和时间长度指标空间变化趋势

结合表 2-22 和表 2-25 可知,67.24%气象站点的昼夜极端高温事件开始日期呈推迟趋势,推迟幅度在 0～37d/10a 之间;32.76%的气象站点的开始日期呈提前趋势,提前幅度在 0～14d/10a 之间。结合表 2-4 新疆典型区域昼夜极端高温事件各指标气候倾向率可知,各典型区域气候倾向率均为负值,且通过了 0.01 显著性水平检验,表明各典型区域开始日期均显著提前,其中吐哈盆地的提前速率最大(−4.67d/10a),南疆和北疆地区次之,提前速率分别为 −3.18d/10a 和 −3.14d/10a,天山山区开始日期以 −2.63d/10a 的速率提前。

新疆昼夜极端高温事件结束日期总体呈推迟趋势,推迟幅度为 0～50d/10a,同时结合表 2-22 可知,86.21% 的气象站点昼夜极端高温事件结束日期呈推迟趋势,13.79% 的气象站点的结束日期呈提前趋势,其中 51.72% 的气象站点呈显著推迟趋势($p<0.05$)。各个典型区域结束日期的气候倾向率均为正值,表明各个典型区域结束日期均推迟,其中天山山区和吐哈盆地的推迟速率通过了 0.01 显著性水平检验,分别为 2.44d/10a 和 2.69d/10a、南疆和北疆地区的结束日期分别以 0.73d/10a 和 1.71d/10a 的速率推迟(表 2-21)。

表 2-25　**新疆昼夜极端高温事件起止期和时间长度指标站点变化趋势**

序号	省份	分区	站号	站点名称	经度/(°)	纬度/(°)	海拔高度/m	开始日期/(d/10a)	结束日期/(d/10a)	时间长度/(d/10a)
1	新疆	北疆	51053	哈巴河	86.40	48.05	532.6	5.43	15.84	10.41
2	新疆	北疆	51060	布尔津	86.52	47.42	473.9	3.75	10.34	6.59
3	新疆	北疆	51068	福海	87.47	47.12	500.9	11.72	19.52	7.80
4	新疆	北疆	51076	阿勒泰	88.08	47.73	735.3	−0.28	−2.92	−2.64
5	新疆	北疆	51087	富蕴	89.31	46.59	807.5	20.76	33.23	12.47
6	新疆	北疆	51133	塔城	83.00	46.73	534.9	4.01	14.51	10.50
7	新疆	北疆	51156	和布克赛尔	85.72	46.78	1291.6	−0.07	7.58	7.65
8	新疆	北疆	51186	青河	90.38	46.67	1218.2	13.02	23.36	10.34
9	新疆	北疆	51232	阿拉山口	82.57	45.18	336.1	2.11	6.33	4.22
10	新疆	北疆	51238	博乐	82.04	44.54	532.2	12.54	25.60	13.07
11	新疆	北疆	51241	托里	83.60	45.93	1077.8	3.47	13.95	10.49
12	新疆	北疆	51243	克拉玛依	84.85	45.62	449.5	1.14	5.00	3.86
13	新疆	北疆	51288	北塔山	90.53	45.37	1653.7	2.17	6.65	4.48
14	新疆	北疆	51334	精河	82.90	44.62	329.0	5.89	15.94	10.05
15	新疆	北疆	51346	乌苏	84.67	44.43	478.7	−3.71	−0.59	3.13
16	新疆	北疆	51365	蔡家湖	87.53	44.20	440.5	4.76	6.48	1.72

续表

序号	省份	分区	站号	站点名称	经度/(°)	纬度/(°)	海拔高度/m	开始日期(d/10a)	结束日期(d/10a)	时间长度(d/10a)
17	新疆	北疆	51379	奇台	89.57	44.02	793.5	−6.53	−10.80	−4.26
18	新疆	北疆	51463	乌鲁木齐	87.65	43.78	935	4.16	1.48	−2.68
19	新疆	天山	51330	温泉	81.02	44.97	1357.8	2.73	6.73	4.00
20	新疆	天山	51431	伊宁	81.33	43.95	662.5	13.30	23.11	9.81
21	新疆	天山	51433	尼勒克	82.57	43.80	1105.3	30.68	43.01	12.32
22	新疆	天山	51437	昭苏	81.13	43.15	1851	8.49	20.60	12.12
23	新疆	天山	51467	巴仑台	86.30	42.73	1732.4	−1.46	5.91	7.37
24	新疆	天山	51470	天池	88.07	43.53	1942.5	−2.86	−0.57	2.29
25	新疆	天山	51477	达板城	88.32	43.35	1103.5	16.73	16.78	0.05
26	新疆	天山	51542	巴音布鲁克	84.15	43.03	2458	13.53	17.85	4.32
27	新疆	天山	52101	巴里塘	93.05	43.60	1679.4	36.82	49.66	12.83
28	新疆	天山	52112	淖毛湖	94.59	43.45	479	9.87	19.38	9.51
29	新疆	天山	52118	伊吾	94.42	43.16	1728.6	−0.57	1.40	1.97
30	新疆	吐哈	51495	七角井	91.73	43.22	721.4	5.81	21.24	15.43
31	新疆	吐哈	51573	吐鲁番	89.20	42.93	34.5	0.76	4.54	3.77
32	新疆	吐哈	51581	鄯善	90.23	42.85	398.6	−2.86	5.56	8.42
33	新疆	吐哈	52203	哈密	93.52	42.82	737.2	3.15	6.84	3.68
34	新疆	吐哈	52313	红柳河	94.67	41.53	1573.8	1.65	8.61	6.97
35	新疆	南疆	51526	库米什	88.22	42.23	922.4	3.57	6.51	2.94
36	新疆	南疆	51567	焉耆	86.57	42.08	1055.3	5.57	9.23	3.65
37	新疆	南疆	51628	阿克苏	80.23	41.17	1103.8	6.11	17.64	11.52

序号	省份	分区	站号	站点名称	经度/(°)	纬度/(°)	海拔高度/m	开始日期(d/10a)	结束日期(d/10a)	时间长度(d/10a)
38	新疆	南疆	51633	拜城	81.90	41.78	1229.2	2.45	6.01	3.55
39	新疆	南疆	51639	沙雅	82.47	41.14	980.4	9.64	20.59	10.95
40	新疆	南疆	51642	轮台	84.25	41.78	982	14.30	27.21	12.91
41	新疆	南疆	51644	库车	82.97	41.72	1081.9	−3.64	−13.33	−9.69
42	新疆	南疆	51656	库尔勒	86.13	41.75	931.5	−3.28	0.23	3.51
43	新疆	南疆	51701	吐尔尕特	75.40	40.52	3504.4	6.90	11.16	4.26
44	新疆	南疆	51704	阿图什	76.10	39.43	1298.7	−2.67	0.08	2.76
45	新疆	南疆	51705	乌恰	75.25	39.72	2175.7	1.15	5.91	4.76
46	新疆	南疆	51709	喀什	75.98	39.47	1385.6	−3.61	2.50	6.11
47	新疆	南疆	51711	阿合奇	78.45	40.93	1985.1	−0.65	3.26	3.91
48	新疆	南疆	51720	柯坪	79.05	40.50	1161.8	−13.26	−18.75	−5.49
49	新疆	南疆	51730	阿拉尔	81.27	40.55	1012.2	−0.89	−3.95	−3.05
50	新疆	南疆	51765	铁干里克	87.70	40.63	846	1.12	4.67	3.56
51	新疆	南疆	51777	若羌	88.17	39.03	887.7	−2.73	−1.50	1.23
52	新疆	南疆	51804	塔什库尔干	75.23	37.77	3090.1	8.48	11.31	2.83
53	新疆	南疆	51811	莎车	77.27	38.43	1231.2	−2.51	1.59	4.11
54	新疆	南疆	51818	皮山	78.28	37.62	1375.4	1.41	10.27	8.86
55	新疆	南疆	51828	和田	79.93	37.13	1375	−0.17	11.17	11.34
56	新疆	南疆	51839	民丰	82.72	37.07	1409.5	18.02	26.58	8.56
57	新疆	南疆	51855	且末	85.55	38.15	1247.2	21.65	28.84	7.19
58	新疆	南疆	51931	于田	81.65	36.85	1422	−2.55	0.20	2.76

新疆绝大部分站点昼夜极端高温事件时间长度呈延长趋势,延长幅度为 0～17d/10a,延长和缩短趋势的站点数分别占站点总数的 89.66% 和 10.34%,其中63.79% 的站点呈显著延长趋势(表 2-22、表 2-25),且这种延长趋势通过了 0.05 显著性水平检验。然而不同区域的延长趋势大小存在显著差异(表 2-21,通过了 0.01 显著性水平检验),吐哈盆地时间长度以 7.34d/10a 的速率延长,天山山区时间长度以5.06d/10a 的速率延长,南疆和北疆地区时间长度分别以 3.84d/10a 和4.88d/10a 的速率延长。

2.2.4 小结

本节对 1960—2016 年期间新疆昼夜极端高温事件 8 个指标的时间和空间变化趋势、空间分布特征以及突变特征进行了分析,结论如下:

(1)在 1960—2016 年期间,新疆昼夜极端高温事件频次、强度、持续日数、强度最大值、持续日数最大值等指标时间序列总体上呈现出显著变暖趋势,其中 20 世纪 90年代增暖趋势最显著。此外,新疆昼夜极端高温事件开始日期的时间序列表现为提前趋势,结束日期表现为推迟趋势,时间长度指标时间序列总体上呈现出延长趋势,因此,新疆夏季炎热时间增多,变暖趋势显著。

(2)夏季气温较低区域昼夜极端高温事件的发生频次较多,强度较大,持续日数也较多,开始日期提前,结束日期推迟,时间长度相对较长;夏季气温较高区域昼夜极端高温事件的发生频次较少,强度较小,持续日数也较少,开始日期推迟,结束日期提前,时间长度相对较短。

(3)新疆 1960—2016 年昼夜极端高温事件频次、强度、持续时间、强度最大值、持续日数最大值等指标在空间上呈现出显著而广泛的变暖趋势,各指标增暖站点数占总站点数量的 86.21% 以上,其中 67.24% 以上站点呈显著增暖趋势。此外,67.24%和 32.76% 的气象站点开始日期分别呈推迟和提前趋势,86.21% 的气象站点结束日期呈推迟趋势,89.66% 的气象站点时间长度呈延长趋势,这从侧面反映新疆大部分区域夏季昼夜极端高温期在延长。

(4)新疆各典型区域同样呈现普遍暖化趋势,且各区域暖化趋势均通过了 0.01显著性水平检验,表现为极显著增暖趋势,其中吐哈盆地增暖趋势最显著,其次是北疆地区和天山山区,增暖趋势最小的是南疆地区。此外,新疆各典型区域昼夜极端高温事件的开始日期均呈现显著提前趋势,结束日期均呈现推迟趋势,时间长度均呈现延长趋势,即新疆各典型区域夏季炎热时间显著延长。

2.3 极端低温事件变化特征

2.3.1 新疆昼夜极端低温事件时间变化特征

（1）新疆昼夜极端低温事件量级指标时间变化特征

①频次。

新疆 1960—2016 年间昼夜极端低温事件发生频次时间变化如图 2-14（a）所示，从线性趋势上看，频次在研究时段内呈波动下降趋势。最大值出现在 1976 年，为 4.76 次，最小值出现在 2016 年，为 1.6 次，二者相差约 3 次。9 年滑动平均曲线显示，频次在 20 世纪 60 年代呈微弱增加趋势，70 年代和 80 年代频次的减少幅度较大。1992—2007 年频次的变化幅度较小。表 2-26 显示，1960—2016 年平均频次为 2.96 次，年代际平均频次随着时间变化从 70 年代的 3.54 次减少到 90 年代的 2.59 次，2000—2016 年的平均频次为 2.65 次。新疆昼夜极端低温事件在 60 年代增加速率为 0.58 次/10a，20 世纪 70 年代、80 年代、90 年代和 2000—2016 年的气候倾向率均呈减少趋势，分别为 −0.21 次/10a、−0.22 次/10a、−0.62 次/10a 和 −0.31 次/10a（表 2-27，通过了 0.01 显著性水平检验）。

通过图 2-15（a）频次距平和累积距平可直观判断新疆 1960—2016 年间昼夜极端低温事件发生频次多少和趋势。在 1960—1977 年频次距平以正值为主，仅有 3 个年份的距平值小于 0，且累积距平曲线呈持续增加趋势，表明在该时期新疆昼夜极端低温事件发生频次较多。在 1978—2016 年，频次距平以负值为主，其中有 12 个年份的距平值大于 0，且累积距平曲线呈波动下降趋势，表明在该时期新疆昼夜极端低温事件发生频次较少。此外，从累积距平曲线上可以判断出新疆昼夜极端低温事件频次发生突变的时间点为 1977 年前后。

②强度。

新疆 1960—2016 年间昼夜极端低温事件年际总强度［图 2-14（b）］整体上呈波动减少趋势，最大值出现在 1968 年，为 2703.53℃²，最小值出现在 2008 年，为 95.13℃²，二者相差 2608.40℃²。9 年滑动平均曲线显示，强度在 1964—1989 年和 2008—2016 年间的减小幅度较大，1992—2008 年间强度呈微弱增加趋势。表 2-26 显示，57 年平均强度为 642.15℃²，呈现逐年代增加趋势，其中高值出现在 20 世纪 60 年代（969.31℃²），低值出现在 90 年代（323.41℃²），高值接近低值的 3 倍。新疆 1960—2016 年昼夜极端低温事件强度以 −104.67℃²/10a 的速率显著减少（$p<0.05$），除了 20 世纪 60 年代和 70 年代呈增加趋势外（955.23℃²/10a 和 276.52℃²/10a），其余

年代强度均呈减少趋势,其中减少速率最大值出现在 80 年代($-201.8℃^2/10a$)(表 2-27)。

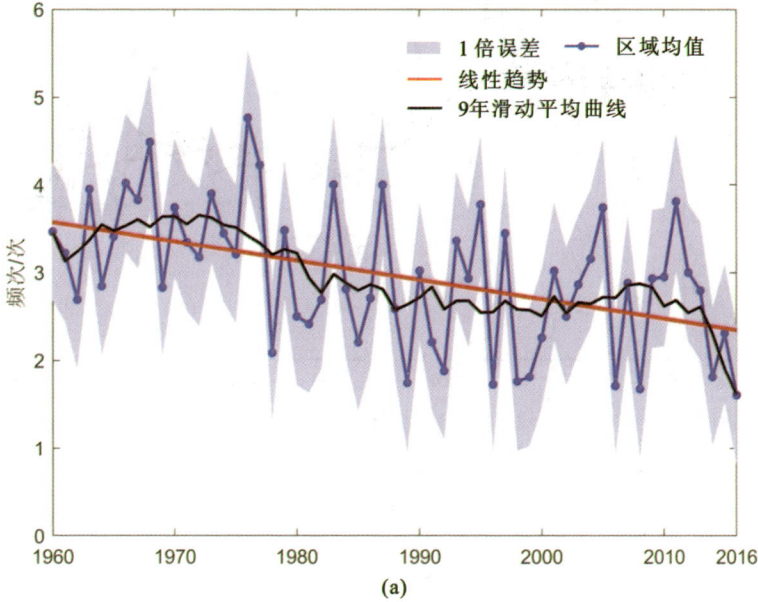

(a)

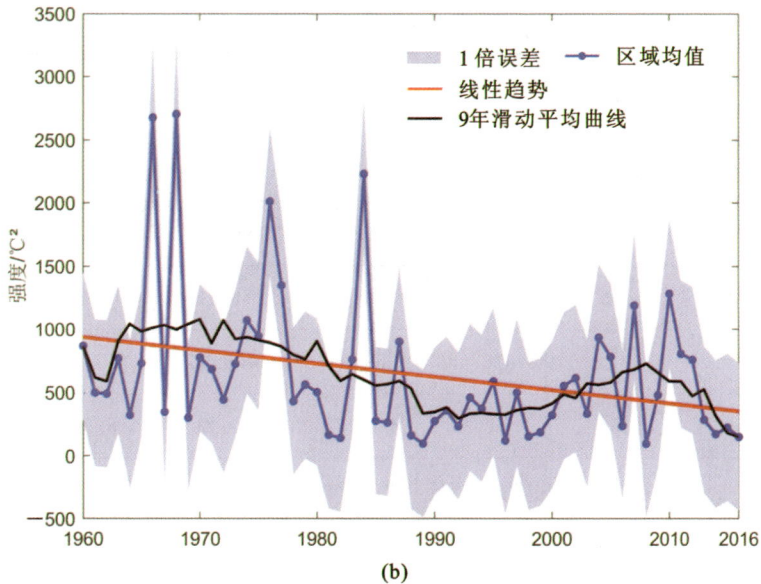

(b)

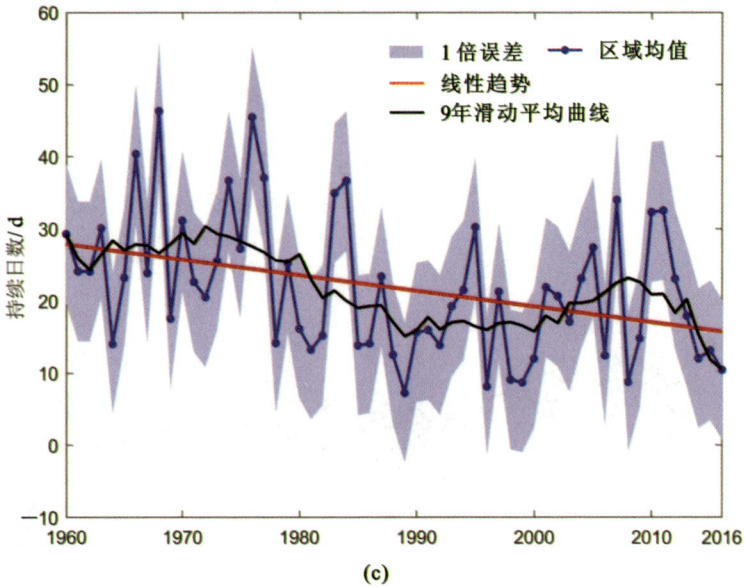

图 2-14　新疆 1960—2016 年昼夜极端低温事件频次、强度、持续日数指标的年际变化特征

(a)频次;(b)强度;(c)持续日数

表 2-26　　**新疆 1960—2016 年昼夜极端低温事件各指标年代际均值**

指标	1960—2016 年	20 世纪 60 年代	20 世纪 70 年代	20 世纪 80 年代	20 世纪 90 年代	2000—2016 年
CDNCF/次	2.96	3.47	3.54	2.77	2.59	2.65
CDNCI/℃²	642.15	969.31	898.71	548.88	323.41	541.16
CDNCD/d	21.80	27.29	28.56	18.72	16.35	19.61
CDNCMI/℃²	440.92	610.48	597.97	408.26	219.80	398.08
CDNCMD/d	11.69	14.02	14.78	10.21	8.87	11.04
CDNCS	12 月 23 日	12 月 17 日	12 月 23 日	12 月 24 日	12 月 24 日	12 月 25 日
CDNCE	2 月 2 日	2 月 5 日	2 月 9 日	2 月 2 日	1 月 27 日	1 月 30 日
CDNCL/d	41.14	49.50	48.10	40.00	34.70	36.59

表2-27　新疆1960—2016年基于M-K趋势检验的昼夜极端低温事件各指标气候倾向率

指标	1960—2016年				20世纪60年代	20世纪70年代	20世纪80年代	20世纪90年代	2000—2016年
	气候倾向率	Z值	变化趋势	显著性					
CDNCF	−0.22次/10a	−3.32	↓	0.01	0.58次/10a	−0.21次/10a	−0.22次/10a	−0.62次/10a	−0.31次/10a
CDNCI	−104.67℃²/10a	−2.17	↓	0.05	955.23℃²/10a	276.52℃²/10a	−201.80℃²/10a	−101.85℃²/10a	−142.81℃²/10a
CDNCD	−2.16d/10a	−2.85	↓	0.01	5.39d/10a	1.28d/10a	−7.85d/10a	−5.94d/10a	−2.10d/10a
CDNCMI	−58.40℃²/10a	−1.78	↓	NS	454.43℃²/10a	167.36℃²/10a	−283.71℃²/10a	−62.11℃²/10a	−86.51℃²/10a
CDNCMD	−0.90d/10a	−2.17	↓	0.05	0.51d/10a	0.56d/10a	−6.36d/10a	−3.14d/10a	−0.18d/10a
CDNCS	1.52d/10a	1.77	↑	NS	5.52d/10a	2.79d/10a	7.76d/10a	6.18d/10a	3.85d/10a
CDNCE	−1.74d/10a	−2.32	↓	0.05	14.30d/10a	−1.33d/10a	11.88d/10a	−5.52d/10a	−0.61d/10a
CDNCL	−3.27d/10a	−3.02	↓	0.01	8.55d/10a	−5.03d/10a	4.12d/10a	−11.09d/10a	−4.44d/10a

注：NS表示非统计显著性。

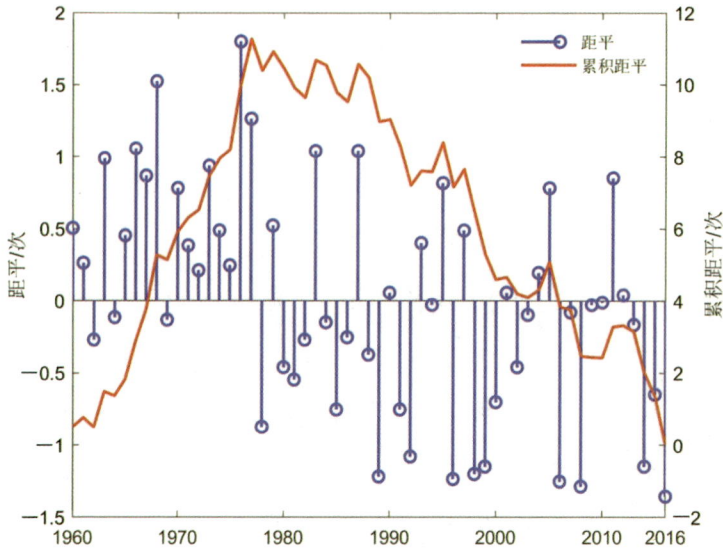

(a)

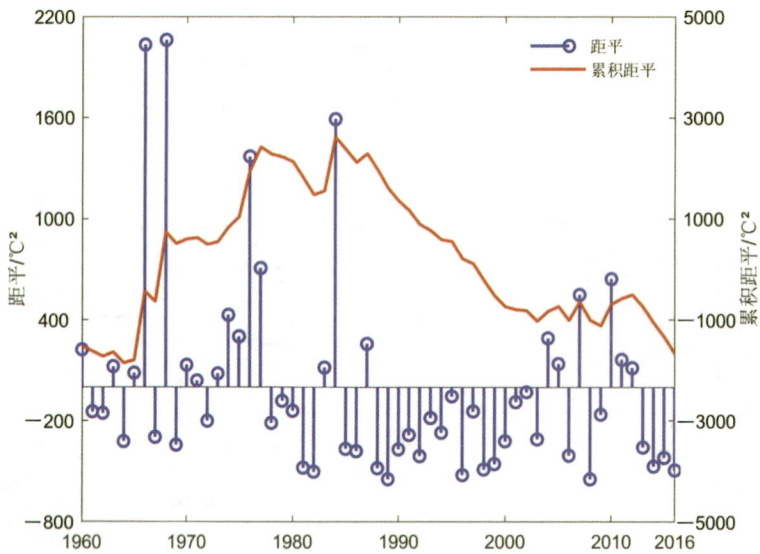

(b)

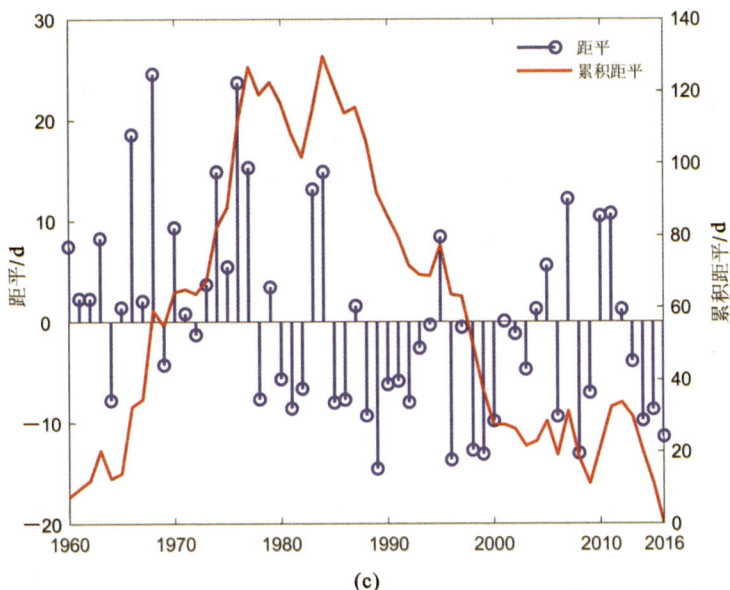

图 2-15   新疆 1960—2016 年昼夜极端低温事件频次、强度、持续日数指标的
距平变化特征
(a)频次;(b)强度;(c)持续日数

图 2-15(b)是强度距平和累积距平曲线图,由图可知新疆 1960—2016 年间昼夜极端低温事件的强度大小和趋势。在 1960—1984 年强度距平的正值多于负值,且累积距平曲线在波动中呈增加趋势,表明在该时间段内新疆昼夜极端低温事件的强度较大。在 1985—2003 年,强度距平以负值为主,其中仅有 1 个年份的距平值大于 0,且累积距平曲线呈陡降趋势,表明在该时期新疆昼夜极端低温事件强度较小。此外,从累积距平曲线上可以判断出,1984 年是新疆昼夜极端低温事件强度发生突变的大致时间节点。

③持续日数。

新疆昼夜极端低温事件持续日数在 1960—2016 年间在波动中呈显著减少趋势[图 2-14(c)],最大值出现在 1968 年,为 46.36d,最小值出现在 1989 年,为 7.24d,二者相差约 39d。从 9 年滑动平均曲线中可清晰看到,1972—1989 年和 2008—2016 年间持续日数减少幅度较大,2000—2007 年间持续日数呈小幅度增加趋势。从表 2-26 可知,1960—2016 年新疆昼夜极端低温事件的平均持续日数为 21.80d,最小值出现在 20 世纪 90 年代(16.35d),最大值出现在 70 年代(28.56d),两者相差约 12d。2000—2016 年平均持续日数为 19.61d。新疆 1960—2016 年间昼夜极端低温事件持续日数的减少速率是 $-2.16d/10a(p<0.01)$;其中 60 年代和 70 年代呈增加趋势

(5.39d/10a 和 1.28d/10a);80 年代、90 年代和 2000—2016 年的气候倾向率呈减少趋势,依次为 −7.85d/10a、−5.94d/10a 和 −2.10d/10a(表 2-27)。

图 2-15(c)是新疆昼夜极端低温事件持续日数距平和累积距平变化曲线,在 1960—1977 年持续日数距平以正值为主,其中仅有 3 个年份的距平值小于 0,且累积距平曲线在波动中呈增加趋势,该时期新疆昼夜极端低温事件的持续日数较多。在 1978—1984 年间累积距平曲线存在一个陡降陡增的过程,表明在该时期新疆昼夜极端低温事件的持续日数经历了由少到多的变化过程。在 1985—2003 年,持续日数距平以负值为主,其中仅有 2 个年份的距平值大于 0,且累积距平曲线呈下降趋势,表明在该时间段内新疆昼夜极端低温事件的持续日数较少。此外,从累积距平曲线上可以看出新疆昼夜极端低温事件持续日数可能在 1984 年前后发生了突变。

(2)新疆昼夜极端低温事件极值指标时间变化特征

①强度最大值。

新疆 1960—2016 年间昼夜极端低温事件强度最大值在研究时段内呈显著减少趋势[图 2-16(a)],最大值出现在 1966 年,为 2247.70℃^{2},最小值出现在 1989 年,为 53.91℃^{2},二者相差 2193.79℃^{2}。从 9 年滑动平均曲线可看出,20 世纪 80 年代和 2008—2016 年的强度最大值的减小幅度较大,1996—2007 年间呈小幅度增加趋势。60 年代强度最大值均值是 610.48℃^{2},70 年代减少到 597.97℃^{2},80 年代减少到 408.26℃^{2},90 年代减少到 219.8℃^{2},2000—2016 年平均强度最大值为 398.08℃^{2}(表 2-26)。新疆昼夜极端低温事件强度最大值整体以 −58.40℃^{2}/10a 的速率呈减少趋势,年代际气候倾向率变化趋势和幅度存在显著差别,20 世纪 60 年代和 70 年代分别以 454.43℃^{2}/10a 和 167.36℃^{2}/10a 的速率呈增加趋势,其余年代气候倾向率均呈减少趋势,减少趋势最大值出现在 80 年代(−283.71℃^{2}/10a)(表 2-27)。

图 2-17(a)是强度最大值的逐年距平和累积距平曲线,图中直观反映了新疆 1960—2016 年间昼夜极端低温事件强度最大值的大小和变化趋势。1960—2016 年间,新疆昼夜极端低温事件累积距平存在先增加后减少现象。1960—1984 年间,强度最大值累积距平曲线呈波动增加趋势,表明在该时期新疆昼夜极端低温事件强度最大值较大。在 1985—2001 年,强度最大值距平均为负值,且累积距平曲线呈持续下降趋势,表明在该时期新疆昼夜极端低温事件强度最大值较小。此外,从累积距平曲线上可以初步判断出新疆昼夜极端低温事件强度最大值发生突变的大致时间节点是 1984 年。

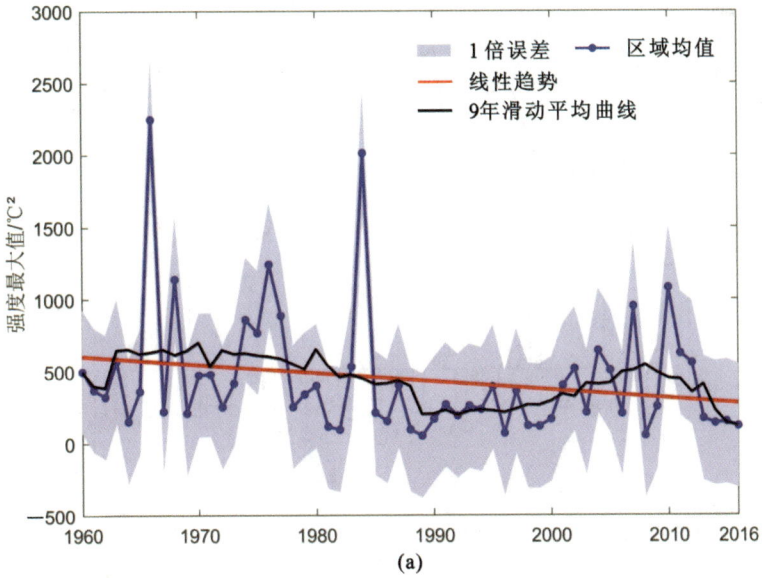

(a)

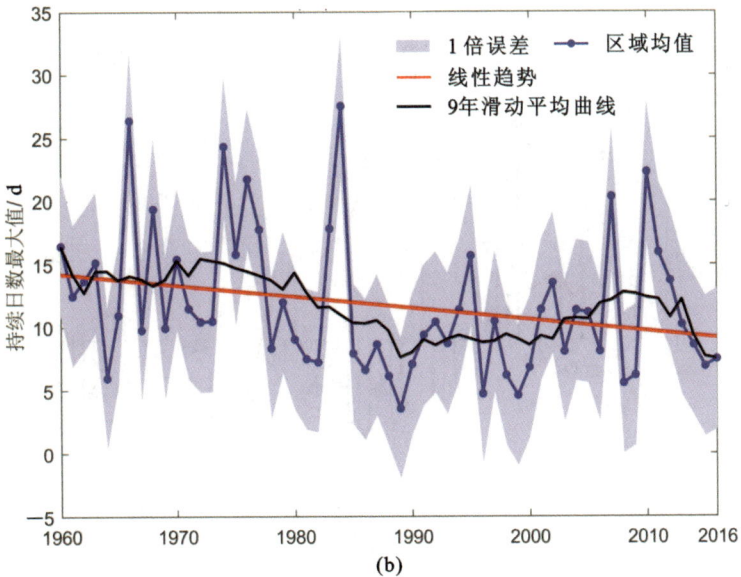

(b)

图 2-16　新疆 1960—2016 年昼夜极端低温事件强度最大值和持续日数
最大值指标的年际变化特征

(a)强度最大值;(b)持续日数最大值

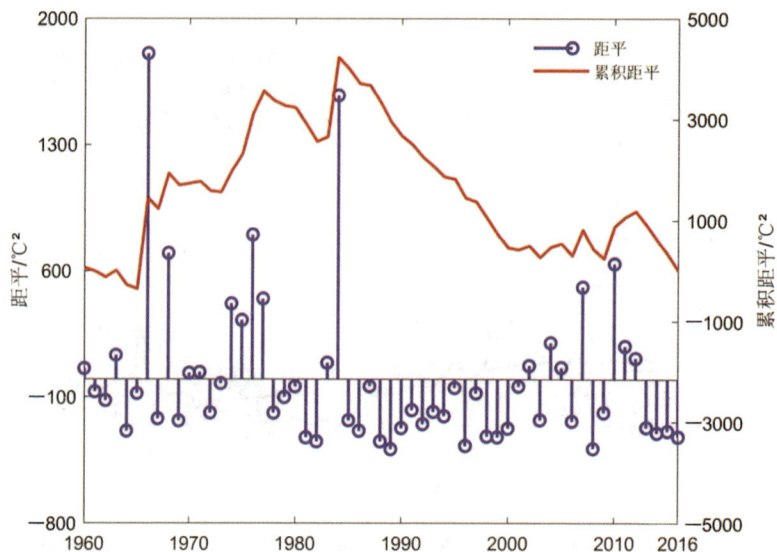

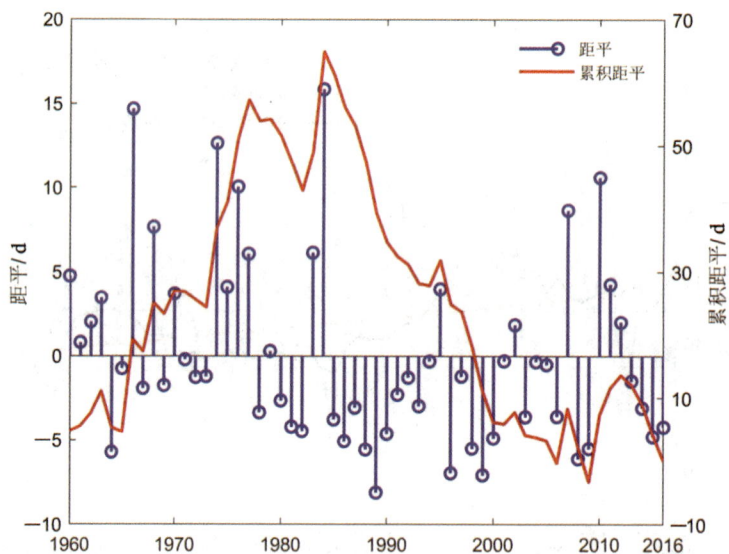

图 2-17 新疆 1960—2016 年昼夜极端低温事件强度最大值和持续日数
最大值指标的距平变化特征

(a)强度最大值；(b)持续日数最大值

②持续日数最大值。

新疆 1960—2016 年间昼夜极端低温事件持续日数最大值在波动中呈显著减少趋势[图 2-16(b)]，最大值出现在 1984 年，为 27.53d，最小值出现在 1989 年，为 3.59d，二者相差 23.94d。9 年滑动平均曲线显示，20 世纪 70 年代和 80 年代的持续日数最大值呈显著减少趋势，1990—2008 年间呈小幅度增加趋势。20 世纪 60 年代、70 年代、80 年代、90 年代持续日数最大值均值依次为 14.02d、14.78d、10.21d、8.87d，2000—2016 年平均持续日数最大值为 11.04d(表 2-26)。新疆 1960—2016 年间昼夜极端低温事件持续日数最大值的减少速率是 $-0.90d/10a(p<0.05)$。60 年代和 70 年代的昼夜极端低温事件持续日数最大值呈微弱增加趋势(0.51d/10a 和 0.56d/10a)。80 年代、90 年代和 2000—2016 年的气候倾向率均呈减少趋势，减少速率依次为 $-6.36d/10a$、$-3.14d/10a$ 和 $-0.18d/10a$(表 2-27)。

图 2-17(b)是新疆昼夜极端低温事件持续日数最大值距平和累积距平变化，1960—1977 年持续日数最大值距平以正值为主，且累积距平曲线在波动中呈增加趋势，表明在该时期新疆昼夜极端低温事件的持续日数最大值较大。在 1985—2016 年，持续日数最大值距平以负值为主，其中，仅有 6 个年份的距平值大于 0，且累积距平曲线呈显著下降趋势，表明在该时间段内新疆昼夜极端低温事件的持续日数最大值较小。此外，从累积距平上可以看出新疆昼夜极端低温事件持续日数最大值在 1984 年前后发生突变。

(3)新疆昼夜极端低温事件起止日期和时间长度指标时间变化特征

①开始日期。

新疆 1960—2016 年间昼夜极端低温事件开始日期的时间变化如图 2-18(a)所示，新疆昼夜极端低温事件在线性趋势上表现为平缓增加趋势，表明开始日期呈现推迟趋势，开始日期最早发生在 1987 年的 11 月 26 日，最晚发生在 1988 年的 1 月 14 日，二者相差 18d。9 年滑动平均曲线显示，20 世纪 60 年代开始日期的推迟幅度最大，1970—2016 年间开始日期呈平缓推迟趋势。从昼夜极端低温事件各指标年代际均值(表 2-26)可看出，新疆 1960—2016 年昼夜极端低温事件平均开始日期为 12 月 23 日，60 年代的平均开始日期与 57 年平均开始日期相比约提前 6d，其余年代际平均开始日期与 57 年平均开始日期相差不大，开始日期集中在 12 月 23 日后 2～3d 内。新疆 1960—2016 年间昼夜极端低温事件各指标年际和年代际气候倾向率(表 2-27)显示，开始日期的气候倾向率以 1.52d/10a 的速率呈增加趋势，这表明新疆昼夜极端低温事件开始日期整体推迟。其中，各年代开始日期的气候倾向率也均为正值，表明开始日期在各年代变化上也表现为推迟，气候倾向率从大到小依次为 80 年代、90 年代、60 年代、2000—2016、70 年代，分别为 7.76d/10a、6.18d/10a、5.52d/10a、3.85d/10a 和 2.79d/10a。

通过图 2-19(a)开始日期距平和累积距平可直观判断新疆 1960—2016 年昼夜极端低温事件开始日期早晚和变化趋势。通过距平值正负可直接判断该年份昼夜极端低温事件的开始日期是相对推迟还是相对提前。由图可知,距平的正负值变化在特定时间段内特征不明显。与 57 年平均开始日期相比,1987 年开始日期提前 27d,1988 年的开始日期推迟 22d。1960—2016 年间,新疆昼夜极端低温事件开始日期累积距平值存在先减少后增加现象;在 1960—1987 年间,开始日期累积距平曲线在波动中下降,表明该时期新疆昼夜极端低温事件开始日期与多年平均开始日期相比提前;在 1988—2016 年间,开始日期累积距平曲线在波动中呈上升趋势,表明该时期新疆昼夜极端低温事件开始日期与多年平均开始日期推迟日数更多。从累积距平曲线上可以初步判断出 1987 年可能是开始日期发生突变的大致时间节点。

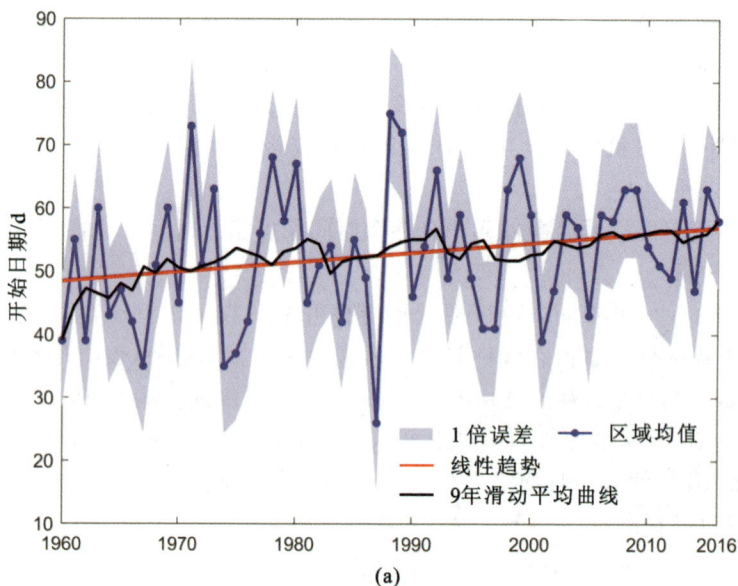

(a)

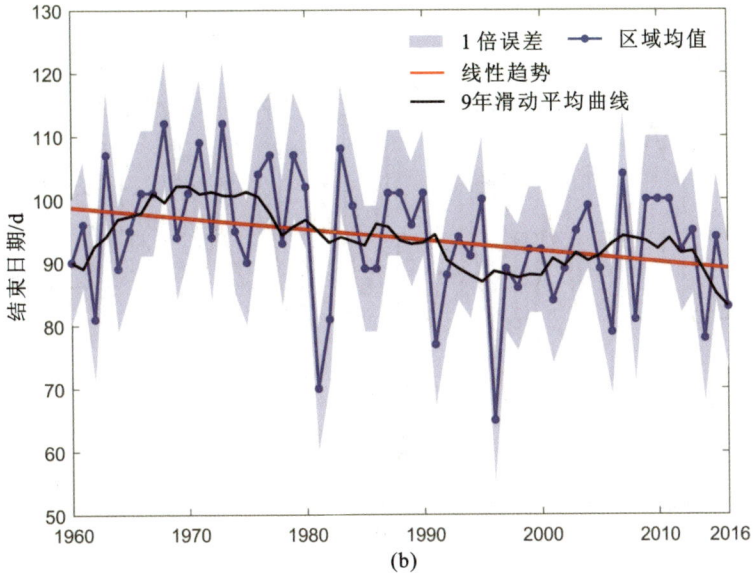

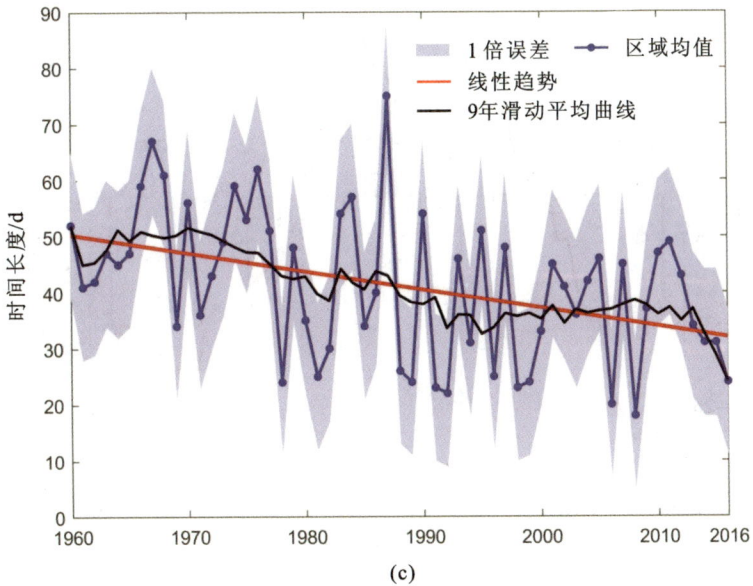

图 2-18 新疆 1960—2016 年昼夜极端低温事件开始日期、结束日期和
时间长度指标的年际变化特征

(a)开始日期;(b)结束日期;(c)时间长度

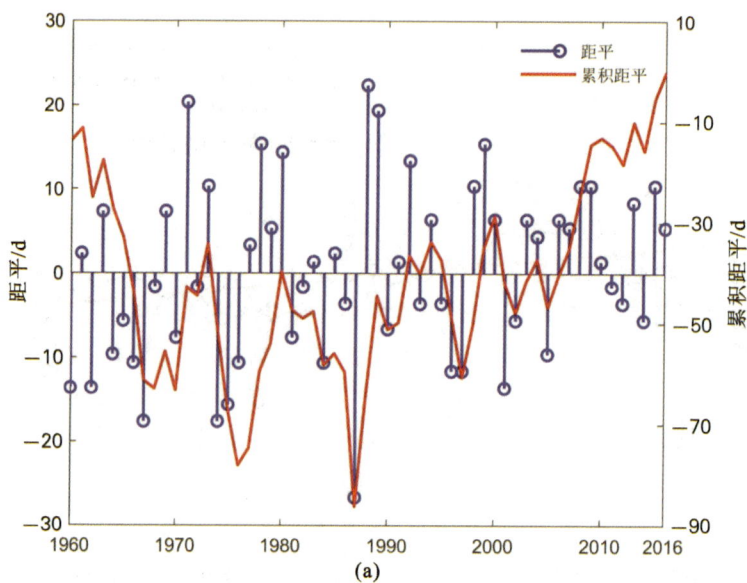

(a)

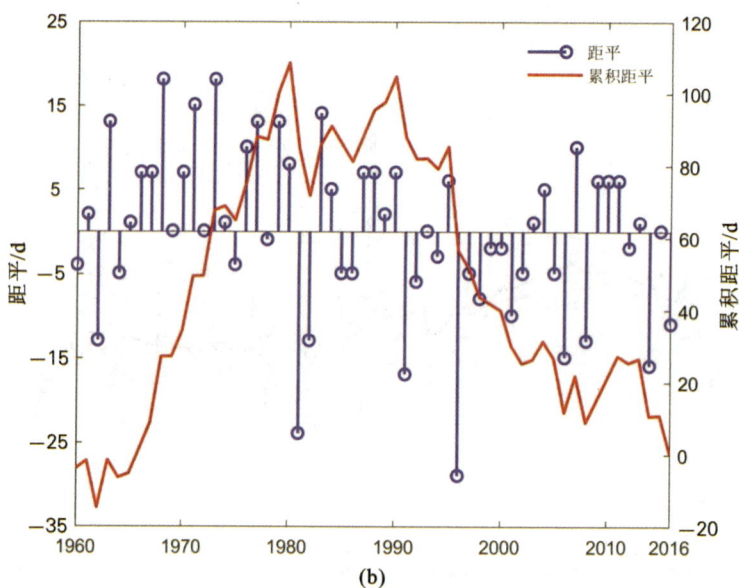

(b)

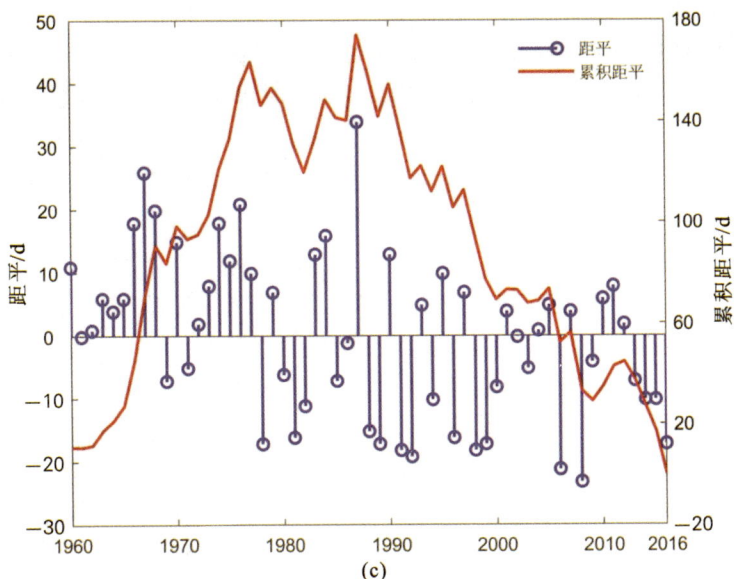

图 2-19　新疆 1960—2016 年昼夜极端低温事件开始日期、结束日期和
时间长度指标的距平变化特征

(a)开始日期;(b)结束日期;(c)时间长度

②结束日期。

新疆 1960—2016 年间昼夜极端低温事件结束日期[图 2-18(b)]呈线性下降趋势,表明新疆昼夜极端低温事件结束日期整体上呈提前趋势,结束日期最早出现在 1996 年 1 月 4 日,最晚出现在 1973 年 2 月 20 日,二者相差 47d。从 9 年滑动平均曲线可看出,20 世纪 60 年代结束日期呈推迟趋势,70 年代和 90 年代结束日期呈大幅度提前趋势。表 2-26 显示,新疆 57 年昼夜极端低温事件平均结束日期为 2 月 2 日,其中 20 世纪 80 年代的平均结束日期与 57 年平均结束日期相同,60 年代和 70 年代年平均结束日期与 57 年平均结束日期相比分别推迟 3d 和 7d,90 年代和 2000—2016 年平均束日期与 57 年平均结束日期相比分别提前 6d 和 3d。整体上,新疆 1960—2016 年昼夜极端低温事件结束日期以 −1.74d/10a 的速率显著减少($p <$ 0.05),表明结束日期整体上提前,但年代际气候倾向率变化趋势和幅度存在显著差别,20 世纪 60 年代和 80 年代分别以 14.30d/10a 和 11.88d/10a 的速率推迟结束,70 年代、90 年代和 2000—2016 年的气候倾向率分别以 −1.33d/10a、−5.52d/10a 和 −0.61d/10a 的速率提前结束(表 2-27)。

图 2-19(b)是新疆昼夜极端低温事件结束日期逐年距平值和累积距平曲线,由图可知,在 1964—1980 年间,结束日期距平主要以正值为主,其中,仅有 3 个年份的

距平值为负,且累积距平曲线呈波动上升趋势,表明在该时期新疆发生昼夜极端低温事件的结束日期推迟。与57年平均结束日期(2月2日)相比,1973年新疆昼夜极端低温事件结束日期推迟了18d。在1990—2016年间,结束日期距平主要以负值为主,仅有8个年份的距平值为正,且累积距平曲线呈波动下降趋势,表明在该时期新疆昼夜极端低温事件的结束日期提前。与57年平均结束日期相比,1996年新疆昼夜极端低温事件结束日期提前了29d。此外,从累积距平曲线上,我们还可以初步判断出结束日期发生突变的大致时间点可能在1980年。

③时间长度。

从时间长度的时间变化[图2-18(c)]趋势上可看出,新疆1960—2016年昼夜极端低温期时间长度在波动中缩短,时间长度最大值出现在1987年,为75d,最小值出现在2008年,为18d,二者相差57d。9年滑动平均曲线显示,1970—1995年间时间长度的缩短幅度最大。从表2-26昼夜极端低温事件各指标年代际均值中可看出,新疆1960—2016年昼夜极端低温期平均时间长度是41.14d,60年代到90年代平均时间长度逐年代缩短,从60年代的49.50d缩短到70年代的48.10d;之后从80年代的40.00d缩短到90年代的34.70d;2000—2016年平均时间长度为36.59d。新疆昼夜极端低温期时间长度整体上以−3.27d/10a的速率呈显著缩短趋势,且通过0.01显著性水平检验。年代际气候倾向率变化趋势和幅度存在显著差别,时间长度的年代际气候倾向率总体呈现"增加—减少—增加"特征,60年代时间长度以8.55d/10a的速率延长,70年代时间长度以−5.03d/10a的速率缩短,80年代时间长度以4.12d/10a的速率延长,90年代和2000—2016年时间长度分别以−11.09d/10a和−4.44d/10a的速率缩短(表2-27)。

通过图2-19(c)时间长度距平和累积距平可直观看出新疆1960—2016年间昼夜极端低温期时间长度的长短和变化趋势。在1960—1977年时间长度距平以正值为主,仅有2个年份距平值小于0,且累积距平曲线呈持续增加趋势,表明在该时期新疆昼夜极端低温期时间长度较长。在1987—2016年,时间长度距平以负值为主,其中有12个年份距平值大于0,且累积距平曲线呈波动下降趋势,表明在该时期新疆昼夜极端低温期时间长度较短。由以上分析可知,在研究时段内,新疆极端低温期存在显著的缩短态势。此外,从累积距平曲线上可以判断出新疆昼夜极端低温事件时间长度发生突变的大致时间点为1987年。

2.3.2　新疆昼夜极端低温事件空间分布特征

(1)新疆昼夜极端低温事件量级指标空间分布特征

新疆昼夜极端低温事件量级指标的空间分布特征值如表2-28所示,整体上来看,新疆昼夜极端低温事件发生频次在3次左右,天山以北地区发生昼夜极端低温事件的频次要多于天山以南区域。新疆典型区域昼夜极端低温事件各指标均值如

表 2-29 所示,北疆地区和天山山区的频次多于 57 年新疆全区频次均值,分别为 3.48 次和 3.25 次;南疆地区和吐哈盆地发生频次少于 57 年新疆全区频次均值,分别为 2.52 次和 2.56 次。总体上,历年来新疆冬季气温相对较低区域昼夜极端低温事件频次较多,冬季气温相对较高区域昼夜极端低温事件频次相对较少。

新疆昼夜极端低温事件强度整体上从南到北呈现增加趋势。高值区分布在阿勒泰北部,强度值在 $1000 \sim 1500℃^2$;低值区分布在克州、喀什、和田、阿克苏、巴州和吐鲁番等地区,变化幅度为 $178 \sim 600℃^2$;博州和塔城西北部区域强度为 $800 \sim 1000℃^2$。新疆典型区域昼夜极端低温事件各指标均值显示(表 2-29),北疆地区强度值最大($945.19℃^2$),其次是天山山区($702.48℃^2$)、吐哈盆地($507.39℃^2$),南疆地区强度值最小($415.31℃^2$),其中北疆和天山山区的强度分别比 57 年新疆全区强度值高 $303.04℃^2$ 和 $60.33℃^2$,吐哈盆地和南疆的强度分别比 57 年新疆全区强度值低 $134.76℃^2$ 和 $226.84℃^2$。总体上,新疆昼夜极端低温事件强度高值区分布在新疆冬季气温相对较低区域,低值区分布在冬季气温相对较高区域。

表 2-28 **新疆昼夜极端低温事件频次、强度、持续日数指标站点空间分布特征值**

序号	省份	分区	站号	站点名称	经度/ (°)	纬度/ (°)	海拔高度/m	频次/ 次	强度/ ℃²	持续日数/ d
1	新疆	北疆	51053	哈巴河	86.40	48.05	532.6	3.54	1484.12	23.79
2	新疆	北疆	51060	布尔津	86.52	47.42	473.9	3.47	1195.66	23.98
3	新疆	北疆	51068	福海	87.47	47.12	500.9	3.58	1048.47	24.81
4	新疆	北疆	51076	阿勒泰	88.08	47.73	735.3	3.49	1130.65	22.81
5	新疆	北疆	51087	富蕴	89.31	46.59	807.5	3.77	1213.51	23.40
6	新疆	北疆	51133	塔城	83.00	46.73	534.9	3.49	1085.77	21.82
7	新疆	北疆	51156	和布克赛尔	85.72	46.78	1291.6	3.51	597.99	22.40
8	新疆	北疆	51186	青河	90.38	46.67	1218.2	3.72	936.16	22.30
9	新疆	北疆	51232	阿拉山口	82.57	45.18	336.1	3.56	956.03	28.28
10	新疆	北疆	51238	博乐	82.04	44.54	532.2	3.37	779.79	26.12
11	新疆	北疆	51241	托里	83.60	45.93	1077.8	3.32	830.53	21.96
12	新疆	北疆	51243	克拉玛依	84.85	45.62	449.5	3.23	938.95	28.72

续表

序号	省份	分区	站号	站点名称	经度/(°)	纬度/(°)	海拔高度/m	频次/次	强度/℃²	持续日数/d
13	新疆	北疆	51288	北塔山	90.53	45.37	1653.7	3.33	619.64	20.63
14	新疆	北疆	51334	精河	82.90	44.62	329.2	3.46	898.52	27.77
15	新疆	北疆	51346	乌苏	84.67	44.43	478.7	3.39	860.70	26.93
16	新疆	北疆	51365	蔡家湖	87.53	44.20	440.5	3.84	937.32	25.30
17	新疆	北疆	51379	奇台	89.57	44.02	793.5	3.19	717.51	20.11
18	新疆	北疆	51463	乌鲁木齐	87.65	43.78	935	3.32	782.01	23.56
19	新疆	天山	51330	温泉	81.02	44.97	1357.8	3.51	650.54	20.51
20	新疆	天山	51431	伊宁	81.33	43.95	662.5	3.05	1076.63	19.61
21	新疆	天山	51433	尼勒克	82.57	43.80	1105.3	3.14	772.28	18.89
22	新疆	天山	51437	昭苏	81.13	43.15	1851	2.95	496.40	17.96
23	新疆	天山	51467	巴仑台	86.30	42.73	1732.4	3.53	412.82	21.74
24	新疆	天山	51470	天池	88.07	43.53	1942.5	3.23	601.28	19.04
25	新疆	天山	51477	达板城	88.32	43.35	1103.5	2.18	469.73	16.47
26	新疆	天山	51542	巴音布鲁克	84.15	43.03	2458	4.05	1006.32	25.60
27	新疆	天山	52101	巴里塘	93.05	43.60	1679.4	3.44	832.56	20.82
28	新疆	天山	52112	淖毛湖	94.59	43.45	479	3.39	846.27	24.95
29	新疆	天山	52118	伊吾	94.42	43.16	1728.6	3.33	562.43	21.91
30	新疆	吐哈	51495	七角井	91.73	43.22	721.4	2.49	397.24	16.37
31	新疆	吐哈	51573	吐鲁番	89.20	42.93	34.5	2.21	521.43	24.67
32	新疆	吐哈	51581	鄯善	90.23	42.85	398.6	2.32	569.14	23.63
33	新疆	吐哈	52203	哈密	93.52	42.82	737.2	2.54	597.65	23.96

续表

序号	省份	分区	站号	站点名称	经度/(°)	纬度/(°)	海拔高度/m	频次/次	强度/℃²	持续日数/d
34	新疆	吐哈	52313	红柳河	94.67	41.53	1573.8	3.23	451.51	20.93
35	新疆	南疆	51526	库米什	88.22	42.23	922.4	2.61	635.58	23.70
36	新疆	南疆	51567	焉耆	86.57	42.08	1055.3	2.25	532.50	20.12
37	新疆	南疆	51628	阿克苏	80.23	41.17	1103.8	2.30	444.72	21.28
38	新疆	南疆	51633	拜城	81.90	41.78	1229.2	2.11	995.57	24.18
39	新疆	南疆	51639	沙雅	82.47	41.14	980.4	2.28	297.14	21.33
40	新疆	南疆	51642	轮台	84.25	41.78	982	2.51	452.66	21.77
41	新疆	南疆	51644	库车	82.97	41.72	1081.9	2.46	532.91	24.63
42	新疆	南疆	51656	库尔勒	86.13	41.75	931.5	2.40	500.20	21.18
43	新疆	南疆	51701	吐尔尕特	75.40	40.52	3504.4	2.33	217.32	11.74
44	新疆	南疆	51704	阿图什	76.10	39.43	1298.7	2.25	327.04	20.61
45	新疆	南疆	51705	乌恰	75.25	39.72	2175.7	2.89	457.01	15.93
46	新疆	南疆	51709	喀什	75.98	39.47	1385.6	2.32	340.63	19.61
47	新疆	南疆	51711	阿合奇	78.45	40.93	1985.1	3.40	546.77	22.19
48	新疆	南疆	51720	柯坪	79.05	40.50	1161.8	2.25	450.57	20.54
49	新疆	南疆	51730	阿拉尔	81.27	40.55	1012.2	2.07	230.02	17.89
50	新疆	南疆	51765	铁干里克	87.70	40.63	846	2.63	222.32	20.68
51	新疆	南疆	51777	若羌	88.17	39.03	887.7	2.42	328.15	21.02
52	新疆	南疆	51804	塔什库尔干	75.23	37.77	3090.1	3.04	974.57	20.44
53	新疆	南疆	51811	莎车	77.27	38.43	1231.2	2.56	278.91	20.68
54	新疆	南疆	51818	皮山	78.28	37.62	1375.4	2.86	256.16	21.16

序号	省份	分区	站号	站点名称	经度/ (°)	纬度/ (°)	海拔 高度/m	频次/ 次	强度/ ℃²	持续日数/ d
55	新疆	南疆	51828	和田	79.93	37.13	1375	2.81	251.53	23.05
56	新疆	南疆	51839	民丰	82.72	37.07	1409.5	2.46	178.45	18.19
57	新疆	南疆	51855	且末	85.55	38.15	1247.2	2.60	323.53	19.67
58	新疆	南疆	51931	于田	81.65	36.85	1422	2.68	193.05	20.93

表 2-29 　　　　　　　　　**新疆典型区域昼夜极端低温事件各指标平均值**

指标	南疆	北疆	天山山区	吐哈盆地	全区
CDNCF/次	2.52	3.48	3.25	2.56	2.96
CDNCI/℃²	415.31	945.19	702.48	507.39	642.15
CDNCD/d	20.52	24.15	20.68	21.91	21.80
CDNCMI/℃²	330.92	591.50	445.96	415.73	440.92
CDNCMD/d	12.36	11.43	9.90	13.41	11.69
CDNCS	12月25日	12月21日	12月23日	12月22日	12月23日
CDNCE	1月27日	2月8日	2月7日	1月25日	2月2日
CDNCL/d	33	50	46	35	41

博州部分区域、塔城和阿勒泰西北部区域的昼夜极端低温事件持续日数变化幅度为24～29d;克州西部地区的昼夜极端低温事件持续日数变化幅度为11～20d;其他区域的持续日数变化幅度为20～23d。1960—2016年新疆昼夜极端低温事件持续日数为21.80d,其中南疆地区持续日数为20.52d,北疆地区持续日数为24.15d,天山山区持续日数为20.68d,吐哈盆地持续日数为21.91d。总体上,冬季气温较冷区域持续日数多于冬季气温较暖区域(表2-29)。

(2)新疆昼夜极端低温事件极值指标空间分布特征

新疆昼夜极端低温事件极值指标空间分布特征值如表2-30所示,博州中东部、塔城和阿勒泰西北部区域的强度最大值变化幅度为 520~950℃²；伊犁河谷、吐鲁番和哈密等大部分地区强度最大值变化幅度为 390~520℃²；和田南部区域强度最大值最小，变化幅度为 130~260℃²。新疆典型区域昼夜极端低温事件强度最大值从大到小依次是北疆地区、天山山区、吐哈盆地、南疆地区，强度依次为 591.50℃²、445.96℃²、415.73℃² 和 330.92℃²，其中北疆和天山山区强度最大值分别比 57 年新疆全区强度最大值均值高出 150.58℃² 和 5.04℃²，吐哈盆地和南疆的强度最大值分别比 1960—2016 年新疆全区强度最大值均值低 25.19℃² 和 110℃²。总体上，新疆冬季气温较低区域昼夜极端低温事件强度最大值较大，冬季气温较高区域强度最大值较小（表 2-29）。

表 2-30　新疆昼夜极端低温事件强度最大值和持续日数最大值指标站点空间分布特征值

序号	省份	分区	站号	站点名称	经度/(°)	纬度/(°)	海拔高度/m	强度最大值/℃²	持续日数最大值/d
1	新疆	北疆	51053	哈巴河	86.40	48.05	532.6	943.73	11.07
2	新疆	北疆	51060	布尔津	86.52	47.42	473.9	767.66	11.25
3	新疆	北疆	51068	福海	87.47	47.12	500.9	661.24	11.61
4	新疆	北疆	51076	阿勒泰	88.08	47.73	735.3	669.10	10.53
5	新疆	北疆	51087	富蕴	89.31	46.59	807.5	666.74	9.95
6	新疆	北疆	51133	塔城	83.00	46.73	534.9	622.49	9.84
7	新疆	北疆	51156	和布克赛尔	85.72	46.78	1291.6	374.81	10.68
8	新疆	北疆	51186	青河	90.38	46.67	1218.2	531.51	9.53
9	新疆	北疆	51232	阿拉山口	82.57	45.18	336.1	634.35	13.23
10	新疆	北疆	51238	博乐	82.04	44.54	532.2	513.94	12.86
11	新疆	北疆	51241	托里	83.60	45.93	1077.8	482.64	10.49
12	新疆	北疆	51243	克拉玛依	84.85	45.62	449.5	671.07	14.77
13	新疆	北疆	51288	北塔山	90.53	45.37	1653.7	384.09	10.12
14	新疆	北疆	51334	精河	82.90	44.62	329.2	582.41	13.28

序号	省份	分区	站号	站点名称	经度/(°)	纬度/(°)	海拔高度/m	强度最大值/℃²	持续日数最大值/d
15	新疆	北疆	51346	乌苏	84.67	44.43	478.7	576.78	13.54
16	新疆	北疆	51365	蔡家湖	87.53	44.20	440.5	585.16	11.19
17	新疆	北疆	51379	奇台	89.57	44.02	793.5	458.92	10.00
18	新疆	北疆	51463	乌鲁木齐	87.65	43.78	935	520.37	11.72
19	新疆	天山	51330	温泉	81.02	44.97	1357.8	417.09	9.39
20	新疆	天山	51431	伊宁	81.33	43.95	662.5	648.31	9.49
21	新疆	天山	51433	尼勒克	82.57	43.80	1105.3	479.55	8.96
22	新疆	天山	51437	昭苏	81.13	43.15	1851	299.54	8.72
23	新疆	天山	51467	巴仑台	86.30	42.73	1732.4	284.00	10.35
24	新疆	天山	51470	天池	88.07	43.53	1942.5	365.61	8.77
25	新疆	天山	51477	达板城	88.32	43.35	1103.5	344.19	10.28
26	新疆	天山	51542	巴音布鲁克	84.15	43.03	2458	557.00	9.93
27	新疆	天山	52101	巴里塘	93.05	43.60	1679.4	526.67	9.60
28	新疆	天山	52112	淖毛湖	94.59	43.45	479	603.67	12.18
29	新疆	天山	52118	伊吾	94.42	43.16	1728.6	379.96	11.23
30	新疆	吐哈	51495	七角井	91.73	43.22	721.4	298.87	9.14
31	新疆	吐哈	51573	吐鲁番	89.20	42.93	34.5	473.88	16.93
32	新疆	吐哈	51581	鄯善	90.23	42.85	398.6	480.55	15.51
33	新疆	吐哈	52203	哈密	93.52	42.82	737.2	504.39	15.14
34	新疆	吐哈	52313	红柳河	94.67	41.53	1573.8	320.98	10.33
35	新疆	南疆	51526	库米什	88.22	42.23	922.4	529.14	15.11
36	新疆	南疆	51567	焉耆	86.57	42.08	1055.3	436.46	13.37

续表

序号	省份	分区	站号	站点名称	经度/(°)	纬度/(°)	海拔高度/m	强度最大值/℃²	持续日数最大值/d
37	新疆	南疆	51628	阿克苏	80.23	41.17	1103.8	366.07	13.81
38	新疆	南疆	51633	拜城	81.90	41.78	1229.2	780.24	15.74
39	新疆	南疆	51639	沙雅	82.47	41.14	980.4	256.88	13.60
40	新疆	南疆	51642	轮台	84.25	41.78	982	385.83	13.74
41	新疆	南疆	51644	库车	82.97	41.72	1081.9	454.67	15.40
42	新疆	南疆	51656	库尔勒	86.13	41.75	931.5	425.17	13.49
43	新疆	南疆	51701	吐尔尕特	75.40	40.52	3504.4	134.54	6.12
44	新疆	南疆	51704	阿图什	76.10	39.43	1298.7	279.69	13.19
45	新疆	南疆	51705	乌恰	75.25	39.72	2175.7	327.60	8.46
46	新疆	南疆	51709	喀什	75.98	39.47	1385.6	285.12	12.02
47	新疆	南疆	51711	阿合奇	78.45	40.93	1985.1	354.25	10.18
48	新疆	南疆	51720	柯坪	79.05	40.50	1161.8	380.96	13.86
49	新疆	南疆	51730	阿拉尔	81.27	40.55	1012.2	194.68	11.93
50	新疆	南疆	51765	铁干里克	87.70	40.63	846	183.10	12.35
51	新疆	南疆	51777	若羌	88.17	39.03	887.7	277.88	13.33
52	新疆	南疆	51804	塔什库尔干	75.23	37.77	3090.1	701.38	10.42
53	新疆	南疆	51811	莎车	77.27	38.43	1231.2	225.68	12.05
54	新疆	南疆	51818	皮山	78.28	37.62	1375.4	191.73	11.39
55	新疆	南疆	51828	和田	79.93	37.13	1375	204.06	13.00
56	新疆	南疆	51839	民丰	82.72	37.07	1409.5	143.95	10.58
57	新疆	南疆	51855	且末	85.55	38.15	1247.2	266.89	11.53
58	新疆	南疆	51931	于田	81.65	36.85	1422	156.22	11.96

新疆昼夜极端低温事件持续日数最大值高值区分布在克州、喀什西南部、伊犁河谷、阿勒泰、昌吉、哈密等大部分区域,持续日数最大值变化幅度为6~12d;阿克苏、和田西部区域、巴州、博州和塔城小部分区域的持续日数最大值变化幅度为12~18d。新疆典型区域昼夜极端低温事件各指标均值(表2-29)显示,南疆地区持续日数最大值为12.36d,北疆地区的持续日数最大值为11.43d,天山山区的持续日数最大值为9.90d,吐哈盆地的持续日数最大值为13.41d。

(3)新疆昼夜极端低温事件起止日期和时间长度指标空间分布特征

新疆昼夜极端低温事件起止日期和时间长度指标的空间分布特征值如表2-31所示。从表中可看出昼夜极端低温事件开始日期提前的区域主要分布在塔城和阿勒泰北部区域以及和田和哈密小面积区域,开始日期在12月16日—12月22日;开始日期推迟的区域主要在喀什、巴州、吐鲁番、伊犁河谷和昌吉等地区,开始日期在12月22日—12月25日;开始日期最晚的区域主要在克州西部和阿克苏小面积区域,开始日期在12月25日—12月31日。新疆各个典型区域的开始日期相差不大,均集中在12月22日前后,北疆和吐哈盆地的开始日期分别为12月21日和22日,天山山区和南疆的开始日期分别为12月23日和25日(表2-29)。

阿勒泰、塔城和博州大部分地区结束日期在2月7日—2月12日,其中极少部分区域结束日期在2月12日—2月17日;喀什、和田、阿克苏、巴州大部分地区结束日期在1月23日—1月28日。各典型区域昼夜极端低温事件结束日期存在差异(表2-29),天山山区和北疆的结束日期分别为2月7日和2月8日,吐哈盆地和南疆地区的结束日期分别为1月25日和1月27日。

新疆昼夜极端低温事件时间长度呈现南短北长的空间分布。塔城、阿勒泰和博州大部分区域时间长度在42d以上,其中极小部分区域时间长度变化幅度为52~58d;喀什、和田、阿克苏和巴州大部分地区时间长度在32~37d。从表2-29中可知,各个典型区域时间长度存在差异,北疆地区时间长度为50d,其次是天山山区(46d),吐哈盆地时间长度为35d,南疆地区时间长度为33d。总体上,冬季气温较冷区域昼夜极端低温事件的时间长度较长,冬季气温较高区域的时间长度较短。

表2-31   新疆昼夜极端低温事件强度起止日期和时间长度指标站点空间
分布特征值

序号	省份	分区	站号	站点名称	经度/(°)	纬度/(°)	海拔高度/m	开始日期/d	结束日期/d	时间长度/d
1	新疆	北疆	51053	哈巴河	86.40	48.05	532.6	49	106	57
2	新疆	北疆	51060	布尔津	86.52	47.42	473.9	52	101	49
3	新疆	北疆	51068	福海	87.47	47.12	500.9	52	100	48

续表

序号	省份	分区	站号	站点名称	经度/(°)	纬度/(°)	海拔高度/m	开始日期/d	结束日期/d	时间长度/d
4	新疆	北疆	51076	阿勒泰	88.08	47.73	735.3	49	101	52
5	新疆	北疆	51087	富蕴	89.31	46.59	807.5	50	98	48
6	新疆	北疆	51133	塔城	83.00	46.73	534.9	49	107	58
7	新疆	北疆	51156	和布克赛尔	85.72	46.78	1291.6	46	102	56
8	新疆	北疆	51186	青河	90.38	46.67	1218.2	48	97	49
9	新疆	北疆	51232	阿拉山口	82.57	45.18	336.1	55	101	46
10	新疆	北疆	51238	博乐	82.04	44.54	532.2	53	99	46
11	新疆	北疆	51241	托里	83.60	45.93	1077.8	46	101	55
12	新疆	北疆	51243	克拉玛依	84.85	45.62	449.5	50	101	51
13	新疆	北疆	51288	北塔山	90.53	45.37	1653.7	49	99	50
14	新疆	北疆	51334	精河	82.90	44.62	329.2	55	99	44
15	新疆	北疆	51346	乌苏	84.67	44.43	478.7	53	102	49
16	新疆	北疆	51365	蔡家湖	87.53	44.20	440.5	52	101	49
17	新疆	北疆	51379	奇台	89.57	44.02	793.5	54	99	45
18	新疆	北疆	51463	乌鲁木齐	87.65	43.78	935	50	102	52
19	新疆	天山	51330	温泉	81.02	44.97	1357.8	50	104	54
20	新疆	天山	51431	伊宁	81.33	43.95	662.5	54	98	44
21	新疆	天山	51433	尼勒克	82.57	43.80	1105.3	51	98	47
22	新疆	天山	51437	昭苏	81.13	43.15	1851	53	99	46
23	新疆	天山	51467	巴仑台	86.30	42.73	1732.4	50	98	48
24	新疆	天山	51470	天池	88.07	43.53	1942.5	61	110	49

续表

序号	省份	分区	站号	站点名称	经度/(°)	纬度/(°)	海拔高度/m	开始日期/d	结束日期/d	时间长度/d
25	新疆	天山	51477	达板城	88.32	43.35	1103.5	56	94	38
26	新疆	天山	51542	巴音布鲁克	84.15	43.03	2458	52	102	50
27	新疆	天山	52101	巴里塘	93.05	43.60	1679.4	57	100	43
28	新疆	天山	52112	淖毛湖	94.59	43.45	479	47	88	41
29	新疆	天山	52118	伊吾	94.42	43.16	1728.6	50	101	51
30	新疆	吐哈	51495	七角井	91.73	43.22	721.4	53	84	31
31	新疆	吐哈	51573	吐鲁番	89.20	42.93	34.5	52	86	34
32	新疆	吐哈	51581	鄯善	90.23	42.85	398.6	52	86	34
33	新疆	吐哈	52203	哈密	93.52	42.82	737.2	51	88	37
34	新疆	吐哈	52313	红柳河	94.67	41.53	1573.8	47	89	42
35	新疆	南疆	51526	库米什	88.22	42.23	922.4	52	88	36
36	新疆	南疆	51567	焉耆	86.57	42.08	1055.3	58	88	30
37	新疆	南疆	51628	阿克苏	80.23	41.17	1103.8	54	87	33
38	新疆	南疆	51633	拜城	81.90	41.78	1229.2	58	94	36
39	新疆	南疆	51639	沙雅	82.47	41.14	980.4	54	84	30
40	新疆	南疆	51642	轮台	84.25	41.78	982	53	87	34
41	新疆	南疆	51644	库车	82.97	41.72	1081.9	53	88	35
42	新疆	南疆	51656	库尔勒	86.13	41.75	931.5	52	84	32
43	新疆	南疆	51701	吐尔尕特	75.40	40.52	3504.4	60	94	34
44	新疆	南疆	51704	阿图什	76.10	39.43	1298.7	54	87	33
45	新疆	南疆	51705	乌恰	75.25	39.72	2175.7	57	95	38

续表

序号	省份	分区	站号	站点名称	经度/(°)	纬度/(°)	海拔高度/m	开始日期/d	结束日期/d	时间长度/d
46	新疆	南疆	51709	喀什	75.98	39.47	1385.6	56	89	33
47	新疆	南疆	51711	阿合奇	78.45	40.93	1985.1	52	97	45
48	新疆	南疆	51720	柯坪	79.05	40.50	1161.8	56	85	29
49	新疆	南疆	51730	阿拉尔	81.27	40.55	1012.2	59	86	27
50	新疆	南疆	51765	铁干里克	87.70	40.63	846	54	86	32
51	新疆	南疆	51777	若羌	88.17	39.03	887.7	53	85	32
52	新疆	南疆	51804	塔什库尔干	75.23	37.77	3090.1	53	95	42
53	新疆	南疆	51811	莎车	77.27	38.43	1231.2	54	86	32
54	新疆	南疆	51818	皮山	78.28	37.62	1375.4	51	86	35
55	新疆	南疆	51828	和田	79.93	37.13	1375	50	88	38
56	新疆	南疆	51839	民丰	82.72	37.07	1409.5	53	84	31
57	新疆	南疆	51855	且末	85.55	38.15	1247.2	54	84	30
58	新疆	南疆	51931	于田	81.65	36.85	1422	50	87	37

2.3.3 新疆昼夜极端低温事件空间变化趋势

(1)新疆昼夜极端低温事件量级指标空间变化趋势

新疆昼夜极端低温事件量级指标空间变化趋势如表2-32所示,新疆昼夜极端低温事件频次整体上以减少趋势为主,增减幅度为0.1~0.7次/10a,94.83%的气象站点频次呈减少趋势,其中43.10%气象站点呈显著减少趋势,且这种减少趋势通过了0.05显著性水平检验(表2-33)。结合新疆典型区域昼夜极端低温事件各指标气候倾向率(表2-34)可知,各个区域频次减少趋势存在显著差别,吐哈盆地频次减少趋势为-0.29次/10a,天山山区和南疆地区频次减少趋势均为-0.2次/10a,北疆地区频次减少趋势为-0.23次/10a。

表 2-32　　　　　　　　　　新疆昼夜极端低温事件量级指标站点变化趋势

序号	省份	分区	站号	站点名称	经度/(°)	纬度/(°)	海拔高度/m	频次/(次/10a)	强度/(℃²/10a)	持续日数/(d/10a)
1	新疆	北疆	51053	哈巴河	86.40	48.05	532.6	−0.31	−169.11	−2.73
2	新疆	北疆	51060	布尔津	86.52	47.42	473.9	−0.22	−147.66	−2.17
3	新疆	北疆	51068	福海	87.47	47.12	500.9	−0.18	−164.98	−2.73
4	新疆	北疆	51076	阿勒泰	88.08	47.73	735.3	−0.32	−195.20	−3.31
5	新疆	北疆	51087	富蕴	89.31	46.59	807.5	−0.62	−515.65	−5.88
6	新疆	北疆	51133	塔城	83.00	46.73	534.9	−0.41	−273.75	−3.72
7	新疆	北疆	51156	和布克赛尔	85.72	46.78	1291.6	−0.20	−90.40	−1.89
8	新疆	北疆	51186	青河	90.38	46.67	1218.2	−0.47	−255.43	−3.84
9	新疆	北疆	51232	阿拉山口	82.57	45.18	336.1	−0.03	−85.84	−1.22
10	新疆	北疆	51238	博乐	82.04	44.54	532.2	−0.11	−113.70	−2.31
11	新疆	北疆	51241	托里	83.60	45.93	1077.8	−0.37	−260.80	−4.56
12	新疆	北疆	51243	克拉玛依	84.85	45.62	449.5	0.01	−144.25	−1.73
13	新疆	北疆	51288	北塔山	90.53	45.37	1653.7	−0.18	−87.20	−1.73
14	新疆	北疆	51334	精河	82.90	44.62	329.2	−0.02	−75.07	−1.25
15	新疆	北疆	51346	乌苏	84.67	44.43	478.7	−0.02	−128.99	−1.41
16	新疆	北疆	51365	蔡家湖	87.53	44.20	440.5	−0.09	−69.70	−1.39
17	新疆	北疆	51379	奇台	89.57	44.02	793.5	−0.18	−57.18	−1.34
18	新疆	北疆	51463	乌鲁木齐	87.65	43.78	935	−0.49	−224.01	−5.02
19	新疆	天山	51330	温泉	81.02	44.97	1357.8	−0.29	−135.67	−2.93
20	新疆	天山	51431	伊宁	81.33	43.95	662.5	−0.39	−355.95	−4.06

续表

序号	省份	分区	站号	站点名称	经度/(°)	纬度/(°)	海拔高度/m	频次/(次/10a)	强度/(℃²/10a)	持续日数/(d/10a)
21	新疆	天山	51433	尼勒克	82.57	43.80	1105.3	−0.37	−217.44	−3.88
22	新疆	天山	51437	昭苏	81.13	43.15	1851	−0.18	−97.88	−2.87
23	新疆	天山	51467	巴仑台	86.30	42.73	1732.4	−0.29	−44.26	−2.60
24	新疆	天山	51470	天池	88.07	43.53	1942.5	−0.17	−56.75	−1.55
25	新疆	天山	51477	达板城	88.32	43.35	1103.5	0.07	−46.42	−1.32
26	新疆	天山	51542	巴音布鲁克	84.15	43.03	2458	0.00	−30.90	0.11
27	新疆	天山	52101	巴里塘	93.05	43.60	1679.4	−0.43	−207.14	−3.29
28	新疆	天山	52112	淖毛湖	94.59	43.45	479	−0.05	−55.26	−0.88
29	新疆	天山	52118	伊吾	94.42	43.16	1728.6	−0.09	−87.52	−1.55
30	新疆	吐哈	51495	七角井	91.73	43.22	721.4	−0.54	−132.86	−3.12
31	新疆	吐哈	51573	吐鲁番	89.20	42.93	34.5	−0.23	−121.56	−3.06
32	新疆	吐哈	51581	鄯善	90.23	42.85	398.6	−0.26	−32.84	−1.69
33	新疆	吐哈	52203	哈密	93.52	42.82	737.2	−0.16	−40.52	−2.02
34	新疆	吐哈	52313	红柳河	94.67	41.53	1573.8	−0.25	−37.88	−1.39
35	新疆	南疆	51526	库米什	88.22	42.23	922.4	−0.24	−29.77	−1.27
36	新疆	南疆	51567	焉耆	86.57	42.08	1055.3	−0.15	−35.13	−0.69
37	新疆	南疆	51628	阿克苏	80.23	41.17	1103.8	−0.18	−93.75	−2.11
38	新疆	南疆	51633	拜城	81.90	41.78	1229.2	−0.06	−279.04	−2.41
39	新疆	南疆	51639	沙雅	82.47	41.14	980.4	−0.24	−71.53	−2.25
40	新疆	南疆	51642	轮台	84.25	41.78	982	−0.20	−39.42	−0.87

序号	省份	分区	站号	站点名称	经度/(°)	纬度/(°)	海拔高度/m	频次/(次/10a)	强度/(℃²/10a)	持续日数/(d/10a)
41	新疆	南疆	51644	库车	82.97	41.72	1081.9	−0.10	−46.18	−0.01
42	新疆	南疆	51656	库尔勒	86.13	41.75	931.5	−0.28	−87.74	−1.55
43	新疆	南疆	51701	吐尔尕特	75.40	40.52	3504.4	−0.11	−22.78	−0.97
44	新疆	南疆	51704	阿图什	76.10	39.43	1298.7	−0.13	−50.71	−1.73
45	新疆	南疆	51705	乌恰	75.25	39.72	2175.7	−0.10	−81.24	−1.45
46	新疆	南疆	51709	喀什	75.98	39.47	1385.6	−0.23	−63.04	−2.08
47	新疆	南疆	51711	阿合奇	78.45	40.93	1985.1	−0.21	−79.12	−1.95
48	新疆	南疆	51720	柯坪	79.05	40.50	1161.8	−0.22	−81.71	−2.45
49	新疆	南疆	51730	阿拉尔	81.27	40.55	1012.2	−0.12	−36.30	−1.18
50	新疆	南疆	51765	铁干里克	87.70	40.63	846	−0.20	−32.41	−1.09
51	新疆	南疆	51777	若羌	88.17	39.03	887.7	−0.17	−39.51	−1.17
52	新疆	南疆	51804	塔什库尔干	75.23	37.77	3090.1	−0.36	48.17	−1.38
53	新疆	南疆	51811	莎车	77.27	38.43	1231.2	−0.35	−42.90	−2.75
54	新疆	南疆	51818	皮山	78.28	37.62	1375.4	−0.20	−25.81	−1.67
55	新疆	南疆	51828	和田	79.93	37.13	1375	−0.25	−37.31	−2.84
56	新疆	南疆	51839	民丰	82.72	37.07	1409.5	−0.32	−34.26	−2.79
57	新疆	南疆	51855	且末	85.55	38.15	1247.2	−0.25	−30.81	−1.99
58	新疆	南疆	51931	于田	81.65	36.85	1422	−0.20	−18.57	−2.57

新疆几乎所有气象站点(98.28%)昼夜极端低温事件强度呈减小趋势,减小趋势变化幅度为 $0 \sim 520℃^2/10a$,其中 32.76% 气象站点强度呈显著减小趋势($p < 0.05$)(表 2-33)。新疆典型区域昼夜极端低温事件各指标气候倾向率(表 2-34)显示,强度

减小幅度最大的为北疆地区和天山山区,减小趋势值分别为 $-169.94℃^2/10a$ 和 $-121.38℃^2/10a(p<0.05)$,吐哈盆地和南疆地区强度减小趋势为 $-73.13℃^2/10a$ 和 $-54.62℃^2/10a$。

新疆各气象站点昼夜极端低温事件持续日数变化趋势,新疆 98.28％气象站点的昼夜极端低温事件持续日数呈减少趋势(表 2-33),减少幅度为 $0\sim6d/10a$,其中约 44.83％的气象站点呈显著减少趋势,且这种减少趋势通过了 0.05 显著性水平检验(表 2-33)。不同区域昼夜极端低温事件持续日数减少趋势存在显著差异,由表 2-34 可看出,北疆地区持续日数减少速率为 $-2.68d/10a$,吐哈盆地和天山山区持续日数减少速率均为 $-2.26d/10a(p<0.05)$,南疆地区持续日数减少速率为 $-1.72d/10a$。

表 2-33　**新疆 1960—2016 年昼夜极端低温事件各指标变化趋势的站点百分比**

指标	增加	显著增加	减少	显著减少
CDNCF	1.72％	0	94.83％	43.10％
CDNCI	1.72％	0	98.28％	32.76％
CDNCD	1.72％	0	98.28％	44.83％
CDNCMI	1.72％	0	98.28％	27.59％
CDNCMD	5.17％	0	94.83％	36.21％
CDNCS	86.21％	5.17％	13.79％	0
CDNCE	5.17％	0	94.83％	24.14％
CDNCL	1.72％	0	98.28％	48.28％

表 2-34　**新疆典型区域昼夜极端低温事件各指标气候倾向率**

指标	南疆	北疆	天山山区	吐哈盆地	全区
CDNCF/(次/10a)	-0.20^{**}	-0.23^{*}	-0.20^{*}	-0.29^{**}	-0.22^{**}
CDNCI/($℃^2$/10a)	-54.62	-169.94^{*}	-121.38^{*}	-73.13^{*}	-104.67^{*}
CDNCD/(d/10a)	-1.72^{*}	-2.68^{*}	-2.26^{**}	-2.26^{**}	-2.16^{**}
CDNCMI/($℃^2$/10a)	-40.17	-76.67	-67.15^{*}	-60.86	-58.40

续表

指标	南疆	北疆	天山山区	吐哈盆地	全区
CDNCMD/(d/10a)	−0.68	−1.04*	−1.07*	−1.12*	−0.90*
CDNCS/(d/10a)	1.58	1.47	1.6	2.03*	1.52
CDNCE/(d/10a)	−1.46	−2.02	−1.99*	−1.81	−1.74*
CDNCL/(d/10a)	−3.09**	−3.46*	−3.58**	−3.82**	−3.27**

注：*代表通过0.05显著性水平检验，**代表通过0.01显著性水平检验。

(2)新疆昼夜极端低温事件极值指标空间变化趋势

新疆昼夜极端低温事件极值指标空间变化趋势如表2-35所示，新疆几乎所有站点(98.28%)昼夜极端低温事件强度最大值呈减小趋势，减小趋势幅度在0～230℃²/10a之间变化，其中27.59%气象站点呈显著减小趋势($p<0.05$)(表2-33)。强度最大值减小幅度最大为北疆地区(−76.67℃²/10a)，天山山区和吐哈盆地减小趋势分别为−67.15℃²/10a和−60.86℃²/10a，强度最大值减小趋势最小的是南疆地区(−40.17℃²/10a)(表2-34)。

新疆94.83%气象站点的昼夜极端低温事件持续日数最大值呈减少趋势，减少幅度在0～3d/10a之间，其中36.21%气象站点持续日数最大值呈显著减少趋势，且这种减少趋势通过了0.05显著性水平检验(表2-33)。从新疆典型区域昼夜极端低温事件各指标气候倾向率(表2-34)可看出，不同区域持续日数最大值的减少趋势不同，由大到小依次为：吐哈盆地(−1.12d/10a)、天山山区(−1.07d/10a)、北疆地区(−1.04d/10a)、南疆地区(−0.68d/10a)。整体上，新疆昼夜极端低温事件持续日数最大值呈减少趋势。

(3)新疆昼夜极端低温事件起止日期和时间长度指标空间变化趋势

结合表2-33、表2-36分析可知，新疆昼夜极端低温事件开始日期整体呈推迟趋势，其中86.21%气象站点昼夜极端低温事件开始日期呈推迟趋势，推迟幅度在0～4d/10a之间。13.79%气象站点开始日期呈提前趋势，提前幅度在0～2.1d/10a之间。结合表2-34新疆典型区域昼夜极端低温事件各指标气候倾向率可知，各典型区域开始日期气候倾向率均为正值，表明各典型区域开始日期均呈推迟趋势，吐哈盆地推迟速率最大(2.03d/10a)，天山山区推迟速率为1.60d/10a，南疆和北疆地区推迟速率分别为1.58d/10a和1.47d/10a。

表 2-35　　　　　　　新疆昼夜极端低温事件极值指标站点变化趋势

序号	省份	分区	站号	站点名称	经度/ (°)	纬度/ (°)	海拔 高度/m	强度最大值/ (℃/10a)	持续日数 最大值/ (d/10a)
1	新疆	北疆	51053	哈巴河	86.40	48.05	532.6	−50.04	−0.73
2	新疆	北疆	51060	布尔津	86.52	47.42	473.9	−65.20	−0.85
3	新疆	北疆	51068	福海	87.47	47.12	500.9	−76.87	−1.05
4	新疆	北疆	51076	阿勒泰	88.08	47.73	735.3	−73.66	−1.20
5	新疆	北疆	51087	富蕴	89.31	46.59	807.5	−211.14	−1.62
6	新疆	北疆	51133	塔城	83.00	46.73	534.9	−114.82	−1.32
7	新疆	北疆	51156	和布克赛尔	85.72	46.78	1291.6	−39.51	−0.42
8	新疆	北疆	51186	青河	90.38	46.67	1218.2	−126.74	−1.21
9	新疆	北疆	51232	阿拉山口	82.57	45.18	336.1	−36.76	−0.69
10	新疆	北疆	51238	博乐	82.04	44.54	532.2	−42.25	−1.14
11	新疆	北疆	51241	托里	83.60	45.93	1077.8	−128.29	−2.01
12	新疆	北疆	51243	克拉玛依	84.85	45.62	449.5	−94.27	−1.33
13	新疆	北疆	51288	北塔山	90.53	45.37	1653.7	−45.69	−0.50
14	新疆	北疆	51334	精河	82.90	44.62	329.2	−27.20	−0.67
15	新疆	北疆	51346	乌苏	84.67	44.43	478.7	−69.84	−0.97
16	新疆	北疆	51365	蔡家湖	87.53	44.20	440.5	−27.95	−0.44
17	新疆	北疆	51379	奇台	89.57	44.02	793.5	−19.15	−0.63
18	新疆	北疆	51463	乌鲁木齐	87.65	43.78	935	−130.72	−1.94
19	新疆	天山	51330	温泉	81.02	44.97	1357.8	−72.21	−1.24
20	新疆	天山	51431	伊宁	81.33	43.95	662.5	−182.03	−1.67

序号	省份	分区	站号	站点名称	经度/（°）	纬度/（°）	海拔高度/m	强度最大值/（℃/10a）	持续日数最大值/（d/10a）
21	新疆	天山	51433	尼勒克	82.57	43.80	1105.3	−116.20	−1.58
22	新疆	天山	51437	昭苏	81.13	43.15	1851	−49.15	−1.29
23	新疆	天山	51467	巴仑台	86.30	42.73	1732.4	−33.27	−1.33
24	新疆	天山	51470	天池	88.07	43.53	1942.5	−14.38	−0.57
25	新疆	天山	51477	达板城	88.32	43.35	1103.5	−32.81	−1.58
26	新疆	天山	51542	巴音布鲁克	84.15	43.03	2458	−21.64	0.05
27	新疆	天山	52101	巴里塘	93.05	43.60	1679.4	−92.00	−1.07
28	新疆	天山	52112	淖毛湖	94.59	43.45	479	−58.35	−0.61
29	新疆	天山	52118	伊吾	94.42	43.16	1728.6	−66.59	−0.92
30	新疆	吐哈	51495	七角井	91.73	43.22	721.4	−96.06	−1.16
31	新疆	吐哈	51573	吐鲁番	89.20	42.93	34.5	−115.95	−2.32
32	新疆	吐哈	51581	鄯善	90.23	42.85	398.6	−30.17	−0.84
33	新疆	吐哈	52203	哈密	93.52	42.82	737.2	−35.88	−0.99
34	新疆	吐哈	52313	红柳河	94.67	41.53	1573.8	−26.25	−0.30
35	新疆	南疆	51526	库米什	88.22	42.23	922.4	−4.01	−0.04
36	新疆	南疆	51567	焉耆	86.57	42.08	1055.3	−22.01	−0.31
37	新疆	南疆	51628	阿克苏	80.23	41.17	1103.8	−65.84	−0.91
38	新疆	南疆	51633	拜城	81.90	41.78	1229.2	−226.79	−2.09
39	新疆	南疆	51639	沙雅	82.47	41.14	980.4	−55.90	−0.71
40	新疆	南疆	51642	轮台	84.25	41.78	982	−25.23	−0.21

续表

序号	省份	分区	站号	站点名称	经度/(°)	纬度/(°)	海拔高度/m	强度最大值/(℃/10a)	持续日数最大值/(d/10a)
41	新疆	南疆	51644	库车	82.97	41.72	1081.9	−38.47	0.15
42	新疆	南疆	51656	库尔勒	86.13	41.75	931.5	−75.68	−0.66
43	新疆	南疆	51701	吐尔尕特	75.40	40.52	3504.4	−11.73	−0.59
44	新疆	南疆	51704	阿图什	76.10	39.43	1298.7	−42.27	−1.06
45	新疆	南疆	51705	乌恰	75.25	39.72	2175.7	−65.67	−1.01
46	新疆	南疆	51709	喀什	75.98	39.47	1385.6	−54.50	−0.96
47	新疆	南疆	51711	阿合奇	78.45	40.93	1985.1	−49.08	−0.90
48	新疆	南疆	51720	柯坪	79.05	40.50	1161.8	−59.71	−1.05
49	新疆	南疆	51730	阿拉尔	81.27	40.55	1012.2	−28.16	−0.59
50	新疆	南疆	51765	铁干里克	87.70	40.63	846	−26.78	−0.15
51	新疆	南疆	51777	若羌	88.17	39.03	887.7	−29.26	−0.48
52	新疆	南疆	51804	塔什库尔干	75.23	37.77	3090.1	43.75	0.07
53	新疆	南疆	51811	莎车	77.27	38.43	1231.2	−31.04	−0.82
54	新疆	南疆	51818	皮山	78.28	37.62	1375.2	−13.11	−0.14
55	新疆	南疆	51828	和田	79.93	37.13	1375	−24.76	−1.08
56	新疆	南疆	51839	民丰	82.72	37.07	1409.5	−23.62	−1.04
57	新疆	南疆	51855	且末	85.55	38.15	1247.2	−21.50	−0.37
58	新疆	南疆	51931	于田	81.65	36.85	1422	−12.75	−1.29

表 2-36　　新疆昼夜极端低温事件起止期和时间长度指标站点变化趋势

序号	省份	分区	站号	站点名称	经度/ (°)	纬度/ (°)	海拔 高度/m	开始 日期/ (d/10a)	结束 日期/ (d/10a)	时间 长度/ (d/10a)
1	新疆	北疆	51053	哈巴河	86.40	48.05	532.6	1.44	−2.57	−4.01
2	新疆	北疆	51060	布尔津	86.52	47.42	473.9	1.45	−1.75	−3.20
3	新疆	北疆	51068	福海	87.47	47.12	500.9	1.07	−1.37	−2.44
4	新疆	北疆	51076	阿勒泰	88.08	47.73	735.3	3.22	−2.68	−5.90
5	新疆	北疆	51087	富蕴	89.31	46.59	807.5	3.40	−4.69	−8.09
6	新疆	北疆	51133	塔城	83.00	46.73	534.9	−0.16	−6.91	−6.75
7	新疆	北疆	51156	和布克赛尔	85.72	46.78	1291.6	−0.27	−1.14	−0.87
8	新疆	北疆	51186	青河	90.38	46.67	1218.2	0.64	−4.98	−5.62
9	新疆	北疆	51232	阿拉山口	82.57	45.18	336.1	0.86	−0.25	−1.11
10	新疆	北疆	51238	博乐	82.04	44.54	532.2	1.14	−1.37	−2.51
11	新疆	北疆	51241	托里	83.60	45.93	1077.8	1.14	−7.39	−8.53
12	新疆	北疆	51243	克拉玛依	84.85	45.62	449.5	−1.85	−1.90	−0.05
13	新疆	北疆	51288	北塔山	90.53	45.37	1653.7	1.26	−1.22	−2.48
14	新疆	北疆	51334	精河	82.90	44.62	329.2	0.86	−0.58	−1.44
15	新疆	北疆	51346	乌苏	84.67	44.43	478.7	1.70	0.74	−0.96
16	新疆	北疆	51365	蔡家湖	87.53	44.20	440.5	0.77	−1.21	−1.97
17	新疆	北疆	51379	奇台	89.57	44.02	793.5	0.37	−1.90	−2.26
18	新疆	北疆	51463	乌鲁木齐	87.65	43.78	935	2.45	−4.75	−7.19
19	新疆	天山	51330	温泉	81.02	44.97	1357.8	2.96	−1.97	−4.93
20	新疆	天山	51431	伊宁	81.33	43.95	662.5	2.47	−4.02	−6.49

序号	省份	分区	站号	站点名称	经度/(°)	纬度/(°)	海拔高度/m	开始日期/(d/10a)	结束日期/(d/10a)	时间长度/(d/10a)
21	新疆	天山	51433	尼勒克	82.57	43.80	1105.3	−0.30	−7.85	−7.55
22	新疆	天山	51437	昭苏	81.13	43.15	1851	0.63	−2.45	−3.08
23	新疆	天山	51467	巴仑台	86.30	42.73	1732.4	2.16	−3.62	−5.78
24	新疆	天山	51470	天池	88.07	43.53	1942.5	0.53	−2.19	−2.72
25	新疆	天山	51477	达板城	88.32	43.35	1103.5	−0.82	−2.59	−1.77
26	新疆	天山	51542	巴音布鲁克	84.15	43.03	2458	0.11	0.58	0.47
27	新疆	天山	52101	巴里塘	93.05	43.60	1679.4	0.32	−6.36	−6.67
28	新疆	天山	52112	淖毛湖	94.59	43.45	479	0.59	0.05	−0.55
29	新疆	天山	52118	伊吾	94.42	43.16	1728.6	−0.15	−1.95	−1.79
30	新疆	吐哈	51495	七角井	91.73	43.22	721.4	−2.02	−8.23	−6.20
31	新疆	吐哈	51573	吐鲁番	89.20	42.93	34.5	0.73	−3.99	−4.72
32	新疆	吐哈	51581	鄯善	90.23	42.85	398.6	1.67	−1.93	−3.60
33	新疆	吐哈	52203	哈密	93.52	42.82	737.2	1.67	−1.18	−2.85
34	新疆	吐哈	52313	红柳河	94.67	41.53	1573.8	1.28	−2.27	−3.55
35	新疆	南疆	51526	库米什	88.22	42.23	922.4	3.84	−0.03	−3.87
36	新疆	南疆	51567	焉耆	86.57	42.08	1055.3	0.36	−1.19	−1.55
37	新疆	南疆	51628	阿克苏	80.23	41.17	1103.8	0.16	−3.36	−3.52
38	新疆	南疆	51633	拜城	81.90	41.78	1229.2	−1.47	−2.52	−1.04
39	新疆	南疆	51639	沙雅	82.47	41.14	980.4	1.25	−2.43	−3.67
40	新疆	南疆	51642	轮台	84.25	41.78	982	0.86	−1.46	−2.32

序号	省份	分区	站号	站点名称	经度/(°)	纬度/(°)	海拔高度/m	开始日期/(d/10a)	结束日期/(d/10a)	时间长度/(d/10a)
41	新疆	南疆	51644	库车	82.97	41.72	1081.9	0.11	−1.11	−1.21
42	新疆	南疆	51656	库尔勒	86.13	41.75	931.5	0.96	−2.36	−3.32
43	新疆	南疆	51701	吐尔尕特	75.40	40.52	3504.4	0.09	−2.85	−2.94
44	新疆	南疆	51704	阿图什	76.10	39.43	1298.7	2.61	−2.25	−4.86
45	新疆	南疆	51705	乌恰	75.25	39.72	2175.7	0.23	−0.77	−1.00
46	新疆	南疆	51709	喀什	75.98	39.47	1385.6	0.55	−3.38	−3.93
47	新疆	南疆	51711	阿合奇	78.45	40.93	1985.1	2.50	−1.85	−4.35
48	新疆	南疆	51720	柯坪	79.05	40.50	1161.8	0.40	−3.04	−3.44
49	新疆	南疆	51730	阿拉尔	81.27	40.55	1012.2	0.53	−2.02	−2.55
50	新疆	南疆	51765	铁干里克	87.70	40.63	846	0.98	−0.41	−1.39
51	新疆	南疆	51777	若羌	88.17	39.03	887.7	1.04	−0.93	−1.97
52	新疆	南疆	51804	塔什库尔干	75.23	37.77	3090.1	0.28	−3.94	−4.22
53	新疆	南疆	51811	莎车	77.27	38.43	1231.2	0.61	−4.60	−5.21
54	新疆	南疆	51818	皮山	78.28	37.62	1375.4	1.87	−2.22	−4.09
55	新疆	南疆	51828	和田	79.93	37.13	1375	1.18	−2.79	−3.97
56	新疆	南疆	51839	民丰	82.72	37.07	1409.5	0.07	−3.92	−3.98
57	新疆	南疆	51855	且末	85.55	38.15	1247.2	1.28	−1.92	−3.20
58	新疆	南疆	51931	于田	81.65	36.85	1422	0.77	−4.25	−5.01

新疆昼夜极端低温事件结束日期整体呈提前趋势(表2-36),其中94.83%气象站点昼夜极端低温事件结束日期呈提前趋势,其中24.14%气象站点结束日期的提前趋势通过了0.05显著性水平检验(表2-33)。同时结合表2-34可看出,各个典型

区域结束日期气候倾向率均为负值,表明各个典型区域结束日期均提前,其中结束日期提前速率最大的为北疆地区(−2.02d/10a),天山山区结束日期以−1.99d/10a的速率提前,南疆地区和吐哈盆地结束日期提前速率分别为−1.46d/10a和−1.81d/10a。

新疆98.28%气象站点昼夜极端低温事件时间长度呈缩短趋势,其中48.28%气象站点时间长度呈显著缩短趋势,且这种缩短趋势通过了0.05显著性水平检验(表2-33、表2-36)。然而不同区域时间长度缩短趋势大小存在显著差异(表2-34),吐哈盆地时间长度以−3.82d/10a的速率缩短,天山山区时间长度以−3.58d/10a的速率缩短,北疆地区时间长度以−3.46d/10a的速率缩短,南疆地区时间长度以−3.09d/10a的速率缩短。

2.3.4 小结

本节对1960—2016年期间新疆昼夜极端低温事件8指标的时间和空间变化趋势、空间分布特征以及突变特征进行了分析,结果表明:

(1)在1960—2016年期间,新疆昼夜极端低温事件频次、强度、持续日数、强度最大值、持续日数最大值等指标时间序列变化总体上呈现显著下降趋势,其中在20世纪80年代后下降趋势更加显著,表明整体上新疆昼夜极端低温事件发生频次、强度、持续日数、强度最大值和持续日数最大值均呈减小的变化趋势。此外,新疆昼夜极端低温事件开始日期推迟,结束日期提前,低温期持续时间长度显著缩短,这在一定程度上间接反映新疆冬季呈现渐进式变暖趋势。

(2)冬季相对较冷区域昼夜极端低温事件发生频次较多,强度较大,持续日数也较多,开始日期提前,结束日期推迟,时间长度相对较长;冬季相对较暖区域昼夜极端低温事件发生频次较少,强度较小,持续日数也较少,开始日期推迟,结束日期提前,时间长度相对较短。

(3)新疆1960—2016年昼夜极端低温事件频次、强度、持续时间、强度最大值、持续日数最大值等指标在空间上呈现出显著而广泛的下降趋势,各指标呈下降趋势站点数占总站点数量的94.83%以上,表明新疆昼夜极端低温事件减少趋势具有区域性特征,推测可能受到大范围天气系统控制。此外,86.21%的气象站点开始日期呈推迟趋势,94.83%的气象站点结束日期呈提前趋势,98.28%的气象站点时间长度呈下降趋势,这从侧面反映新疆大部分区域冬季昼夜极端低温事件开始日期推迟,结束日期提前,极端低温期显著缩短。

新疆各典型区域昼夜极端低温事件各指标呈现显著下降趋势,各区域下降趋势存在显著差异,表明新疆各典型区域冬季变暖步调不一致。此外,新疆各典型区域昼夜极端低温事件开始日期均呈现推迟趋势,结束日期均呈现提前趋势,时间长度呈现显著缩短趋势,即新疆各典型区域极端低温期显著缩短。

3 干旱区极端降水时空变化特征

3.1 极端降水指数 EOF 时空特征分析

3.1.1 强降水日数 EOF 时空特征分析

西北干旱区强降水日数 EOF 分解的第一、第二载荷向量(LV1、LV2)及与之对应的第一、第二模态标准化时间系数(PC1、PC2)如表 3-1、表 3-2、图 3-1 所示。时间序列高值年与空间模态正值区的乘积结果表示该地区强降水日数多,时间序列高值年与空间模态负值区的乘积结果表示该地区强降水日数少,因此可以看出,1960—1988 年,河西-阿拉善高原东部和西部强降水日数多,而南疆、北疆、河西-阿拉善地区强降水日数少,其中南疆西部地区强降水日数最少;1989—2013 年,河西-阿拉善地区东部小片区域强降水日数最少,其次是河西-阿拉善高原东部和西部以及零星分布在天山山区周围的小部分区域,北疆地区、河西-阿拉善地区、南疆东部强降水日数较多,南疆西部强降水日数最多。

EOF2 的空间分布自西向东大致可以分为三个区域,即南疆西部地区、南疆东南部和北疆及河西-阿拉善地区中西部、河西-阿拉善地区东部。南疆西部地区为低值区,在 0 以上,河西-阿拉善地区东部为高值区,在 0.3 以上。第二模态标准化时间系数(PC2)结合第二空间模态来看,当南疆西部地区强降水日数多时,南疆东南部、北疆地区以及河西-阿拉善地区降水日数偏少,其中以河西-阿拉善地区东部为最少,反之亦然。

表 3-1 强降水日数第一、二载荷向量

序号	站号	经度/(°)	纬度/(°)	LV1	LV2
1	51053	86.40	48.05	0.32	−0.07
2	51068	87.47	47.12	0.18	0.36
3	51076	88.08	47.73	0.54	0.10
4	51133	83.00	46.73	0.53	0.02
5	51156	85.72	46.78	0.18	0.38
6	51186	90.38	46.67	0.40	0.18
7	51232	82.57	45.18	0.29	−0.10
8	51241	83.60	45.93	0.49	0.34
9	51243	84.85	45.62	0.19	0.32
10	51288	90.53	45.37	0.34	0.19
11	51330	81.02	44.97	0.58	−0.16
12	51334	82.90	44.62	0.30	−0.01
13	51346	84.67	44.43	0.33	0.20
14	51365	87.53	44.20	0.55	0.21
15	51379	89.57	44.02	0.35	0.23
16	51431	81.33	43.95	0.47	0.15
17	51437	81.13	43.15	0.31	0.02
18	51463	87.65	43.78	0.55	0.16
19	51467	86.30	42.73	0.29	0.01
20	51477	88.32	43.35	0.41	0.21
21	51495	91.73	43.22	0.11	−0.09
22	51526	88.22	42.23	0.26	0.24
23	51542	84.15	43.03	0.28	−0.30

续表

序号	站号	经度/(°)	纬度/(°)	LV1	LV2
24	51567	86.57	42.08	0.30	−0.23
25	51573	89.20	42.93	0.16	0.42
26	51628	80.23	41.17	0.59	−0.38
27	51633	81.90	41.78	0.42	−0.08
28	51642	84.25	41.78	0.40	−0.25
29	51644	82.97	41.72	−0.03	−0.09
30	51656	86.13	41.75	0.11	−0.21
31	51701	75.40	40.52	0.42	−0.04
32	51705	75.25	39.72	0.47	−0.16
33	51709	75.98	39.47	0.57	−0.21
34	51711	78.45	40.93	0.63	−0.28
35	51716	78.57	39.80	0.65	−0.27
36	51720	79.05	40.50	0.53	−0.39
37	51730	81.27	40.55	0.46	−0.05
38	51765	87.70	40.63	0.14	−0.19
39	51777	88.17	39.03	0.57	0.14
40	51804	75.23	37.77	0.12	0.03
41	51811	77.27	38.43	0.51	−0.18
42	51818	78.28	37.62	0.62	−0.23
43	51828	79.93	37.13	0.54	−0.06
44	51839	82.72	37.07	0.57	−0.02
45	51855	85.55	38.15	0.23	0.33
46	51931	81.65	36.85	0.55	−0.21
47	52101	93.05	43.60	0.27	0.19

续表

序号	站号	经度/(°)	纬度/(°)	LV1	LV2
48	52203	93.52	42.82	0.42	0.18
49	52313	94.67	41.53	0.18	0.22
50	52323	97.03	41.80	0.10	0.24
51	52378	102.37	41.37	0.29	0.13
52	52418	94.68	40.15	0.17	0.05
53	52424	95.77	40.53	0.04	−0.02
54	52436	97.03	40.27	0.26	0.35
55	52446	99.52	40.30	0.36	0.13
56	52495	104.80	40.17	0.20	0.44
57	52533	98.48	39.77	0.51	0.05
58	52546	99.83	39.37	0.42	0.12
59	52576	101.68	39.22	0.32	0.27
60	52652	100.43	38.93	0.37	0.14
61	52661	101.08	38.80	0.29	0.32
62	52674	101.97	38.23	0.11	0.44
63	52679	102.67	37.92	−0.11	0.53
64	52681	103.08	38.63	−0.01	0.63
65	52787	102.87	37.20	0.02	0.38
66	52797	104.05	37.18	−0.20	0.57
67	53502	105.75	39.78	0.14	0.49
68	53519	106.77	39.22	−0.14	0.60
69	53602	105.67	38.83	0.10	0.68
70	53614	106.22	38.48	−0.15	0.47
71	53615	106.70	38.80	−0.03	0.56
72	53705	105.68	37.48	−0.15	0.54

表 3-2　　　　　　　　　　　　强降水日数解释的总方差

成分	初始特征值			提取平方和载入		
	合计	方差/%	累积/%	合计	方差/%	累积/%
1	9.760	13.556	13.556	9.760	13.556	13.556
2	6.152	8.544	22.100	6.152	8.544	22.100
3	4.049	5.623	27.723	4.049	5.623	27.723
4	3.422	4.753	32.476	3.422	4.753	32.476
5	3.355	4.660	37.136	3.355	4.660	37.136
6	3.143	4.366	41.501	3.143	4.366	41.501
7	2.920	4.055	45.556	2.920	4.055	45.556
8	2.794	3.881	49.437	2.794	3.881	49.437
9	2.516	3.494	52.931	2.516	3.494	52.931
10	2.463	3.421	56.353	2.463	3.421	56.353
11	2.345	3.256	59.609	2.345	3.256	59.609
12	2.083	2.894	62.503	2.083	2.894	62.503
13	1.897	2.635	65.138	1.897	2.635	65.138
14	1.758	2.442	67.580	1.758	2.442	67.580
15	1.723	2.393	69.973	1.723	2.393	69.973
16	1.553	2.157	72.129	1.553	2.157	72.129
17	1.531	2.126	74.256	1.531	2.126	74.256
18	1.409	1.957	76.213	1.409	1.957	76.213
19	1.249	1.735	77.948	1.249	1.735	77.948
20	1.228	1.705	79.653	1.228	1.705	79.653
21	1.185	1.646	81.299	1.185	1.646	81.299
22	1.184	1.645	82.944	1.184	1.645	82.944
23	1.079	1.499	84.442	1.079	1.499	84.442
24	1.015	1.410	85.852	1.015	1.410	85.852

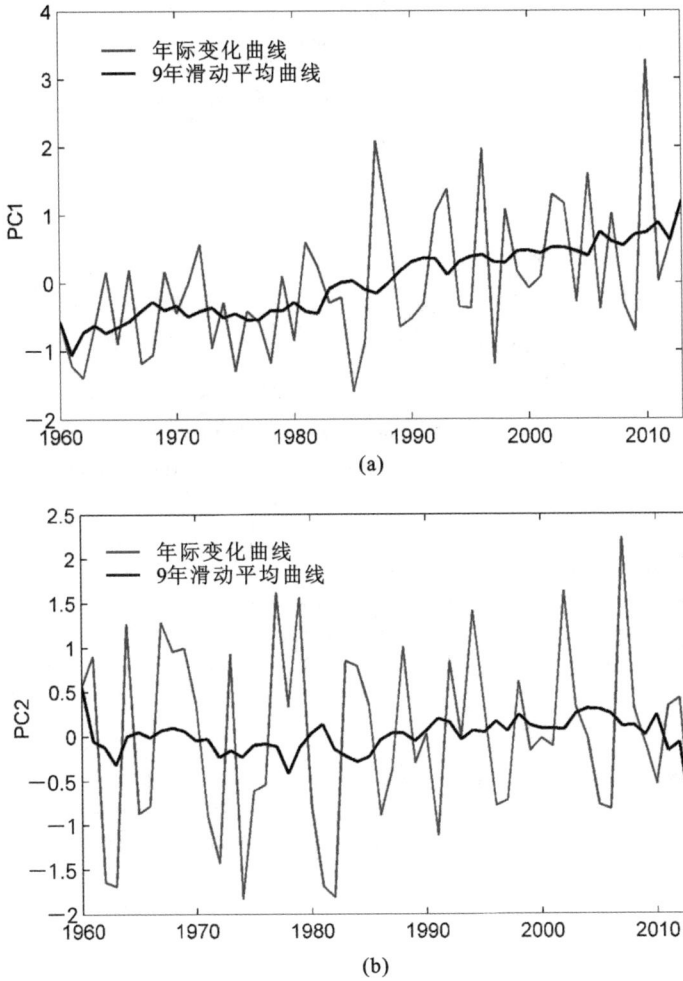

图 3-1　西北干旱区强降水日数标准化时间系数

(a)第一模态标准化时间系数；(b)第二模态标准化时间系数

3.1.2 持续干燥日数 EOF 时空特征分析

西北干旱区持续干燥日数 EOF 分解的第一、第二载荷向量(LV1、LV2)及与之对应的第一、第二模态标准化时间系数(PC1、PC2)如表 3-3、表 3-4、图 3-2 所示。全区绝大部分地区为正值,表明西北干旱区持续干燥日数变化在第一空间尺度上具有很好的一致性,即持续干燥日数一致偏多或者偏少。高值区大致在河西-阿拉善南部地区和南疆南部地区(0.4 以上),说明该地区持续干燥日数较多。结合第一模态标准化时间系数与第一空间模态分析得出,西北干旱区 1960—2013 年持续干燥日数在 20 世纪 80 年代末由原来的增加趋势转变为减少趋势。

EOF2 的空间分布自西向东大致呈"－＋－"型分布,呈现东、西反相的变化特征,即北疆地区和南疆东北部地区持续干燥日数多时,南疆西部地区和河西走廊东部地区持续干燥日数少,反之亦然。结合第二空间模态与第二模态标准化时间系数分布来看,20 世纪 60 年代初到 70 年代末和 20 世纪 80 年代中期到 90 年代中期,北疆地区和南疆东北部地区持续干燥日数呈增加趋势,南疆西部地区和河西走廊东部地区呈减少趋势;20 世纪 90 年代中期以后,北疆地区和南疆东北部地区持续干燥日数呈减少趋势,南疆西部地区和河西走廊东部地区持续干燥日数呈增加趋势。

表 3-3　　　　　　　　　　持续干燥日数第一、二载荷向量

序号	站号	经度/(°)	纬度/(°)	LV1	LV2
1	51053	86.40	48.05	0.38	0.40
2	51068	87.47	47.12	0.37	0.32
3	51076	88.08	47.73	0.55	0.31
4	51133	83.00	46.73	0.05	0.31
5	51156	85.72	46.78	0.11	0.16
6	51186	90.38	46.67	0.15	0.36
7	51232	82.57	45.18	0.33	0.37
8	51241	83.60	45.93	0.36	0.26
9	51243	84.85	45.62	0.41	0.38
10	51288	90.53	45.37	0.37	0.33

续表

序号	站号	经度/(°)	纬度/(°)	LV1	LV2
11	51330	81.02	44.97	0.20	0.19
12	51334	82.90	44.62	0.32	0.33
13	51346	84.67	44.43	0.40	0.38
14	51365	87.53	44.20	0.53	0.41
15	51379	89.57	44.02	0.32	0.53
16	51431	81.33	43.95	0.31	0.23
17	51437	81.13	43.15	0.41	0.39
18	51463	87.65	43.78	0.47	0.48
19	51467	86.30	42.73	0.39	0.06
20	51477	88.32	43.35	0.50	0.25
21	51495	91.73	43.22	−0.05	0.03
22	51526	88.22	42.23	0.29	0.23
23	51542	84.15	43.03	0.22	0.40
24	51567	86.57	42.08	0.42	0.12
25	51573	89.20	42.93	0.26	0.18
26	51628	80.23	41.17	0.56	−0.12
27	51633	81.90	41.78	0.56	−0.16
28	51642	84.25	41.78	0.55	0.03
29	51644	82.97	41.72	0.61	0.11
30	51656	86.13	41.75	0.51	0.17
31	51701	75.40	40.52	0.24	−0.16
32	51705	75.25	39.72	0.51	−0.21

序号	站号	经度/(°)	纬度/(°)	LV1	LV2
33	51709	75.98	39.47	0.66	−0.24
34	51711	78.45	40.93	0.56	−0.37
35	51716	78.57	39.80	0.56	−0.30
36	51720	79.05	40.50	0.63	−0.15
37	51730	81.27	40.55	0.65	−0.15
38	51765	87.70	40.63	0.22	−0.02
39	51777	88.17	39.03	0.49	0.01
40	51804	75.23	37.77	−0.03	−0.08
41	51811	77.27	38.43	0.51	−0.06
42	51818	78.28	37.62	0.50	−0.20
43	51828	79.93	37.13	0.66	−0.20
44	51839	82.72	37.07	0.58	−0.03
45	51855	85.55	38.15	0.49	−0.20
46	51931	81.65	36.85	0.57	0.01
47	52101	93.05	43.60	0.25	0.34
48	52203	93.52	42.82	0.50	0.22
49	52313	94.67	41.53	0.26	0.30
50	52323	97.03	41.80	0.26	−0.29
51	52378	102.37	41.37	0.14	−0.19
52	52418	94.68	40.15	0.39	0.22
53	52424	95.77	40.53	0.34	0.34
54	52436	97.03	40.27	0.49	0.10

续表

序号	站号	经度/(°)	纬度/(°)	LV1	LV2
55	52446	99.52	40.30	0.35	−0.15
56	52495	104.80	40.17	0.37	−0.41
57	52533	98.48	39.77	0.66	−0.05
58	52546	99.83	39.37	0.42	−0.08
59	52576	101.68	39.22	0.15	−0.43
60	52652	100.43	38.93	0.43	−0.07
61	52661	101.08	38.80	0.58	−0.10
62	52674	101.97	38.23	0.48	−0.24
63	52679	102.67	37.92	0.44	−0.23
64	52681	103.08	38.63	0.30	−0.35
65	52787	102.87	37.20	0.25	0.07
66	52797	104.05	37.18	0.30	−0.52
67	53502	105.75	39.78	0.27	−0.43
68	53519	106.77	39.22	0.40	−0.59
69	53602	105.67	38.83	0.38	−0.41
70	53614	106.22	38.48	0.22	−0.59
71	53615	106.70	38.80	0.22	−0.66
72	53705	105.68	37.48	0.16	−0.52

表 3-4   持续干燥日数解释的总方差

成分	初始特征值			提取平方和载入		
	合计	方差/%	累积/%	合计	方差/%	累积/%
1	12.588	17.484	17.484	12.588	17.484	17.484

成分	初始特征值			提取平方和载入		
	合 计	方差/%	累积/%	合 计	方差/%	累积/%
2	6.398	8.886	26.370	6.398	8.886	26.370
3	4.635	6.438	32.808	4.635	6.438	32.808
4	3.469	4.818	37.626	3.469	4.818	37.626
5	3.056	4.245	41.871	3.056	4.245	41.871
6	2.777	3.856	45.727	2.777	3.856	45.727
7	2.702	3.753	49.481	2.702	3.753	49.481
8	2.508	3.484	52.964	2.508	3.484	52.964
9	2.404	3.338	56.303	2.404	3.338	56.303
10	2.119	2.943	59.246	2.119	2.943	59.246
11	2.032	2.822	62.068	2.032	2.822	62.068
12	1.866	2.591	64.659	1.866	2.591	64.659
13	1.770	2.458	67.117	1.770	2.458	67.117
14	1.651	2.293	69.410	1.651	2.293	69.410
15	1.597	2.217	71.627	1.597	2.217	71.627
16	1.501	2.084	73.712	1.501	2.084	73.712
17	1.460	2.028	75.739	1.460	2.028	75.739
18	1.388	1.928	77.668	1.388	1.928	77.668
19	1.250	1.736	79.404	1.250	1.736	79.404
20	1.201	1.668	81.072	1.201	1.668	81.072
21	1.100	1.528	82.600	1.100	1.528	82.600
22	1.023	1.420	84.020	1.023	1.420	84.020

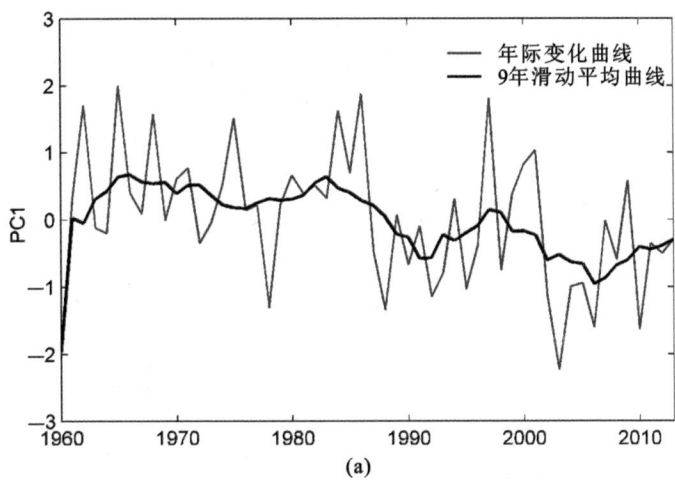

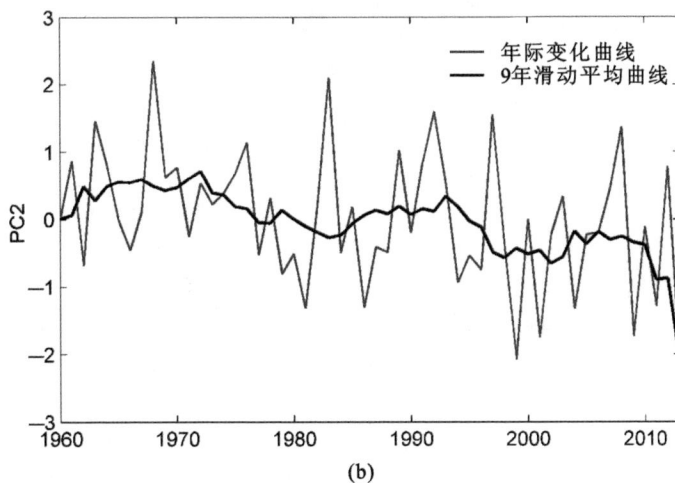

图 3-2　西北干旱区持续干燥日数标准化时间系数

（a）第一模态标准化时间系数；（b）第二模态标准化时间系数

3.1.3　强降水量 EOF 时空特征分析

西北干旱区强降水量 EOF 分解的第一、第二载荷向量(LV1、LV2)及与之对应的第一、第二模态标准化时间系数(PC1、PC2)如表 3-5、图 3-3 所示。除了个别小区域外,全区大部分地区为正值,表明西北干旱区强降水量变化在第一空间尺度上具有很好的一致性,即强降水量一致偏多或者偏少,高值区大致在北疆地区(0.4 以上),说明该地区强降水量较多。第一模态标准化时间系数结合第一空间模态可看出,20世纪 80 年代末至 90 年代初,西北干旱区强降水量由原来的减少趋势逆转为增加趋势。

EOF2 的空间分布自西向东呈现"－＋"型分布,南疆中西部地区和伊犁河谷地区表现为负异常,北疆地区、南疆东部地区和河西走廊地区表现为正异常,这反映了西北干旱区强降水量东西反相变化的空间分布特征。第二模态标准化时间系数(PC2)结合第二空间模态来看,20 世纪 70 年代初到 80 年代初,南疆中西部地区和伊犁河谷地区强降水量呈减少趋势,北疆地区、南疆东部地区和河西走廊地区强降水量呈增加趋势。

表 3-5　　　　　　　　　　　　　　　强降水量第一、二载荷向量

序号	站号	经度/(°)	纬度/(°)	LV1	LV2
1	51053	86.40	48.05	0.30	−0.06
2	51068	87.47	47.12	0.29	0.28
3	51076	88.08	47.73	0.57	0.10
4	51133	83.00	46.73	0.37	−0.34
5	51156	85.72	46.78	0.16	0.11
6	51186	90.38	46.67	0.50	0.02
7	51232	82.57	45.18	0.33	−0.13
8	51241	83.60	45.93	0.45	−0.19
9	51243	84.85	45.62	0.45	0.12
10	51288	90.53	45.37	0.28	0.29
11	51330	81.02	44.97	0.37	−0.28

续表

序号	站号	经度/(°)	纬度/(°)	LV1	LV2
12	51334	82.90	44.62	0.34	−0.27
13	51346	84.67	44.43	0.48	−0.27
14	51365	87.53	44.20	0.61	−0.06
15	51379	89.57	44.02	0.39	0.08
16	51431	81.33	43.95	0.48	−0.20
17	51437	81.13	43.15	0.33	−0.22
18	51463	87.65	43.78	0.53	0.00
19	51467	86.30	42.73	0.23	0.05
20	51477	88.32	43.35	0.33	0.08
21	51495	91.73	43.22	0.15	0.05
22	51526	88.22	42.23	0.15	0.15
23	51542	84.15	43.03	0.25	−0.25
24	51567	86.57	42.08	−0.24	−0.10
25	51573	89.20	42.93	0.20	0.34
26	51628	80.23	41.17	0.25	−0.52
27	51633	81.90	41.78	0.21	−0.09
28	51642	84.25	41.78	0.13	−0.10
29	51644	82.97	41.72	−0.16	0.05
30	51656	86.13	41.75	0.04	0.22
31	51701	75.40	40.52	0.34	−0.22
32	51705	75.25	39.72	0.29	−0.08
33	51709	75.98	39.47	−0.01	0.06

序号	站号	经度/(°)	纬度/(°)	LV1	LV2
34	51711	78.45	40.93	0.29	−0.64
35	51716	78.57	39.80	0.13	−0.42
36	51720	79.05	40.50	0.19	−0.50
37	51730	81.27	40.55	−0.05	−0.21
38	51765	87.70	40.63	0.07	0.07
39	51777	88.17	39.03	0.34	0.06
40	51804	75.23	37.77	0.09	−0.04
41	51811	77.27	38.43	0.38	−0.28
42	51818	78.28	37.62	0.36	−0.41
43	51828	79.93	37.13	0.22	−0.30
44	51839	82.72	37.07	0.32	−0.03
45	51855	85.55	38.15	0.14	−0.02
46	51931	81.65	36.85	0.38	−0.23
47	52101	93.05	43.60	0.52	0.19
48	52203	93.52	42.82	0.44	0.41
49	52313	94.67	41.53	0.23	0.34
50	52323	97.03	41.80	0.10	0.30
51	52378	102.37	41.37	0.29	0.14
52	52418	94.68	40.15	0.26	0.28
53	52424	95.77	40.53	0.17	0.35
54	52436	97.03	40.27	0.17	0.49
55	52446	99.52	40.30	0.43	−0.10

续表

序号	站号	经度/(°)	纬度/(°)	LV1	LV2
56	52495	104.80	40.17	0.55	0.29
57	52533	98.48	39.77	0.14	0.21
58	52546	99.83	39.37	0.31	0.09
59	52576	101.68	39.22	0.40	0.22
60	52652	100.43	38.93	0.32	0.09
61	52661	101.08	38.80	0.34	0.33
62	52674	101.97	38.23	0.36	0.24
63	52679	102.67	37.92	0.09	0.03
64	52681	103.08	38.63	0.05	0.27
65	52787	102.87	37.20	0.14	0.53
66	52797	104.05	37.18	0.21	0.26
67	53502	105.75	39.78	0.06	0.54
68	53519	106.77	39.22	−0.07	0.47
69	53602	105.67	38.83	0.03	0.46
70	53614	106.22	38.48	0.07	0.70
71	53615	106.70	38.80	−0.01	0.50
72	53705	105.68	37.48	0.04	0.41

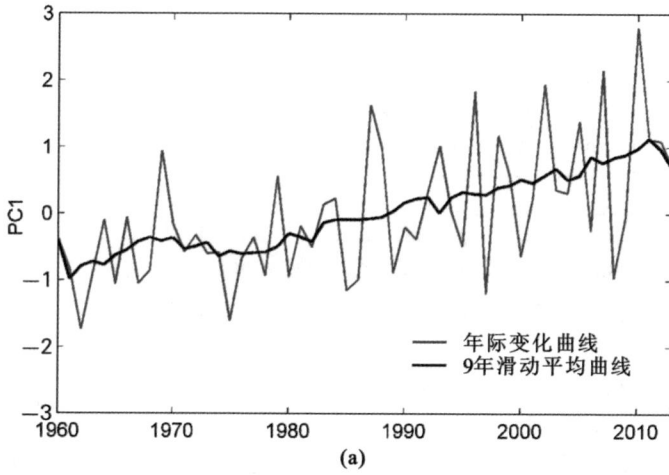

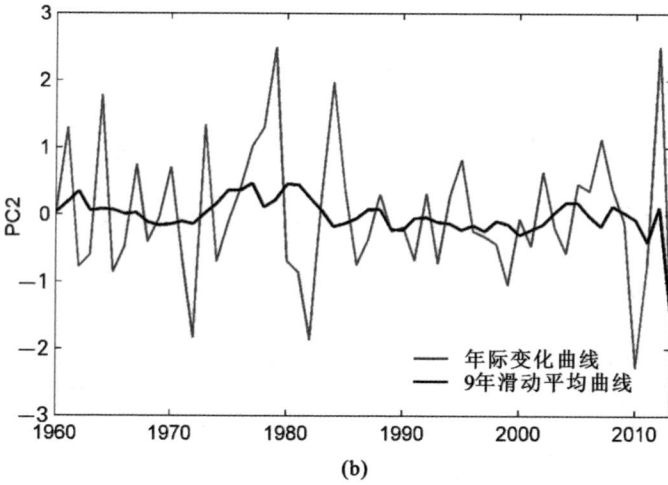

图 3-3　西北干旱区强降水量标准化时间系数

(a)第一模态标准化时间系数；(b)第二模态标准化时间系数

3.1.4 降水强度 EOF 时空特征分析

西北干旱区降水强度 EOF 分解的第一、第二载荷向量(LV1、LV2)及与之对应的第一、第二模态标准化时间系数(PC1、PC2)如表 3-6、表 3-7、图 3-4 所示。河西-阿拉善最东部地区以及南疆于田地区为负值区,其余大部分地区为正值区,北疆地区、南疆西部地区以及河西-阿拉善地区为高值区,说明该地区降水强度较大。结合第一模态标准化时间系数(PC1)与第一空间模态来看,西北干旱区降水强度在 20 世纪 90 年代初由负值转为正值,表明降水强度由减小转变为增大趋势。在 20 世纪 60 年代中期到 70 年代中期以及 1990—2013 年间,河西-阿拉善最东部地区以及南疆于田地区降水强度呈现减小趋势,而北疆、河西-阿拉善中西部地区和南疆其他大部分地区降水强度呈现增加趋势。

EOF2 的空间分布自西向东呈现"-+"的纬向偶极子型分布,南疆西部地区表现为负异常,北疆地区、南疆东部地区和河西走廊地区表现为正异常。结合第二空间模态与第二模态标准化时间系数(PC2)可看出,20 世纪 60 年代初到 90 年代初,南疆西部地区降水强度呈增加趋势,而北疆地区、南疆东部地区和河西走廊地区降水强度呈减少趋势;1991—2013 年间,南疆西部地区降水强度呈减少趋势,而北疆地区、南疆东部地区和河西走廊地区降水强度呈增加趋势。

表 3-6　　　　　　　　　　　　降水强度第一、二载荷向量

序号	站号	经度/(°)	纬度/(°)	LV1	LV2
1	51053	86.40	48.05	0.15	0.19
2	51068	87.47	47.12	0.26	0.34
3	51076	88.08	47.73	0.42	0.49
4	51133	83.00	46.73	0.38	0.08
5	51156	85.72	46.78	0.07	0.15
6	51186	90.38	46.67	0.30	0.44
7	51232	82.57	45.18	0.19	0.16
8	51241	83.60	45.93	0.50	0.27
9	51243	84.85	45.62	0.22	0.29
10	51288	90.53	45.37	0.13	0.27

序号	站号	经度/(°)	纬度/(°)	LV1	LV2
11	51330	81.02	44.97	0.32	−0.19
12	51334	82.90	44.62	0.28	0.15
13	51346	84.67	44.43	0.31	0.11
14	51365	87.53	44.20	0.36	0.24
15	51379	89.57	44.02	0.43	0.10
16	51431	81.33	43.95	0.49	0.15
17	51437	81.13	43.15	0.41	0.04
18	51463	87.65	43.78	0.48	0.23
19	51467	86.30	42.73	0.19	0.00
20	51477	88.32	43.35	0.07	0.25
21	51495	91.73	43.22	0.13	0.07
22	51526	88.22	42.23	0.14	0.09
23	51542	84.15	43.03	0.29	−0.34
24	51567	86.57	42.08	−0.10	−0.12
25	51573	89.20	42.93	−0.15	0.12
26	51628	80.23	41.17	0.40	−0.45
27	51633	81.90	41.78	0.10	−0.07
28	51642	84.25	41.78	0.24	0.07
29	51644	82.97	41.72	−0.04	−0.04
30	51656	86.13	41.75	−0.16	0.06
31	51701	75.40	40.52	0.35	0.01
32	51705	75.25	39.72	0.34	−0.07

续表

序号	站号	经度/(°)	纬度/(°)	LV1	LV2
33	51709	75.98	39.47	0.13	−0.06
34	51711	78.45	40.93	0.62	−0.35
35	51716	78.57	39.80	0.28	−0.39
36	51720	79.05	40.50	0.44	−0.39
37	51730	81.27	40.55	0.30	−0.19
38	51765	87.70	40.63	0.18	−0.09
39	51777	88.17	39.03	0.24	0.15
40	51804	75.23	37.77	0.02	0.21
41	51811	77.27	38.43	0.41	−0.25
42	51818	78.28	37.62	0.37	−0.17
43	51828	79.93	37.13	0.00	0.09
44	51839	82.72	37.07	−0.12	0.22
45	51855	85.55	38.15	0.24	0.17
46	51931	81.65	36.85	−0.20	−0.02
47	52101	93.05	43.60	0.19	0.30
48	52203	93.52	42.82	0.02	0.29
49	52313	94.67	41.53	0.02	0.31
50	52323	97.03	41.80	0.02	0.22
51	52378	102.37	41.37	0.22	0.37
52	52418	94.68	40.15	0.23	0.07
53	52424	95.77	40.53	0.20	0.06
54	52436	97.03	40.27	−0.07	0.24

续表

序号	站号	经度/(°)	纬度/(°)	LV1	LV2
55	52446	99.52	40.30	0.41	−0.08
56	52495	104.80	40.17	0.02	0.48
57	52533	98.48	39.77	0.07	−0.08
58	52546	99.83	39.37	0.23	0.02
59	52576	101.68	39.22	0.17	0.10
60	52652	100.43	38.93	0.39	0.04
61	52661	101.08	38.80	0.27	0.22
62	52674	101.97	38.23	0.39	0.32
63	52679	102.67	37.92	0.05	0.32
64	52681	103.08	38.63	0.05	0.46
65	52787	102.87	37.20	−0.04	0.55
66	52797	104.05	37.18	0.07	0.32
67	53502	105.75	39.78	−0.04	0.35
68	53519	106.77	39.22	−0.35	0.41
69	53602	105.67	38.83	−0.13	0.46
70	53614	106.22	38.48	−0.36	0.47
71	53615	106.70	38.80	−0.33	0.51
72	53705	105.68	37.48	−0.04	0.40

表 3-7 　　　　　　　　　降水强度解释的总方差

成分	初始特征值			提取平方和载入		
	合计	方差/%	累积/%	合计	方差/%	累积/%
1	5.233	7.269	7.269	5.233	7.269	7.269
2	5.056	7.022	14.291	5.056	7.022	14.291

续表

成分	初始特征值			提取平方和载入		
	合计	方差/%	累积/%	合计	方差/%	累积/%
3	4.297	5.968	20.259	4.297	5.968	20.259
4	3.778	5.247	25.506	3.778	5.247	25.506
5	3.401	4.724	30.230	3.401	4.724	30.230
6	3.230	4.486	34.716	3.230	4.486	34.716
7	2.933	4.074	38.790	2.933	4.074	38.790
8	2.761	3.835	42.625	2.761	3.835	42.625
9	2.721	3.779	46.404	2.721	3.779	46.404
10	2.499	3.471	49.875	2.499	3.471	49.875
11	2.382	3.309	53.183	2.382	3.309	53.183
12	2.191	3.043	56.226	2.191	3.043	56.226
13	2.123	2.949	59.175	2.123	2.949	59.175
14	2.037	2.830	62.005	2.037	2.830	62.005
15	2.004	2.783	64.788	2.004	2.783	64.788
16	1.846	2.564	67.352	1.846	2.564	67.352
17	1.829	2.540	69.892	1.829	2.540	69.892
18	1.547	2.148	72.041	1.547	2.148	72.041
19	1.534	2.130	74.171	1.534	2.130	74.171
20	1.468	2.039	76.210	1.468	2.039	76.210
21	1.435	1.993	78.203	1.435	1.993	78.203
22	1.281	1.779	79.982	1.281	1.779	79.982
23	1.210	1.680	81.663	1.210	1.680	81.663
24	1.097	1.524	83.187	1.097	1.524	83.187
25	1.004	1.395	84.581	1.004	1.395	84.581

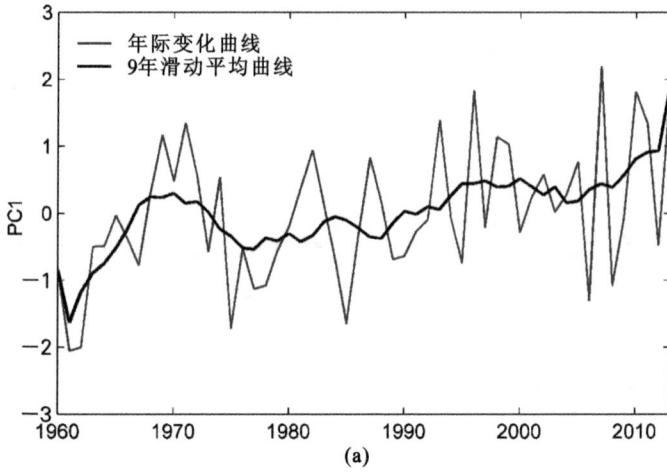

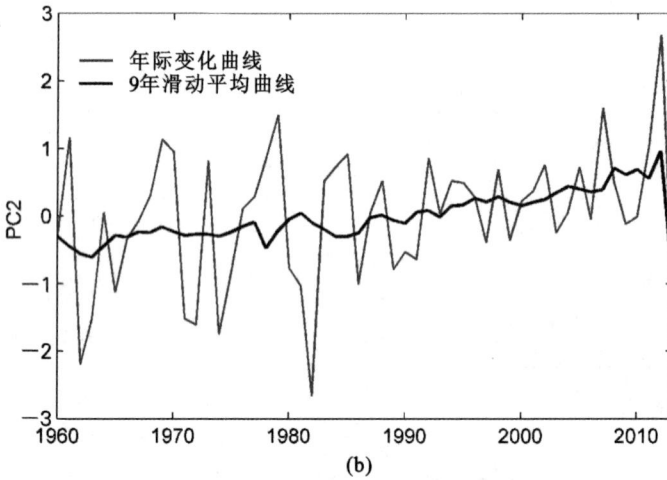

图 3-4 西北干旱区降水强度标准化时间系数

（a）第一模态标准化时间系数；（b）第二模态标准化时间系数

3.1.5 一日最大降水量 EOF 时空特征分析

西北干旱区一日最大降水量 EOF 分解的第一、第二载荷向量(LV1、LV2)及与之对应的第一、第二模态标准化时间系数(PC1、PC2)如表 3-8、表 3-9、图 3-5 所示。EOF2 的空间分布自西向东呈现"－＋"型分布,伊犁河谷、南疆西部地区表现为负异常,北疆、南疆东部地区及河西走廊地区表现为正异常,这反映了西北干旱区一日最大降水量东西反相变化的空间分布特征。伊犁河谷、南疆西部地区一日最大降水量多时,北疆、南疆东部地区及河西走廊地区一日最大降水量较少,反之亦然。第一模态标准化时间系数(PC1)中高值年与空间模态正值区的乘积结果表示该地区一日最大降水量多,高值年与空间模态负值区的乘积结果表示该地区一日最大降水量较少。1960—2013 年间,伊犁河谷、南疆西部地区一日最大降水量呈增加趋势,而北疆、南疆东部地区及河西走廊地区一日最大降水量呈减少趋势。

EOF2 的空间分布自西向东呈现"＋－"型分布,北疆地区、南疆地区和河西走廊中部地区表现为正异常,河西走廊最东部和西部地区表现为负异常,这反映了西北干旱区一日最大降水量呈东西反相变化的空间分布特征。结合第二空间模态与第二模态标准化时间系数来看,20 世纪 60 年代到 80 年代末期,河西走廊最东部和西部地区一日最大降水量呈增加趋势,北疆地区、南疆地区及河西走廊中西部地区一日最大降水量呈减少趋势;1988—2013 年,北疆地区、南疆地区及河西走廊中西部地区一日最大降水量呈增加趋势,而河西走廊最东部和西部地区一日最大降水量呈减少趋势。

表 3-8　　　　　　　　　　一日最大降水量第一、二载荷向量

序号	站号	经度/(°)	纬度/(°)	LV1	LV2
1	51053	86.40	48.05	0.16	−0.02
2	51068	87.47	47.12	0.14	−0.10
3	51076	88.08	47.73	0.16	0.12
4	51133	83.00	46.73	0.18	0.15
5	51156	85.72	46.78	−0.05	0.07
6	51186	90.38	46.67	0.25	0.27
7	51232	82.57	45.18	−0.08	0.39
8	51241	83.60	45.93	−0.11	0.48
9	51243	84.85	45.62	0.42	0.21

序号	站号	经度/(°)	纬度/(°)	LV1	LV2
10	51288	90.53	45.37	0.13	−0.03
11	51330	81.02	44.97	0.00	0.24
12	51334	82.90	44.62	−0.02	0.47
13	51346	84.67	44.43	−0.01	0.46
14	51365	87.53	44.20	−0.05	0.20
15	51379	89.57	44.02	0.34	0.12
16	51431	81.33	43.95	−0.06	0.30
17	51437	81.13	43.15	−0.08	0.30
18	51463	87.65	43.78	0.25	0.15
19	51467	86.30	42.73	−0.03	0.14
20	51477	88.32	43.35	0.12	0.17
21	51495	91.73	43.22	0.27	0.04
22	51526	88.22	42.23	0.02	0.07
23	51542	84.15	43.03	−0.16	0.16
24	51567	86.57	42.08	−0.10	−0.08
25	51573	89.20	42.93	0.26	−0.18
26	51628	80.23	41.17	−0.27	0.39
27	51633	81.90	41.78	0.26	−0.04
28	51642	84.25	41.78	0.15	0.37
29	51644	82.97	41.72	0.03	−0.09
30	51656	86.13	41.75	0.55	−0.12
31	51701	75.40	40.52	−0.24	0.19
32	51705	75.25	39.72	0.06	0.36
33	51709	75.98	39.47	−0.04	0.32

序号	站号	经度/(°)	纬度/(°)	LV1	LV2
34	51711	78.45	40.93	−0.24	0.51
35	51716	78.57	39.80	0.06	0.49
36	51720	79.05	40.50	−0.09	0.30
37	51730	81.27	40.55	−0.06	0.42
38	51765	87.70	40.63	0.19	0.23
39	51777	88.17	39.03	0.28	0.25
40	51804	75.23	37.77	−0.02	−0.18
41	51811	77.27	38.43	−0.06	0.60
42	51818	78.28	37.62	−0.04	0.60
43	51828	79.93	37.13	0.26	0.36
44	51839	82.72	37.07	0.36	0.30
45	51855	85.55	38.15	0.07	0.23
46	51931	81.65	36.85	0.19	0.20
47	52101	93.05	43.60	0.32	0.08
48	52203	93.52	42.82	0.47	0.10
49	52313	94.67	41.53	0.46	−0.19
50	52323	97.03	41.80	0.18	−0.14
51	52378	102.37	41.37	0.26	0.03
52	52418	94.68	40.15	0.38	0.24
53	52424	95.77	40.53	0.27	−0.02
54	52436	97.03	40.27	0.62	−0.01
55	52446	99.52	40.30	0.04	0.41
56	52495	104.80	40.17	0.40	0.15
57	52533	98.48	39.77	0.36	0.07

序号	站号	经度/(°)	纬度/(°)	LV1	LV2
58	52546	99.83	39.37	0.25	0.20
59	52576	101.68	39.22	0.58	0.32
60	52652	100.43	38.93	0.58	0.23
61	52661	101.08	38.80	0.58	−0.02
62	52674	101.97	38.23	0.37	0.33
63	52679	102.67	37.92	−0.16	0.04
64	52681	103.08	38.63	0.21	−0.08
65	52787	102.87	37.20	0.42	−0.07
66	52797	104.05	37.18	0.07	0.17
67	53502	105.75	39.78	0.35	−0.26
68	53519	106.77	39.22	0.43	−0.28
69	53602	105.67	38.83	0.38	−0.08
70	53614	106.22	38.48	0.72	−0.29
71	53615	106.70	38.80	0.53	−0.37
72	53705	105.68	37.48	0.18	−0.08

表 3-9 　　　　　　　　　　　　　一日最大降水量解释的总方差

成分	初始特征值			提取平方和载入		
	合计	方差/%	累积/%	合计	方差/%	累积/%
1	5.975	8.299	8.299	5.975	8.299	8.299
2	5.000	6.944	15.243	5.000	6.944	15.243
3	4.292	5.961	21.204	4.292	5.961	21.204
4	3.775	5.243	26.447	3.775	5.243	26.447

成分	初始特征值			提取平方和载入		
	合计	方差/%	累积/%	合计	方差/%	累积/%
5	3.263	4.532	30.979	3.263	4.532	30.979
6	3.184	4.422	35.401	3.184	4.422	35.401
7	2.934	4.075	39.476	2.934	4.075	39.476
8	2.672	3.711	43.187	2.672	3.711	43.187
9	2.609	3.624	46.811	2.609	3.624	46.811
10	2.502	3.475	50.286	2.502	3.475	50.286
11	2.249	3.123	53.410	2.249	3.123	53.410
12	2.196	3.050	56.460	2.196	3.050	56.460
13	2.062	2.865	59.324	2.062	2.865	59.324
14	2.025	2.812	62.137	2.025	2.812	62.137
15	1.927	2.677	64.813	1.927	2.677	64.813
16	1.766	2.453	67.266	1.766	2.453	67.266
17	1.675	2.327	69.592	1.675	2.327	69.592
18	1.648	2.289	71.881	1.648	2.289	71.881
19	1.526	2.119	74.000	1.526	2.119	74.000
20	1.478	2.053	76.053	1.478	2.053	76.053
21	1.420	1.973	78.026	1.420	1.973	78.026
22	1.334	1.853	79.879	1.334	1.853	79.879
23	1.107	1.537	81.416	1.107	1.537	81.416
24	1.088	1.511	82.927	1.088	1.511	82.927
25	1.063	1.476	84.403	1.063	1.476	84.403

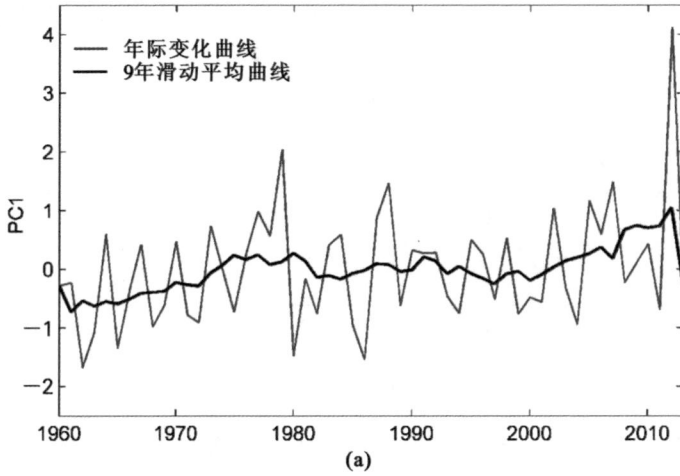

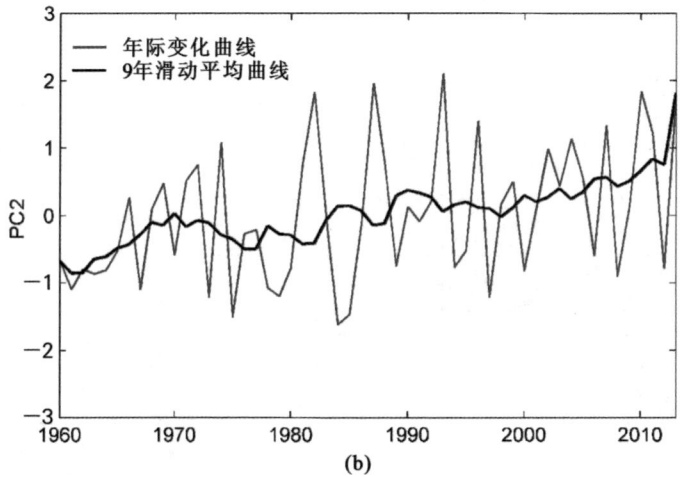

图 3-5　西北干旱区一日最大降水量标准化时间系数

（a）第一模态标准化时间系数；（b）第二模态标准化时间系数

3.1.6 五日最大降水量 EOF 时空特征分析

西北干旱区五日最大降水量 EOF 分解的第一、第二载荷向量(LV1、LV2)及与之对应的第一、第二模态标准化时间系数(PC1、PC2)如表 3-10、表 3-11、图 3-6 所示。全区大部分地区为正值,表明西北干旱区五日最大降水量空间变化具有一致性特征,即五日最大降水量一致偏多或者偏少。结合第一模态标准化时间系数(PC1)与第一空间模态来看,西北干旱区五日最大降水量在 20 世纪 80 年代末由减少趋势逆转为显著增加趋势。

EOF2 的空间分布自西向东呈现"－＋"型分布,北疆地区、南疆东部地区、河西走廊大部分地区表现为正异常,伊犁河谷、南疆西部地区表现为负异常,结合第二载荷向量与第二模态标准化时间系数(PC2)分析得出,20 世纪 60 年代末到 90 年代初,北疆地区、南疆东部地区及河西走廊大部分地区五日最大降水量呈增加趋势,伊犁河谷、南疆西部地区表现为减少趋势。

表 3-10 五日最大降水量第一、二载荷向量

序号	站号	经度/(°)	纬度/(°)	LV1	LV2
1	51053	86.40	48.05	0.15	0.14
2	51068	87.47	47.12	0.15	0.15
3	51076	88.08	47.73	0.45	0.18
4	51133	83.00	46.73	0.06	0.08
5	51156	85.72	46.78	0.05	0.13
6	51186	90.38	46.67	0.39	0.01
7	51232	82.57	45.18	0.20	−0.12
8	51241	83.60	45.93	0.27	−0.11
9	51243	84.85	45.62	0.44	0.10
10	51288	90.53	45.37	−0.05	0.17
11	51330	81.02	44.97	0.28	−0.12
12	51334	82.90	44.62	0.37	−0.06

序号	站号	经度/(°)	纬度/(°)	LV1	LV2
13	51346	84.67	44.43	0.39	−0.09
14	51365	87.53	44.20	0.25	−0.09
15	51379	89.57	44.02	0.15	0.34
16	51431	81.33	43.95	0.23	−0.17
17	51437	81.13	43.15	0.22	−0.12
18	51463	87.65	43.78	0.13	0.21
19	51467	86.30	42.73	0.01	−0.26
20	51477	88.32	43.35	0.28	0.12
21	51495	91.73	43.22	0.13	0.14
22	51526	88.22	42.23	0.12	−0.06
23	51542	84.15	43.03	0.02	−0.24
24	51567	86.57	42.08	0.00	−0.19
25	51573	89.20	42.93	0.06	0.13
26	51628	80.23	41.17	0.45	−0.46
27	51633	81.90	41.78	0.24	0.01
28	51642	84.25	41.78	0.30	−0.13
29	51644	82.97	41.72	0.13	0.00
30	51656	86.13	41.75	0.20	0.32
31	51701	75.40	40.52	0.08	−0.04
32	51705	75.25	39.72	0.49	−0.14
33	51709	75.98	39.47	0.32	−0.16
34	51711	78.45	40.93	0.50	−0.44

续表

序号	站号	经度/(°)	纬度/(°)	LV1	LV2
35	51716	78.57	39.80	0.50	−0.45
36	51720	79.05	40.50	0.37	−0.46
37	51730	81.27	40.55	0.28	−0.32
38	51765	87.70	40.63	0.34	0.11
39	51777	88.17	39.03	0.32	0.13
40	51804	75.23	37.77	0.03	0.12
41	51811	77.27	38.43	0.46	−0.40
42	51818	78.28	37.62	0.54	−0.29
43	51828	79.93	37.13	0.41	0.06
44	51839	82.72	37.07	0.50	−0.01
45	51855	85.55	38.15	0.14	0.14
46	51931	81.65	36.85	0.37	−0.01
47	52101	93.05	43.60	0.27	0.29
48	52203	93.52	42.82	0.44	0.26
49	52313	94.67	41.53	0.30	0.53
50	52323	97.03	41.80	0.11	0.23
51	52378	102.37	41.37	0.21	0.21
52	52418	94.68	40.15	0.43	0.17
53	52424	95.77	40.53	0.43	0.24
54	52436	97.03	40.27	0.36	0.26
55	52446	99.52	40.30	0.42	−0.09
56	52495	104.80	40.17	0.43	0.35

序号	站号	经度/(°)	纬度/(°)	LV1	LV2
57	52533	98.48	39.77	0.33	0.04
58	52546	99.83	39.37	0.51	−0.06
59	52576	101.68	39.22	0.64	−0.04
60	52652	100.43	38.93	0.61	0.01
61	52661	101.08	38.80	0.53	0.01
62	52674	101.97	38.23	0.41	0.10
63	52679	102.67	37.92	−0.01	0.13
64	52681	103.08	38.63	0.07	0.46
65	52787	102.87	37.20	0.25	0.49
66	52797	104.05	37.18	0.04	0.32
67	53502	105.75	39.78	0.20	0.35
68	53519	106.77	39.22	−0.03	0.58
69	53602	105.67	38.83	0.26	0.52
70	53614	106.22	38.48	0.01	0.69
71	53615	106.70	38.80	−0.03	0.68
72	53705	105.68	37.48	−0.03	0.44

表 3-11 五日最大降水量解释的总方差

成分	初始特征值			提取平方和载入		
	合计	方差/%	累积/%	合计	方差/%	累积/%
1	7.236	10.050	10.050	7.236	10.050	10.050
2	5.281	7.334	17.385	5.281	7.334	17.385

续表

成分	初始特征值			提取平方和载入		
	合计	方差/%	累积/%	合计	方差/%	累积/%
3	4.148	5.761	23.146	4.148	5.761	23.146
4	3.907	5.427	28.573	3.907	5.427	28.573
5	3.531	4.904	33.477	3.531	4.904	33.477
6	3.327	4.621	38.098	3.327	4.621	38.098
7	2.953	4.102	42.200	2.953	4.102	42.200
8	2.738	3.803	46.003	2.738	3.803	46.003
9	2.568	3.566	49.569	2.568	3.566	49.569
10	2.455	3.410	52.979	2.455	3.410	52.979
11	2.229	3.096	56.075	2.229	3.096	56.075
12	2.161	3.001	59.076	2.161	3.001	59.076
13	2.099	2.915	61.991	2.099	2.915	61.991
14	2.061	2.863	64.854	2.061	2.863	64.854
15	1.931	2.682	67.535	1.931	2.682	67.535
16	1.706	2.370	69.905	1.706	2.370	69.905
17	1.577	2.190	72.096	1.577	2.190	72.096
18	1.469	2.040	74.135	1.469	2.040	74.135
19	1.435	1.993	76.128	1.435	1.993	76.128
20	1.353	1.879	78.007	1.353	1.879	78.007
21	1.317	1.829	79.836	1.317	1.829	79.836
22	1.230	1.708	81.544	1.230	1.708	81.544
23	1.120	1.555	83.099	1.120	1.555	83.099
24	1.032	1.433	84.532	1.032	1.433	84.532

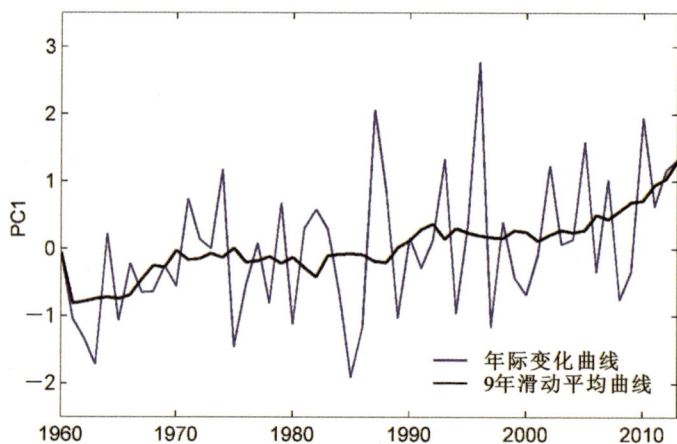

(a)

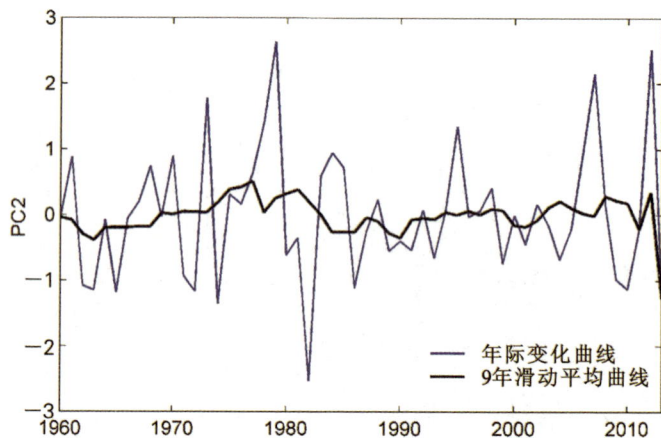

(b)

图 3-6　西北干旱区五日最大降水量标准化时间系数

(a)第一模态标准化时间系数；(b)第二模态标准化时间系数

3.2 极端降水指数年代际变化特征对比分析

由图 3-7 可知,强降水日数、强降水量、降水强度、一日最大降水量、五日最大降水量均呈波动增加趋势,持续干燥日数呈波动减少趋势,根据 9 年滑动平均曲线分析,强降水量增加趋势较明显,强降水日数、降水强度、一日最大降水量、五日最大降水量增加速度缓慢,持续干燥日数呈现缓慢减少趋势。

强降水日数整体上在波动中缓慢增加,20 世纪 60 年代呈迅速增加趋势,70 年代增加趋势不明显,在 1980—2010 年增加趋势较明显;持续干燥日数整体上在波动中缓慢减少,1991 年以前,持续干燥日数减少趋势不明显,1991 年后持续干燥日数减少趋势稍明显;强降水量整体上在波动中增加,20 世纪 60 到 80 年代强降水量增加不明显,在 90 年代后强降水量增加较明显;降水强度整体在大幅度波动中缓慢增加,20 世纪 60 年代增加趋势明显,80 年代后呈缓慢增加趋势;一日最大降水量整体上在升—降波动中缓慢增加,在 20 世纪 60 年代、80 年代增加明显;五日最大降水量整体上在波动中缓慢增加,1960—1992 年间增加趋势不明显,1993—2013 年增加趋势较明显。

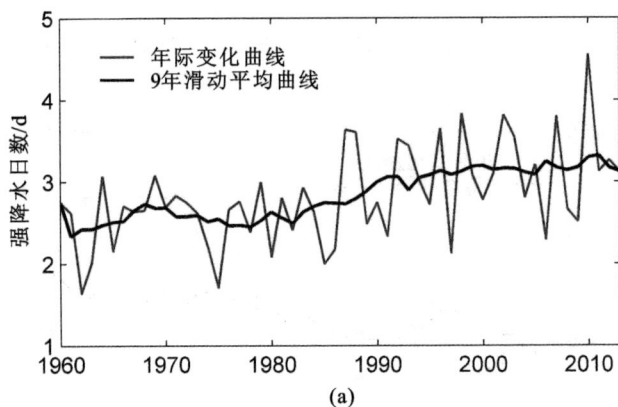

(a)

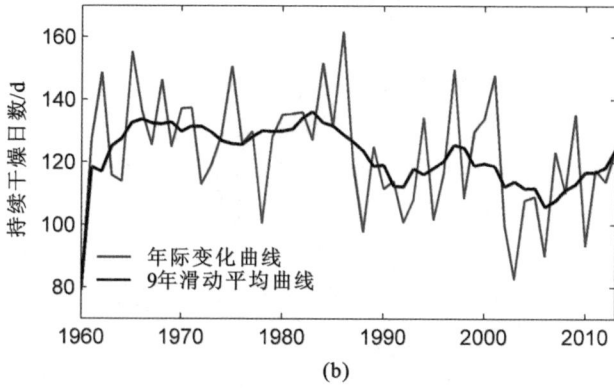

(b)

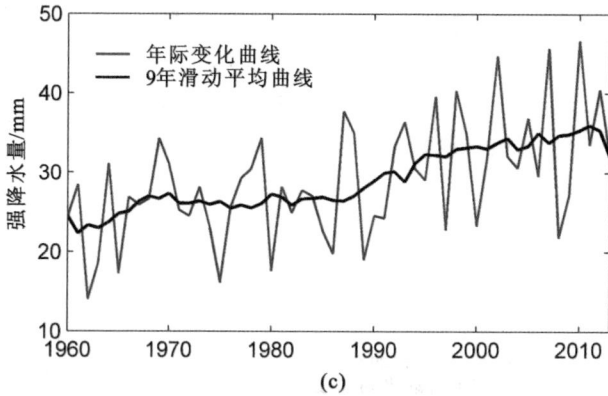

(c)

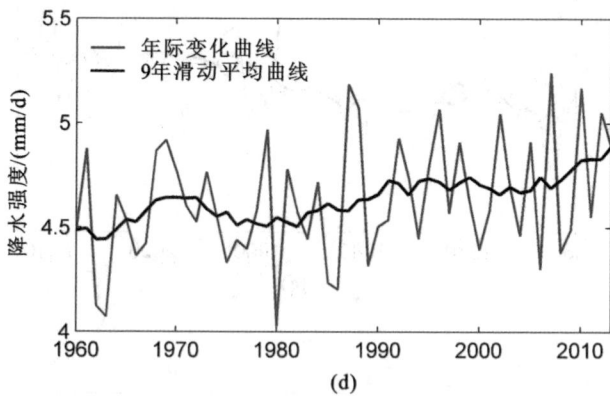

(d)

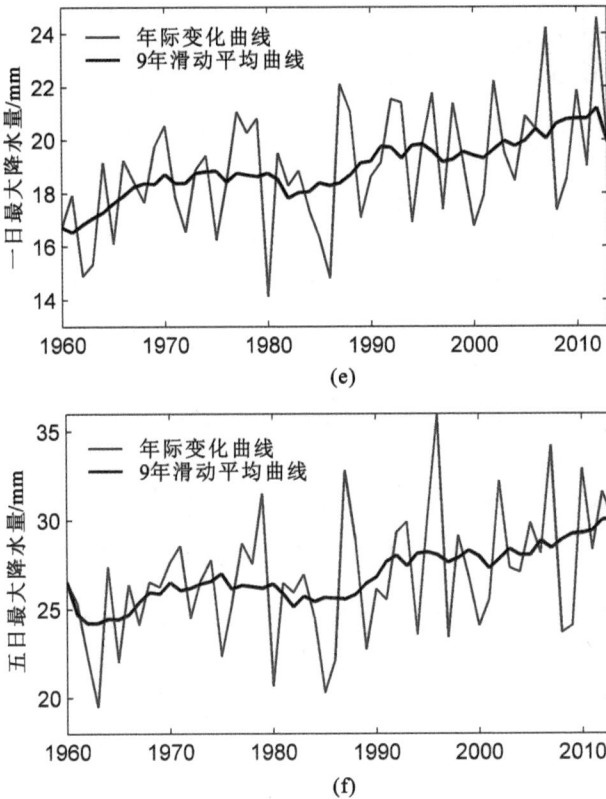

图 3-7 西北干旱区极端降水指数年际变化特征

(a)强降水日数;(b)持续干燥日数;(c)强降水量;
(d)降水强度;(e)一日最大降水量;(f)五日最大降水量

从整体上看,表征湿润的极端降水指数在波动中增加,表征干旱的持续干燥日数在波动中逐年减少,说明西北干旱区较以前湿润,这可能与全球变暖大背景有关,气温升高,水分蒸发、冰川消融加快,空气中水汽含量增多,形成降雨的机会增多。

3.3 极端降水指数空间变化趋势

从极端降水指数空间变化趋势(表 3-12、表 3-13)中可以看出强降水日数、强降水量、降水强度、一日最大降水量、五日最大降水量等表征湿润的极端降水指数整体上呈现在波动中增加趋势。强降水日数平均以 0.4d/10a 倾向率增加,其中增加趋势最显著的地区是北疆地区,河西走廊和南疆地区次之;强降水量平均以3.7mm/10a倾向率增加,其中增加趋势最显著的地区是天山北部的北疆地区,河西走廊地区次之;降水强度平均以0.1mm/(d·10a)倾向率增加,其中增加趋势最显著的地区是北疆地区和河西走廊地区,南疆地区增加趋势不太明显;一日最大降水量平均以0.6mm/10a倾向率增加,全区呈现一致增加趋势,通过0.05显著性检验的站点零散分布;五日最大降水量平均以0.9mm/10a倾向率增加,其中增加趋势最显著的地区是天山南北坡地区,河西走廊和南疆地区次之;强降水日数、强降水量、降水强度、一日最大降水量、五日最大降水量等表征湿润的极端降水指数在西北干旱区增加趋势显著,说明西北干旱区气候向湿润方向发展。

持续干燥日数全区呈现一致减少趋势,平均以-3.7mm/10a倾向率减少,全区部分站点通过了0.05显著性水平检验,表征干旱的持续干燥日数呈现明显减少趋势,其中北疆地区、河西走廊部分地区减少趋势最明显。

总的来说,西北干旱区表征湿润的极端降水指数呈波动增加趋势,而表征干旱的极端降水指数呈波动减少趋势,说明西北干旱区气候存在向湿润方向发展的变化趋势。

表3-12 强降水日数、强降水量、降水强度空间变化趋势

编号	省份	站号	站点名称	经度/(°)	纬度/(°)	R10(显著性)	R10(变化趋势)	R95p(显著性)	R95p(变化趋势)	SDII(显著性)	SDII(变化趋势)
1	新疆	51053	哈巴河	86.40	48.05	0	0	0	+2.220	0	+0.05
2	新疆	51068	福海	87.47	47.12	0	0	0	0	0	0
3	新疆	51076	阿勒泰	88.08	47.73	1	+0.541	1	+8.267	1	+0.152
4	新疆	51133	塔城	83.00	46.73	0	+0.233	0	-0.925	0	+0.045
5	新疆	51156	和布克赛尔	85.72	46.78	0	0	0	-1.609	0	-0.125
6	新疆	51186	青河	90.38	46.67	1	+0.313	1	+7	1	+0.216
7	新疆	51232	阿拉山口	82.57	45.18	1	0	1	+2.512	0	+0.071
8	新疆	51241	托里	83.60	45.93	0	0	0	+3.344	0	+0.069
9	新疆	51243	克拉玛依	84.85	45.62	0	0	0	+4.344	1	+0.129
10	新疆	51288	北塔山	90.53	45.37	0	+0.2	0	+5.313	0	+0.125
11	新疆	51330	温泉	81.02	44.97	1	+0.833	1	+6.529	0	+0.091

编号	省份	站号	站点名称	经度/(°)	纬度/(°)	R10（显著性）	R10（变化趋势）	R95p（显著性）	R95p（变化趋势）	SDII（显著性）	SDII（变化趋势）
12	新疆	51334	精河	82.90	44.62	0	0	0	+0.357	0	+0.069
13	新疆	51346	乌苏	84.67	44.43	1	+0.303	1	+5	0	+0.028
14	新疆	51365	蔡家湖	87.53	44.20	1	+0.345	1	+5.438	1	+0.135
15	新疆	51379	奇台	89.57	44.02	0	0	0	+2.25	0	+0.095
16	新疆	51431	伊宁	81.33	43.95	1	+0.667	1	+9.526	1	+0.235
17	新疆	51437	昭苏	81.13	43.15	0	0	0	+6.682	0	+0.054
18	新疆	51463	乌鲁木齐	87.65	43.78	1	+1.071	1	+15.455	1	+0.333
19	新疆	51467	巴仑台	86.30	42.73	0	0	0	0.2	0	−0.161
20	新疆	51477	达板城	88.32	43.35	1	0	0	0	0	+0.143
21	新疆	51495	七角井	91.73	43.22	0	0	0	0	0	−0.023
22	新疆	51526	库米什	88.22	42.23	0	0	0	0	0	+0.042
23	新疆	51542	巴音布鲁克	84.15	43.03	0	0	0	+5.780	0	+0.048
24	新疆	51567	焉耆	86.57	42.08	0	0	0	0	0	−0.048
25	新疆	51573	吐鲁番	89.20	42.93	0	0	0	0	0	−0.156
26	新疆	51628	阿克苏	80.23	41.17	1	0	0	0	0	+0.056
27	新疆	51633	拜城	81.90	41.78	1	+0.208	0	+0.625	0	+0.063
28	新疆	51642	轮台	84.25	41.78	1	+0.25	0	0	1	+0.333
29	新疆	51644	库车	82.97	41.72	0	0	0	0	0	0
30	新疆	51656	库尔勒	86.13	41.75	0	0	0	0	1	−0.257
31	新疆	51701	吐尔尕特	75.40	40.52	0	+0.217	0	+1.44	0	0
32	新疆	51705	乌恰	75.25	39.72	0	+0.303	0	+1	0	+0.048

编号	省份	站号	站点名称	经度/(°)	纬度/(°)	R10 (显著性)	R10 (变化趋势)	R95p (显著性)	R95p (变化趋势)	SDII (显著性)	SDII (变化趋势)
33	新疆	51709	喀什	75.98	39.47	0	0	0	0	0	0
34	新疆	51711	阿合奇	78.45	40.93	0	+0.294	0	+5.310	0	+0.049
35	新疆	51716	巴楚	78.57	39.80	0	0	0	0	0	+0.1
36	新疆	51720	柯坪	79.05	40.50	1	+0.222	1	+2.286	0	+0.057
37	新疆	51730	阿拉尔	81.27	40.55	0	0	0	0	0	−0.097
38	新疆	51765	铁干里克	87.70	40.63	0	0	0	0	0	−0.029
39	新疆	51777	若羌	88.17	39.03	1	0	0	0	0	+0.333
40	新疆	51804	塔什库尔干	75.23	37.77	0	0	0	+0.25	0	0
41	新疆	51811	莎车	77.27	38.43	0	0	0	0	0	+0.02
42	新疆	51818	皮山	78.28	37.62	0	0	0	0	0	+0.0714
43	新疆	51828	和田	79.93	37.13	0	0	0	0	0	+0.0714
44	新疆	51839	民丰	82.72	37.07	0	0	0	0	0	+0.1905
45	新疆	51855	且末	85.55	38.15	0	0	0	0	0	0
46	新疆	51931	于田	81.65	36.85	0	0	0	0	0	−0.0769
47	新疆	52101	巴里塘	93.05	43.60	1	+0.556	0	+5.692	1	+0.25
48	新疆	52203	哈密	93.52	42.82	0	0	0	0	0	0
49	新疆	52313	红柳河	94.67	41.53	0	0	0	0	0	+0.1463
50	甘肃	52323	马鬃山	97.03	41.80	0	0	0	0	0	−0.0476
51	内蒙古	52378	拐子湖	102.37	41.37	0	0	0	0	0	+0.25
52	甘肃	52418	敦煌	94.68	40.15	0	0	0	0	0	+0.0238
53	甘肃	52424	安西	95.77	40.53	0	0	0	0	0	0

续表

编号	省份	站号	站点名称	经度/(°)	纬度/(°)	R10(显著性)	R10(变化趋势)	R95p(显著性)	R95p(变化趋势)	SDII(显著性)	SDII(变化趋势)
54	甘肃	52436	玉门镇	97.03	40.27	0	0	0	0	0	−0.0667
55	甘肃	52446	鼎新	99.52	40.30	0	0	0	0	0	+0.1111
56	内蒙古	52495	巴音毛道	104.80	40.17	1	+0.278	1	+7.122	1	+0.3415
57	甘肃	52533	酒泉	98.48	39.77	1	0	0	0	0	+0.028
58	甘肃	52546	高台	99.83	39.37	0	0	0	0	0	0
59	内蒙古	52576	阿拉善右旗	101.68	39.22	0	0	0	+3	1	+0.278
60	甘肃	52652	张掖	100.43	38.93	0	0	0	0	0	0
61	甘肃	52661	山丹	101.08	38.80	0	0	0	+4.5	0	+0.059
62	甘肃	52674	永昌	101.97	38.23	0	+0.270	0	+4.571	0	+0.069
63	甘肃	52679	武威	102.67	37.92	0	0	0	+1.625	0	0
64	甘肃	52681	民勤	103.08	38.63	0	0	0	+0.556	0	+0.111
65	甘肃	52787	乌鞘岭	102.87	37.20	0	+0.465	0	+6.576	0	+0.091
66	甘肃	52797	景泰	104.05	37.18	0	0	0	0	0	−0.059
67	内蒙古	53502	吉兰太	105.75	39.78	0	0	0	0	0	+0.036
68	宁夏	53519	惠农	106.77	39.22	0	0	0	−0.107	0	+0.071
69	内蒙古	53602	阿拉善左旗	105.67	38.83	0	0	0	+0.184	0	+0.111
70	宁夏	53614	银川	106.22	38.48	0	−0.263	0	0	0	+0.106
71	宁夏	53615	陶乐	106.70	38.80	0	0	0	0	0	+0.091
72	宁夏	53705	中宁	105.68	37.48	0	0	0	−0.467	0	+0.034

注:"−"表示呈下降趋势,"+"表示呈上升趋势。

表 3-13　　　一日最大降水量、五日最大降水量、持续干燥日数空间变化趋势

编号	省份	站号	站点名称	经度/(°)	纬度/(°)	RX1day（显著性）	RX1day（变化趋势）	RX5day（显著性）	RX5day（变化趋势）	CDD（显著性）	CDD（变化趋势）
1	新疆	51053	哈巴河	86.40	48.05	0	+0.571	1	+2	1	-3.171
2	新疆	51068	福海	87.47	47.12	0	+0.2	0	+0.563	1	-4.103
3	新疆	51076	阿勒泰	88.08	47.73	0	+0.714	1	+2	0	-2
4	新疆	51133	塔城	83.00	46.73	0	-0.571	0	0	0	0
5	新疆	51156	和布克赛尔	85.72	46.78	0	-1	0	-1.077	1	-4.857
6	新疆	51186	青河	90.38	46.67	1	+2.025	1	+2.667	0	-0.5
7	新疆	51232	阿拉山口	82.57	45.18	0	+0.733	0	+0.758	1	-6.757
8	新疆	51241	托里	83.60	45.93	0	+1	0	+0.75	0	-1.429
9	新疆	51243	克拉玛依	84.85	45.62	0	+1	1	+2.105	0	-4.5
10	新疆	51288	北塔山	90.53	45.37	0	+1.188	0	+1.563	0	-2.368
11	新疆	51330	温泉	81.02	44.97	0	+0.923	1	+1.833	1	-6.429
12	新疆	51334	精河	82.90	44.62	0	+0.364	0	+0.611	0	-1.786
13	新疆	51346	乌苏	84.67	44.43	0	+0.727	0	+1.267	1	-3.333
14	新疆	51365	蔡家湖	87.53	44.20	0	+0.75	0	+0.957	1	-3.913
15	新疆	51379	奇台	89.57	44.02	0	+0.083	0	-0.182	1	-2.692
16	新疆	51431	伊宁	81.33	43.95	1	+1.366	0	+1.212	0	-0.870
17	新疆	51437	昭苏	81.13	43.15	0	+1	0	+0.143	1	-2.5
18	新疆	51463	乌鲁木齐	87.65	43.78	1	+2.571	1	+3.5	1	-2
19	新疆	51467	巴仑台	86.30	42.73	0	+0.2	0	+1.143	0	-8
20	新疆	51477	达板城	88.32	43.35	0	+0.765	0	+0.5	1	-11.25
21	新疆	51495	七角井	91.73	43.22	0	-0.037	0	-0.231	0	+12.188

编号	省份	站号	站点名称	经度/(°)	纬度/(°)	RX1day（显著性）	RX1day（变化趋势）	RX5day（显著性）	RX5day（变化趋势）	CDD（显著性）	CDD（变化趋势）
22	新疆	51526	库米什	88.22	42.23	0	−0.132	0	+0.070	0	−10.588
23	新疆	51542	巴音布鲁克	84.15	43.03	0	+1.043	0	+0.471	1	−8
24	新疆	51567	焉耆	86.57	42.08	0	−0.696	0	−0.619	0	−1.860
25	新疆	51573	吐鲁番	89.20	42.93	0	−0.353	0	−0.389	0	−1.905
26	新疆	51628	阿克苏	80.23	41.17	0	+0.688	0	+1.029	0	−5.238
27	新疆	51633	拜城	81.90	41.78	0	+0.625	1	+2.024	0	−6.667
28	新疆	51642	轮台	84.25	41.78	1	+1.381	1	+2.25	0	−6
29	新疆	51644	库车	82.97	41.72	0	+0.167	0	+0.429	0	−8.333
30	新疆	51656	库尔勒	86.13	41.75	0	−0.6	0	−0.633	0	−3.333
31	新疆	51701	吐尔尕特	75.40	40.52	0	−0.333	0	−0.778	0	−1.795
32	新疆	51705	乌恰	75.25	39.72	0	+0.55	0	+0.632	0	−0.357
33	新疆	51709	喀什	75.98	39.47	0	−0.528	0	−0.85	0	−6.667
34	新疆	51711	阿合奇	78.45	40.93	0	+1.857	0	+2.8	0	−2.5
35	新疆	51716	巴楚	78.57	39.80	0	+0.689	0	+0.657	0	−8
36	新疆	51720	柯坪	79.05	40.50	1	+1.474	1	+2.472	0	−8.636
37	新疆	51730	阿拉尔	81.27	40.55	0	0	0	+0.333	0	−10
38	新疆	51765	铁干里克	87.70	40.63	0	+0.211	0	+0.372	0	−1.176
39	新疆	51777	若羌	88.17	39.03	1	+1.105	1	+2.214	0	−6.129
40	新疆	51804	塔什库尔干	75.23	37.77	0	+0.417	1	+1.526	0	−6.170
41	新疆	51811	莎车	77.27	38.43	0	+0.643	0	+0.6	0	−2.439
42	新疆	51818	皮山	78.28	37.62	0	+0.206	0	−0.026	0	+2.963

续表

编号	省份	站号	站点名称	经度/(°)	纬度/(°)	RX1day（显著性）	RX1day（变化趋势）	RX5day（显著性）	RX5day（变化趋势）	CDD（显著性）	CDD（变化趋势）
43	新疆	51828	和田	79.93	37.13	0	+0.167	0	+0.391	1	−15.116
44	新疆	51839	民丰	82.72	37.07	0	+0.7	0	+1.182	0	−11.905
45	新疆	51855	且末	85.55	38.15	0	+0.256	0	+0.417	0	−12.326
46	新疆	51931	于田	81.65	36.85	0	+0.364	0	−0.333	0	−3.265
47	新疆	52101	巴里塘	93.05	43.60	0	+1.107	0	+0.833	0	+0.889
48	新疆	52203	哈密	93.52	42.82	0	+0.526	0	+0.667	1	−12.5
49	新疆	52313	红柳河	94.67	41.53	0	+0.794	1	+1.441	0	−7.857
50	甘肃	52323	马鬃山	97.03	41.80	0	−0.357	0	−0.235	0	+3.846
51	内蒙古	52378	拐子湖	102.37	41.37	0	+0.410	0	+0.538	1	+11.034
52	甘肃	52418	敦煌	94.68	40.15	0	+0.842	1	+1.438	0	−11.25
53	甘肃	52424	安西	95.77	40.53	0	+0.3	0	+0.833	1	−10
54	甘肃	52436	玉门镇	97.03	40.27	0	+0.083	0	+0.8	1	−8.667
55	甘肃	52446	鼎新	99.52	40.30	0	+0.571	0	+0.333	0	−5.294
56	内蒙古	52495	巴音毛道	104.80	40.17	1	+2.261	0	+2.321	0	−2.727
57	甘肃	52533	酒泉	98.48	39.77	0	+0.564	0	+1.139	0	−3.478
58	甘肃	52546	高台	99.83	39.37	0	+0.192	0	+0.5	1	−6.667
59	内蒙古	52576	阿拉善右旗	101.68	39.22	1	+2.629	1	+2.647	0	+2.273
60	甘肃	52652	张掖	100.43	38.93	0	+0.658	0	+1.4	0	−1.622
61	甘肃	52661	山丹	101.08	38.80	0	+1.184	1	+2.435	0	−3.636
62	甘肃	52674	永昌	101.97	38.23	0	+1.257	0	+1.711	0	−5.278
63	甘肃	52679	武威	102.67	37.92	0	+0.708	0	−0.042	0	−1.277

续表

编号	省份	站号	站点名称	经度/(°)	纬度/(°)	RX1day（显著性）	RX1day（变化趋势）	RX5day（显著性）	RX5day（变化趋势）	CDD（显著性）	CDD（变化趋势）
64	甘肃	52681	民勤	103.08	38.63	0	+1.321	0	+0.848	0	−0.625
65	甘肃	52787	乌鞘岭	102.87	37.20	1	+1.903	0	+1.667	1	−8.421
66	甘肃	52797	景泰	104.05	37.18	0	−0.24	0	−1.125	0	−4
67	内蒙古	53502	吉兰太	105.75	39.78	0	−0.375	0	−0.256	0	+4.286
68	宁夏	53519	惠农	106.77	39.22	0	+0.711	0	−0.026	0	+3.636
69	内蒙古	53602	阿拉善左旗	105.67	38.83	0	+0.607	0	+0.833	0	+4
70	宁夏	53614	银川	106.22	38.48	0	+1.636	0	+0.457	0	+4.118
71	宁夏	53615	陶乐	106.70	38.80	0	+0.35	0	+1.138	0	+3.333
72	宁夏	53705	中宁	105.68	37.48	0	−0.806	0	−1.103	0	0

注："−"表示呈下降趋势，"+"表示呈上升趋势。

3.4 本章小结

本章采用经验正交函数分解法和 Mann-Kendall 趋势检验法，对 1960—2013 年西北干旱区所选取的强降水日数、强降水量、降水强度、一日最大降水量、五日最大降水量、持续干燥日数等 6 个极端降水指数进行经验正交函数分解，分析各个极端降水指数的时间和空间变化特征，从而揭示西北干旱区 1960—2013 年的降水变化特征，得到以下结论。

（1）西北干旱区强降水日数、强降水量、降水强度、一日最大降水量、五日最大降水量、持续干燥日数等极端降水指数 EOF 第一模态和第二模态空间型空间变化特征差异性较大。

（2）从西北干旱区极端降水年际变化特征上看，表征湿润的各个极端降水指数在波动中增加，表征干旱的持续干燥日数在波动中减少，说明西北干旱区较以前湿润，这可能与全球变暖大背景有关，气温升高、水分蒸发、冰川消融加快，空气中水汽含量增多，形成降水的机会增多。

（3）从西北干旱区极端降水空间变化趋势上看，强降水日数、强降水量、降水强度、一日最大降水量、五日最大降水量等表征湿润的极端降水指数在整个西北干旱区虽呈波动增加趋势，但各个极端降水指数增加趋势存在空间差异，强降水日数、强降水量、五日最大降水量等表征湿润的极端降水指数在北疆地区增加趋势最显著，河西走廊和南疆地区次之；持续干燥日数在整个西北干旱区呈减少趋势，减少趋势的空间差异也较大，其中在北疆和河西走廊地区减少最显著，其次是南疆地区。

4　干旱区极端气候突变和周期特征

气候突变是气候系统中普遍存在的一种现象,它指的是某地某时间段内一种相对稳定的气候态转变为另一种相对稳定的状态的过程。气候突变可能对自然环境和人类社会产生一系列深远的影响,例如造成严重的自然灾害(干旱、洪涝、高温热浪),严重威胁人类生命和财产安全。因此,越来越多的学者对气候突变及其影响展开研究,由于一种突变检测方法检测到的突变结果可能会存在较大不确定性,因此有必要综合采用多种方法来检测时间序列突变点以得到更准确结果。

4.1　极端气温指数突变和周期特征

4.1.1　极端气温指数突变特征

对所选取的夏季日数(SU25)、冷夜日数(TN10P)、霜冻日数(FD0)、暖夜日数(TN90P)、冷昼日数(TX10P)、暖昼日数(TX90P)等极端气温指数经验正交函数分解后的第一模态标准化时间系数进行 Mann-Kendall 突变检验,极端气温指数突变情况如图 4-1 所示。

图 4-1(a)霜冻日数正、逆序列曲线在 $\alpha=0.05$ 置信水平内没有交点,但是在 $\alpha=0.01$ 置信区间内可清晰看到有交点,说明在 99% 置信区间内,霜冻日数在 1995 年发生了突变,霜冻日数正序列 UF 曲线自 1960 年开始整体呈波动减少趋势,在 1990 年这种减少趋势超过了置信水平,表明自 1990 年之后下降趋势极显著;图 4-1(c)冷夜日数 Mann-Kendall 突变检验显示,冷夜日数正序列 UF 和逆序列 UB 曲线在 $\alpha=0.01$ 置信区间内可清晰看到有交点,即冷夜日数在 1988 年发生了突变,正序列 UF 曲线自 1970 年开始整体呈明显的减少趋势,这种减少趋势在 1986 年超过了置信水平,表明冷夜日数自 1986 年之后下降趋势极显著;图 4-1(e)是冷昼日数突变检验结果,图中显示自 20 世纪 70 年代开始,冷昼日数正序列整体呈明显的减少趋势,并且

这种减少趋势在 80 年代末超过了 95％置信水平,说明自 80 年代末以来,冷昼日数减少趋势很显著,且正序列 UF 和逆序列 UB 曲线在 95％置信度区间内交于一点,可以确定冷昼日数在 1989 年发生了突变。

图 4-1(b)是夏季日数 Mann-Kendall 突变检验结果,图中可清晰看出正序列 UF 和逆序列 UB 曲线在 95％置信区间交于一点,可以确定夏季日数在 2001 年发生了突变。夏季日数正序列自 20 世纪 70 年代以来,整体呈增加趋势,在 2004 年这种增加趋势超过了 $\alpha=0.05$ 置信区间,并且高于 $\alpha=0.01$ 显著性水平,说明西北干旱区夏季日数增加趋势极显著。图 4-1(d)显示,暖夜日数正逆序列在给定 $\alpha=0.05$ 和 $\alpha=0.01$ 置信度区间内均没有交点,说明暖夜日数没有显著的突变点。图 4-1(f)是暖昼日数 Mann-Kendall 突变检验结果,暖昼日数序列 UF 和逆序列 UB 曲线在 95％置信度区间内交于一点,说明暖昼日数在 1996 年发生了突变,正序列 UF 曲线自 1977 年开始整体呈增加趋势,且这种增加趋势在 21 世纪初超过了 $\alpha=0.05$ 置信区间,并且明显高于 $\alpha=0.01$ 显著性水平,说明西北干旱区暖昼日数增加趋势极显著。

整体上来看,西北干旱区冷夜日数、霜冻日数、冷昼日数等表征寒冷的极端气温指数自突变年后减少趋势显著,而夏季日数、暖昼日数表征温暖的极端气温指数自突变年后增加趋势显著,在一定程度上表明西北干旱区气温自突变年起增温趋势明显。

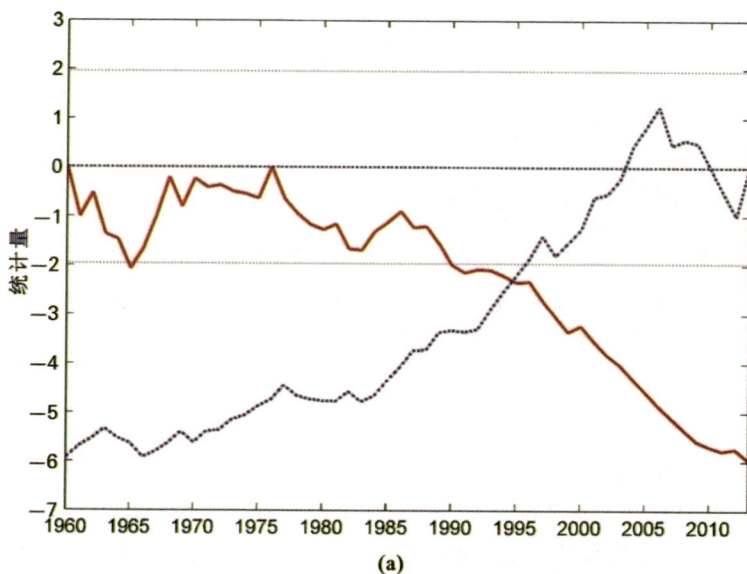

(a)

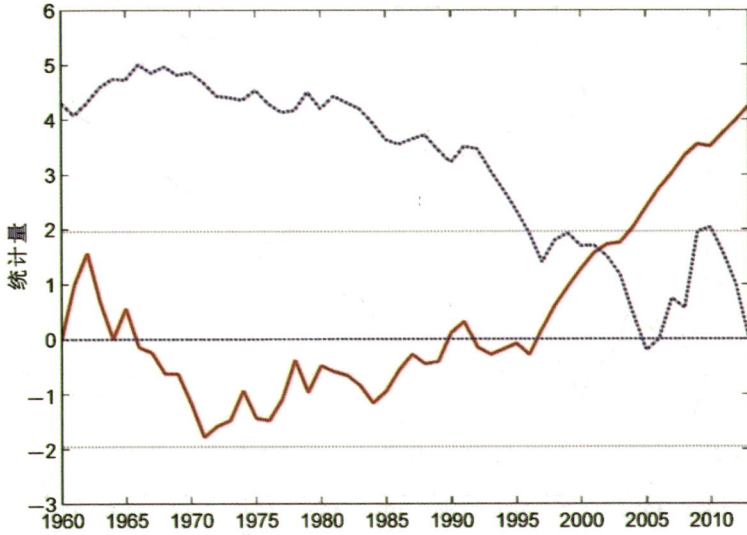

(b)

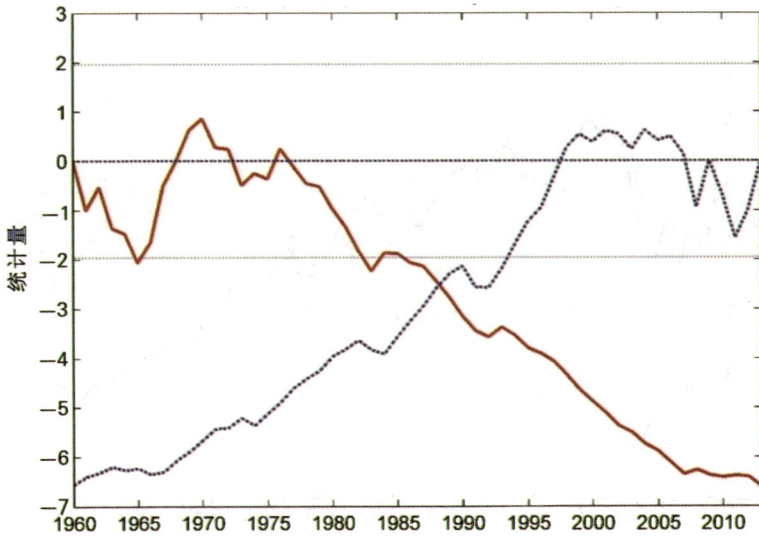

(c)

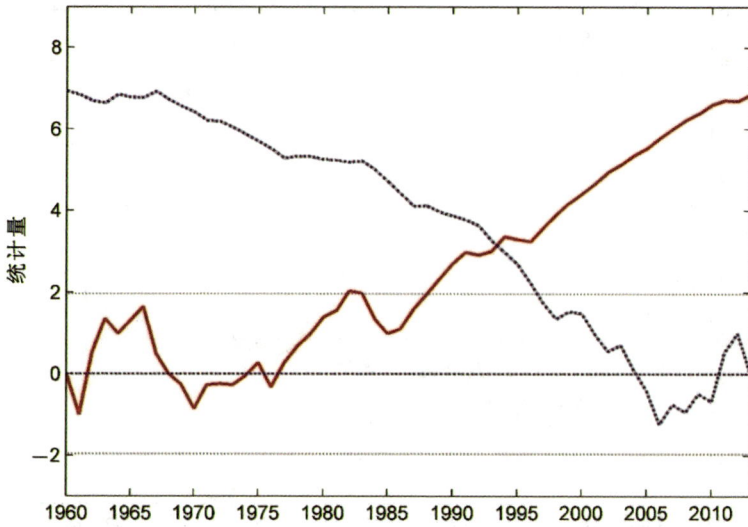

(d)

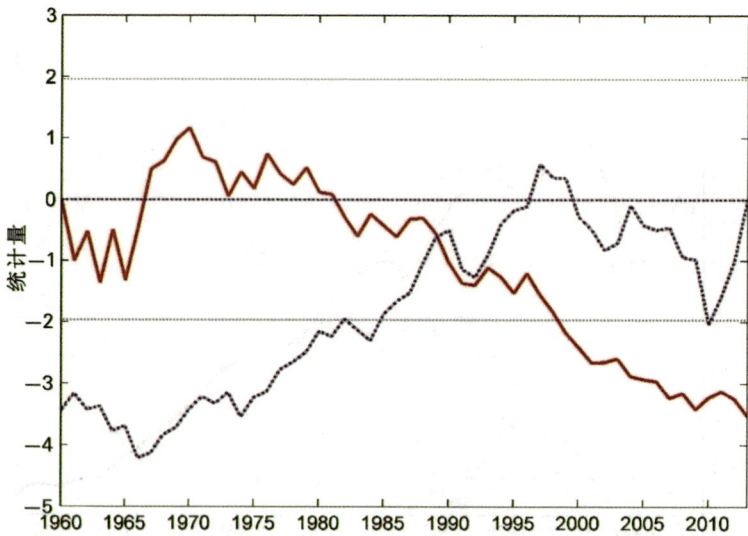

(e)

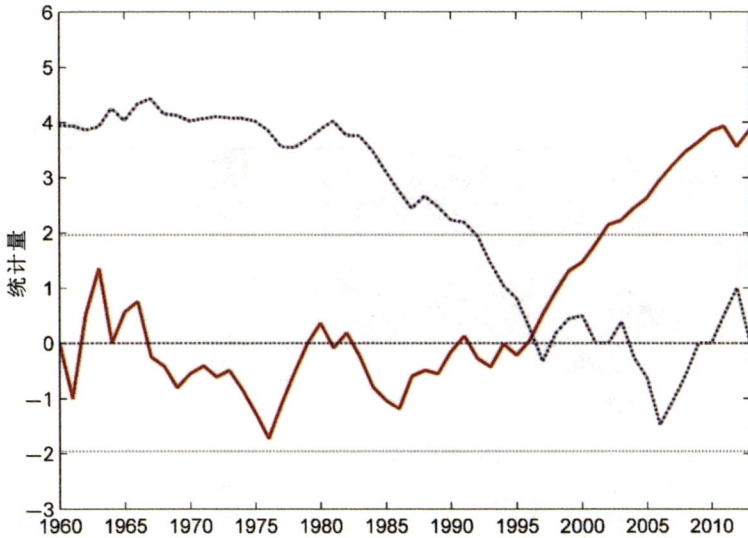

(f)

图 4-1　西北干旱区极端气温指数突变特征

(a)霜冻日数;(b)夏季日数;(c)冷夜日数;

(d)暖夜日数;(e)冷昼日数;(f)暖昼日数

注:实线—UF 曲线;虚线—UB 曲线。

4.1.2　极端气温指数周期特征

运用 Morlet 连续复小波分析法对所选取的 6 个极端气温指数第一模态标准化时间系数(PC1)进行周期分析,得到霜冻日数(FD0)、夏季日数(SU25)、冷夜日数(TN10P)、暖夜日数(TN90P)、冷昼日数(TX10P)、暖昼日数(TX90P)等 6 个极端气温指数小波分析图及小波方差图。

图 4-2(a)显示,在 20 世纪 90 年代,霜冻日数存在一个 3～5 年较强的周期变化信号,但未通过 0.05 显著性检验。从图 4-2(b)可以看出,在 80 年代至 90 年代初,夏季日数存在 1～2 年和 3～4 年的周期变化,且通过了 0.05 显著性检验;在 90 年代存在一个显著的 8～12 年周期变化,但没有通过 0.05 显著性检验。图 4-2(c)反映冷夜日数在 70 年代至 80 年代存在一个 6～10 年的周期变化,但未通过 0.05 显著性检验。图 4-2(d)清晰表明,暖夜日数在 90 年代存在一个 8～10 年的周期变化,但未通过 0.05 显著性检验。从图 4-2(e)可知,在 70—80 年代,冷昼日数存在一个 8～9 年的周期变化,但未通过 0.05 显著性检验。图 4-2(f)显示,在 80 年代至 90 年代,暖昼日数存在一个 8～10 年的周期变化,但未通过 0.05 显著性检验;此外,在 1965 年、

2000 年分别存在一个 2 年、4 年的显著周期变化,且均通过了 0.05 显著性检验。

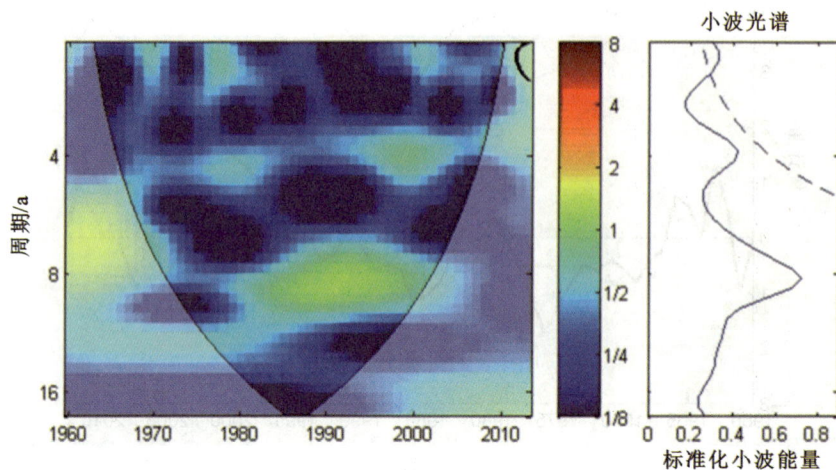

(a)

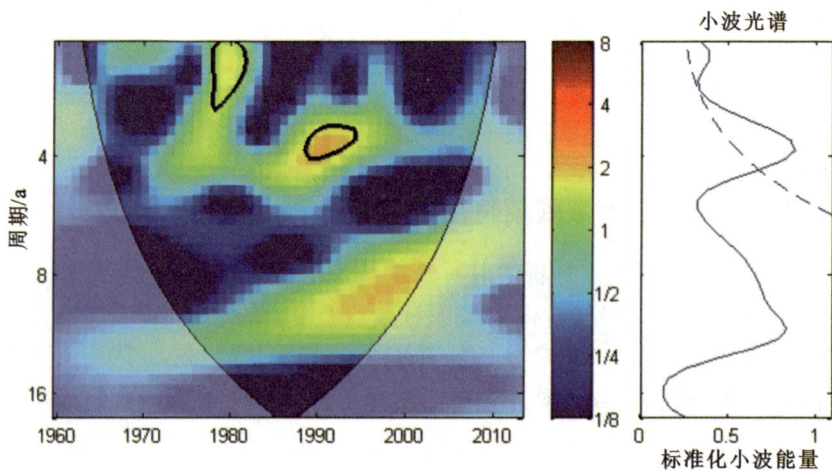

(b)

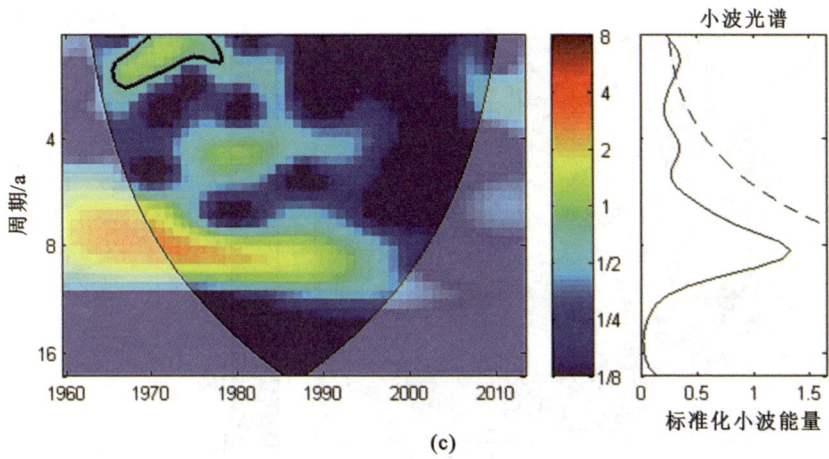

(c)

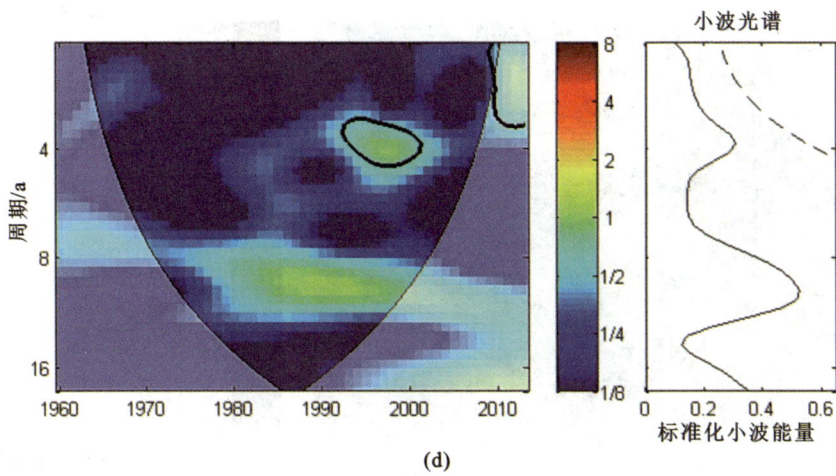

(d)

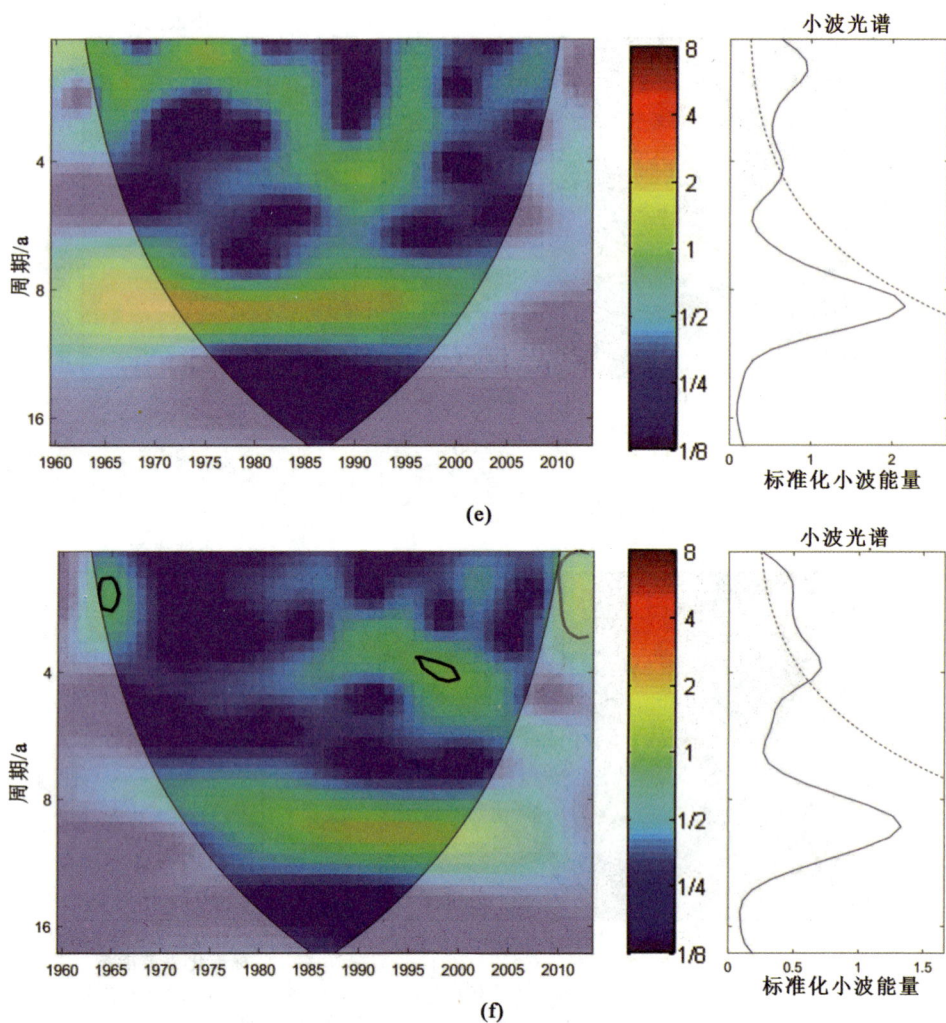

图 4-2　西北干旱区极端气温指数周期特征

（a）霜冻日数；（b）夏季日数；（c）冷夜日数；（d）暖夜日数；（e）冷昼日数；（f）暖昼日数

4.2 极端高温事件突变特征

4.2 与 4.3 节共采用 6 种突变方法对新疆昼夜极端温度事件各指标进行突变检测,包括:M-K 突变检验、MMT、累积距平、Pettitt、BU、SNHT。通过这 6 种检验方法,综合分析新疆昼夜极端高温事件和低温事件各 8 个指标(频次、强度、持续日数、强度最大值、持续日数最大值、开始日期、结束日期、时间长度)突变发生时间。各指标分别用 6 种检测方法来检测突变年份,采用众数原理,最后将这些突变年份时间集合的众数作为各指标的综合突变结果。

4.2.1 新疆昼夜极端高温事件量级指标突变特征

根据 6 种突变检测方法的检测结果,1960—2016 年期间新疆昼夜极端高温事件频次、强度和持续日数指标突变时间众数均是 1996 年(表 4-1)。

新疆昼夜极端高温事件频次、强度、持续日数突变年(1996 年)前后的概率密度分布特征如图 4-3 所示,与突变前(1960—1996 年)的概率密度分布曲线相比,突变后(1997—2016 年)频次、强度、持续日数的概率密度分布曲线均向右移,即均向平均值的高值方向移动,表明在突变年(1996 年)后新疆昼夜极端高温事件的发生频次增多,强度显著增大,持续日数明显延长,突变年后新疆增暖趋势异常显著。

对于频次[图 4-3(a)]而言,突变年前后的离散度变化不大,表明新疆昼夜极端高温事件在突变年前后发生频次的分散和集中程度无明显变化;从新疆昼夜极端高温事件强度和持续日数概率密度分布曲线可直观看出[图 4-3(b)、(c)],强度和持续日数指标在突变年后的离散度显著变大,表明新疆昼夜极端高温事件的强度值和持续日数值更加分散,突变年后昼夜极端高温事件强度和持续日数变化幅度较大。

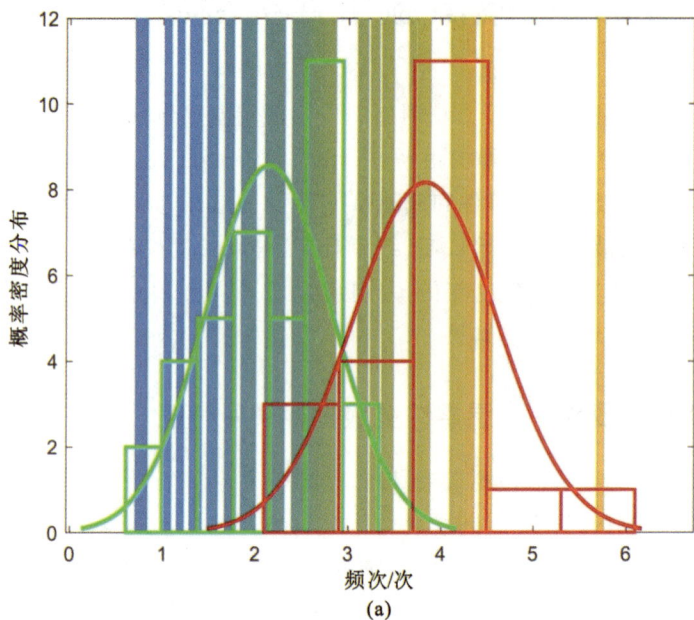

(a)

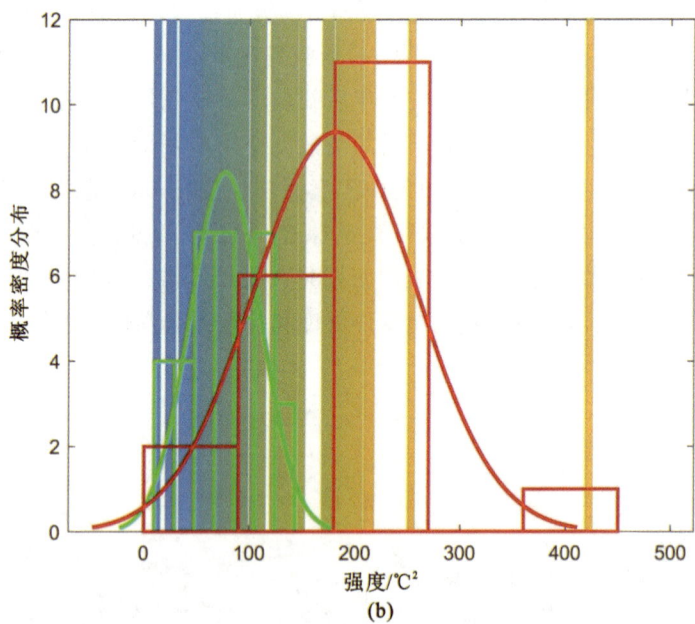

(b)

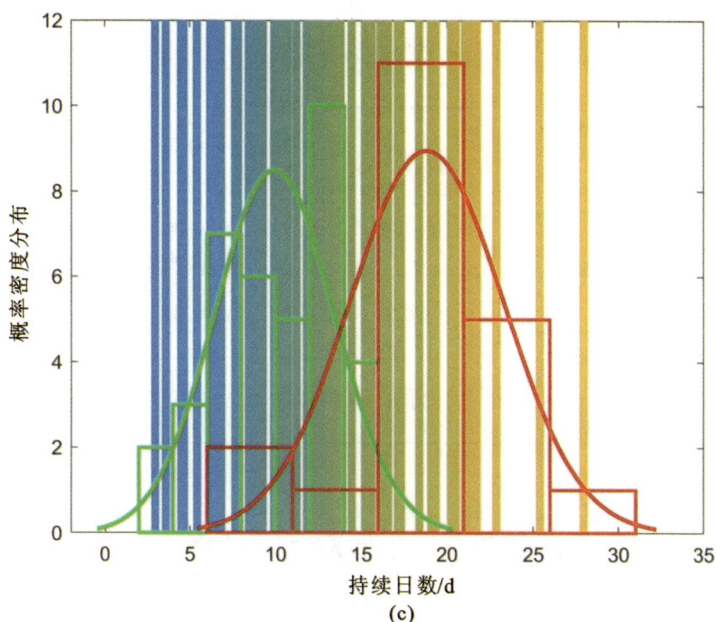

图 4-3 新疆 1960—2016 年昼夜极端高温事件频次、强度、持续日数指标在
突变年前/后(绿线/红线)的概率密度分布特征

(a)频次;(b)强度;(c)持续日数

表 4-1　　新疆 1960—2016 年基于 6 种突变检测方法的昼夜极端高温事件
各指标突变结果

指标	M-K 突变检验	MMT	累积距平	Pettitt	BU	SNHT	综合结果
CDNHF	1995 年	1996 年	1996 年	1993 年	1995 年	1996 年	1996 年
CDNHI	1996 年	1996 年	1996 年	1994 年	1996 年	1996 年	1996 年
CDNHD	1996 年	1996 年	1996 年	1995 年	1996 年	1996 年	1996 年
CDNHMI	1994 年	1994 年	1994 年	1994 年	1994 年	2014 年	1994 年

续表

指标	M-K 突变检验	MMT	累积距平	Pettitt	BU	SNHT	综合结果
CDNHMD	1995 年	1996 年	1996 年	1995 年	1996 年	1996 年	1996 年
CDNHS	1991 年	1982 年、 1989 年	1989 年	1989 年	1989 年	1989 年	1989 年
CDNHE	2003 年	1993 年、 1995 年	1993 年	1994 年	1993 年	1993 年	1993 年
CDNHL	1996 年	1994 年	1994 年	1994 年	1994 年	1994 年	1994 年

4.2.2　新疆昼夜极端高温事件极值指标突变特征

对于新疆昼夜极端高温事件极值指标,6 种突变检测方法的检测结果显示,1960—2016 年期间新疆昼夜极端高温事件强度最大值和持续日数最大值指标的突变时间众数(表 4-1)分别是 1994 年和 1996 年。

图 4-4(a)是新疆昼夜极端高温事件强度最大值指标在突变年(1994 年)前后的概率密度分布,与突变前(1960—1994 年)昼夜极端高温事件强度最大值的概率密度分布曲线相比,突变后(1995—2016 年)强度最大值的概率密度分布曲线向右移,即向平均值的高值方向移动,且离散度显著变大,表明在突变年(1994 年)后新疆昼夜极端高温事件的强度最大值显著增大,且强度最大值更加不集中,强度最大值的变化幅度增大。

新疆昼夜极端高温事件持续日数最大值指标在突变年(1996 年)前后的概率密度分布[图 4-4(b)]显示,与突变前(1960—1996 年)昼夜极端高温事件持续日数最大值的概率密度分布曲线相比,突变后(1997—2016 年)的持续日数最大值的概率密度分布曲线向右移,即向平均值的高值方向移动,且离散度变大,表明在突变年(1996年)后新疆昼夜极端高温事件的持续日数最大值增大,且数值变化幅度较大。

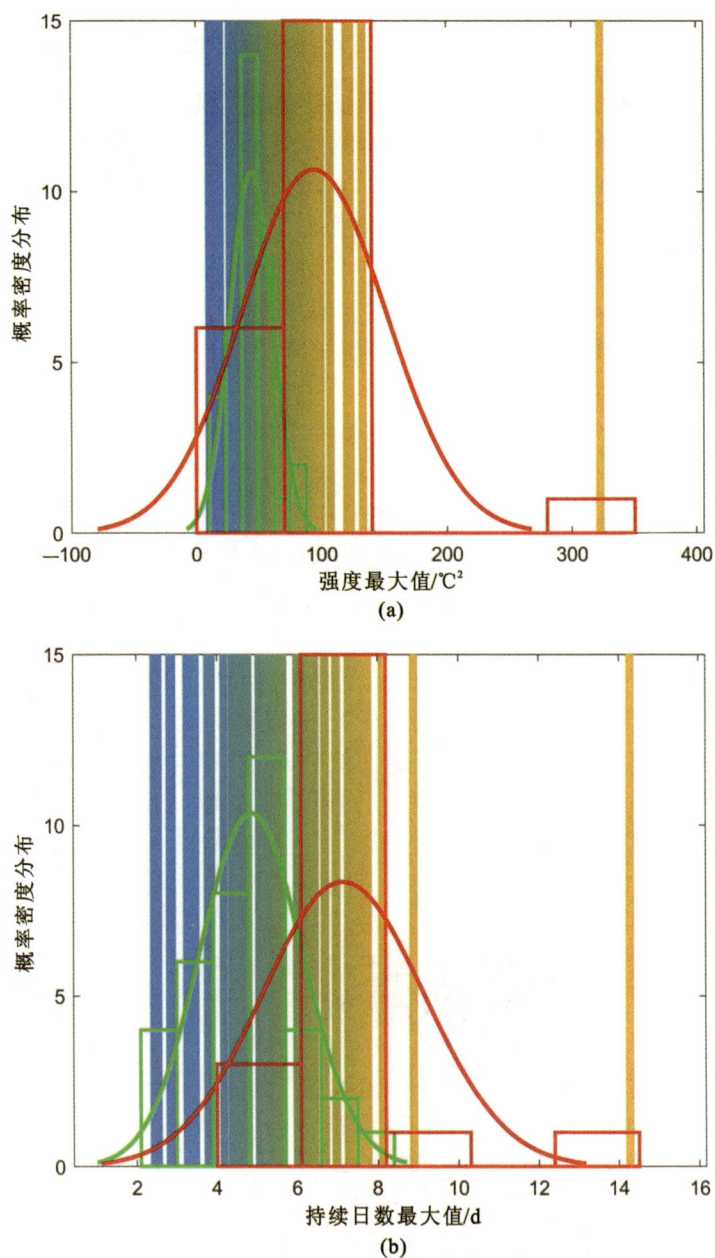

图 4-4 新疆昼夜极端高温事件强度最大值和持续日数最大值指标在突变年前/后
(绿线/红线)的概率密度分布特征

(a)强度最大值;(b)持续日数最大值

4.2.3　新疆昼夜极端高温事件起止日期和时间长度指标突变特征

根据 6 种突变检测方法的检测结果,新疆昼夜极端高温事件的开始日期、结束日期和时间长度指标的突变时间众数(表 4-1)分别为 1989 年、1993 年和 1994 年。

新疆昼夜极端高温事件开始日期突变年(1989 年)前后的概率密度分布特征如图 4-5(a)所示,与突变前(1960—1989 年)的概率密度分布曲线相比,突变后(1990—2016 年)开始日期指标概率密度分布曲线向左移,即向平均值的低值方向移动,表明在突变年(1989 年)后新疆昼夜极端高温事件开始日期显著提前。对比发现突变年前后的概率密度分布曲线的离散度变化不大,表明新疆昼夜极端高温事件在突变年前后开始日期的集中程度无显著变化。

图 4-5(b)可直观反映新疆昼夜极端高温事件结束日期指标突变年(1993 年)前后的概率密度分布特征,与突变前(1960—1993 年)的概率密度分布曲线相比,突变后(1994—2016 年)结束日期指标的概率密度分布曲线向右移,即向平均值的高值方向移动,表明在突变年(1993 年)后新疆昼夜极端高温事件的结束日期显著推迟。此外,突变后概率密度分布曲线的离散度与突变前相比变小,表明新疆昼夜极端高温事件在突变年后结束日期相对较集中。

从新疆昼夜极端高温事件时间长度指标突变年(1994 年)前后的概率密度分布上可看出[图 4-5(c)],与突变前(1960—1994 年)的概率密度分布曲线相比,突变后(1995—2016 年)时间长度的概率密度分布曲线向右移,即向平均值的高值方向移动,表明在突变年(1994 年)后新疆昼夜极端高温事件的时间长度在显著延长。此外,在突变年后,时间长度指标概率密度分布曲线的离散度与突变前相比较小,表明新疆昼夜极端高温事件在突变年后时间长度的变化幅度不大。

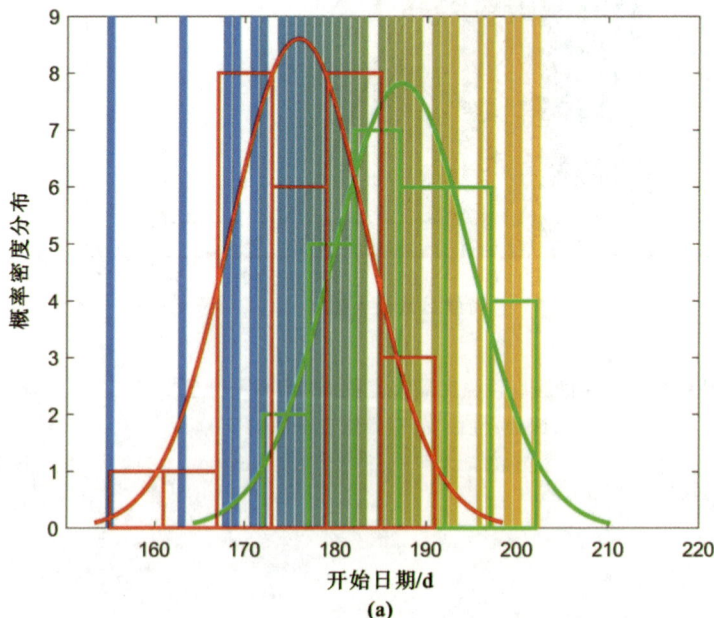

(a)

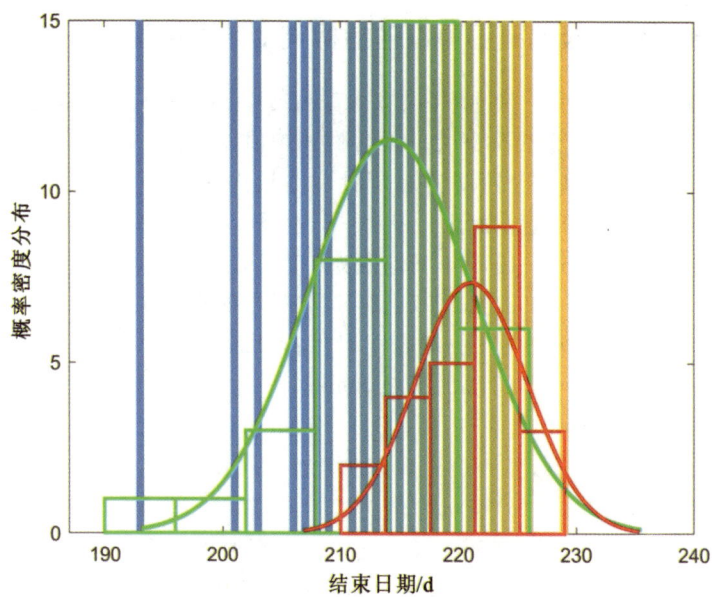

(b)

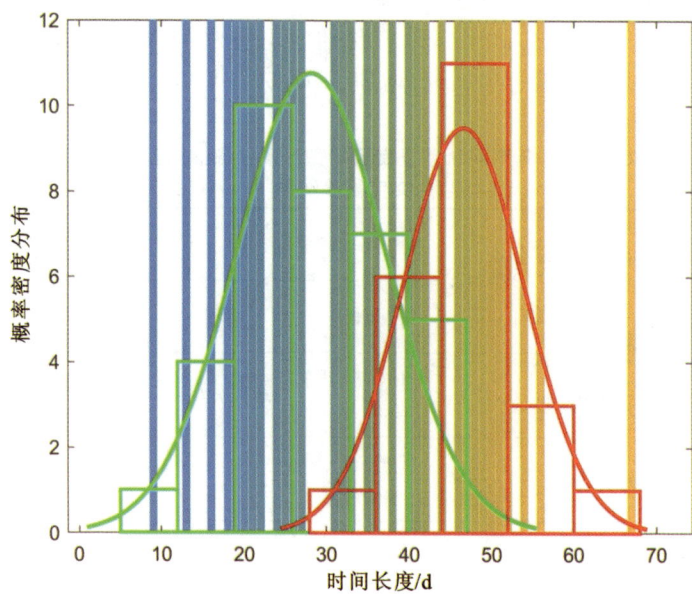

(c)

图 4-5　新疆昼夜极端高温事件开始日期、结束日期和时间长度指标在突变年前/后

（绿线/红线）的概率密度分布特征

（a）开始日期；（b）结束日期；（c）时间长度

4.2.4　新疆昼夜极端高温事件各指标突变结果检验

运用 T 检验来检验 1960—2016 年间 8 个昼夜极端高温事件指标综合突变时间结果,检验其突变年前后 8 个指标变化的显著性和均值差异。

根据 T 检验结果(表 4-2),昼夜极端高温事件频次在 1997—2016 年间均值为 3.83 次/a,比 1960—1996 年间增加了 1.68 次/a,显著($p<0.01$)增加了78.14%。昼夜极端高温事件强度在 1960—1996 年间均值为 77.08℃²/a,在 1997—2016 年间均值为 181.19℃²/a,相比 1960—1996 年,1997—2016 年平均强度增加了 104.11℃²/a,显著($p<0.01$)增加了 135.07%。昼夜极端高温事件持续日数在 1997—2016 年间均值为 18.82d/a,比 1960—1996 年间增加了 8.89d/a,显著($p<0.01$)增加了89.53%。昼夜极端高温事件强度最大值在 1995—2016 年间均值为 94.02℃²/a,比 1960—1994 年间增加了 50.26℃²/a,显著($p<0.01$)增加了114.85%。昼夜极端高温事件持续日数最大值在 1997—2016 年间均值为 7.14d/a,比 1960—1996 年间增加了 2.28d/a,显著($p<0.01$)增加了 46.91%。昼夜极端高温事件在 1990—2016 年间开始日期均值为 6 月 25 日,比 1960—1989 年间平均提前了 11d。昼夜极端高温事件在 1994—2016 年间结束日期均值为 8 月 9 日,比 1960—1993 年间平均推迟了 7d。昼夜极端高温事件时间长度在 1995—2016 年期间均值为 46.64d/a,比 1960—1994 年期间增加了 18.44d/a,显著($p<0.01$)增加了 65.39%。

表 4-2　　**1960—2016 年期间新疆昼夜极端高温事件各指标基于 T 检验的突变检验结果**

指标	突变点	T 值	显著性	突变前		突变后	
				时间段	平均值	时间段	平均值
CDNHF	1996 年	−8.52	0.01	1960—1996 年	2.15 次/a	1997—2016 年	3.83 次/a
CDNHI	1996 年	−7.14	0.01	1960—1996 年	77.08℃²/a	1997—2016 年	181.19℃²/a
CDNHD	1996 年	−8.34	0.01	1960—1996 年	9.93d/a	1997—2016 年	18.82d/a
CDNHMI	1994 年	−4.84	0.01	1960—1994 年	43.76℃²/a	1995—2016 年	94.02℃²/a
CDNHMD	1996 年	−5.23	0.01	1960—1996 年	4.86d/a	1997—2016 年	7.14d/a

指标	突变点	T 值	显著性	突变前		突变后	
				时间段	平均值	时间段	平均值
CDNHS	1989 年	5.64	0.01	1960—1989 年	7 月 6 日	1990—2016 年	6 月 25 日
CDNHE	1993 年	−4.02	0.01	1960—1993 年	8 月 2 日	1994—2016 年	8 月 9 日
CDNHL	1994 年	−7.99	0.01	1960—1994 年	28.2d/a	1995—2016 年	46.64d/a

4.3 极端低温事件突变特征

4.3.1 新疆昼夜极端低温事件量级指标突变特征

6 种突变检测方法的检测结果显示,1960—2016 年间新疆昼夜极端低温事件频次、强度和持续日数的突变时间(表 4-3)众数分别为 1977 年、1984 年和 1984 年。

新疆昼夜极端低温事件频次指标突变年(1977 年)前后的概率密度分布特征如图 4-6(a)所示,与突变前(1960—1977 年)的概率密度分布曲线相比,突变后(1978—2016 年)频次指标的概率密度分布曲线向左移,即向平均值的低值方向移动,表明在突变年(1977 年)后新疆昼夜极端低温事件的发生频次减少。与突变年前的概率密度分布曲线相比,突变年后的离散度较大,表明新疆昼夜极端低温事件在突变年后发生频次数值较不集中,从侧面反映在突变年后新疆昼夜极端低温事件发生频次变化幅度较大。

新疆昼夜极端低温事件强度和持续日数指标突变年(1984 年)前后的概率密度分布特征如图 4-6(b)、(c)所示,与突变前(1960—1984 年)的概率密度分布曲线相比,突变后(1985—2016 年)强度和持续日数指标的概率密度分布曲线均向左移,即均向平均值的低值方向移动,表明在突变年(1984 年)后新疆昼夜极端低温事件的强度减小,持续日数减少。与突变年前的概率密度分布曲线相比,新疆昼夜极端低温事件强度和持续日数指标在突变年后的离散度显著变大,表明新疆昼夜极端低温事件的强度和持续日数更加分散,在突变年后昼夜极端低温事件强度和持续日数变化幅度更大。

表 4-3   新疆 1960—2016 年基于 6 种突变检测方法的昼夜极端低温事件
各指标突变结果

指标	M-K 突变检验	MMT	累积距平	Pettitt	BU	SNHT	综合结果
CDNCF	1981 年、1983 年	1977 年	1977 年	1977 年	1977 年	1977 年	1977 年
CDNCI	1979 年	1977 年、1984 年	1984 年	1980 年	1984 年	1977 年	1984 年
CDNCD	1979 年	1977 年、1984 年、2000 年	1984 年	1984 年	1984 年	1977 年	1984 年
CDNCMI	1979 年	1973 年、1977 年、1984 年、2000 年	1984 年	1980 年	1984 年	1984 年	1984 年
CDNCMD	1977 年	1977 年、1984 年、2000 年	1984 年	1984 年	1984 年	1984 年	1984 年
CDNCS	1987 年	1968 年、1987 年	1987 年	1987 年	1987 年	1967 年	1987 年
CDNCE	1984 年	1977 年、1979 年、1980 年、1990 年	1980 年	1990 年	1980 年	1980 年	1980 年
CDNCL	1984 年	1977 年、1982 年、1987 年	1987 年	1987 年	1987 年	1977 年	1987 年

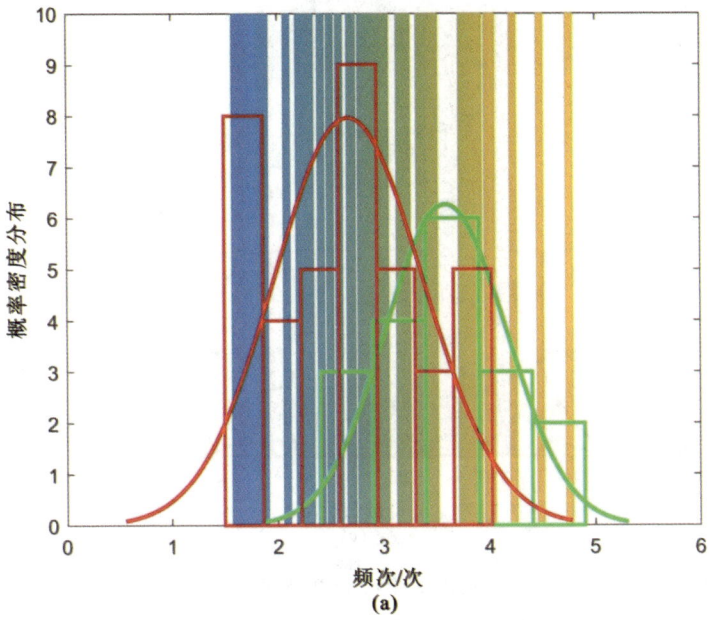

(a)

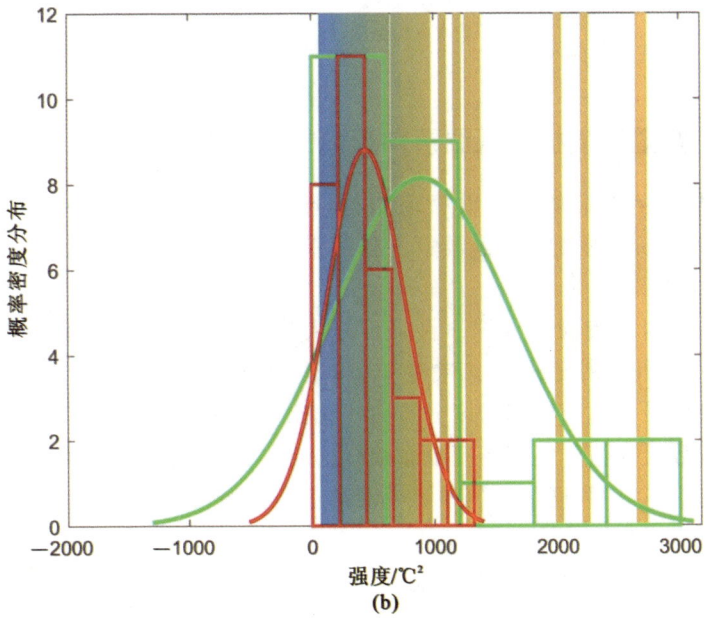

(b)

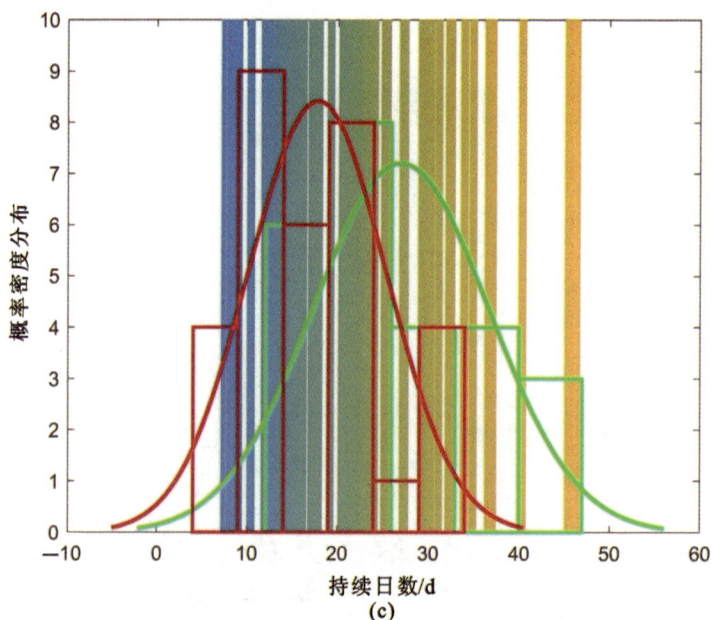

图 4-6　新疆昼夜极端低温事件频次、强度、持续日数指标在突变年前/后
（绿线/红线）的概率密度分布特征
(a)频次；(b)强度；(c)持续日数

4.3.2　新疆昼夜极端低温事件极值指标突变特征

对于新疆昼夜极端低温事件极值指标，6 种突变检测方法的检测结果显示，1960—2016 年间新疆昼夜极端低温事件强度最大值和持续日数最大值的突变时间（表 4-3）众数均为 1984 年。

图 4-7 是新疆昼夜极端低温事件强度最大值和持续日数最大值指标在突变年（1984 年）前后的概率密度分布，与突变前（1960—1984 年）昼夜极端低温事件强度最大值和持续日数最大值的概率密度分布曲线相比，突变后（1985—2016 年）的强度最大值和持续日数最大值的概率密度分布曲线均向左移，即均向平均值低值方向移动，且离散度均变小，其中强度最大值在突变后离散程度的变小幅度要大于持续日数最大值，表明在突变年（1984 年）后新疆昼夜极端低温事件的强度最大值和持续日数最大值显著减小，说明强度最大值和持续日数最大值更加集中，在一定程度上反映强度最大值和持续日数最大值的变化幅度变小。

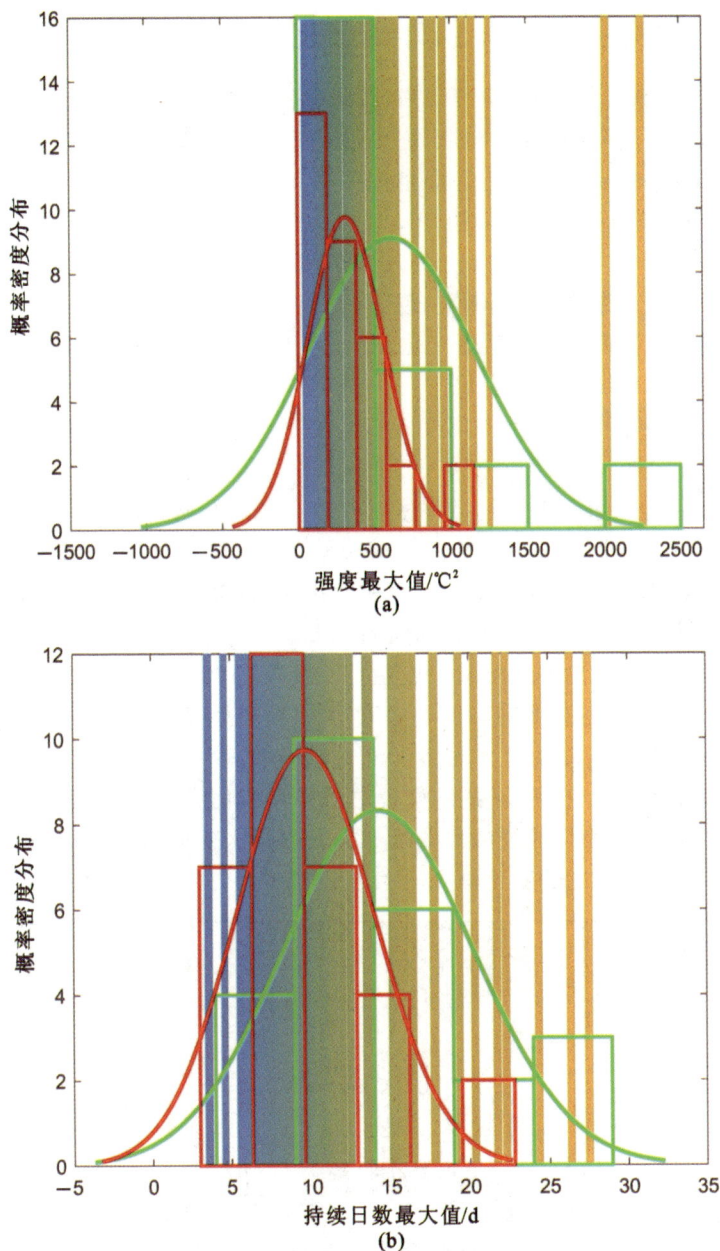

图 4-7 新疆昼夜极端低温事件强度最大值和持续日数最大值指标在突变年前/后
(绿线/红线)的概率密度分布特征

(a)强度最大值;(b)持续日数最大值

4.3.3　新疆昼夜极端低温事件起止日期和时间长度指标突变特征

根据 6 种突变检测方法的检测结果,新疆昼夜极端低温事件开始日期、结束日期和时间长度指标突变时间(表 4-3)众数分别为 1987 年、1980 年和 1987 年。

新疆昼夜极端低温事件开始日期指标突变年(1987 年)前后概率密度分布特征如图 4-8(a)所示,与突变前(1960—1987 年)的概率密度分布曲线相比,突变后(1988—2016 年)开始日期的概率密度分布曲线向右移,即向平均值的高值方向移动,表明在突变年(1987 年)后新疆昼夜极端低温事件开始日期显著推迟。对比发现突变前后的概率密度曲线的离散度变化不大,表明新疆昼夜极端低温事件在突变前后开始日期的集中程度无显著变化。

图 4-8(b)直观地反映了新疆昼夜极端低温事件结束日期指标突变年(1980 年)前后的概率密度分布特征,与突变前(1960—1980 年)概率密度分布曲线相比,突变后(1981—2016 年)结束日期指标概率密度分布曲线向左移,即向平均值的低值方向移动,表明在突变年(1980 年)后新疆昼夜极端低温事件的结束日期显著提前。此外,突变后概率密度曲线的离散度与突变前相比变大,表明新疆昼夜极端低温事件在突变年后结束日期更不集中,结束日期变动较大。

从新疆昼夜极端低温事件时间长度指标突变年(1987 年)前后的概率密度分布上可看出[图 4-8(c)],与突变前(1960—1987 年)的概率密度分布曲线相比,突变后(1988—2016 年)时间长度的概率密度分布曲线向左移,即向平均值的低值方向移动,表明在突变年(1987 年)后新疆昼夜极端低温事件时间长度缩短。此外,在突变年后,时间长度的概率密度曲线的离散度与突变前相比变小,表明新疆昼夜极端低温事件在突变年后时间长度的变化幅度不大。

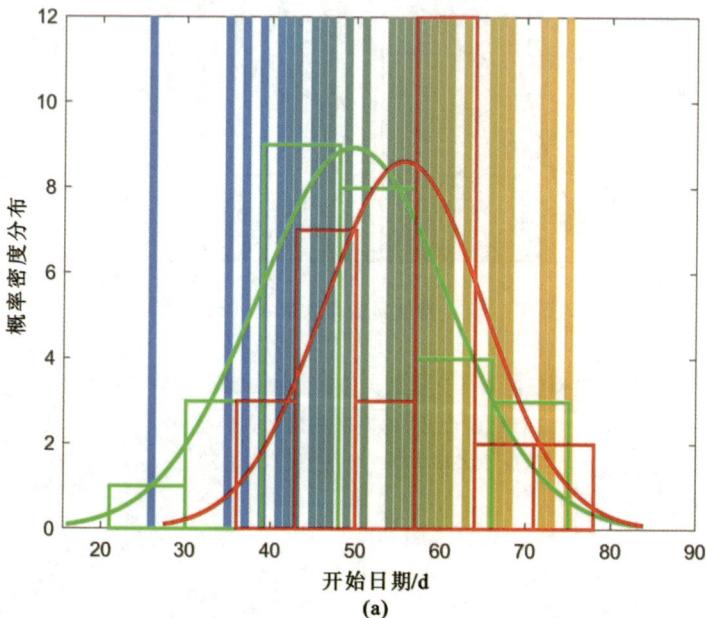

(a)

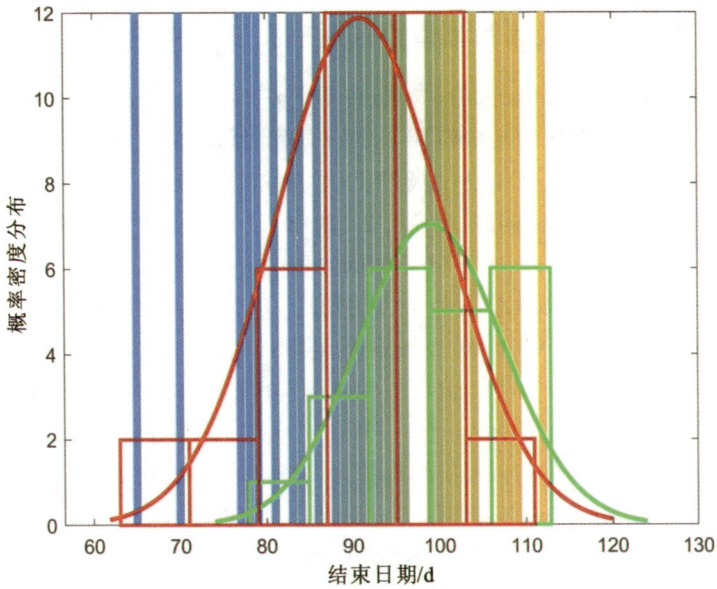

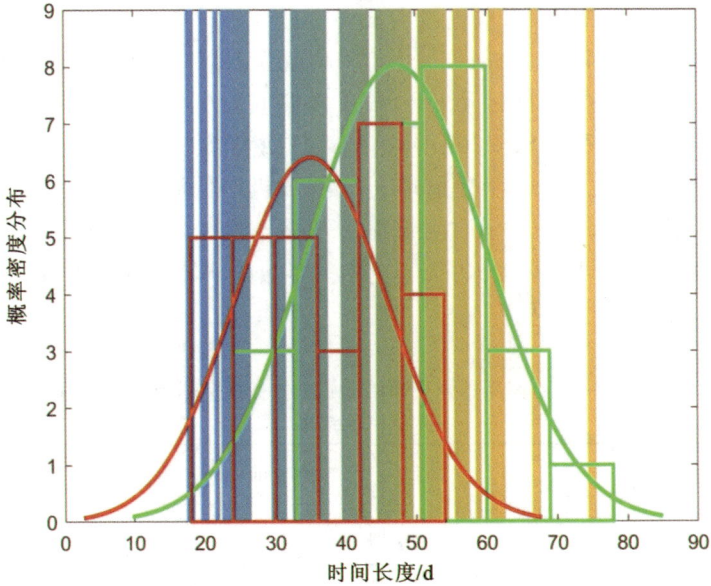

图 4-8　新疆昼夜极端低温事件开始日期、结束日期和时间长度指标在突变年前/后

（绿线/红线）的概率密度分布特征

（a）开始日期；（b）结束日期；（c）时间长度

4.3.4 新疆昼夜极端低温事件各指标突变结果检验

运用 T 检验来检验 1960—2016 年期间 8 个昼夜极端低温事件指标的综合突变时间结果,检验其突变年前后两个时期变化的显著性和均值差异。

T 检验结果显示(表 4-4),昼夜极端低温事件频次在 1978—2016 年间均值为 2.67 次/a,比 1960—1977 年间减少了 0.92 次/a,显著($p<0.01$)减少了 25.63%。昼夜极端低温事件强度在 1960—1984 年期间均值为 899.07℃²/a,在 1985—2016 年期间均值为 441.44℃²/a,1985—2016 年强度均值比 1960—1984 年减小了 457.63℃²/a,显著($p<0.01$)减少了 50.9%。昼夜极端低温事件持续日数在 1960—1984 年间均值为 26.99d/a,在 1985—2016 年间均值为 17.75d/a,1985—2016 年平均持续日数比 1960—1984 年平均减少了 9.24d/a,显著($p<0.01$)减少了 34.23%。昼夜极端低温事件强度最大值在 1960—1984 年间均值为 609.89℃²/a,在 1985—2016 年间均值为 308.92℃²/a,1985—2016 年比 1960—1984 年间减小 300.97℃²/a,显著($p<0.01$)减小了 49.35%。昼夜极端低温事件持续日数最大值在 1985—2016 年间均值为 9.67d/a,比 1960—1984 年间减小了 4.62d/a,显著($p<0.01$)减小了 32.33%。

T 检验结果显示(表 4-4),昼夜极端低温事件开始日期在 1960—1987 年间均值为 12 月 20 日,开始日期在 1988—2016 年间均值为 12 月 26 日,1988—2016 年平均开始日期比 1960—1987 年推迟了 6d。昼夜极端低温事件结束日期在 1960—1980 年间均值为 2 月 7 日,在 1981—2016 年间结束日期均值为 1 月 30 日,1981—2016 年平均结束日期比 1960—1980 年提前了 9d。昼夜极端低温事件时间长度在 1960—1987 年间平均值为 47.36d/10a,时间长度在 1988—2016 年间平均值为 35.14d/10a,1988—2016 年平均时间长度比 1960—1987 年缩短了 12.22d,显著($p<0.01$)缩短了 25.8%。

表 4-4　　**1960—2016 年间新疆昼夜极端低温事件各指标基于 T 检验的突变检验结果**

指标	突变点	T 值	显著性	突变前		突变后	
				时间段	平均值	时间段	平均值
CDNCF	1977 年	4.82	0.01	1960—1977 年	3.59 次/a	1978—2016 年	2.67 次/a

指标	突变点	T 值	显著性	突变前		突变后	
				时间段	平均值	时间段	平均值
CDNCI	1984 年	3.17	0.01	1960—1984 年	899.07℃²/a	1985—2016 年	441.44℃²/a
CDNCD	1984 年	4.04	0.01	1960—1984 年	26.99d/a	1985—2016 年	17.75d/a
CDNCMI	1984 年	2.77	0.01	1960—1984 年	609.89℃²/a	1985—2016 年	308.92℃²/a
CDNCMD	1984 年	3.38	0.01	1960—1984 年	14.29d/a	1985—2016 年	9.67d/a
CDNCS	1987 年	−2.21	0.05	1960—1987 年	12 月 20 日	1988—2016 年	12 月 26 日
CDNCE	1980 年	3.24	0.01	1960—1980 年	2 月 7 日	1981—2016 年	1 月 30 日
CDNCL	1987 年	3.94	0.01	1960—1987 年	47.36d/a	1988—2016 年	35.14d/a

4.4 极端降水指数突变和周期特征

4.4.1 极端降水指数突变特征

对所选取的强降水日数(R10)、强降水量(R95p)、降水强度(SDII)、一日最大降水量(RX1day)、五日最大降水量(RX5day)、持续干燥日数(CDD)等 6 个极端降水指数经验正交函数分解后的第一模态标准化时间系数进行 Mann-Kendall 突变检验，极端气温指数突变情况如图 4-9 所示。

从图 4-9(a)强降水日数(R10)的 Mann-Kendall 突变检验可以看出，强降水日数(R10)正序列 UF 曲线从 1963 年开始整体呈明显的增加趋势，这种增加趋势在 1993 年超过了 $\alpha=0.05$ 置信水平，表明 1993 年后增加趋势极显著，且正序列 UF 曲线和逆序列 UB 曲线 1986 年在 95% 置信区间内交于一点，说明强降水日数(R10)在 1986

年发生了突变。图 4-9(b)中强降水量(R95p)正序列 UF 曲线显示,强降水量从 1965 年开始整体呈明显的增加趋势,在 1997 年这种增加趋势超过了置信水平,说明自 1997 年以后增加趋势极显著;正序列 UF 曲线和逆序列 UB 曲线在 1990 年 $\alpha=0.05$ 置信区间内可清晰看到交点,可以确定强降水量(R95p)在 1990 年发生了突变。图 4-9(c)、(d)、(e)分别是降水强度(SDII)、一日最大降水量(RX1day)和五日最大降水量(RX5day)的 Mann-Kendall 突变检验结果,图中可清晰看到以上 3 个极端降水指标的正序列 UF 和逆序列 UB 在 95% 置信区间内均交于多点,从累积距平图(图略)分析得出,以上 3 个指标均在 20 世纪 80 年代末发生突变。

图 4-9(f)显示,持续干燥日数(CDD)正序列 UF 和逆序列 UB 曲线于 1990 年在给定 $\alpha=0.05$ 置信区间内交于一点,说明持续干燥日数(CDD)在 20 世纪 90 年代初发生了突变。正序列 UF 曲线清晰显示,持续干燥日数(CDD)从 1960 年开始整体呈明显的减少趋势,在 2006 年这种减少趋势超过了 95% 置信水平,说明自 2006 年后持续干燥日数(CDD)减少趋势极显著。

整体上来看,西北干旱区一日最大降水量(RX1day)、降水强度(SDII)、强降水日数(R10)、五日最大降水量(RX5day)、强降水量(R95p)、持续干燥日数(CDD)等 6 个极端降水指数等在 20 世纪 80 年代末 90 年代初均存在突变现象,表征湿润的极端降水指数自突变年后增加趋势显著,而表征干旱的极端降水指数自突变年后减少趋势显著,在一定程度上说明西北干旱区自突变年后增湿趋势明显。

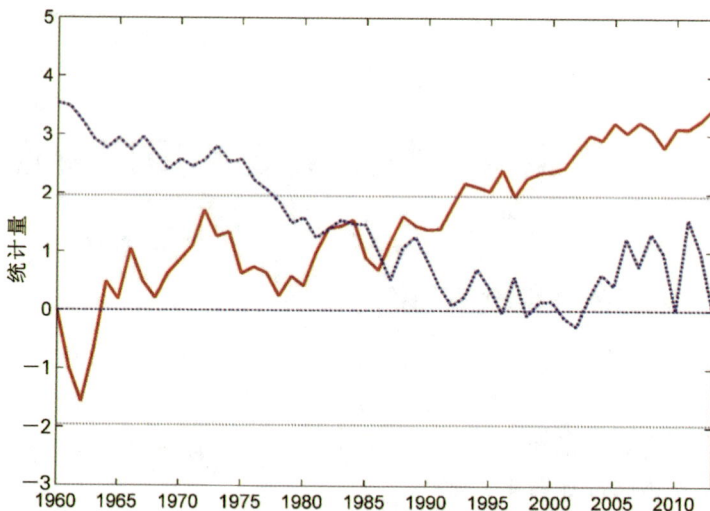

(a)

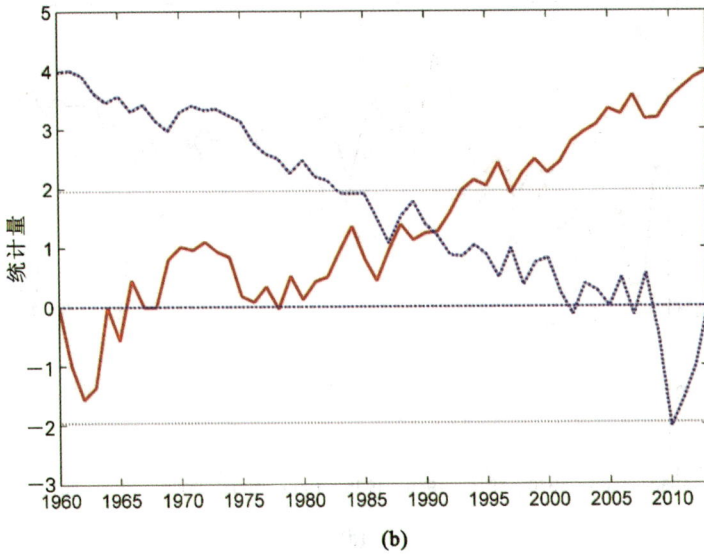

(b)

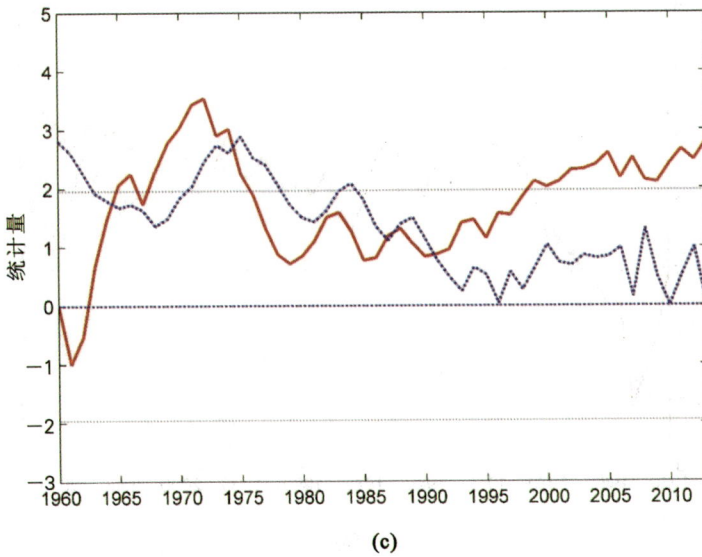

(c)

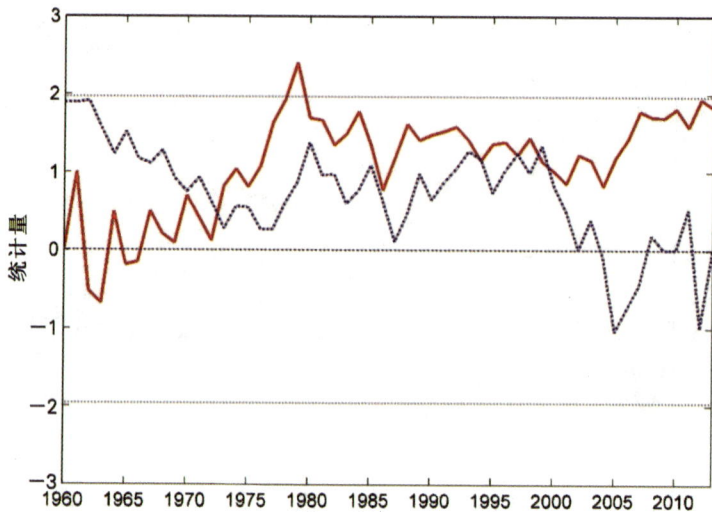

(d)

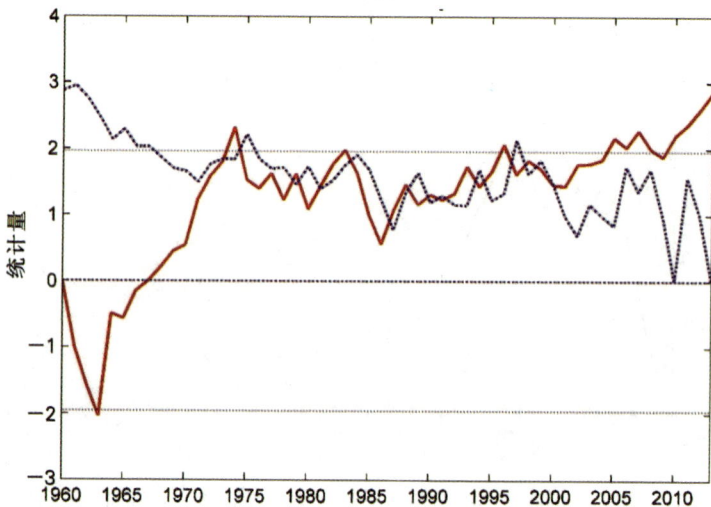

(e)

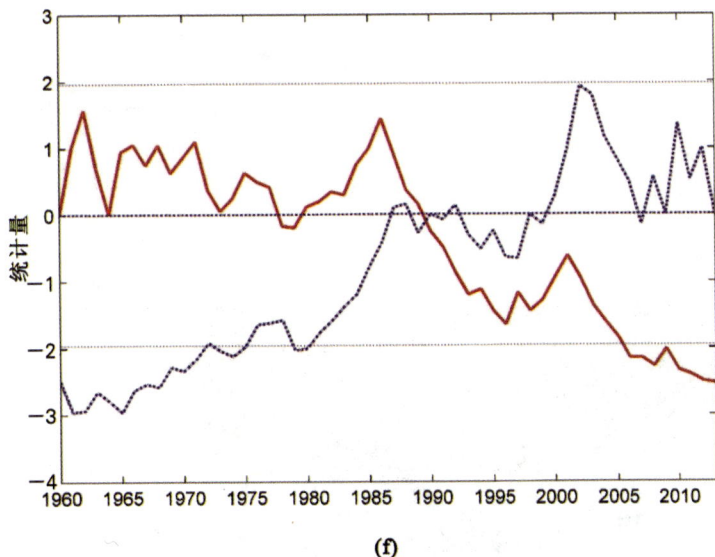

(f)

图 4-9 西北干旱区极端气温指数突变特征

(a)强降水日数;(b)强降水量;(c)降水强度;

(d)一日最大降水量;(e)五日最大降水量;(f)持续干燥日数

注:实线—UF 曲线;虚线—UB 曲线。

4.4.2 极端降水指数周期特征

运用 Morlet 连续复小波分析法对所选取的 6 个极端降水指数第一模态标准化时间系数(PC1)进行周期分析,得到一日最大降水量(RX1day)、降水强度(SDII)、强降水日数(R10)、五日最大降水量(RX5day)、强降水量(R95p)、持续干燥日数(CDD)等 6 个极端降水指数小波分析图及小波方差图。

图 4-10(a)清晰表明,强降水日数(R10)在 20 世纪 80 年代具有较强的 4~6 年的周期变化信号,在 90 年代中期以及 2005 年存在一个 2~3 年周期变化,且均通过0.05 显著性检验。图 4-10(b)显示,持续干燥日数(CDD)在 1980—1995 年存在一个10~17 年的周期变化,但没有通过 0.05 显著性检验;在 1992—2002 年存在一个 2~5 年的周期变化,通过了 0.05 显著性检验。从图 4-10(c)可以清楚地看到,强降水量(R95p)在 80 年代存在一个 2~6 年的周期变化特征,且通过了 0.05 显著性检验;在1995—2005 年存在 2 个准两年周期变化特征,且通过了 0.05 显著性检验。图 4-10(d)显示,降水强度(SDII)在 20 世纪 80 年代存在一个 4~6 年的周期变化特征,但未

通过了 0.05 显著性检验；在 20 世纪 90 年代和 21 世纪初期存在一个准两年周期变化特征，且通过了 0.05 显著性检验。由图 4-10(e)可知，一日最大降水量（RX1day）在 80 年代存在一个 3～6 的周期变化特征，且通过了 0.05 显著性检验。从图 4-10(f)可以看出，五日最大降水量（RX5day）在 80 年代存在一个 4～6 年的周期变化特征，在 1992—1998 年存在一个 2～3 年的周期变化特征，且均通过了 0.05 显著性检验。

从整体上来看，极端降水指数在 20 世纪 80 年代存在一个或强烈或微弱的周期变化信号，说明 80 年代极端降水变化比较活跃。

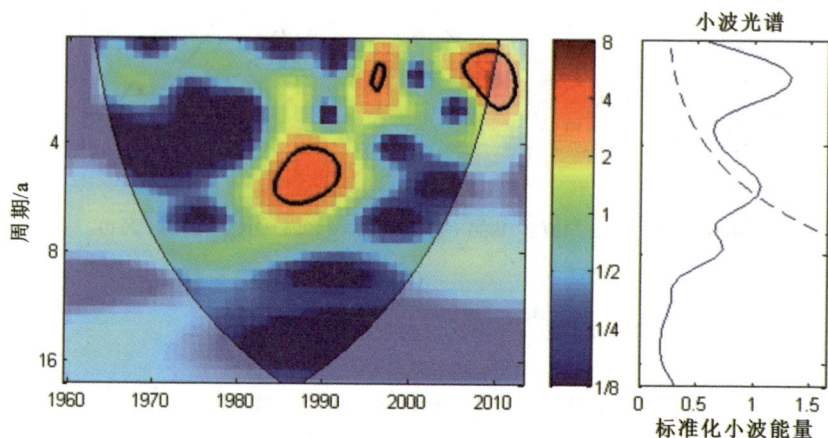

(a)

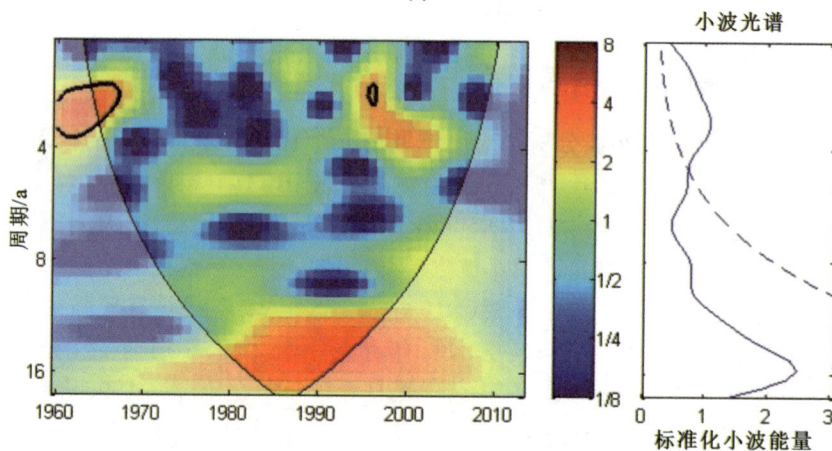

(b)

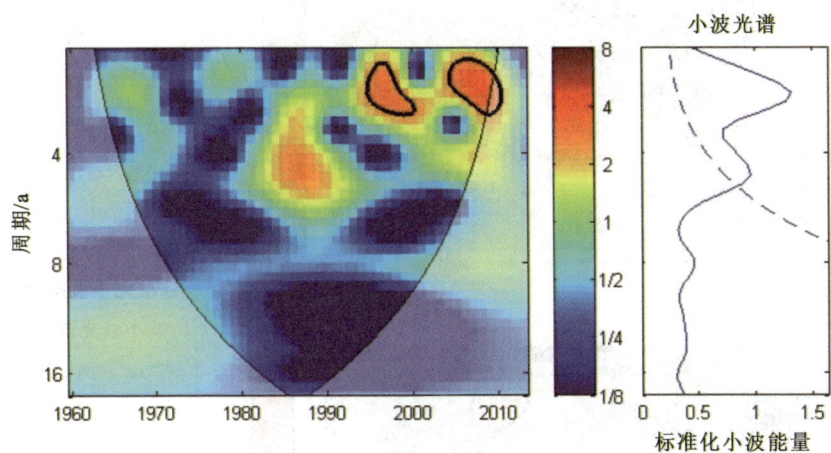

(c)

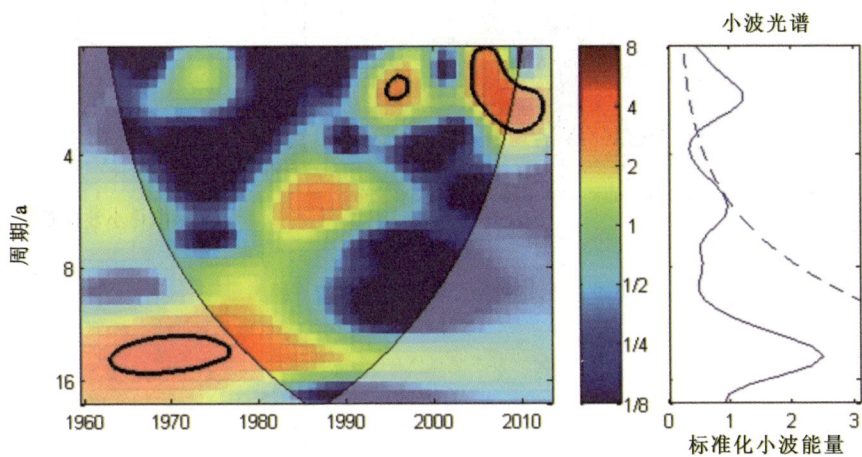

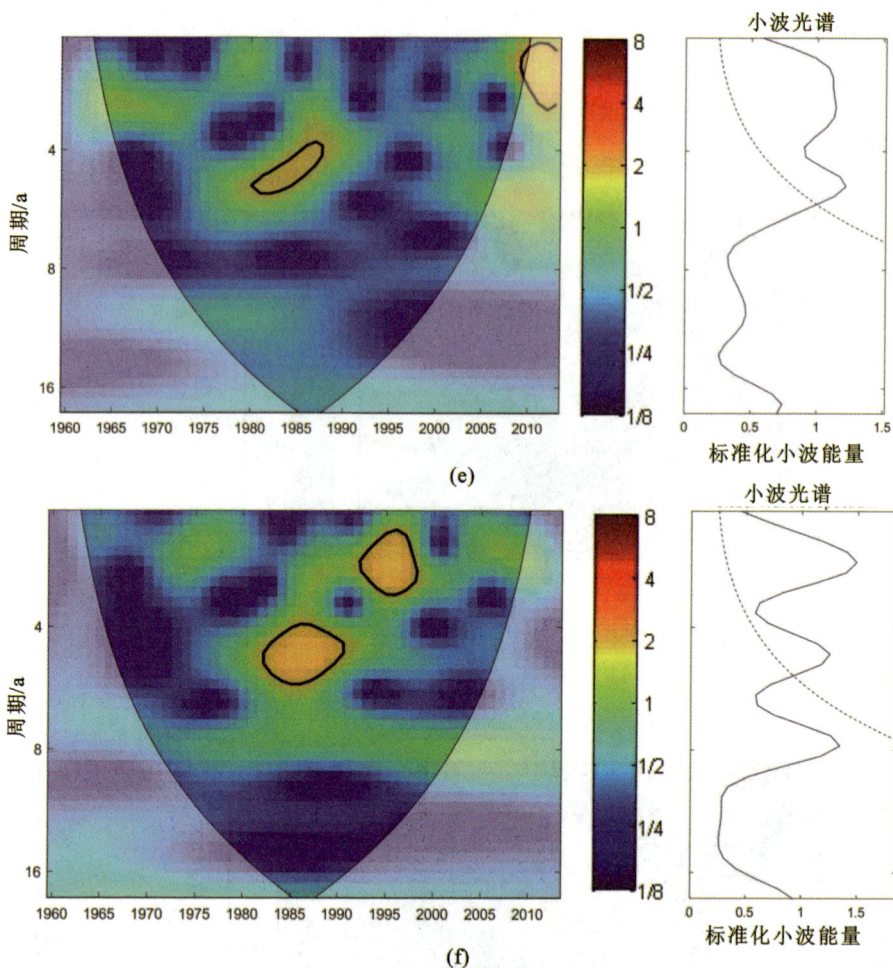

图 4-10　西北干旱区极端气温指数周期特征

(a)强降水日数；(b)持续干燥日数；(c)强降水量；(d)降水强度

(e)一日最大降水量；(f)五日最大降水量

4.5　本章小结

　　本章采用 M-K 突变检验法对极端气温、降水指数突变现象进行检验并用 T 检验来验证确保突变点可信；采用 Morlet 连续复小波对极端气温、极端降水指数进行周期分析。得到以下结论：

(1)西北干旱区冷夜日数(TN10P)、霜冻日数(FD0)、冷昼日数(TX10P)等表征寒冷的极端气温指数自突变年后减少趋势显著,夏季日数(SU25)、暖昼日数(TX90P)等表征温暖的极端气温指数自突变年后增加趋势显著,在一定程度上表明西北干旱区气温自突变年后增温趋势明显。

(2)西北干旱区极端降水指数在 20 世纪 80 年代末 90 年代初均存在突变现象,表征湿润的极端降水指数自突变年后增加趋势显著,而表征干旱的极端降水指数自突变年后减小趋势显著,在一定程度上说明西北干旱区自突变年后增湿趋势显著。

(3)各极端降水指数在 20 世纪 80 年代存在一个或强烈或微弱的周期变化信号,说明极端降水在 20 世纪 80 年代变化比较活跃;极端气温各指数周期变化明显不一致,极端气温周期变化比较复杂。

6 种突变检测方法的检测结果显示,新疆昼夜极端高温事件频次、强度、持续日数、持续日数最大值指标突变时间是 1996 年;强度最大值、开始日期、结束日期和时间长度指标的突变时间众数(表 4-1)分别为 1994 年、1989 年、1993 年和 1994 年。T检验结果表明,6 种突变检测方法得到的新疆昼夜极端高温事件 8 指标的综合突变结果具有较高的可信度。此外,概率密度分析表明,与突变前时间段的概率密度分布曲线相比,除了开始日期指标突变后的概率密度分布曲线向左移以外,即向平均值的低值方向移动,其余 7 指标突变后时间段的概率密度分布曲线均向右移,即均向平均值的高值方向移动,表明在突变年后新疆昼夜极端高温事件的发生频次增多,强度显著增大,持续日数明显延长,强度和持续日数最大值增大,开始日期提前,结束日期推迟,时间长度延长,这充分说明突变年后新疆暖化趋势异常显著。

新疆昼夜极端低温事件频次指标突变时间是 1977 年,强度、持续日数、强度最大值、持续日数最大值指标突变时间均为 1984 年,开始日期、结束日期和时间长度指标突变时间(表 4-3)分别为 1987 年、1980 年和 1987 年。T 检验结果表明,6 种突变检测方法得到的新疆昼夜极端低温事件 8 指标综合突变结果具有较高的可信度。此外,概率密度分析表明,与突变前时间段的概率密度分布曲线相比,除了开始日期指标突变后的概率密度分布曲线向右移以外,即向平均值的高值方向移动,其余 7 指标突变后时间段的概率密度分布曲线均向左移,即均向平均值的低值方向移动,表明在突变年后新疆昼夜极端低温事件的发生频次减少,强度值减小,持续日数明显减少,强度和持续日数最大值减小,开始日期推迟,结束日期提前,时间长度缩短,这充分说明突变年后新疆冬季昼夜极端寒冷天气减少,在一定程度上说明新疆冬季暖化趋势较显著。

5 干旱区极端气候空间分布格局及其大气环流背景场和海温背景场特征

5.1 极端气温指数与大气环流背景场的联系

5.1.1 极端气温指数与500hPa位势高度场合成分析

大气环流异常是影响气候的最直接因素,大气环流的异常发展往往会形成异常天气现象。陈少勇等分析了我国东部地区冬季气温与500hPa位势高度场之间的关系,发现我国东部地区冬季气温与前期北大西洋500hPa位势高度场之间关系密切,关键影响区域位于长江流域,我国东部季风区冬季气温异常偏冷对应前期7月份北大西洋高压异常偏弱,反之则对应偏强。张茜等分析了我国东北地区夏季气温异常与大气环流之间的关系,发现夏季气温异常与其上空500hPa位势高度场关系密切,当大气环流正异常时东北地区全区气温一致偏高,反之则偏低。以上研究表明气温异常变化与大气环流密切相关,因此研究西北干旱区极端气温异常对应的大气环流特征对于预测极端气温有着重要意义。

从前文分析可知:1960—2013年西北干旱区表征寒冷的极端气温指数总体呈下降趋势,表征温暖的极端气温指数总体呈上升趋势,说明该地区极端气温在不断上升,与全球气候变暖大背景相吻合。突变分析也显示极端气温冷、暖指数在1995年前后发生突变,自突变年后,表征寒冷的极端气温指数总体呈下降趋势,表征温暖的极端气温指数总体呈上升趋势,说明在突变年后西北干旱区气温上升迅速。为了探究突变年后西北干旱区在气候变暖背景下的500hPa位势高度场特征,本章用突变后1996—2013年的500hPa位势高度场平均值减去突变前1960—1995年500hPa位势高度场平均值来分析气温变化趋势,西北干旱区上空500hPa位势高度正异常对应西北干旱区全区气温一致偏高,容易出现极端气温暖指数如夏季日数(SU25)、暖夜日数(TN90P)、暖昼日数(TX90P)增多,而极端气温冷指数如霜冻日数(FD0)、冷夜日数(TN10P)、冷昼日数(TX10P)减少,说明该地区气温呈现增暖趋势对应西北干旱区500hPa位势高度场正距平。

5.1.2 极端冷、暖昼夜指数与云量背景场合成分析

大量研究表明,云量增多时,到达地面的太阳辐射总量以及地面净辐射均会减少,对气温变化的影响是显著而直接的。郭元喜研究发现,中国东部季风区总云量与日最高气温、气温日较差呈显著的负相关关系,即日最高气温、气温日较差随着空中云量增多而呈显著下降趋势,可能是由于云量增多,到达地面的太阳辐射量减少导致日最高温降低,同时大气逆辐射增强导致日最低气温升高。池再香等对贵州省东南部地区气候变化与云量之间的关系进行了初步探讨,研究表明贵州省东南地区年均总云量与温度变化间呈显著负相关关系,但秋季平均总云量与温度变化基本呈正相关关系。陈楠等研究了宁夏地区近40年气温变化与云量间的关系,发现宁夏地区年均气温与年均总云量、低云量呈显著负相关关系,且低云量的相关性更加显著。以上研究均表明云量尤其是低云量是影响气温的关键因素之一,因此探讨西北干旱区极端气温异常与低云量变化之间的关系,有利于进一步揭示西北干旱区极端气温变化的云量影响因素。

低云量主要是通过减少太阳净辐射总量以及地面有效辐射影响日时间尺度的冷暖变化,因此本章选择对低云量变化极其敏感的暖昼日数、冷昼日数、暖夜日数、冷夜日数等气温指数来探究低云量对西北干旱区极端气温的影响。采用ERA-20C的1960—2010年的再分析低云量逐日数据资料,数据资料分辨率是1°,由于受云量观测时间的影响,选择西北干旱区当地时间15时的低云量资料作为白天云量数据,选择当地时间夜间0时的低云量资料作为夜间云量数据来分析西北干旱区昼夜云量变化与气温的关系。

(1)昼夜云量变化趋势

白天云量变化表现为除了天山西部的伊犁河谷以及西北干旱区南部边缘地区白天云量较多外,其余绝大部分地区白天云量与夜间相比明显较少,白天云量少,从根本上决定到达地面的太阳总辐射量和地表净辐射较多,辐射对地面加热能力较强,白天地面升温较快,容易出现暖昼日数增多、冷昼日数减少的变化趋势。西北干旱区夜间云量与白天云量相比较多,夜间云量多,阻挡来自地面的长波辐射,将更多的热量有效地保留在大气中,进而增强对地面的保温作用,地面散热变慢,温度较高,西北干旱区容易出现暖夜日数增多、冷夜日数减少的变化趋势,这与前文得出的结果相一致,说明低云量对西北干旱区极端气温具有显著影响。

(2)极端冷、暖昼夜指数突变前后与云量场差值合成分析

为了进一步探讨极端冷、暖昼夜指数突变前后变化趋势与白天、夜间云量变化趋

势之间的关系,对 1996—2010 年突变后的白天、夜间云量分别求均值后减去突变前 1960—1995 年的白天、夜间云量均值,进行白天、夜间极端冷、暖昼夜指数突变前后与云量场的差值合成分析。

突变后 1996—2010 年间白天云量均值与突变前的 1960—1995 年白天云量均值的差值合成分析结果表明,白天云量与夜间云量相比总体较少,说明到达地面的太阳辐射量较大,对大气加热能力较强,西北干旱区升温明显,容易出现暖昼日数增多、冷昼日数减少的变化特征。突变后 1996—2010 年间夜间云量均值与突变前的 1960—1995 年夜间云量均值的差值合成分析结果表明,夜间云量与白天云量相比总体较多,夜间云量增加会引起地面有效辐射显著减少,对地面有一定的保温作用,夜间升温趋势较显著,呈现暖夜日数增多、冷夜日数减少的变化特征,与前文的分析结果保持一致,即表征温暖的极端指数呈显著上升趋势,表征寒冷的极端指数呈显著下降趋势。

5.2 极端高温事件空间分布格局及其大气环流背景场特征

5.2.1 新疆 1960—2016 年昼夜极端高温事件频次年际变化的主要模态

新疆昼夜极端高温事件发生频次经过 EOF 分解后得到的第一空间模态均为正值,表现为同位相变化,即新疆昼夜极端高温事件变化在空间分布上具有较好的一致性,但在不同区域昼夜极端高温事件发生频次存在显著差异。第一模态方差贡献率为 38.75%,并通过了 North 检验。昼夜极端高温事件变化敏感的地区分布在阿勒泰、塔城、哈密等地区,喀什、和田、阿克苏和克州等地区高温事件异常变率不大。值得注意的是,第一模态标准化时间系数序列整体呈增加趋势,且在 20 世纪中期之后表现为明显增加趋势,表明新疆夏季全区增暖现象显著,这与 IPCC 第五次评估报告所得出的变暖结论相一致。

新疆昼夜极端高温事件频次经过 EOF 分解后得到的第二空间模态与第一空间模态的空间分布格局差别显著,新疆昼夜极端高温事件表现为南疆和北疆反位相的空间分布特征,即偶极子型分布特征,高值中心分布在南疆西南部地区,低值中心分布在阿勒泰地区。EOF 分解的第二模态空间分布和标准化时间系数表现为南、北疆振荡特征,但在 20 世纪 60 年代、70 年代和 90 年代昼夜极端高温事件主要呈现"南部少北部多"的分布特征。20 世纪 80 年代和 2001—2016 年间昼夜极端高温事件主要呈现"南部多北部少"的分布特征。第二模态的方差贡献率为 11.73%,并通过了 North 检验。

第三空间模态表现为东西反位相的偶极子型空间分布格局。第三空间模态方差贡献率为 6.35%。高值中心位于阿克苏、和田和克州,低值中心位于哈密。20 世纪 80 年代中期以前呈现"西部多东部少"的空间分布特征,80 年代中期以后呈现"西部少东部多"的空间分布特征。

5.2.2　新疆昼夜极端高温事件主模态的大气环流场变化特征

昼夜极端高温事件和低温事件频次变化必然受到大气环流的影响和制约。不同的大气环流系统之间也会通过大尺度气候系统的驱动相互影响,从而对新疆地区夏季昼夜极端高温事件和冬季昼夜极端低温事件产生影响。因此本节将基于前文分析的新疆昼夜极端高温、低温事件频次 EOF 分解的前 2 个主模态,挑选 EOF 前 2 个主模态所对应的标准化时间系数绝对值大于 1 的年份作为正负位相异常年份,首先分别分析其异常特征所对应的低空海平面气压场、中空 500hPa 位势高度场、中空 500hPa 温度场和高空 200hPa 风场环流型,在此基础上,进一步分析新疆昼夜极端高温、低温事件频次 EOF 主模态空间分布格局与哪种遥相关型关系比较密切,试图通过分析与其对应的大气环流场的特征,找到新疆昼夜极端高温和低温事件变化与大尺度环流场之间的协同关系,探求影响新疆昼夜极端高温和低温事件的可能预报因子。

新疆 1960—2016 年间昼夜极端高温事件发生频次第一模态标准化时间系数热夏年的海平面气压距平场分布如图 5-1(a)所示,热夏年北半球海平面气压场在新地岛、乌拉尔山及周边地区、西伯利亚北部地区表现为气压异常偏低,在里海、巴尔喀什湖和贝加尔湖南部地区表现为气压异常偏高。新疆受明显高压正异常控制,经向环流减弱,中高纬阻高变弱变浅,不利于冷空气输入,伊朗副热带高压系统发展深厚,其北上携带的干暖气团会促进高温事件的发生,有利于高温天气的形成和维持。

图 5-1(b)为新疆 1960—2016 年间昼夜极端高温事件第一模态标准化时间系数热夏年的 500hPa 位势高度场距平分布。500hPa 位势高度场受地面扰动影响较小,便于分析大尺度系统性的大气环流型。从图中可以看出,在欧亚大陆上,东半球自北极到青藏高原,位势高度距平场呈"－＋"分布,新地岛和乌拉尔山附近区域为弱负距平区,位势高度偏低,冷空气活动相对较活跃;从东欧到西伯利亚显示为正距平区,正距平中心位于黑海、里海和贝加尔湖南部地区;新疆也在该位势高度正距平控制下,这样的环流配置不利于极地大范围冷空气南下,有利于新疆高压脊的发展和维持,易形成高温天气。

新疆 1960—2016 年间昼夜极端高温事件第一模态标准化时间系数热夏年的 500hPa 温度场距平分布如图 5-1(c)所示,在欧亚大陆上,温度场距平从北到南呈现"－＋－"分布,其中两条纬向负距平带偏弱,中间的温度正距平带较明显,在贝加尔湖西部和新疆东部地区上空存在温度正距平中心,表明新疆区域存在一个暖平流区。在 200hPa 合成的距平风场上[图 5-1(d)],亚洲中纬度地区距平场表现为"气旋—反气旋—气旋"的空间分布,欧亚北部的新地岛附近是一个距平气旋,蒙古高原上空较强的距平反气旋将不利于贝加尔湖大槽加强,纬向西风环流强盛,经向环流减弱,加上帕米尔高原上空的距平气旋,使新疆全区盛行偏南气流,这种温度距平场、矢量风场距平的环流配置不利于北极冷空气南下进入新疆,使高温天气得以形成和维持。

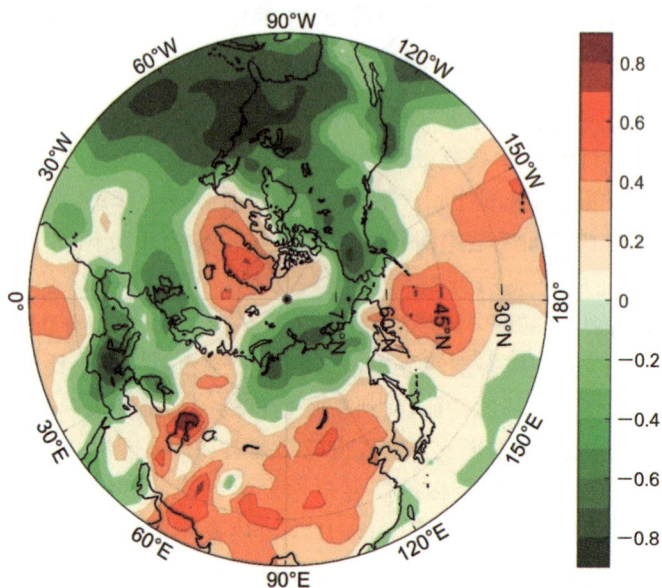

(a)

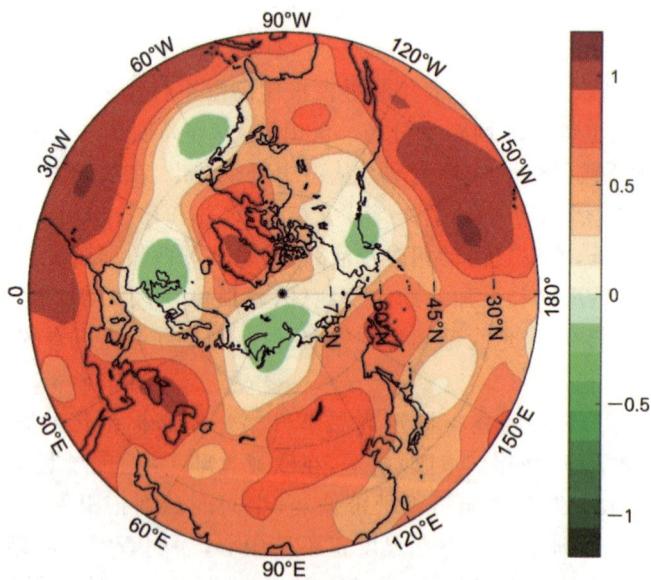

(b)

(c)

(d)

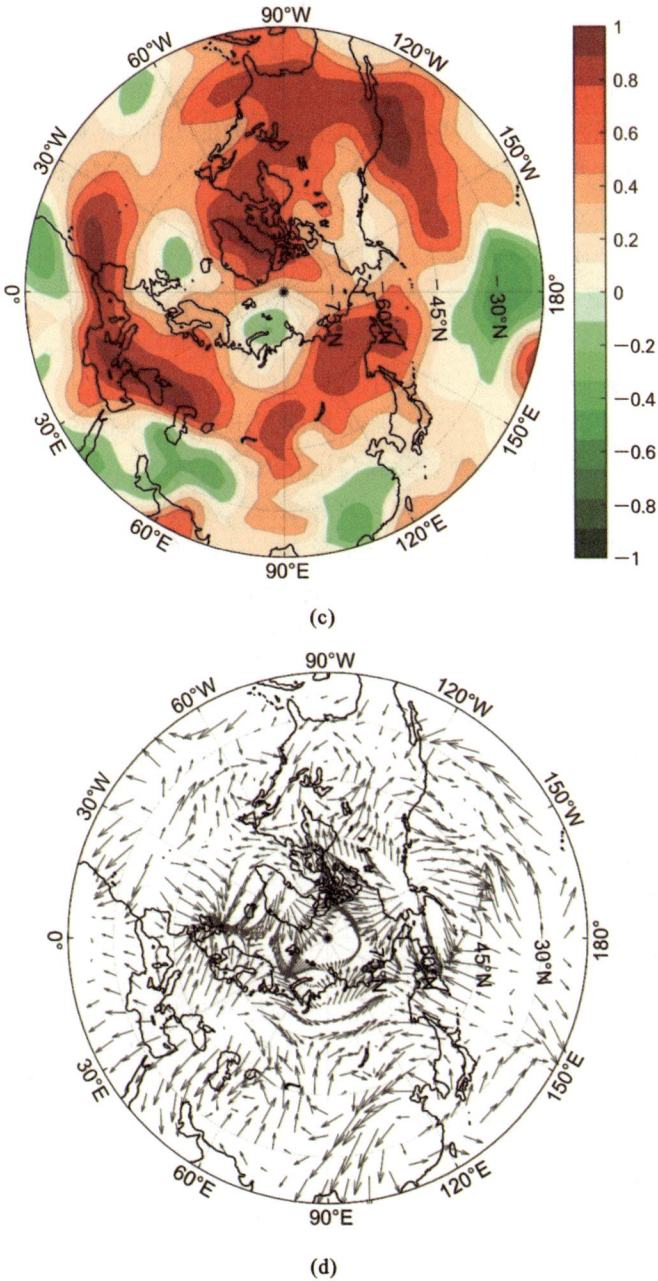

图5-1 新疆 1960—2016 年昼夜极端高温事件频次 PC1 热夏年的海平面气压距平合成图、
500hPa 位势高度距平合成图、500hPa 温度距平合成图、200hPa 风矢量场距平合成图

昼夜极端高温事件频次的第一模态标准化时间系数凉夏年的海平面气压场距平分布如图 5-2(a)所示。东半球极地附近以正距平为主，西半球以负距平为主；在亚欧大陆上，新地岛周边区域、里海和咸海地区表现为气压异常偏高，西伯利亚地区和中国大部分地区表现为气压异常偏低，低值中心分布在贝加尔湖以南的广阔区域，新疆受明显低压负异常控制，有利于极地冷空气源源不断流入新疆，不利于新疆高压脊的发展，高温天气难以维持。

新疆 1960—2016 年间昼夜极端高温事件第一模态标准化时间系数凉夏年的 500hPa 位势高度距平场［图 5-2(b)］显示，在欧亚大陆上，巴伦支海和新地岛区域存在一个较明显的位势高度正距平中心，西欧至西伯利亚广阔区域受一个强大的带状位势高度负距平控制，负距平中心位于贝加尔湖以南和巴尔喀什湖以东区域，新疆正好处在这个强大的负距平中心区域，加上伊朗高压系统发展浅薄且位置偏南，这样的环流场利于极地冷空气南下，阻碍新疆高压脊的发展，使新疆昼夜极端高温事件发生频次偏少。

冷、暖平流对区域气温变化产生重要影响。图 5-2(c)是新疆 1960—2016 年间昼夜极端高温事件第一模态标准化时间系数凉夏年的 500hPa 温度场距平分布。如图所示，在高纬极地地区，东半球以正距平为主，西半球以负距平为主，在欧亚大陆上，温度场距平从北到南呈现"＋ － ＋"分布，在巴伦支海—新地岛有一个强大的暖异常中心，里海、咸海和巴尔喀什湖有一个强大的冷异常中心，伊朗高原和中国中东部地区为正距平区，新疆处在一个弱的冷平流控制区，对高温天气产生影响。再结合 200hPa 风场来看［图 5-2(d)］，亚洲中纬度地区距平场表现为"反气旋—气旋—反气旋"的空间分布，欧亚北部的巴伦支海—新地岛附近是一个距平反气旋，巴尔喀什湖区域上空较强的距平气旋有利于东亚大槽加强，伊朗高原北部有一个弱的反气旋。这样的风场会加强南北气流交换，大气环流经向度加大；新疆受到强盛西北风带来的冷平流影响，昼夜极端高温事件减少。

昼夜极端高温事件频次第二模态所对应的标准化时间系数热夏年的海平面气压场距平分布如图 5-3(a)所示，北极有一个强大的负距平中心，乌拉尔山以东的西伯利亚地区存在一个强大的正距平中心，青藏高原区域海平面气压表现为异常偏高；新疆全区受弱正距平高压控制，青藏高原异常偏高气压对新疆南部地区的影响比对新疆北部地区的影响明显，加之天山山脉的阻挡作用，北方冷空气更难深入新疆南部地区，因此第二模态标准化时间系数热夏年的空间分布格局呈现出新疆南部地区偏多而北部地区偏少的偶极子型分布特征。

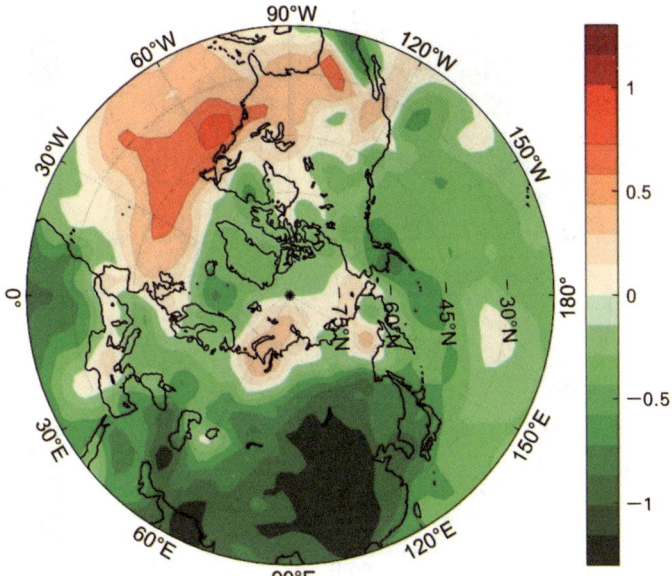

(a)

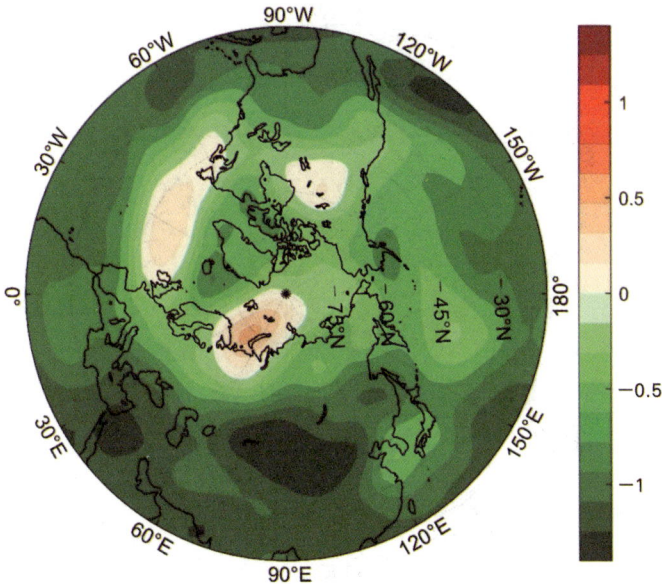

(b)

(c)

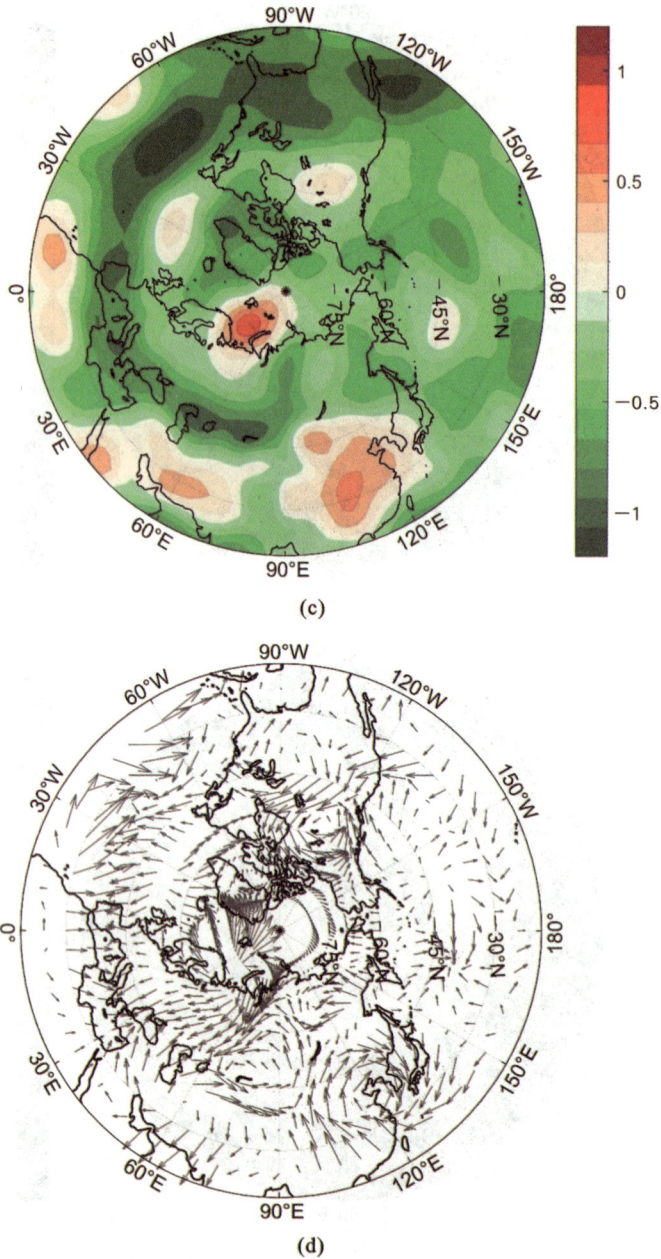

(d)

图 5-2　新疆 1960—2016 年昼夜极端高温事件频次 PC1 凉夏年的海平面气压距平合成图、
500hPa 位势高度距平合成图、500hPa 温度距平合成图、200hPa 风矢量场距平合成图

图 5-3(b)为新疆 1960—2016 年间昼夜极端高温事件第二模态标准化时间系数热夏年的 500hPa 位势高度场距平分布。如图所示,在欧亚大陆上,东半球自北极到青藏高原,位势高度距平场呈"＋ － ＋"分布,西伯利亚北部地区是位势高度正距平区,中间有一个弱的负距平带,伊朗高原、青藏高原连成一个强的正距平带,这样的环流配置有利于高温天气的形成和维持。新疆处于正距平区,新疆南部的位势高度正距平值显著大于北部地区,这可能解释了为何新疆昼夜极端高温事件第二空间模态主要表现为新疆南部地区偏多而北部偏少的空间分布型。

新疆 1960—2016 年间昼夜极端高温事件第二模态标准化时间系数热夏年的 500hPa 温度场距平分布如图 5-3(c)所示。在欧亚大陆上,乌拉尔山附近区域有一个暖异常中心,蒙古高原有一个冷异常中心,里海和咸海南部地区有一个范围较大的暖异常中心,新疆南部地区处在正距平区,受暖平流的影响,而新疆北部地区处在负异常区,受冷平流的影响,这样的温度距平场会使新疆昼夜极端高温事件在新疆南部地区偏多而在北部地区偏少。

由 200hPa 合成的距平风场[图 5-3(d)]可看出,亚洲地区由北到南距平场表现为"反气旋—气旋—反气旋"的空间分布,乌拉尔山附近是一个距平反气旋,蒙古高原上空较弱的距平气旋位置偏北,伊朗高原和青藏高原区域的强大反气旋位置偏西,源源不断地将里海—咸海区域的暖平流输入新疆南部地区多于新疆北部地区,这样的温度距平场和矢量风距平场配置会使新疆昼夜极端高温事件在新疆南部地区偏多而在北部地区偏少。

昼夜极端高温事件频次第二模态所对应的标准化时间系数凉夏年的海平面气压场距平分布如图 5-4(a)所示。东半球极地附近以正距平为主,表明极地涡旋较弱,导致极地地区的绕极西风偏弱,使极地冷空气较易南下侵袭亚洲中高纬度地区;除了伊朗高原地区为弱正距平区外,亚欧大陆几乎全为负距平区,这意味着西伯利亚高压减弱,不利于冷空气在高纬度地区堆积,从而增强偏北气流,不利于新疆昼夜极端高温事件的发生。此外,新疆北部地区的低压负距平值明显大于南部地区,这意味着新疆北部地区更易受北方冷空气的影响,新疆昼夜极端高温事件呈现北少南多的空间分布格局。

图 5-4(b)为新疆 1960—2016 年间昼夜极端高温事件第二模态标准化时间系数凉夏年的 500hPa 位势高度场距平分布。从图中可以看出,北极极地、新地岛和乌拉尔山为弱的位势高度正异常区,斯堪的纳维亚半岛为位势高度负距平区,里海—咸海向东直到我国东南沿海的广阔区域为带状位势高度负距平区,其中新疆南部地区处于伊朗—青藏高原负距平中心区域,这样的位势高度场有利于增加中高纬度地区和低纬度地区的位势高度梯度,使冷空气持续不断地沿着西北—东南走向影响新疆,使新疆南部的昼夜极端高温事件明显多于北部。

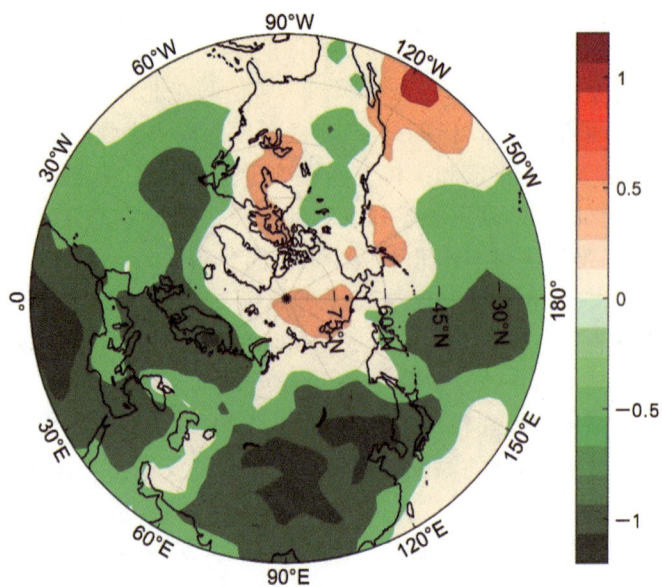

(a)

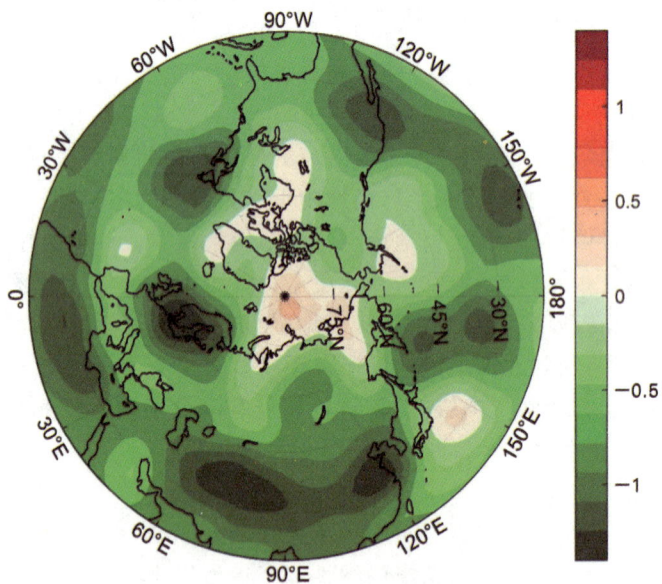

(b)

(c)

(d)

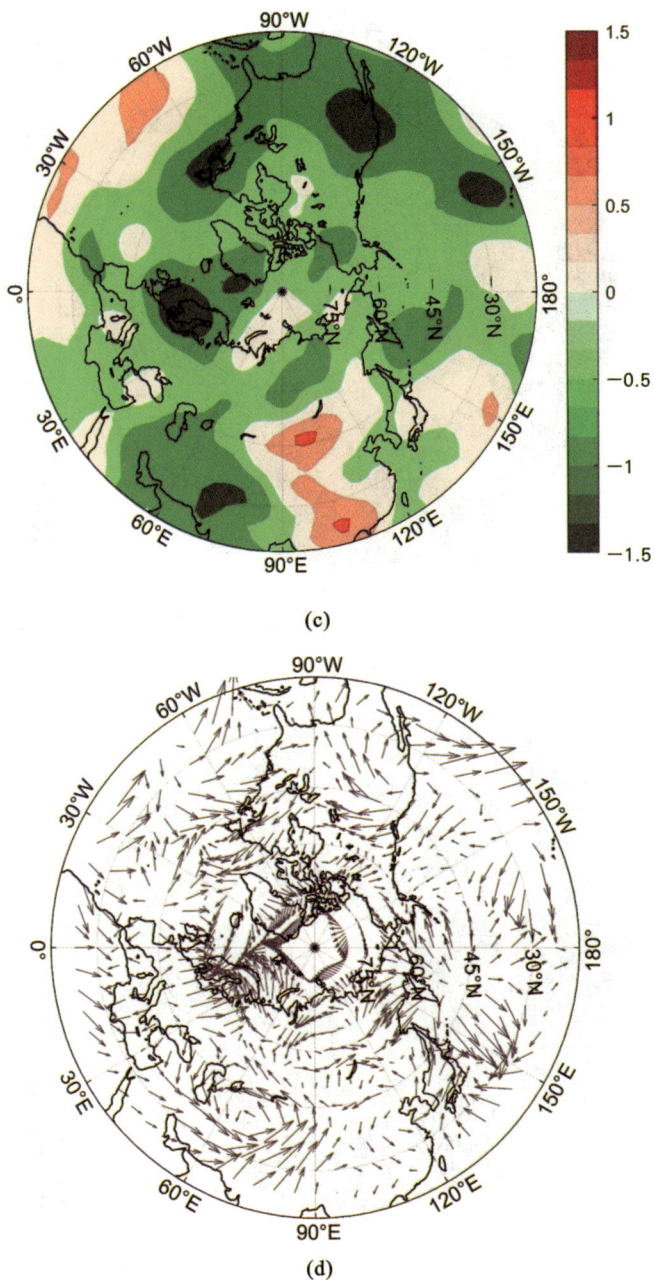

图 5-3　新疆 1960—2016 年昼夜极端高温事件频次 PC2 热夏年的海平面气压距平合成图、
500hPa 位势高度距平合成图、500hPa 温度距平合成图、200hPa 风矢量场距平合成图

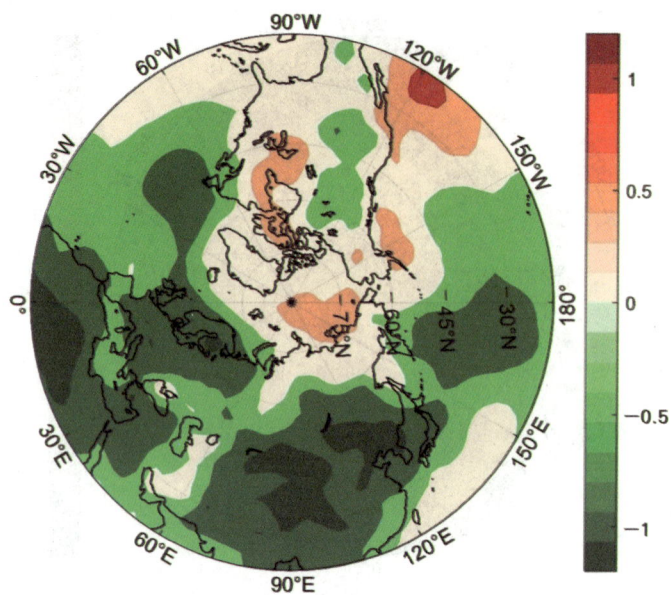

(a)

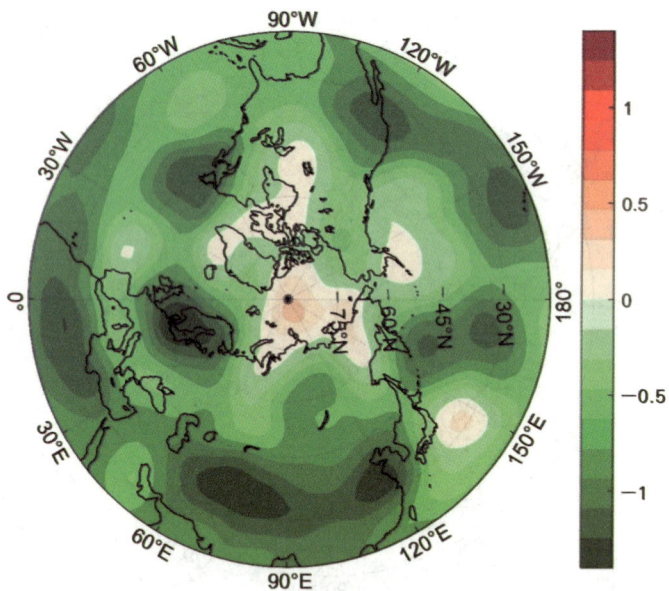

(b)

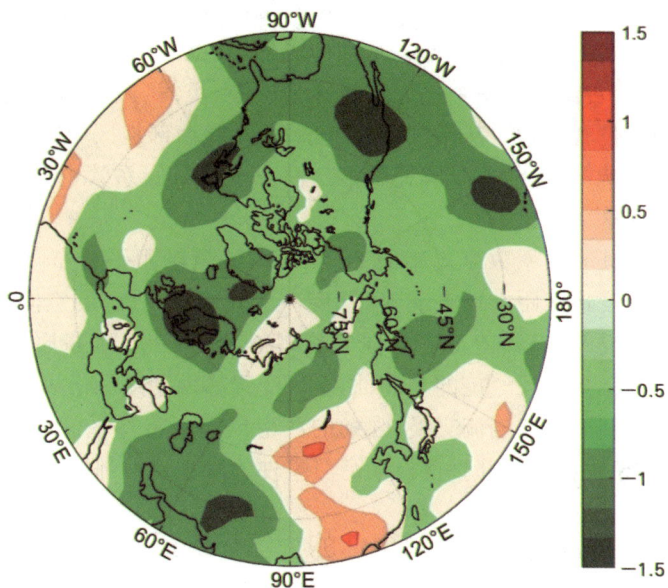

(c)

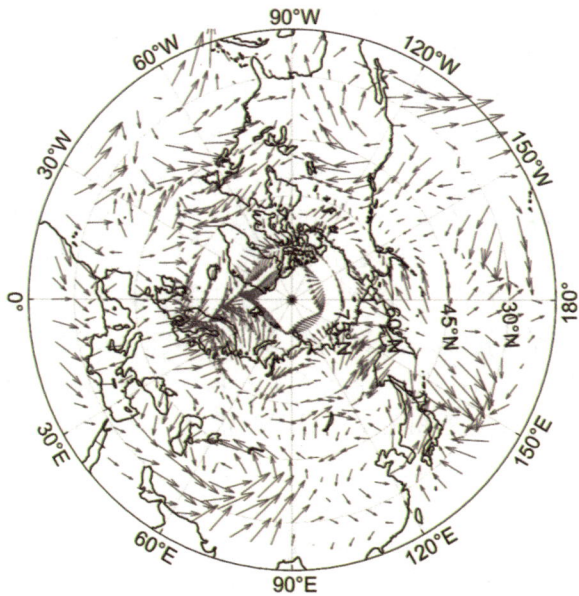

(d)

图 5-4　新疆 1960—2016 年昼夜极端高温事件频次 PC2 凉夏年的海平面气压距平合成图、
500hPa 位势高度距平合成图、500hPa 温度距平合成图、200hPa 风矢量场距平合成图

图 5-4(c)是新疆 1960—2016 年间昼夜极端高温事件第二模态标准化时间系数凉夏年的 500hPa 温度场距平分布。从图中可知,在欧亚大陆上,西伯利亚地区有一个冷异常中心,蒙古高原有一个强大的暖异常中心,里海、咸海和伊朗高原有一个冷异常中心且中心位置偏南。从温度场配置来看,新疆南部地区受冷平流影响,北部地区受暖平流的影响,这可能部分解释了第二模态及其时间系数主要表现为北多南少的空间分布格局这一现象。

第二模态及其时间系数凉夏年的 200hPa 风矢量场距平分布[图 5-4(d)]显示,北半球亚洲中纬度地区距平场表现为"气旋—反气旋—气旋"的空间分布特征,贝加尔湖北部有一弱反气旋,其南部有一弱气旋,伊朗高原和青藏高原有一强大的反气旋。新疆位于这一强大反气旋的东北部,全区受强盛西南风和南风异常影响显著,这样的风场配置不利于南北气流交换,强劲的西南风还会将冷平流源源不断地输送到新疆南部地区,导致新疆南部昼夜极端高温事件的减少比北部明显。

5.2.3　新疆昼夜极端高温事件的大气环流遥相关型

新疆昼夜极端高温事件频次的前两个主模态空间分布格局的环流场背景在前文已经讨论过,本节主要围绕方差贡献率最大的第一主模态的大气环流型展开分析,尝试找到新疆昼夜极端高温事件变化与大尺度大气环流型之间的协同关系。

昼夜极端高温事件频次第一模态标准化时间系数与同时期 500hPa 位势高度场的回归分布如图 5-5(a)显示,乌拉尔山地区为位势高度负距平区,地中海和贝加尔湖—蒙古地区为位势高度正距平区,且通过了 0.05 显著性水平检验,这种位势高度场的异常分布形势与极地-欧亚遥相关型(POL)相类似。新疆昼夜极端高温事件频次空间分布格局的第一主模态主要是由于乌拉尔山区的位势高度负距平值较大,$60°N \sim 90°N$ 存在较强的纬向西风距平,环流的经向度减弱,新疆受位势高度正异常控制,这有利于新疆高压脊的发展,再结合 200hPa 风矢量场距平分布[图 5-5(b)]可看出,新疆以偏南气流为主,极地冷空气不易南下,导致新疆夏季昼夜极端高温事件频次较多。此外,极地-欧亚遥相关型的强弱变化会对新疆高压脊发展产生影响,纬向西风的强弱也是直接影响新疆昼夜极端高温事件发生多寡的一个重要因素。

为了揭示 POL 遥相关型对新疆昼夜极端高温事件频次分布的影响,用极地-欧亚遥相关型指数来反映 POL 遥相关型的年际强弱变化。图 5-6 反映了标准化后的夏季极地-欧亚遥相关型指数和新疆昼夜极端高温事件频次指数变化特征。两个指数的相关系数为 0.49,且通过了 0.01 显著性水平检验。即当 POL 遥相关型为正位相时,新疆昼夜极端高温事件发生频次偏多。

(a)

(b)

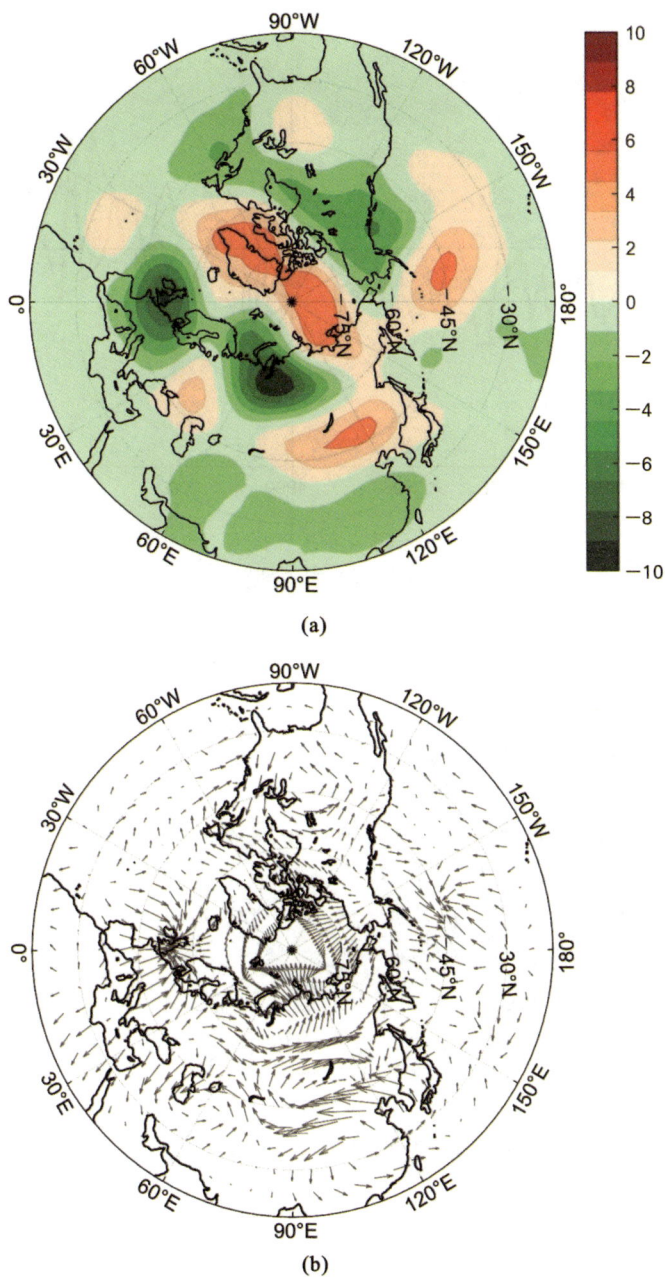

图 5-5　新疆 1960—2016 年昼夜极端高温事件频次 PC1 与
同时期 500hPa 位势高度场、200hPa 风矢量场的回归分布图

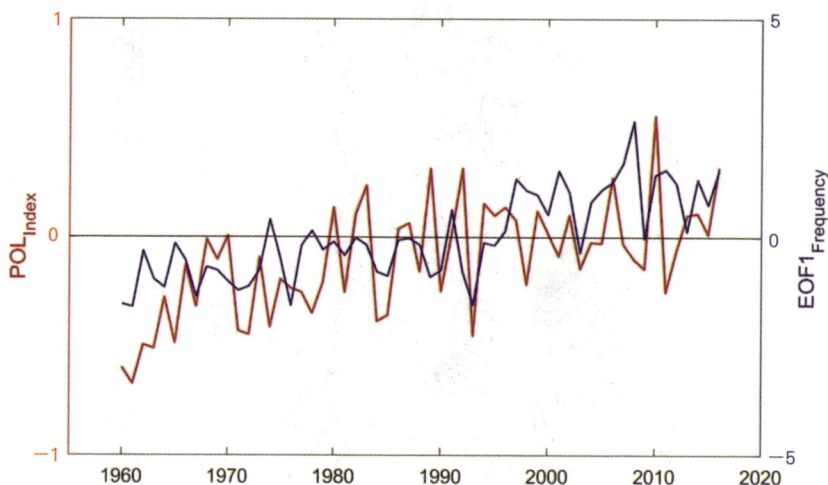

图 5-6　新疆 1960—2016 年昼夜极端高温事件频次 PC1 与
同时期 POL 指数的变化特征

为了进一步分析 POL 遥相关型和新疆昼夜极端高温事件发生频次空间分布特征之间的关系,挑出了 1960—2016 年极地-欧亚遥相关型指数的正、负位相活动年,其中平均标准化距平值大于 1 的正位相活动年有 13 年,标准化距平值小于−1 的负位相活动年有 11 年。POL 遥相关型正位相年,昼夜极端高温事件发生频次高值区位于新疆北部地区和哈密。这种分布格局与新疆昼夜极端高温事件频次 EOF 分解第一模态的空间分布特征相类似。POL 遥相关型负位相年,新疆昼夜极端高温事件频次空间分布大致呈现东西反相型,这种分布模式与新疆昼夜极端高温事件频次 EOF 分解第三模态空间分布相类似。POL 遥相关型异常环流模态与新疆昼夜极端高温事件发生频次紧密相连,这一环流型的异常主要影响新疆地区高压脊的强弱和南风异常,从而影响新疆昼夜极端高温事件发生的频次。

5.3　极端低温事件空间分布格局及其大气环流背景场特征

5.3.1　新疆 1960—2016 年昼夜极端低温事件频次年际变化主要模态

新疆昼夜极端低温事件频次经过 EOF 分解第一空间模态均显示为正值,表明同位相变化特征显著,即新疆昼夜极端低温事件在空间上表现为一致增多或减少的空间变化特征。但不同区域昼夜极端低温事件发生频次变率存在显著差异,昼夜极端低温事件变率大的地区分布在新疆西北部地区,低值区位于喀什和克州地区,表明该地冬季昼夜极端低温事件变率不大。第一模态的方差贡献率为 29.51%,并通过了 North 检验。第一空间模态所对应的标准化时间系数序列的线性变化趋势显著,整体上呈显著下降趋势,且在 20 世纪 80 年代初期后表现为明显下降趋势,表明新疆全区昼夜极端低温事件减少趋势显著,这在一定程度上反映了新疆冬季表现出温暖化发展趋势,这与 Wang 等(2013)的研究结果相一致。

新疆昼夜极端低温事件发生频次经过 EOF 分解第二空间模态呈现南北反位相的偶极子型分布特征,高值中心分布在南疆的克州、阿克苏、喀什、和田等地区,低值中心分布在北疆的阿勒泰、昌吉和塔城等地区。第二模态的方差贡献率为 13.82%,并通过了 North 检验。第二模态所对应的标准化时间系数 PC2 序列表现为南、北疆两地区振荡特征,1976—1994 年间昼夜极端低温事件主要表现为南疆偏多而北疆偏少的分布特征。1965—1975 和 1995—2016 年间昼夜极端低温事件主要表现为南疆偏少而北疆偏多的分布特征。

EOF 分解第三空间模态表现为东西反位相的空间分布格局。高值中心位于喀什、和田和克州地区,低值中心位于阿勒泰、巴州、吐鲁番和哈密。1963—1970 年和 1993—2007 年间昼夜极端低温事件表现为西部减少而东部增加的空间分布特征,1973—1992 年间表现为西部增多而东部减少的空间分布特征。第三空间模态特征的方差解释率为 5.82%,并通过了 North 检验。

5.3.2　新疆昼夜极端低温事件主模态的大气环流场变化特征

图 5-7(a)是昼夜极端低温事件发生频次的第一模态标准化时间系数冷冬年海平面气压距平合成图。如图 5-7(a)所示,在亚欧大陆上,新地岛至西伯利亚北部地区为海平面气压弱负距平区,贝加尔湖西部为较强的正距平区,鄂霍次克海和日本为较强的负距平区,黑海至青藏高原为海平面气压负距平区,新疆处在负距平区内,亚洲中高纬地区自北向南呈现显著的"－ ＋ －"波列分布,这样的海平面气压波列分布有利于冷空气大规模南下,导致新疆昼夜极端低温事件频繁发生。

新疆冬季昼夜极端低温事件频次的第一模态标准化时间系数冷冬年 500hPa 位势高度距平合成图[图 5-7(b)]显示,在亚洲中高纬度地区,乌拉尔山以东至贝加尔湖为位势高度正距平区,黑海西北部区域为较强的负距平区,新疆位于负距平区,这种北正南负的距平分布表明纬向西风减弱,大气环流的南北经向度加大,有利于大规模冷空气南下进入新疆,导致新疆冬季昼夜极端低温事件偏多。

昼夜极端低温事件发生频次的第一模态标准化时间系数冷冬年 500hPa 温度场距平合成如图 5-7(c)所示,在亚洲中高纬度地区,乌拉尔山向东至贝加尔湖为温度正距平,其有利于乌拉尔山高压脊的建立和维持,黑海西北部为强大的冷异常中心,里海和咸海为弱的暖异常中心,新疆受较强冷异常中心控制,促使昼夜极端低温事件频繁发生。

昼夜极端低温事件发生频次的第一模态标准化时间系数冷冬年200hPa风矢量场距平分布显示[图5-7(d)],北半球亚洲中纬度地区距平场表现为"气旋—反气旋—气旋"的空间分布,巴伦支海—新地岛区域是异常气旋中心,乌拉尔山以东至贝加尔湖的较强反气旋将极地大范围冷空气不断输送到下游地区,大气环流的南北经向度加大,新疆位于气旋中心北部,全区受强盛北方和东北方向冷气流影响显著,这样的风场配置有利于南北气流交换,大气环流的经向度增大,导致新疆昼夜极端低温事件增多。

EOF分解第一模态所对应的标准化时间系数PC1暖冬年的海平面气压距平场如图5-8(a)所示。海平面气压在高纬极地地区为显著负异常区,在中纬度地区为显著正异常区,这与北极涛动(AO)的正位相模态很相似。在亚欧大陆上,乌拉尔山以东至鄂霍次克海的广阔区域为负异常所覆盖,这意味着西伯利亚高压减弱,为北方冷空气南下提供便利条件。然而新疆地区受明显高压正异常区控制,在一定程度上对冷空气南下形成一定的阻力,不利于区内温度降低而形成更多的昼夜极端低温事件。

新疆1960—2016年间昼夜极端低温事件第一模态标准化时间系数暖冬年的500hPa位势高度场距平分布如图5-8(b)所示,在欧亚大陆上,自北向南呈"+ − +"分布。巴伦支海和新地岛区域存在一个较明显的位势高度正距平中心,这表明极地涡旋减弱,绕极西风较弱,中亚地区和西伯利亚广阔区域受一个强大的带状位势高度负距平控制,这意味着西伯利亚高压减弱,减小中高纬度和低纬度地区的位势高度距平差,导致冷空气不易南下影响新疆地区。此外,巴尔喀什湖以南地区、伊朗高原以东至日本海有一个明显的位势高度正距平带,新疆正好处于这个强大的正距平带控制下,不易出现昼夜极端低温事件。

图5-8(c)是新疆1960—2016年间昼夜极端低温事件第一模态标准化时间系数暖冬年的500hPa温度场距平分布。如图5-8(c)所示,在亚洲中高纬度地区,温度场距平从北到南呈"+ −"分布,里海—咸海和鄂霍次克海区域有一个强大的冷异常中心,伊朗高原、青藏高原和新疆被暖异常中心控制,新疆受暖平流影响明显,对昼夜极端低温事件产生影响。再结合200hPa风矢量场距平分布图来看,新疆受到南风和西南风所携带的暖湿气流控制,冬季气温降低不明显,减少昼夜极端低温事件的发生。

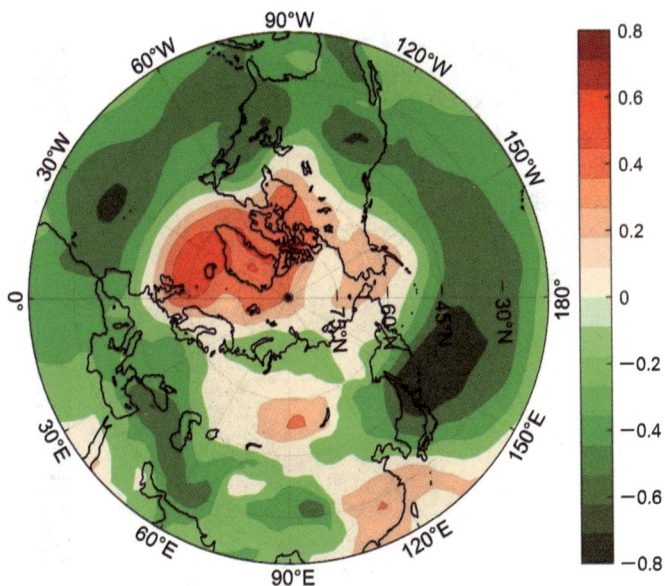

(a)

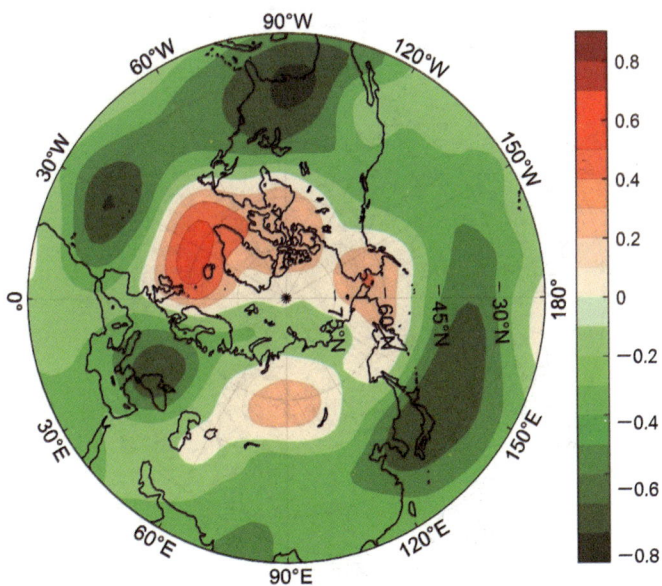

(b)

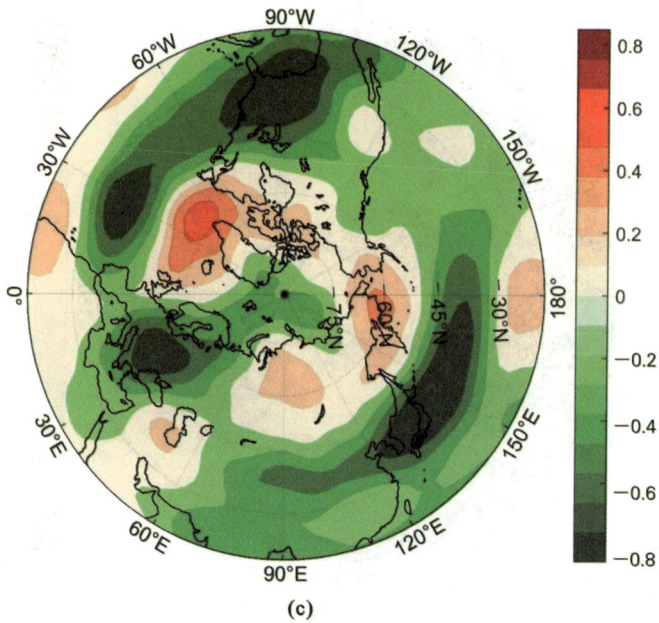

(c)

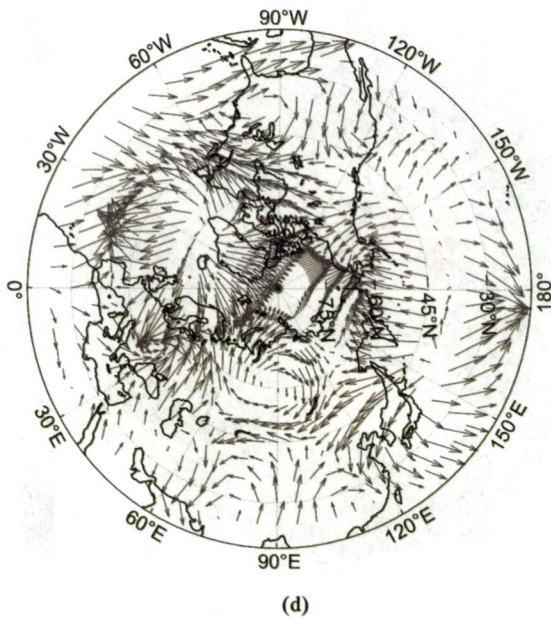

(d)

图 5-7　新疆 1960—2016 年昼夜极端低温事件频次 PC1 冷冬年海平面气压距平合成图、
500hPa 位势高度距平合成图、500hPa 温度距平合成图、200hPa 风矢量场距平合成图

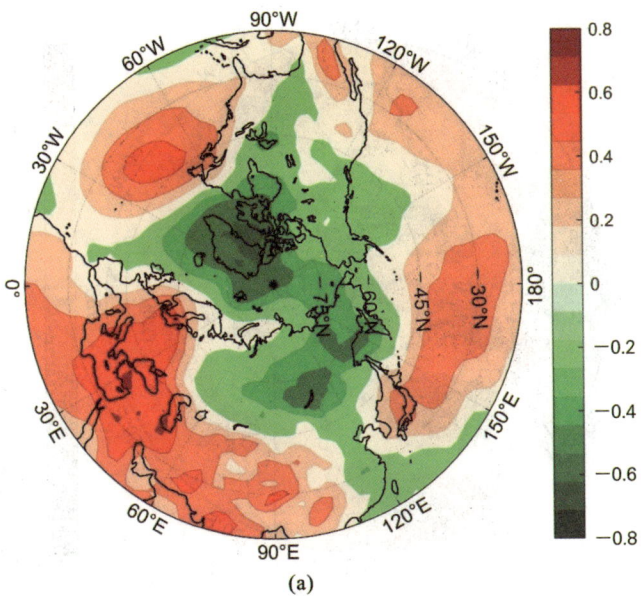

(a)

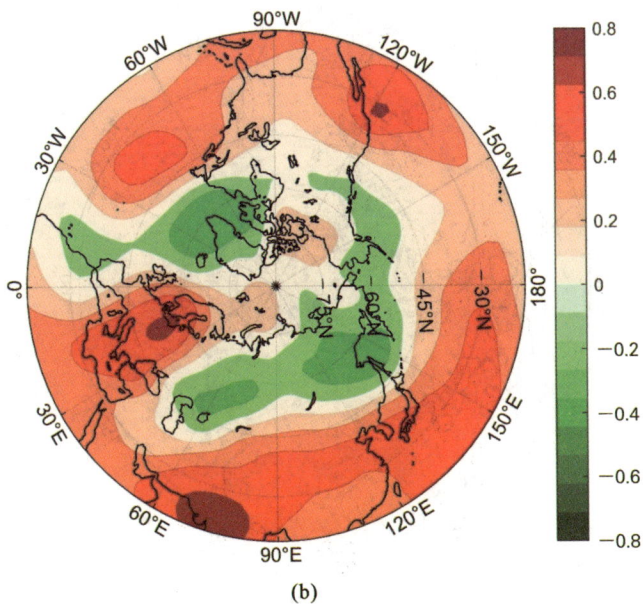

(b)

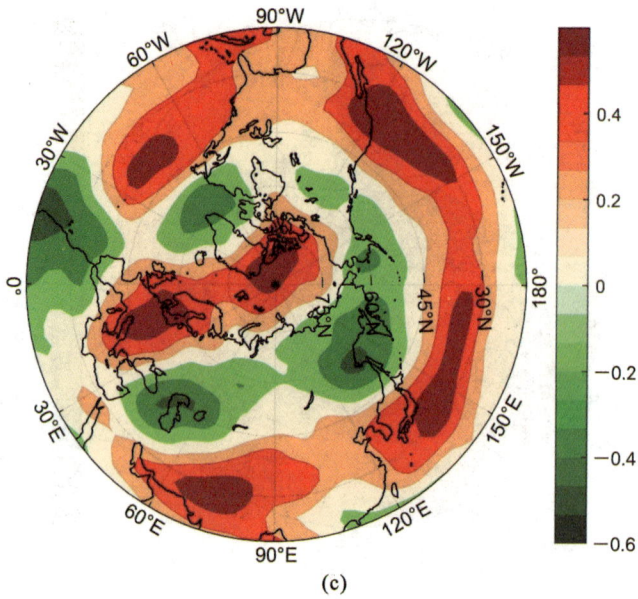

(c)

(d)

图 5-8　新疆 1960—2016 年昼夜极端低温事件频次 PC1 暖冬年的海平面气压距平合成图、
500hPa 位势高度距平合成图、500hPa 温度距平合成图、200hPa 风矢量场距平合成图

新疆昼夜极端低温事件频次经过 EOF 分解后得到的第二模态所对应的标准化时间系数冷冬年的海平面气压场如图 5-9(a)所示。从图 5-9(a)中可以看出,1960—2016 年,东半球 60°N 以北的广阔区域为一个强大的负距平异常区,里海、黑海和巴尔喀什湖地区也为低压负异常所控制,表明北部冷空气活动势力范围广且极易南下影响中纬度地区。此外,新疆北部受高压正异常影响,而新疆南部地区受青藏高原低压负异常影响明显,这种北半球中高纬度地区海平面气压场的异常分布表明:昼夜极端低温事件频次第二空间模态"南多北少"分布格局与亚欧大陆中高纬度地区海平面气压场的关系异常紧密。

图 5-9(b)为新疆 1960—2016 年间昼夜极端低温事件第二模态标准化时间系数冷冬年的 500hPa 位势高度场距平分布。如图 5-9(b)所示,在欧亚大陆上,东半球从北到南的位势高度距平场呈"— + —"分布,即北极、斯堪的纳维亚半岛、巴伦支海、黑海和里海地区为强大的位势高度负异常区,乌拉尔山以东至鄂霍次克海地区为强大的位势高度正异常区,有利于乌拉尔—贝加尔湖地区形成稳定且深厚的阻高系统,偏北气流强盛使北方冷空气多次爆发式南下入侵,较易导致昼夜极端低温事件。此外,新疆北部地区也在该正异常中心区域,新疆南部地区受位势高度负异常控制,这样的位势高度距平场分布使新疆昼夜极端低温事件第二空间模态呈现南部地区偏多而北部偏少的空间分布特征。

新疆 1960—2016 年间昼夜极端低温事件第二模态标准化时间系数冷冬年的 500hPa 温度场距平分布如图 5-9(c)所示。在欧亚大陆上,乌拉尔山以东至贝加尔湖地区有一个显著的暖异常中心,新疆北部地区也因在该暖异常影响范围内而受到明显的暖平流影响。我国西南部地区有一显著的冷异常中心,新疆南部地区也受到该冷异常影响而盛行冷平流,这样的温度距平场分布使新疆昼夜极端低温事件在新疆南部地区偏多而在北部地区偏少。

图 5-9(d)为新疆 1960—2016 年间昼夜极端低温事件第二模态标准化时间系数冷冬年 200hPa 合成的距平风场。亚洲地区由北到南距平场表现为"气旋—反气旋—气旋"的空间分布,北极地区是一个距平反气旋,乌拉尔山以东至贝加尔湖上空为一强大的距平反气旋环流异常,青藏高原为一气旋环流异常,这样的风场距平配置有利于乌拉尔山高压脊的加强,从而出现明显的阻塞形势,为巴伦支海—新地岛冷空气沿着高压脊南下提供便利条件。此外,新疆盛行南风和西南风异常,将冷平流源源不断地输送至新疆南部地区,使新疆南部地区的昼夜极端低温事件多于北部地区。

新疆昼夜极端低温事件频次第二模态所对应的标准化时间系数暖冬年的海平面气压场距平分布如图 5-10(a)所示。东半球 35°N 以北的广阔区域均以正距平为主,这是西伯利亚高压增强的表现,使更多的高纬冷空气南下,由于山脉的屏障作用,新疆北部地区受冷空气影响远比南部地区显著,因此昼夜极端低温事件呈现北多南少的空间分布格局。

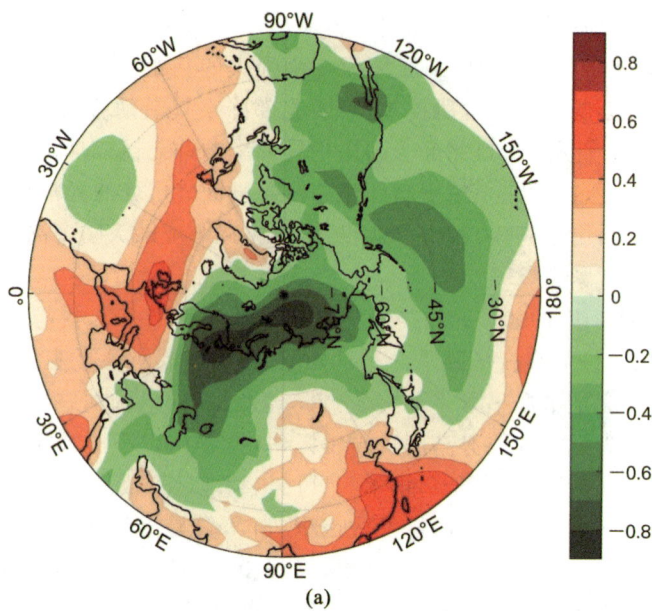

(a)

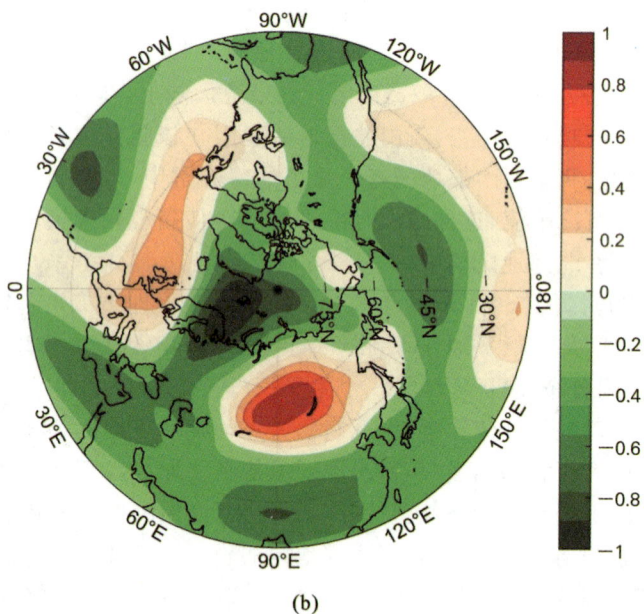

(b)

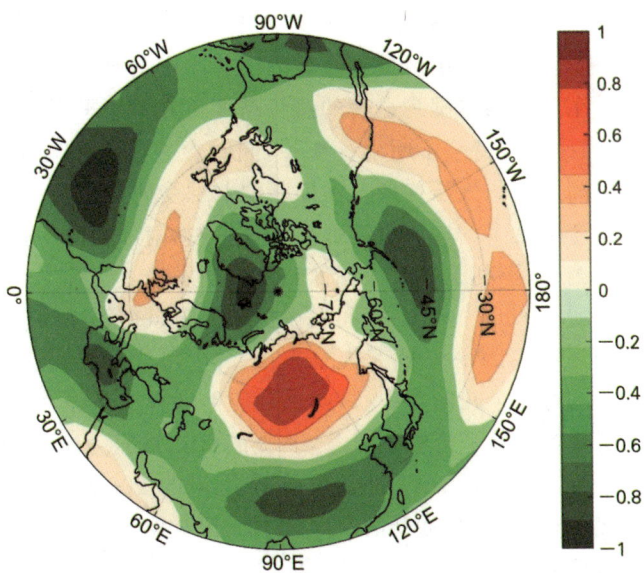

(c)

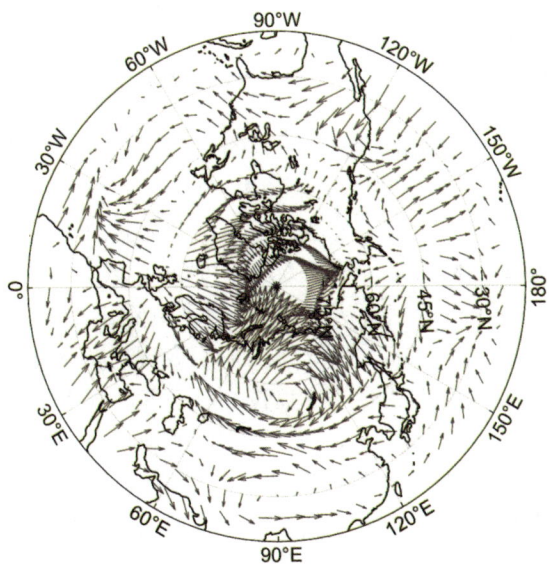

(d)

图 5-9 新疆 1960—2016 年昼夜极端低温事件频次 PC2 冷冬年的海平面气压距平合成图、
500hPa 位势高度距平合成图、500hPa 温度距平合成图、200hPa 风矢量场距平合成图

图 5-10(b)为新疆 1960—2016 年间昼夜极端低温事件第二模态标准化时间系数暖冬年的 500hPa 位势高度场距平分布。从图 5-10(b)中可以看出,里海、咸海地区、巴伦支海、新地岛、乌拉尔山区域为显著的位势高度正异常控制,其中心位于新地岛;巴尔喀什湖以东至贝加尔湖为显著的位势高度负异常距平区,这种北高南低的环流形势使得北方强冷空气持续不断侵袭新疆,同时会减慢自西向东传播的冷空气波列速度,加强位势高度场的气压梯度。然而新疆北部受明显位势高度负距平控制,导致冬季温度偏低,产生更多的昼夜极端低温事件;新疆南部地区为位势高度正距平控制,导致冬季温度偏高,不利于昼夜极端低温事件的发生。

图 5-10(c)是新疆 1960—2016 年间昼夜极端低温事件第二模态标准化时间系数暖冬年的 500hPa 温度场距平分布。从图 5-10(c)中可知,在欧亚大陆上,以巴伦支海和新地岛为中心,有一个暖异常中心,西伯利亚地区有一个强大的冷异常中心其覆盖新疆全区,新疆整体受冷平流影响显著,北疆的负异常值大于南疆;再结合新疆昼夜极端低温事件第二模态及其时间系数负异常年的 200hPa 风矢量场距平分布 [图 5-10(d)]可知,新疆全区受强劲的北风和西北风异常影响,这意味着强大的冷空气侵袭新疆,风场异常同样源源不断地把冷平流输入新疆,且新疆北部受影响程度远大于新疆南部地区,这样的温度场和风场异常配置导致新疆昼夜极端低温事件呈现北多南少的空间分布格局。

5.3.3 新疆昼夜极端低温事件的大气环流遥相关型

新疆昼夜极端低温事件频次的前两个主模态空间分布格局的环流场背景在前文已经讨论过,本节主要围绕方差贡献率最大的第一模态的大气环流型展开分析,尝试找到新疆昼夜极端低温事件变化与大尺度大气环流型之间的协同关系。

新疆昼夜极端低温事件频次第一模态标准化时间系数 PC1 与同时期海平面气压场的回归分布如图 5-11(a)所示。从图 5-11(a)中可看出,北极地区、乌拉尔山地区、西伯利亚和东亚表现为气压偏高,中低纬度地区表现为气压偏低,这种海平面气压场回归分布在空间上表现为明显的 AO 负位相环流型。从环流场上看,乌拉尔山以东地区的偏高气压有利于乌拉尔高压脊的发展,进而增强西伯利亚阻塞高压强度,有利于气流的纬向运动,大范围强冷空气在西伯利亚地区集聚并南下侵袭新疆,说明 AO 是影响昼夜极端低温事件第一空间模态重要的大气环流因子。从 200hPa 风矢量场距平分布 [图 5-11(b)]可看出,巴尔喀什湖北部和新疆西部存在气旋式切变,新疆受气旋式环流异常控制且盛行偏北气流,极地大范围冷空气南下导致新疆冬季昼夜极端低温事件频次较多。此外,极涡面积和强度变化会对南下冷空气产生重要影响。

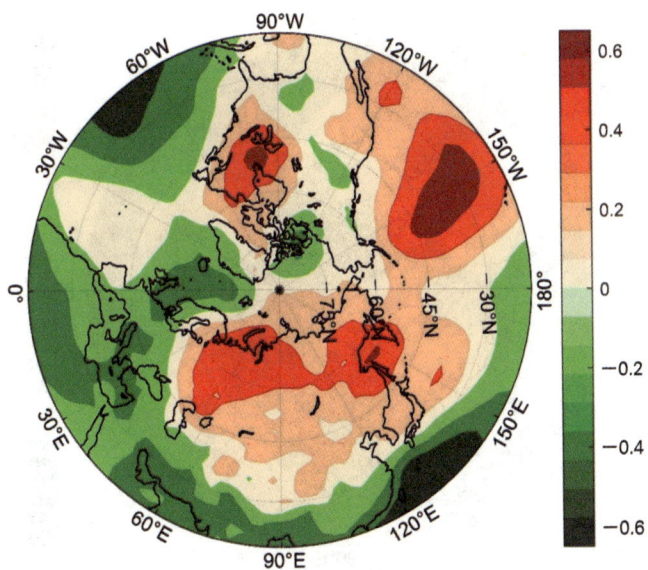

(a)

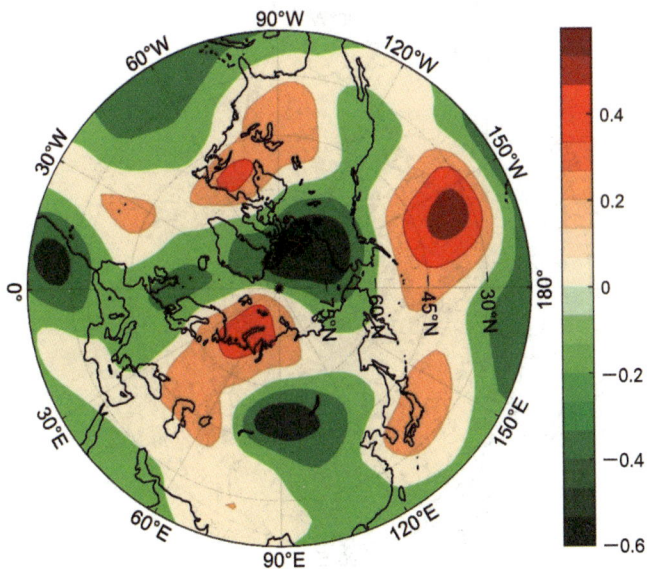

(b)

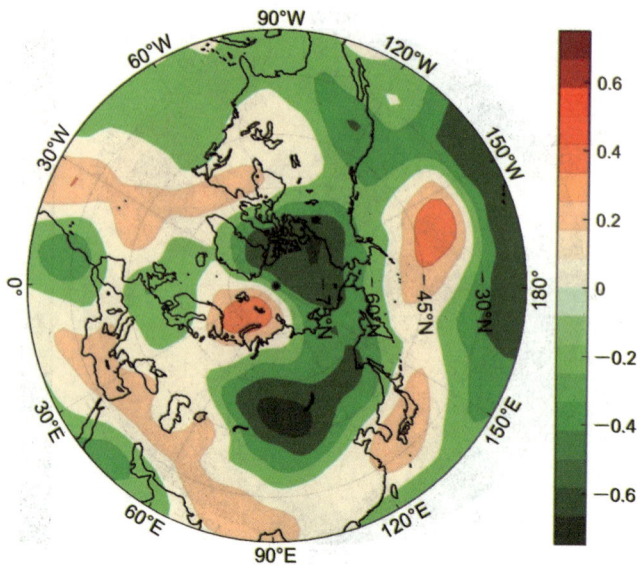

(c)

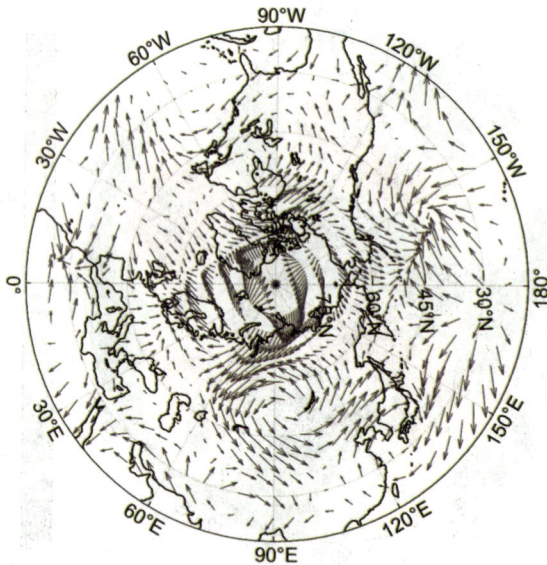

(d)

图 5-10 新疆 1960—2016 年昼夜极端低温事件频次 PC2 暖冬年的海平面气压距平合成图、
500hPa 位势高度距平合成图、500hPa 温度距平合成图、200hPa 风矢量场距平合成图

(a)

(b)

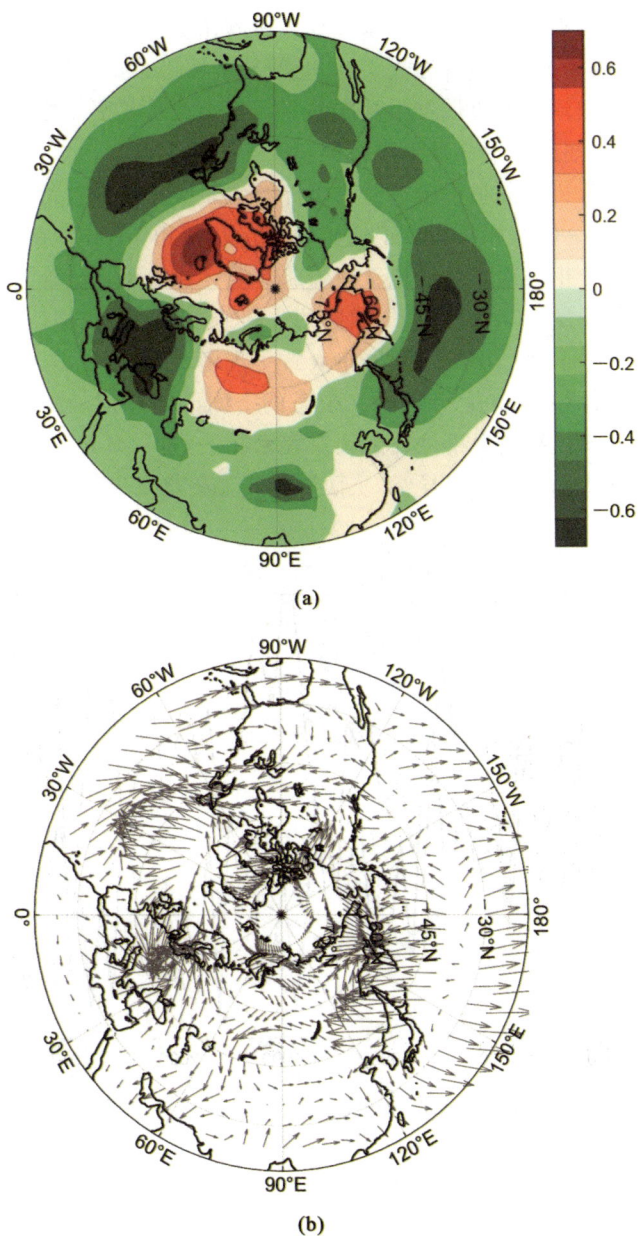

图 5-11 新疆 1960—2016 年昼夜极端低温事件频次 PC1 与
同时期 500hPa 位势高度场、200hPa 风矢量场的回归分布图

(a)500hPa 位势高度场；(b)200hPa 风矢量场

图 5-12 显示了冬季 AO 指数和新疆昼夜极端低温事件频次指数的变化特征。冬季 AO 指数与新疆昼夜极端低温事件频次指数在年际变化上存在很好的负相关关系,二者相关系数为 -0.28,且通过了 0.05 的显著性检验,这表明冬季北极涛动年际变化和新疆昼夜极端低温事件发生频次的年际变化关系紧密。即当 AO 为负位相的时候,新疆昼夜极端低温事件发生频次偏多。

为了进一步分析新疆昼夜极端低温事件发生频次空间分布特征和 AO 遥相关型之间的关系,挑出 AO 遥相关指数正位相年 12a,负位相年 14a。在 AO 负位相年,昼夜极端低温事件发生频次高值区位于新疆北部地区和哈密。这种分布格局和新疆昼夜极端低温事件频次 EOF 分解第一模态的空间分布特征相类似。在 AO 正位相年,新疆昼夜极端低温事件频次的空间分布大致呈现南北反相型,这种分布模式与新疆昼夜极端低温事件频次 EOF 分解第二模态的空间分布相似。AO 遥相关型异常环流模态与新疆昼夜极端低温事件发生频次紧密相关,这一环流型的异常主要影响西伯利亚高压的强弱和经向环流异常,从而影响新疆昼夜极端低温事件的发生频次。

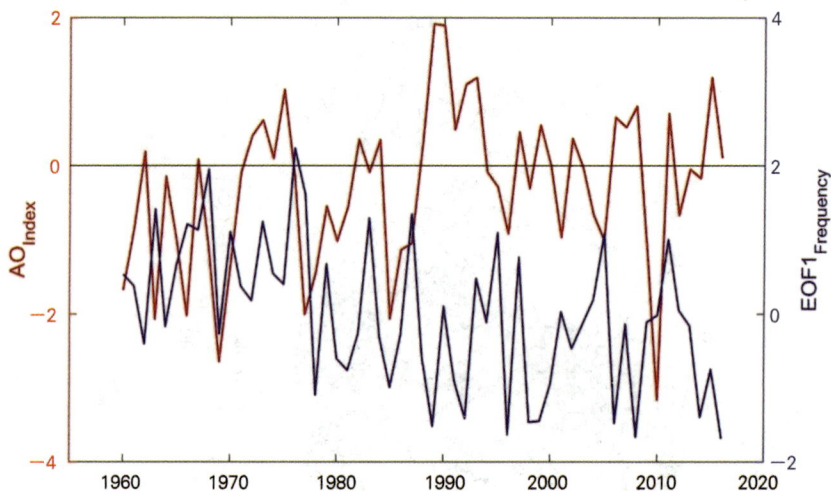

图 5-12 新疆 1960—2016 年昼夜极端低温事件频次 PC1 与同时期 AO 指数的变化特征

5.4 极端降水指数与大气环流背景场的联系

5.4.1 极端降水指数与 500hPa 位势高度场合成分析

从前文分析可知:1960—2013 年西北干旱区表征湿润的极端降水指数总体呈增加趋势,表征干旱的极端降水指数总体呈减小趋势,说明该地区气候存在湿润化发展趋势,这种情况的出现可能与全球变暖有关。突变分析也显示极端降水指数大致在 20 世纪 80 年代末 90 年代初发生突变,表征湿润的极端降水指数自突变年后增加趋势显著,而表征干旱的极端降水指数自突变年后减少趋势显著,在一定程度上说明西北干旱区自突变年后增湿趋势显著。为了探究突变年后西北干旱区极端降水增加背景下的 500hPa 位势高度场特征,突变后 1992—2013 年的 500hPa 位势高度场平均值与突变前 1960—1991 年 500hPa 位势高度场平均值差值合成分析表明。西北干旱区上空 500hPa 位势高度正异常对应西北干旱区全区降水量一致偏多,容易出现极端降水指数如一日最大降水量(RX1day)、降水强度(SDII)、强降水日数(R10)、五日最大降水量(RX5day)、强降水量(R95p)增多,持续干燥日数(CDD)减少的现象,说明该地区降水呈现增加趋势对应西北干旱区 500hPa 位势高度场正距平,反之则亦然。

5.4.2 极端降水指数与水汽通量场合成分析

空气中的水汽绝大部分集中分布在地球表面,且在空气中所占比例极小,却是大气中非常活跃的组成部分。众多研究表明,大气中的水汽对天气和气候形成及发展具有重要影响,通过大规模的空气运动将水汽从一个地区输送到另一个地区,是形成云和降水的重要物质基础。西北干旱区地形闭塞,远离海洋,区内河流、湖泊等水源极其稀少,主要依靠外部输入水汽,因此西北干旱区降水的形成与外部输入的水汽关系密切,同时水汽通量的辐合、辐散也是影响降水的关键因素之一,Starr 等在 1958 年研究发现,水汽通量的辐合、辐散与当地空气中水汽总含量关系较为密切。黄荣辉等也研究指出,东亚季风区夏季降水变化特征与水汽通量的辐合、辐散关联度较高。Yatagai 等研究指出,大气中的水汽输送量以及水汽通量的辐合、辐散与降水有密切关系。以上研究均表明,大气中的水汽输送量以及水汽通量散度场是降水的重要影响因子。

西北干旱区作为一个内陆地区,地形复杂,群山环绕,伴随着全球变暖,水循环速率加快,水循环系统中的降水和蒸发环节受到严重影响,极端降水事件也呈增加趋势,本节基于水汽通量场资料,探究通常情况下西北干旱区水汽的主要来源以及极端降水指数与水汽通量和水汽通量散度场之间存在的可能关系。

西北干旱区 1960—2013 年平均整层水汽通量场显示,西北干旱区主要受到西风环流的影响,西北干旱区位于亚欧大陆腹地,距海遥远,加之受到山脉的阻挡作用,经过长距离输送后,来自北大西洋的暖湿气流所携带水汽几乎消失殆尽,西北干旱区的大部分地区很难形成有效降水。

西北干旱区极端降水突变年后(1992—2013 年)整层水汽通量均值减去突变年前(1960—1991 年)水汽通量均值分析结果表明,突变年后除了南疆中部的塔克拉玛干沙漠地区和河西走廊东部地区散度值为正,不易形成有效降水外,北疆地区、南疆东部地区、河西走廊中西部地区散度值为负,比较容易形成有效降水,说明极端降水突变年后,极端降水指数呈增加趋势,西北干旱区气候有变湿润的趋势。这与前文的分析结果相一致。

5.5　极端气温、降水指数与海温背景场的联系

众所周知,海洋在地球表面分布广泛,约占地球总面积的 70%,在全球气候变化中起着重要而直接的作用,是大气中水汽的主要来源。众多学者认为海表温度异常是引起大气环流和气候异常的最关键因素之一,对于区域乃至全球气候形成和变化影响深远。许多学者从不同角度探究了海表温度与气候变化间的关系,得到了一些有意义的结论。如王谦谦等研究认为海表温度会直接引起海洋感热量变化,虽然所引起的感热量变化非常小,但是对气候异常来说却是极其重要的影响因子。吴胜安等研究了中国夏季降水特征与热带太平洋海温间的关系,发现长江以南、以北地区夏季降水与热带太平洋海温关系密切,在 20 世纪 50—70 年代末期,长江以南地区夏季降水异常偏少对应热带西太平洋海表温度为负距平分布,长江以北地区降水偏少对应热带西太平洋海表温度为正距平分布。毛文书等研究了江淮流域梅雨降水与海表温度之间的关系,发现影响江淮流域降水的关键海区是西太平洋海区,江淮流域梅雨降水异常偏多对应冬季西太平洋暖池区海温偏高,反之则对应偏低。以上研究表明海表温度是影响气温、降水的重要因素,本节试图探究海表温度对西北干旱区极端气温、降水事件的影响,对于预测极端气候有着重要意义。

5.5.1　极端气温指数与海温背景场的联系

由前文分析可知,西北干旱区表征寒冷的极端气温指数呈显著下降趋势,表征温暖的极端气温指数呈显著上升趋势,表明气温向增暖趋势发展,为了进一步了解该地

区气温增暖与海温背景场之间的关系,分别对极端气温冷、暖指数与海温背景场做合成分析。

由于本书选取的极端气温冷、暖指数较多,且各个极端高温、低温指数的气温偏高、偏低年份相似,因此选择夏季日数(SU25)作为极端气温暖指数的代表,选择霜冻日数(FD0)作为极端气温冷指数的代表。夏季日数(SU25)异常多年份表明极端气温普遍异常偏高,霜冻日数(FD0)异常多年份表明极端气温普遍异常偏低。将夏季日数(SU25)在EOF分解中第一模态标准化时间系数绝对值大于1的年份作为极端气温异常偏高年份(1997年、1998年、2005年、2006年、2007年、2008年、2011年、2012年、2013年);将霜冻日数(FD0)在EOF分解中第一模态标准化时间系数绝对值大于1的年份作为极端气温异常偏低年份(1960年、1961年、1962年、1967年、1968年、1970年、1976年、1984年)。

为了验证气温异常偏高、偏低年份选取的合理性,分别对西北干旱区夏季日数异常偏多年份、霜冻日数异常偏多年份的气温进行分析,发现夏季日数异常偏多年份的气温明显大于各地气温均值,霜冻日数异常偏多年份的气温明显小于各地气温均值,这说明这些异常年份的选取是合理的。

夏季日数(SU25)异常偏多年份就是极端气温异常偏高年份,对夏季日数异常偏多年份(1997年、1998年、2005年、2006年、2007年、2008年、2011年、2012年、2013年)的海表温度做距平、合成分析得出,西北干旱区极端气温异常偏高年对应全球大部分海区海温为正距平,其中鄂霍次克海、北大西洋西部海域海温呈显著正距平,北大西洋西部海域正距平表现更加明显,说明北大西洋西部和鄂霍次克海海域是西北干旱区极端气温异常偏高关键影响海域,当北大西洋、鄂霍次克海海温呈正距平分布时,西北干旱区容易出现极端气温异常偏高现象。

霜冻日数(FD0)异常偏多年份就是极端气温异常偏低年份,对霜冻日数异常偏多年份(1960年、1961年、1962年、1967年、1968年、1970年、1976年、1984年)的海表温度做距平、合成分析处理得出,西北干旱区极端气温异常偏低年与极端气温异常偏高年的海温分布情况恰好相反,西北干旱区极端气温异常偏低年对应全球大部分地区海温为负距平,其中北大西洋西部海区、鄂霍次克海、地中海的海表温度呈显著负距平,说明这些海区的海表温度与西北干旱区极端气温异常偏低有较为密切的关系,北大西洋西部海区有可能是影响西北干旱区极端低温事件的关键海区。当北大西洋西部海区、鄂霍次克海、地中海的海温呈显著负距平时,西北干旱区极端气温容易出现异常偏低现象,反之则出现异常偏高现象(与前文研究结果一致)。

5.5.2 极端降水指数与海温背景场的联系

由前文分析可知,西北干旱区表征湿润的极端降水指数在波动中增加,表征干旱的持续干燥日数在波动中逐年减少,说明西北干旱区较以前湿润。为了进一步探讨西北干旱区降水增多与海表温度之间存在的关系,选择有代表性的极端降水湿润、干旱指数并分别与海温背景场做合成分析。

由于文中所选取表征湿润的极端降水指数较多,且各个表征湿润的极端降水指数的降水偏多年份相似,因此选择降水强度(SDII)作为极端降水湿润指数的代表、持续干燥日数(CDD)作为极端降水干旱指数的代表;将降水强度(SDII)在经验正交函数分解中第一模态标准化时间系数绝对值大于1的年份作为降水异常偏多年份(1979年、1987年、1988年、1992年、1996年、2002年、2007年、2010年、2012年);将持续干燥日数(CDD)在经验正交函数分解中第一模态标准化时间系数绝对值大于1的年份作为降水异常偏少年份(1962年、1965年、1968年、1975年、1984年、1986年、1997年、2001年)。降水强度异常偏大年份表明降水较多,气候较湿润;持续干燥日数异常偏多年份表明降水稀少,气候较干燥。

为了验证极端降水异常偏多、偏少年份选取的合理性,分别对西北干旱区降水强度(SDII)异常偏大年份、持续干燥日数(CDD)异常偏多年份的降水量情况进行分析,发现降水强度异常偏大年份的降水量明显大于全区降水量均值,持续干燥日数异常偏多年份的降水量明显小于全区降水量均值,这说明这些异常年份的选取是合理的。

降水强度(SDII)异常偏大年份就是极端降水异常偏多年份,对降水强度异常高年份(1979年、1987年、1988年、1992年、1996年、2002年、2007年、2010年、2012年)的海表温度做距平、合成分析处理后得出,西北干旱区极端降水异常多年对应全球大部分海区为海温正距平,其中北大西洋西部海域、黄海和东海海域为海温正距平,而太平洋(29°N~45°N,148°W~176°W)海域为海温负距平,说明极端降水异常偏多可能与北大西洋海温、太平洋(29°N~45°N,148°W~176°W)海温的关系较为密切,这些海区可能是影响西北干旱区极端降水异常的关键海域。当北大西洋西部海域、黄海和东海海域为海温正距平、太平洋(29°N~45°N,148°W~176°W)海域为海温负距平分布时,西北干旱区容易出现极端降水异常偏多现象。

持续干燥日数(CDD)异常偏多年份就是极端降水异常偏少年份,对持续干燥日数异常偏多年份(1962年、1965年、1968年、1975年、1984年、1986年、1997年、2001年)的海表温度做距平、合成分析处理后得出,极端降水异常偏少年份对应北大西洋、印度洋、鄂霍次克海、地中海海温为负距平,太平洋(29°N~45°N,148°W~176°W)海域为海温正距平,说明西北干旱区极端降水异常偏少年与这些海区的海温关系较为密切。

5.6 本章小结

　　本章采用 NCEP/NCAR 的西北干旱区 1960—2013 年 500hPa 高度场资料,NO-AA 重构的全球海温场资料,欧洲中期天气预报中心 1960—2010 年低云量数据、1960—2013 年逐月水汽通量资料,运用合成分析方法分别对 1960—2013 年西北干旱区极端气温、降水异常年份进行合成分析,初步探讨极端气温、降水与大气环流及海表温度背景场的联系,得到以下结论。

　　(1)西北干旱区上空 500hPa 位势高度正异常对应全区气温一致偏高,反之偏低。西北干旱区极端气温突变年后,白天云量少,夜间云量多,表现出暖昼日数(TX90P)、暖夜日数(TN90P)增多,冷昼日数(TX10P)、冷夜日数(TN10P)减少的气温暖化趋势,这与前文得出的结果相一致,说明低云量对西北干旱区昼夜温度具有显著影响。

　　(2)西北干旱区上空 500hPa 位势高度正异常对应全区极端降水一致偏多,反之偏少。从水汽通量场可看出,西北干旱区主要受西风环流的影响,北大西洋暖湿气流无法有效到达到西北干旱区,因而该地区气候干旱。极端降水突变年后,极端降水指数呈普遍上升趋势,北疆地区、南疆东部地区、河西走廊中西部地区散度值为负,比较容易形成有效降水,气候有变湿润的趋势。

　　(3)西北干旱区极端气温异常偏暖年对应全球大部分海区的海温为正距平,而偏冷年则相反。北大西洋西部、鄂霍次克海和地中海可能与西北干旱区极端气温关系比较密切,气温偏高对应着上述海区海温正距平,反之则对应负距平。

　　(4)西北干旱区湿润年对应全球大部分海区的海温为正距平,而干燥年则反之。北大西洋、印度洋、鄂霍次克海、地中海海温为正距平,太平洋(29°N～45°N、148°W～176°W)海域为海温负距平分布时,西北干旱区容易出现极端降水异常偏多现象;反之则容易出现极端降水异常偏少现象,说明极端降水偏多与上述海区关系较密切。

　　(5)新疆是西北干旱区的典型区域,研究发现新疆昼夜极端高温事件发生频次第一空间模态整体上变化趋势一致,且在 20 世纪中期之后表现为明显增加趋势,新疆夏季增暖现象显著。在热夏年,经向环流减弱,中高纬阻高变弱变浅,新疆盛行偏南气流,同时受位势高度正距平控制且暖平流影响显著,不利于冷空气南下,使高温天气得以形成和维持。在凉夏年,新疆处在一个强大的负距平中心区域,伊朗高压系统发展浅薄且位置偏南,环流经向度加大,这样的环流配置引导极地冷空气南下阻碍新疆高压脊的发展,同时西北方向输入的冷平流不利于高温天气的形成,新疆昼夜极端高温事件发生频次相对偏少。此外,极地-欧亚遥相关型的强弱变化会对新疆高压脊发展产生重要影响,纬向西风的强弱也是直接影响新疆昼夜极端高温事件发生的一个重要因素。

（6）新疆昼夜极端高温事件发生频次第二空间模态呈南北反位相的偶极子型变化特征，其中20世纪60年代、70年代和90年代为负值，表现为南疆偏少而北疆偏多的分布特征。热夏年，在海平面气压场上，新疆全区受弱正距平高压控制，青藏高原异常偏高气压对新疆南部地区的影响要比新疆北部地区明显，加之天山山脉的阻挡作用，北方冷空气更难深入新疆南部地区。在500hPa位势高度场上，新疆处在位势高度正距平区，新疆南部的位势高度正距平值显著大于新疆北部地区。在500hPa温度场上，新疆南部地区处在正距平区，受暖平流的影响，而新疆北部地区处在负异常区，受冷平流的影响。在200hPa风场上，蒙古高原上空较弱的距平气旋位置偏北，伊朗高原和青藏高原区域的强大反气旋位置偏西，将会源源不断地将里海—咸海区域的暖平流输入新疆，且新疆南部地区暖平流多于新疆北部地区，这样的环流场配置会使新疆昼夜极端高温事件在新疆南部地区偏多而在北部地区偏少。凉夏年，在海平面气压场上，极地涡旋较弱，导致极地地区的绕极西风偏弱，使极地冷空气较易南下侵袭亚洲中高纬度地区，同时西伯利亚高压减弱，不利于冷空气在高纬度地区堆积从而增强偏北气流，整体上不利于新疆高温事件的发生。新疆北部地区的低压负距平值明显大于南部地区，这意味着新疆北部地区更易受北方冷空气的影响。500hPa位势高度场上的环流配置有利于增加中高纬度地区和低纬度地区的位势高度梯度，使冷空气持续不断沿着西北—东南走向影响新疆地区，同时新疆南部地区处于伊朗—青藏高原负距平中心区域，因此新疆南部的昼夜极端高温事件明显多于北部。500hPa温度场距平显示新疆南部地区受冷平流影响而北部地区受暖平流的影响。200hPa风场距平显示新疆位于强大反气旋的东北部，全区受强盛西南风和南风异常影响显著，强劲的西南风还会将冷平流源源不断地输送到新疆南部地区，这样的环流场形势使新疆昼夜极端高温事件呈现南多北少的分布特征。

（7）新疆昼夜极端低温事件发生频次第一空间模态均为正值，全区具有较好的一致性，第一模态标准化时间系数PC1在20世纪80年代初期后表现为显著下降趋势，这在一定程度上从侧面反映新疆冬季的温暖化发展趋势。在冷冬年，纬向西风减弱，乌拉尔山以东至贝加尔湖较强反气旋将极地冷空气源源不断输送到下游地区，大气的南北经向度梯度加大，新疆区位于气旋中心北部，全区受强盛北方和东北方向冷气流影响显著，这样的环流场配置有利于新疆昼夜极端低温事件增多。在暖冬年，西伯利亚高压减弱从而减小中高纬度和低纬度地区的位势高度距平差，北方冷空气不易集聚为大规模冷空气南下，同时新疆受强大的位势高度正距平控制和偏南气流影响，在一定程度上对冷空气南下形成一定的阻力，不利于新疆温度降低，从而阻碍形成更多的昼夜极端低温事件。此外，AO遥相关型异常环流模态与新疆昼夜极端低温事件紧密相连，这一环流型的异常主要影响西伯利亚高压的强弱和经向环流异常，从而影响新疆昼夜极端低温事件发生的频次。

(8)新疆昼夜极端低温事件发生频次第二空间表现为南北反位相变化特征,其PC2 显示 1976—1994 年间昼夜极端低温事件主要表现为南疆偏多而北疆偏少的分布特征。1965—1975 和 1995—2016 年间昼夜极端低温事件主要表现为南疆偏少而北疆偏多的分布特征。冷冬年,在海平面气压场上,北部冷空气活动势力范围广且极易南下影响中纬度地区,同时新疆北部受高压正异常影响而新疆南部地区受青藏高原低压负异常影响明显,这意味着昼夜极端低温事件第二模态南多北少的空间分布格局与亚欧大陆中高纬度地区海平面气压场异常关系紧密。500hPa 位势高度场上,乌拉尔—贝加尔湖地区形成稳定且深厚的阻高系统,偏北气流强盛使北方冷空气多次爆发式南下入侵导致新疆整体易出现昼夜极端低温事件,此外,新疆南部和北部地区分别受位势高度正、负异常控制,导致新疆昼夜极端低温事件呈现南多北少的空间分布特征。500hPa 温度场表现为新疆北部和南部地区分别受到明显的暖、冷平流影响,这样的温度距平场分布使新疆昼夜极端低温事件在新疆南部地区偏多而在北部地区偏少。200hPa 风场距平显示新疆盛行南风异常,会将冷空气源源不断地被输送至新疆南部地区,使新疆南部地区的昼夜极端低温事件多于北部地区。

暖冬年,在海平面气压场上,东半球 35°N 以北的广阔区域气压均偏高,有利于西伯利亚高压系统发展深厚,使更多的高纬度冷空气南下,由于山脉的屏障作用,新疆北部地区受冷空气影响远比南部地区显著。500hPa 位势高度场上表现为北高南低的环流形势,有利于北方强冷空气持续不断地侵袭新疆,同时会减慢自西向东传播的冷空气波列速度,加强位势高度场的气压梯度。同时,新疆北部受明显位势高度负距平控制而新疆南部地区为位势高度正距平控制,使昼夜极端低温事件呈现北部偏多而南部偏少的分布特征。500hPa 温度场显示西伯利亚地区一个强大的冷异常中心覆盖新疆全区,新疆整体受冷平流影响显著,北疆的负异常值大于南疆。200hPa 风矢量场距平显示新疆全区受强劲的北风和西北风异常影响,这意味着强大的冷空气侵袭新疆,且新疆北部受影响程度远大于新疆南部地区,这样的环流场异常配置导致新疆昼夜极端低温事件呈现北多南少的空间分布格局。

6 干旱区极端气候模拟能力评估和未来气候情景预估

6.1 全球气候模式对极端高温事件模拟能力评估

6.1.1 极端高温事件时间变化特征的模拟能力评估和未来气候情景预估

基于泰勒图评估各模式及多模式集合对新疆昼夜极端高温事件各指标时间变化特征的模拟能力,泰勒图直观地将单一模式和多模式集合的历史模拟序列与当前气候背景观测序列之间的均方根误差、标准差和相关系数集中表征在同一幅图中,便于甄别单一模式和多模式集合对新疆昼夜极端高温事件各指标的模拟能力优劣,综合考虑这些统计特征旨在保证优选后的单一模式或多模式集合具备较好的模拟能力。

(1)量级指标

图 6-1 为 1961—2005 年多气候模式模拟新疆昼夜极端高温事件频次、强度和持续日数。对于频次而言,泰勒图显示各模式与观测数据的相关系数在 0.24~0.51 之间,其标准化后的中心化均方根误差介于 0.98~1.23,标准差在 0.68~1.25 之间,其中 PLS 和 MME 多模式集合的模拟能力均优于大多数单一模式,其标准化后的中心化均方根误差分别为 0.65 和 0.77,其与观测数据的相关系数分别为 0.76 和 0.63。强度的泰勒图显示,CanESM2 模式、GFDL-CM3 模式、PLS 和 MME 多模式集合均表现出较好的模拟能力,其中 PLS 多模式集合的模拟能力最好,其与观测数据的相关系数达到 0.81,标准差(0.81)与观测数据的标准差较为接近,其标准化后的中心化均方根误差最小(0.59)。从持续日数的泰勒图可以看出,大多数气候模式对持续日数时间序列的模拟能力十分接近,各模式与观测数据的相关系数在 0.19~0.56 之间,其标准化后的中心化均方根误差在 1.1~1.78 之间,标准差集中在 0.95~1.79 之间,表明大部分气候模式可以较好地模拟出持续日数的时间变率。然

而各模式的模拟能力仍逊色于 PLS 和 MME,其中 PLS 多模式集合对持续日数时间变率的模拟能力是最优的。

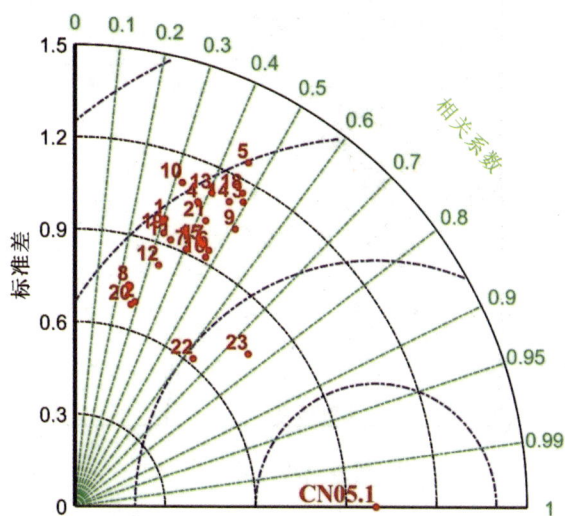

(a)

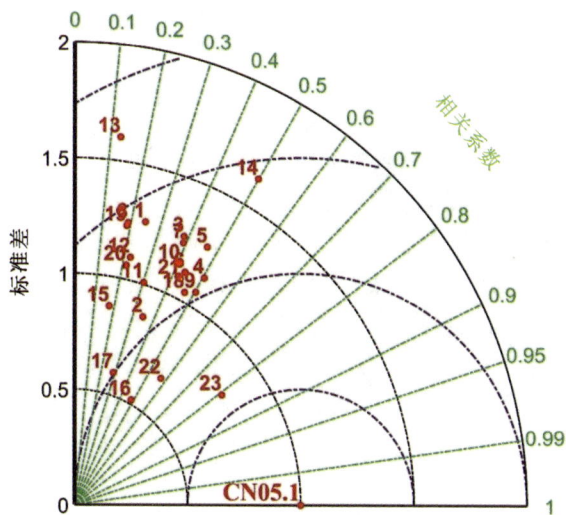

(b)

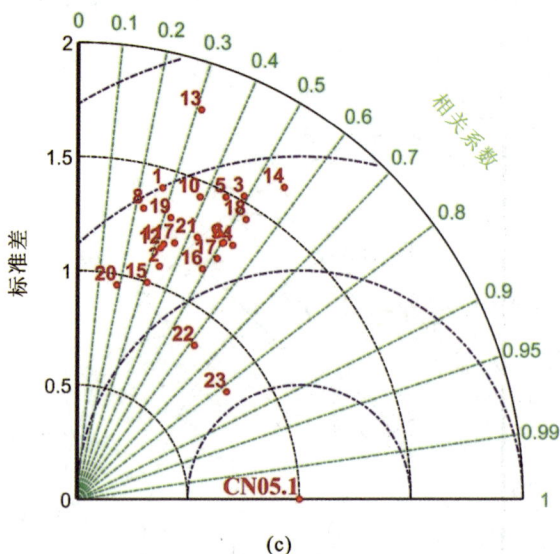

(c)

图 6-1 1961—2005 年多气候模式模拟新疆昼夜极端高温事件频次、
强度和持续日数指标时间变化特征相对于观测的泰勒图[①]

(a)频次；(b)强度；(c)持续日数

(2)极值指标

图 6-2 是 1961—2005 年多模气候式对观测数据强度最大值和持续日数最大值指标模拟能力评估的泰勒图。对于强度最大值来说，除了 MIROC-ESM 模式、MME 和 PLS 多模式集合的标准化均方根误差小于 1，其余模式的标准化均方根误差均大于 1，即这些模式对强度最大值时间序列的模拟能力较差，其中 PLS 多模式集合标准差与观测数据最为接近，其与观测数据的相关系数为 0.78，其标准化后的中心化均方根误差最小，为 0.62。持续日数最大值的泰勒图显示，MME 和 PLS 多模式集合的模拟能力均优于各单气候模式，其中 PLS 的模拟效果更优，其与观测数据的相关系数为 0.68，其标准化后的中心化均方根误差为 0.74，标准差与观测值也较接近。

(3)时间指标

图 6-3 是用 1961—2005 年多气候模式对开始日期、结束日期和时间长度指标模拟能力的泰勒图。开始日期的泰勒图显示，各模式与观测数据的相关系数在 0.2～0.5 之间，其标准化后的中心化均方根误差集中在 0.89～1.2，标准差在 0.5～0.99 之间，MIROC5 模式的模拟能力相对较好，但仍逊色于 PLS 多模式集合的模拟能力，

---

① 本章图 6-1～图 6-3、图 6-16～图 6-18 中数字编号对应表 1-1 中的模式及多模式集合，22、23 分别对应多模式集合平均(MME)、偏最小二乘回归(PLS)。

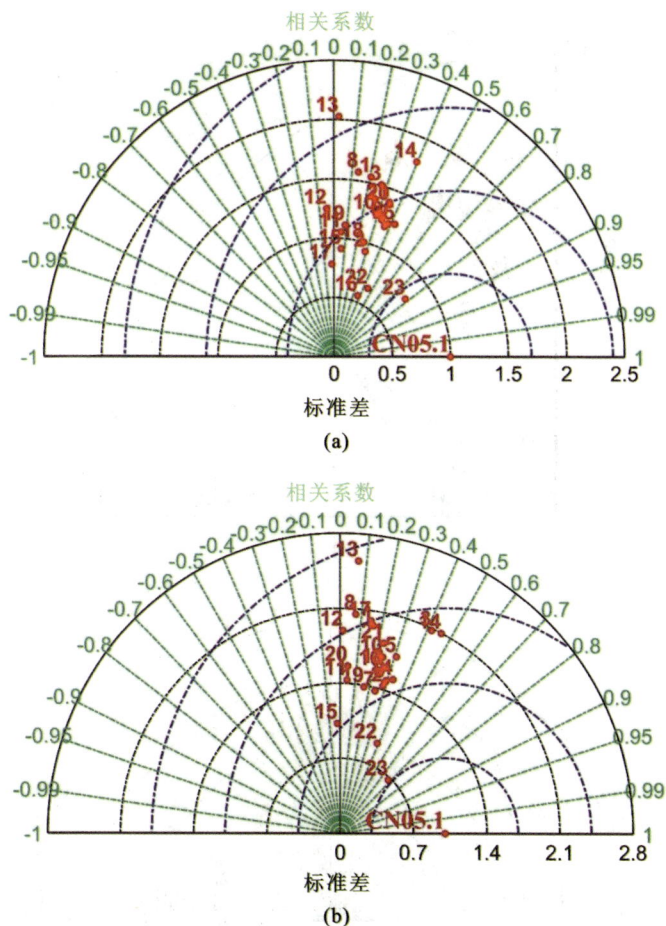

图 6-2　1961—2005 年多气候模式模拟新疆昼夜极端高温事件强度最大值和
持续日数最大值指标时间变化特征相对于观测的泰勒图

(a)强度最大值;(b)持续日数最大值

其标准化后的中心化均方根误差为 0.55,与观测数据的相关系数为 0.83。结束日期的泰勒图显示,PLS 多模式集合对开始日期的模拟能力优于 MME 多模式集合和各单一气候模式,其标准化后的中心化均方根误差为 0.76,与观测数据的相关系数为 0.65。时间长度的泰勒图显示,各模式与观测数据的相关系数在 0.2～0.6 之间,其标准化后的中心化均方根误差集中在 0.85～1.23,标准差在 0.69～1.19 之间。综合三个指标对比各模式和多模式集合,发现 PLS 多模式集合的模拟能力最好,其标准化后的中心化均方根误差为 0.58,与观测数据的相关系数为 0.82。

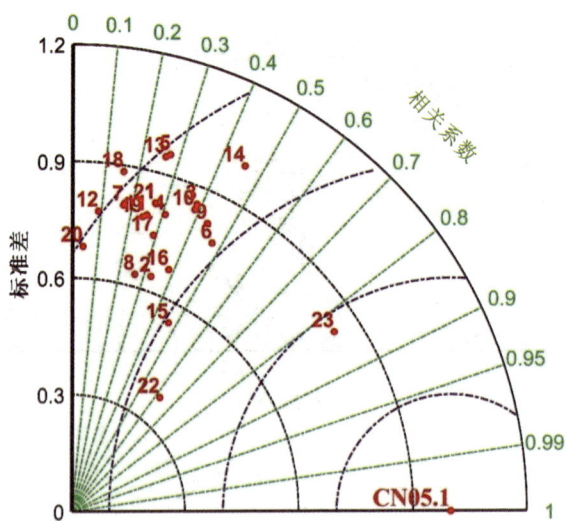

(a)

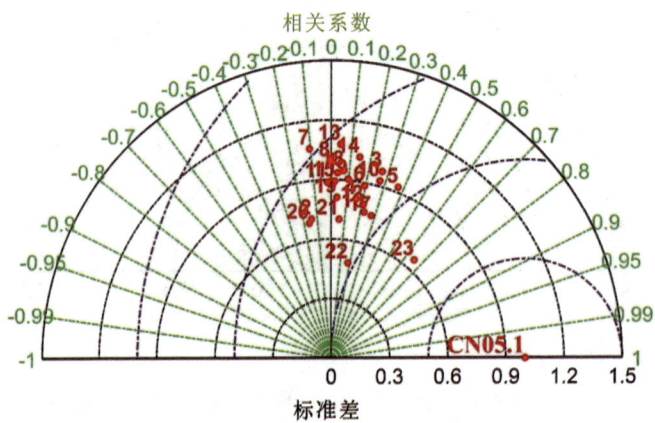

(b)

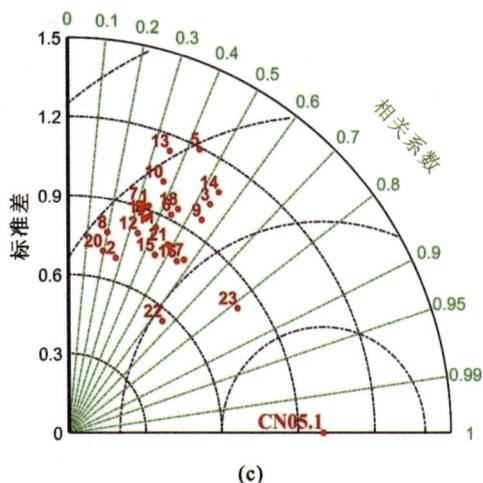

(c)

**图 6-3 1961—2005 年多气候模式模拟新疆昼夜极端高温事件开始日期、
结束日期和时间长度指标时间变化特征相对于观测的泰勒图**

(a)开始日期;(b)结束日期;(c)时间长度

由表 6-1 可知,所有单一模式和多模式集合均能模拟出昼夜极端高温事件频次、强度、持续日数、强度最大值、持续日数最大值、结束日期和时间长度指标随时间推移的增加趋势,以及开始日期随时间推移的下降趋势,不同模式和多模式集合的模拟能力存在一定差异,综合评价单一模式和多模式集合的历史模拟值与观测值的气候倾向率、相关系数、均方根误差、标准差后发现,PLS 多模式集合对昼夜极端高温事件 8 指标时间变化特征的模拟能力最优。从年际变化曲线图 6-4 中也可看出,PLS 多模式集合对昼夜极端高温事件 8 指标年际变化特征的模拟能力显著优于 MME 多模式集合和单一模式,模拟结果更接近于观测值。9 年滑动平均曲线可以反映多模式集合对观测值年际变化特征的模拟能力(图 6-5),从图 6-5 中可看出,PLS 多模式集合对 8 指标年际变化特征的模拟能力最好,基本再现了观测值的波峰、波谷变化,虽然对部分波峰、波谷值的模拟存在一定的误差,但与年际变化特征大体趋势的模拟较为吻合。

表 6-1 多气候模式模拟 1961—2005 年新疆昼夜极端高温事件 8 指标时间序列的线性趋势

指标	CDNHF	CDNHI	CDNHD	CDNHMI	CDNHMD	CDNHS	CDNHE	CDNHL
ACCESS1-0	0.51**	26.71**	4.31**	15.54**	1.51**	−2.52**	3.87**	6.66**
bcc-csm1-1	0.16*	14.2**	1.87*	8.46**	0.75*	−1.97**	0.5	2.51*
BNU-ESM	0.36**	21.62**	3.12**	12.83**	1.07**	−1.86	3.09**	5**
CanESM2	0.5**	25.21**	3.96**	13.15**	1.28**	−1.95*	3.04**	5.23**
CCSM4	0.59**	29.24**	4.4**	14.4**	1.39**	−3.69**	3.05**	7.1**
CESM1-BGC	0.54**	29.08**	4.3**	15.76**	1.29**	−2.62**	3.81**	6.63**
CNRM-CM5	0.44**	25.81**	3.11**	11.93**	0.72*	−2.34**	2.82**	5.19**
CSIRO-Mk3-6-0	0.13	13.55*	1.81*	7.11	0.76	−0.82	1.21	2.01
GFDL-CM3	0.48**	25.32**	3.77**	13.4**	1.16**	−2.52**	2.69**	5.44**
GFDL-ESM2G	0.48**	19.84**	3.32**	9.07**	0.9**	−2.84**	3.27**	6.37**
GFDL-ESM2M	0.35**	13.27**	2.53**	3.99	0.67*	−1.57	2.6**	4.35**
inmcm4	0.21*	2.36	0.61	−1.47	−0.31	−1.38	0.74	2.21
IPSL-CM5A-LR	0.57**	25.16**	5.19**	12.55**	1.82**	−3.26**	3.9**	7.31**
IPSL-CM5A-MR	0.55**	32.59**	4.75**	17.5**	1.59**	−3.08**	3.29**	6.68**

续表

指标	CDNHF	CDNHI	CDNHD	CDNHMI	CDNHMD	CDNHS	CDNHE	CDNHL
MIROC5	0.47**	13.29**	2.55**	3.93	0.37*	-1.42*	3.33**	4.83**
MIROC-ESM	0.4**	9.69**	2.87**	4.25**	0.77**	-2.12*	2.32**	4.56**
MIROC-ESM-CHEM	0.34**	10.33**	2.82**	5.4*	1**	-2.12**	1.14	3.53**
MPI-ESM-LR	0.54**	21.86**	4.02**	9.29**	1.14**	-2.3	2.98**	5.68**
MPI-ESM-MR	0.29*	17.53*	2.51*	8.14**	0.68*	-1.96*	2.01**	4.09**
MRI-CGCM3	0.05	10.52	1.24	6.21	0.66	0.02	0.34	0.34
NorESM1-M	0.43**	22.68**	3.32**	14.33**	1.25**	-2.65**	2.21**	5.14**
MME	0.4**	19.52**	3.16**	9.8**	0.97**	-2.14**	2.49**	4.8**
PLS	0.4**	18.97**	2.16**	9.54**	0.47**	-3.96**	0.91	5.53**
CN05.1	0.39**	21.33**	2.41**	10.36**	0.6**	-3.78**	1.47	5.37**

注：*代表通过 0.05 显著性检验，**代表通过 0.01 显著性检验。

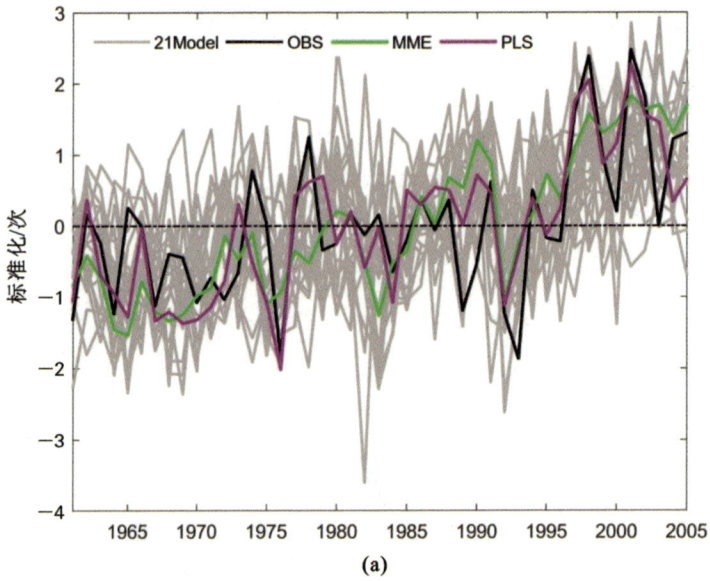

(a)

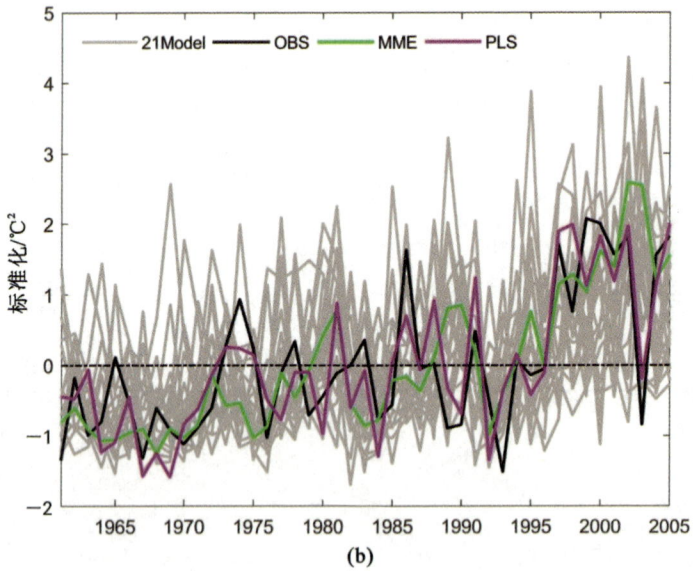

(b)

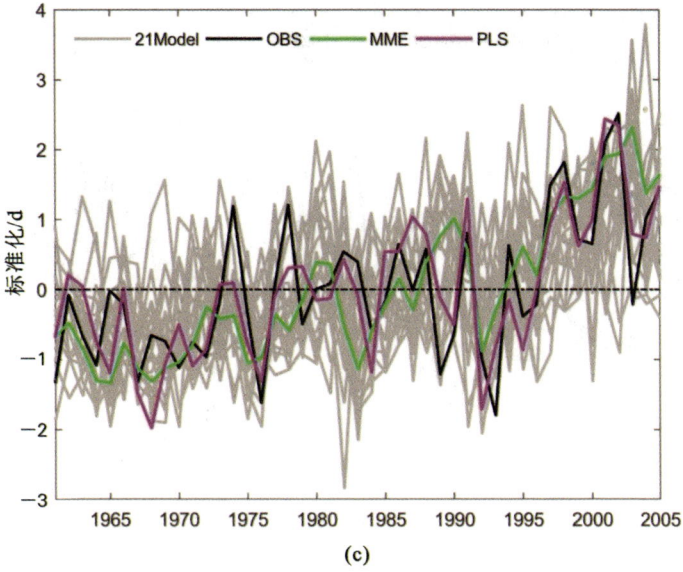

(c)

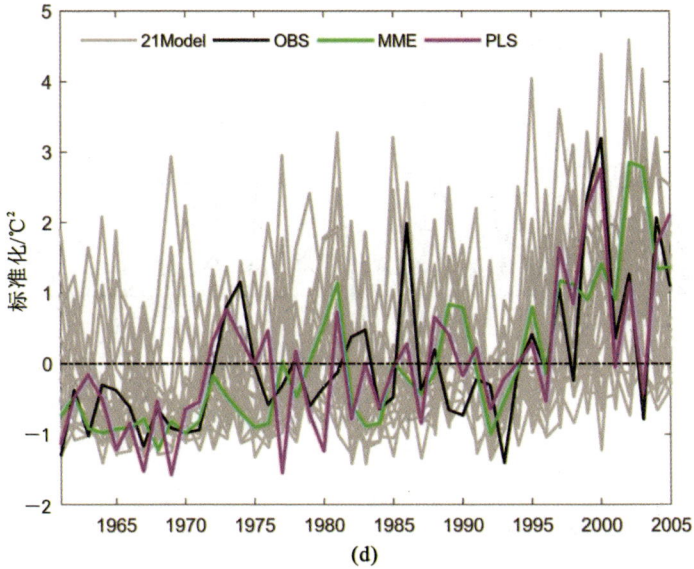

(d)

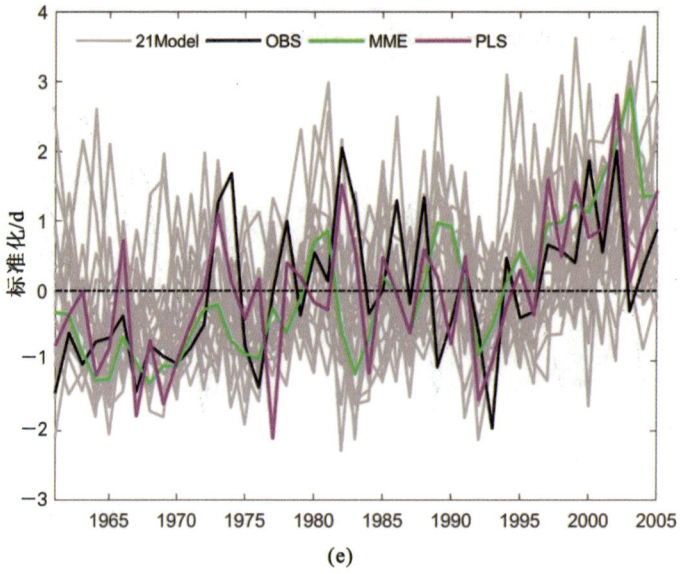

(e)

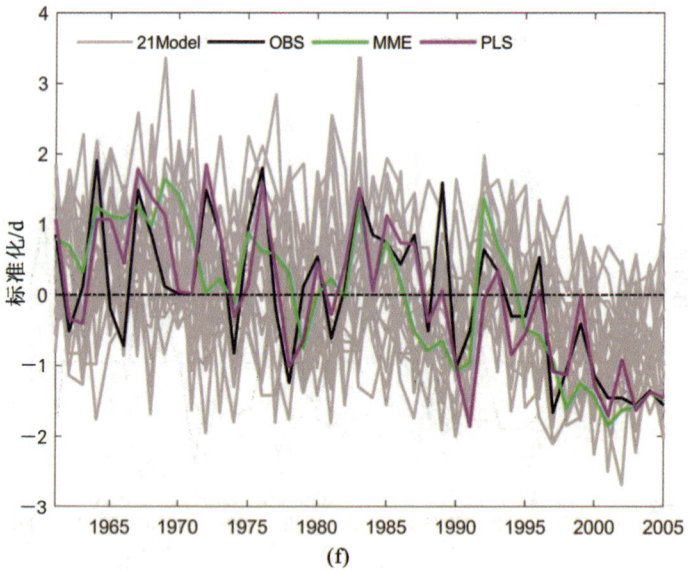

(f)

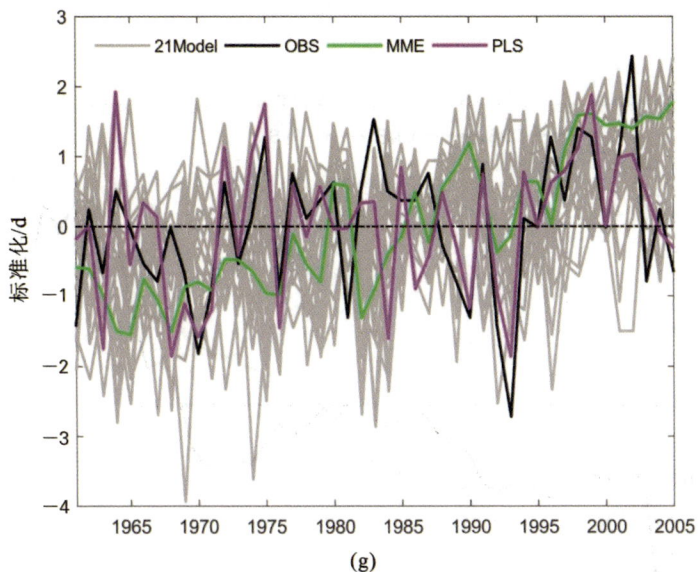

(g)

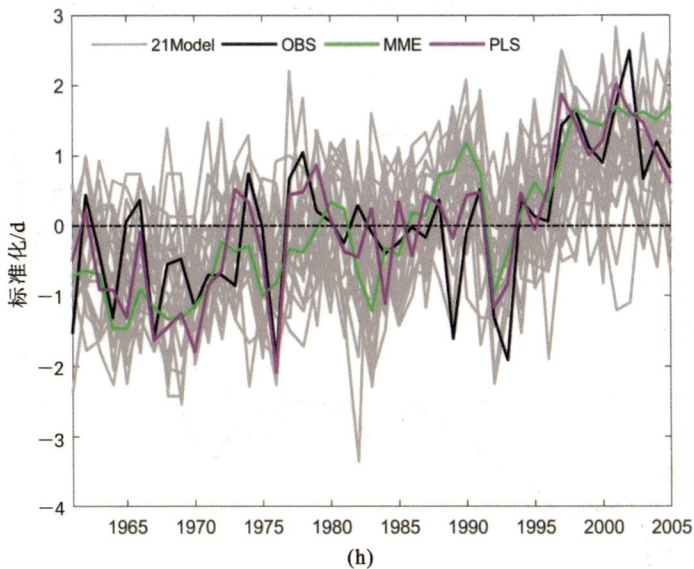

(h)

图 6-4　1961—2005 年新疆昼夜极端高温事件观测与多气候模式模拟的
各指标的年际变化曲线

(a)频次；(b)强度；(c)持续日数；(d)强度最大值；

(e)持续日数最大值；(f)开始日期；(g)结束日期；(h)时间长度

注：21Model—21 个模式值；OBS—观测值。

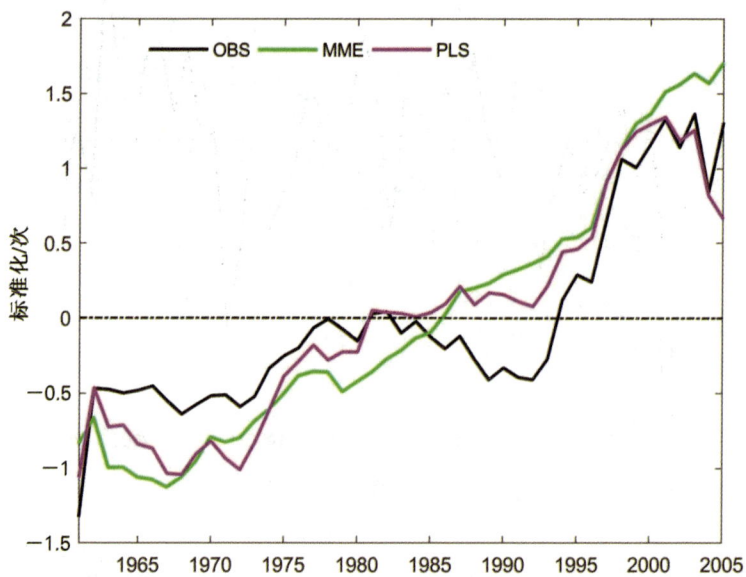

(a)

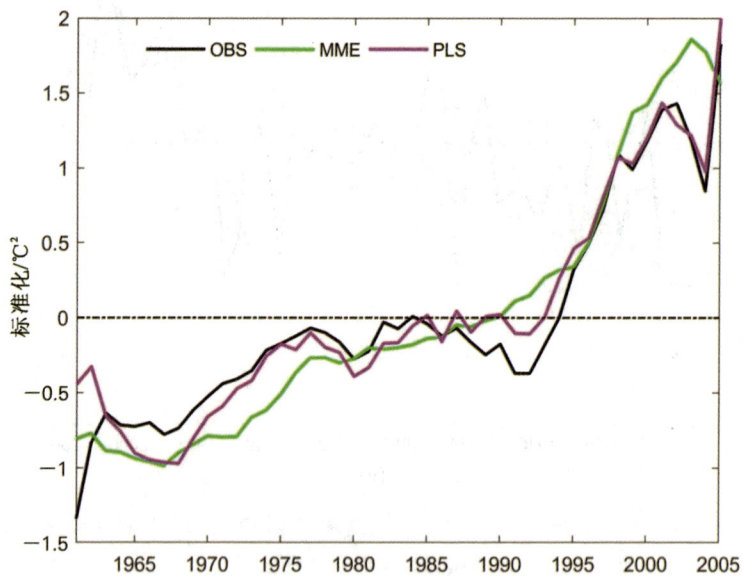

(b)

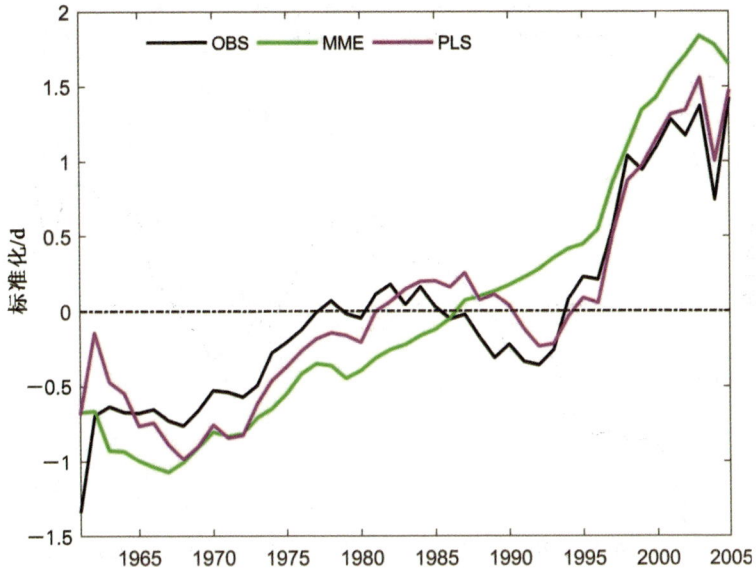

(c)

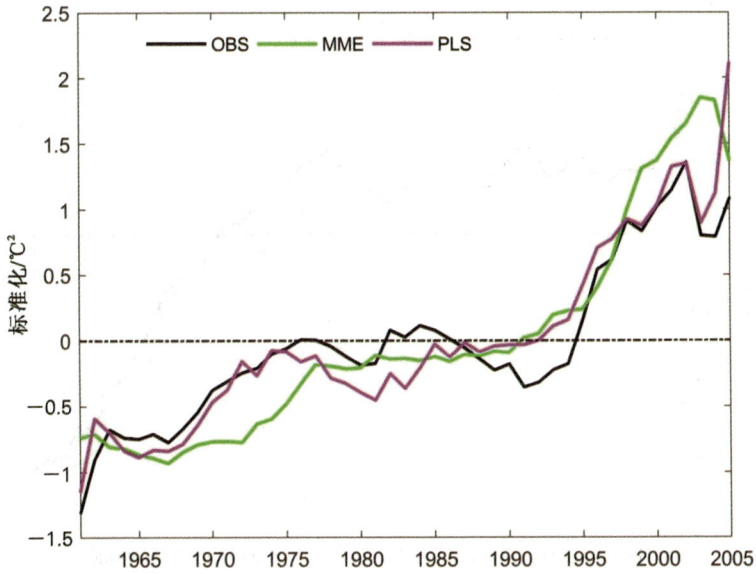

(d)

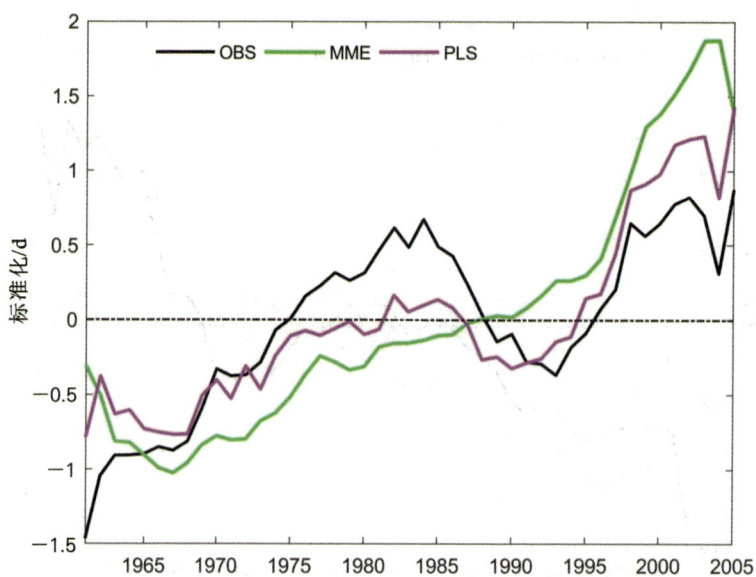

(e)

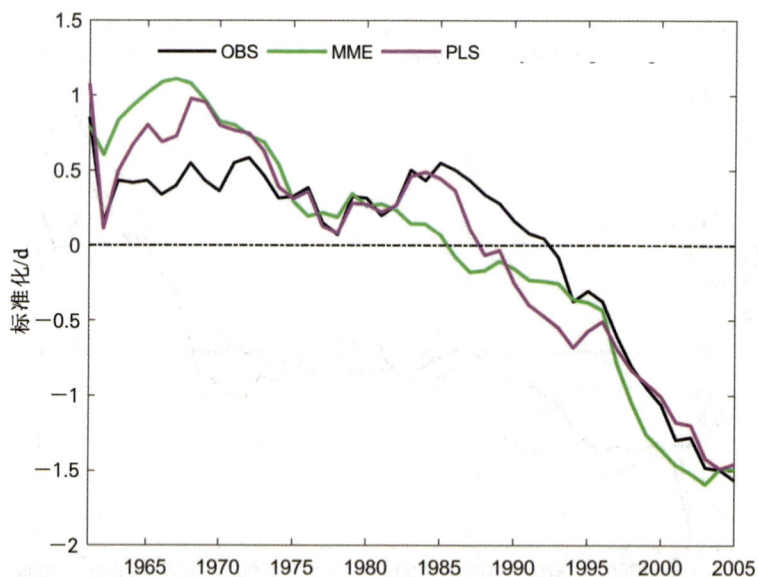

(f)

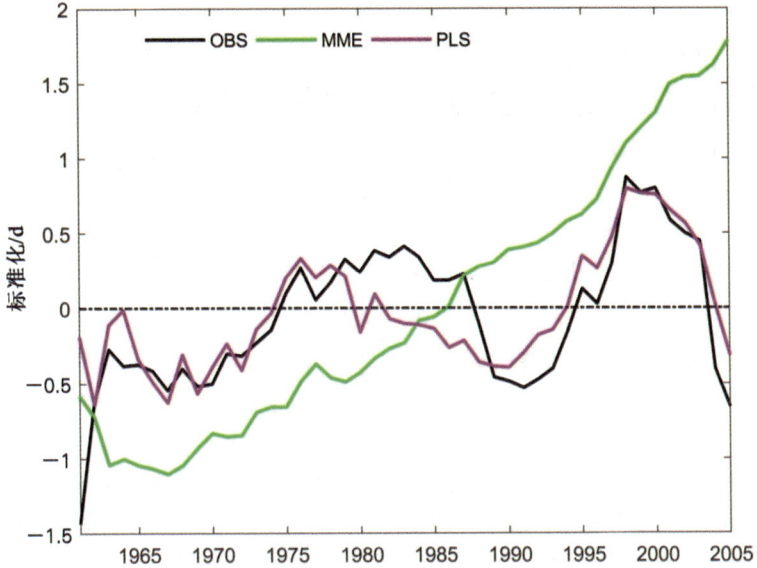

(g)

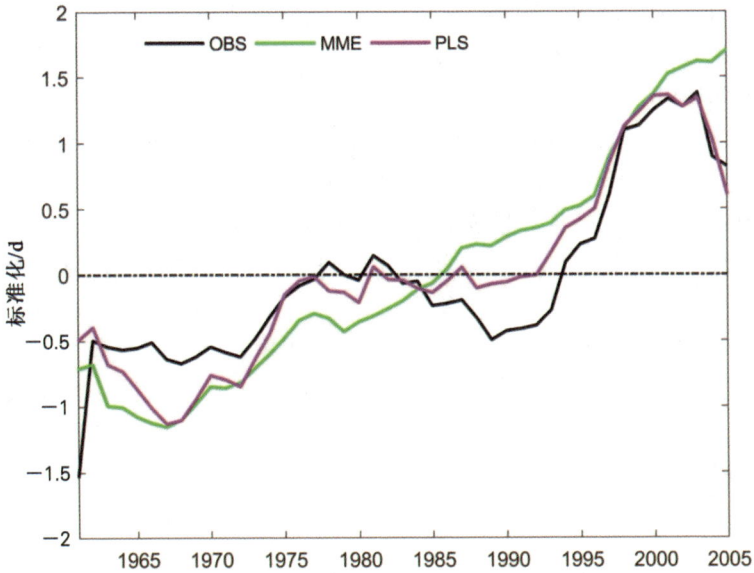

(h)

图 6-5　1961—2005 年新疆昼夜极端高温事件观测与多气候模式模拟的
各指标的 9 年滑动平均曲线

(a)频次；(b)强度；(c)持续日数；(d)强度最大值；

(e)持续日数最大值；(f)开始日期；(g)结束日期；(h)时间长度

注：OBS—观测值。

6.1.2 极端高温事件空间变化趋势的模拟能力评估

图 6-6 是单一气候模式和多模式集合模拟新疆昼夜极端高温事件各指标空间变化趋势的相对偏差(RMSE′)。RMSE′<0 代表各模式或多模式集合对观测场的模拟效果优于各模式模拟偏差的中等水平,模拟能力相对较好;反之,表示模拟能力不太理想。

从图 6-6 可清晰看出,对于量级指标而言,在单一气候模式中,BNU-ESM、CSIRO-Mk3-6-0、GFDL-ESM2M 和 MRI-CGCM3 等模式对昼夜极端高温事件发生频次的模拟能力优于各模式模拟偏差的中等水平;CNRM-CM5、CSIRO-Mk3-6-0 和 NorESM1-M 等模式对昼夜极端高温事件强度的模拟能力相对较好;BNU-ESM、GFDL-ESM2M、MIROC-ESM 和 MIROC-ESM-CHEM 等模式对昼夜极端高温事件持续日数的模拟能力优于各模式模拟偏差的中等水平。对于极值指标的单一气候模式来说,ACCESS1-0、CanESM2、CNRM-CM5、MIROC-ESM、MIROC-ESM-CHEM 和 NorESM1-M 等模式对昼夜极端高温事件强度最大值的模拟能力相对较好;对于持续日数最大值指标而言,除了 ACCESS1-0、CNRM-CM5、CSIRO-Mk3-6-0、in-mcm4 和 IPSL-CM5A-LR 模式外,其余气候模式对昼夜极端高温事件持续日数最大值的模拟效果表现较好。对于时间指标的单一气候模式来说,GFDL-ESM2M、MI-ROC-ESM、MIROC-ESM-CHEM、MRI-CGCM3 和 NorESM1-M 等模式对 3 个时间指标的模拟能力要优于各模式模拟偏差的中等水平,其中 CNRM-CM5、IPSL-CM5A-MR 和 MIROC5 模式对 3 个时间指标的模拟能力相对较差。

不同模式及多模式集合对昼夜极端高温事件相同指标以及相同模式和多模式集合对昼夜极端高温事件不同指标空间变化趋势的模拟能力均存在显著差异。总体上,bcc-csm1-1、GFDL-ESM2G、GFDL-ESM2M、MIROC-ESM 和 MIROC-ESM-CHEM、NorESM1-M、MME 多模式集合和 PLS 多模式集合对昼夜极端高温事件 8 指标的模拟能力要优于各模式模拟偏差的中等水平,其中对观测场数据模拟能力最好的当属 PLS 多模式集合,PLS 多模式集合的模拟结果明显优于 MME 多模式集合以及大多数单一气候模式,这是因为 PLS 多模式集合平均方法可以在一定程度上相互抵消不同气候模式之间的部分偏差,从而得到更好的模拟效果。

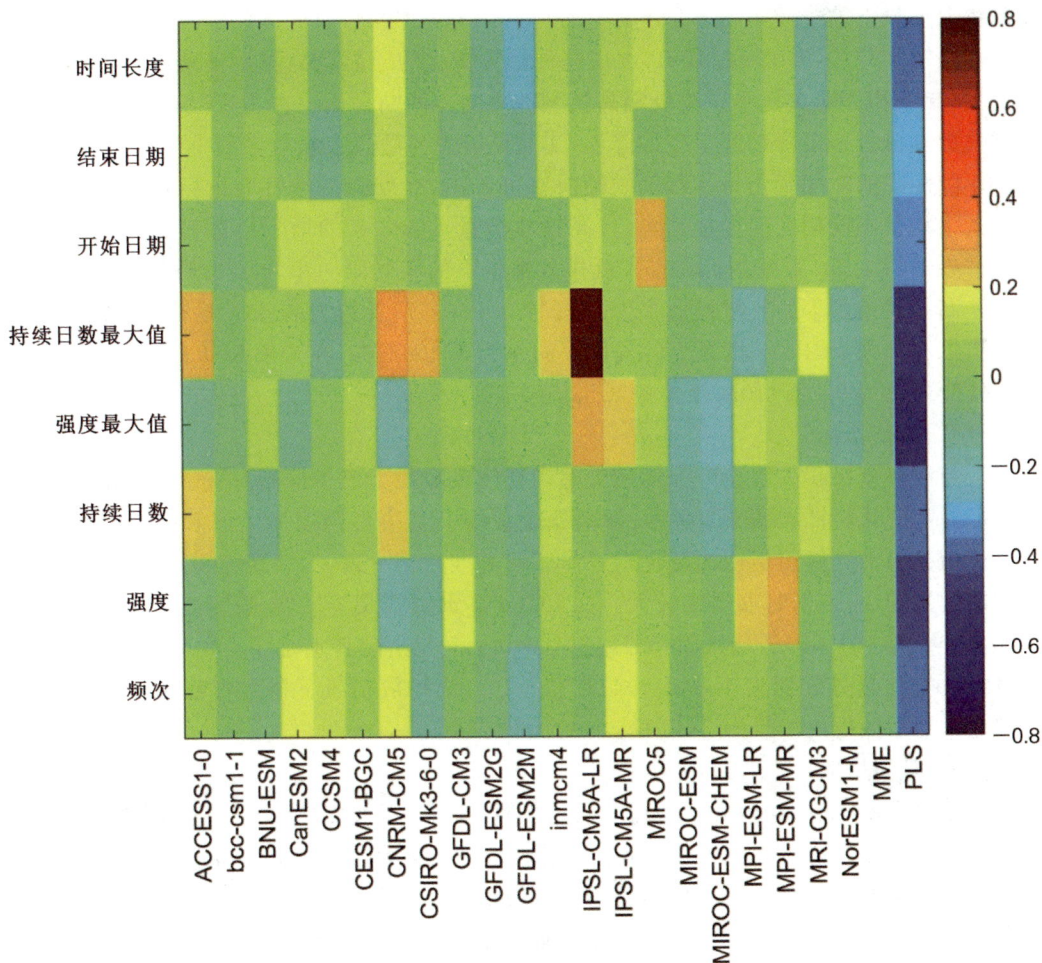

**图 6-6　单一气候模式及多模式集合模拟新疆昼夜极端高温事件 8 指标空间
变化趋势的相对偏差**

6.1.3　基于全球气候模式的极端高温事件未来气候情景预估

（1）量级指标

图 6-7 是两种情景下新疆昼夜极端高温事件频次、强度和持续日数指标相对于
气候基准时期距平时间变化特征。从图 6-7 中可看出，新疆昼夜极端高温事件在气
候基准时期的频次、强度和持续日数指标整体上呈波动增加趋势。在 RCP4.5、

RCP8.5 情景下,频次整体上预计分别于 2006—2063 年和 2006—2030 年在波动中呈缓慢增加趋势,并预计分别于 2064 年和 2031 年以后在波动中呈微弱下降趋势。高排放情景下的气候倾向率呈下降趋势(−0.15 次/10a),而低排放情景下的气候倾向率呈增加趋势(0.05 次/10a),出现这种趋势变化的原因是高排放情景下增温幅度更大,导致相邻两次夏季昼夜极端高温事件之间无间断日而合并为一次高温事件,从频次数据分析是下降趋势呈现的降温,实质是升温导致昼夜极端高温事件频次减少。从年际距平的时间变化特征和气候倾向率可看出,强度和持续日数指标在两种排放情景下均呈不同幅度的增加趋势,且高排放情景 RCP8.5 的增加趋势显著大于低排放情景 RCP4.5。强度指标在未来低排放情景下的气候倾向率为 173.58℃²/10a,在未来高排放情景下的气候倾向率为 560.47℃²/10a,后者约为前者的 3.2 倍。持续日数指标在未来 RCP4.5 情景下的气候倾向率为 3.95d/10a,在未来 RCP8.5 情景下的气候倾向率为 9.22d/10a,二者相差 5.27d/10a。

(2)极值指标

新疆昼夜极端高温事件强度最大值和持续日数最大值指标相对于气候基准时期距平时间变化特征如图 6-8 所示,新疆昼夜极端高温事件强度最大值和持续日数最大值指标未来气候预估期的变化趋势与气候基准时期一致,均表现为增加趋势,历史时期增幅较小,未来时期增幅较大。在 RCP4.5、RCP8.5 情景下,强度最大值的增加趋势分别为 161.88℃²/10a 和 537.46℃²/10a,后者比前者增加了 232%;持续日数最大值增加趋势分别为 1.38d/10a、3.34d/10a,高排放情景下持续日数最大值的增加速率约为低排放情景的 2.42 倍。

(3)时间指标

新疆昼夜极端高温事件开始日期、结束日期和时间长度指标相对于气候基准时期距平时间变化特征如图 6-9 所示,从该图中可看出,无论是气候基准时期还是未来气候预估期,开始日期呈波动下降趋势,结束日期和时间长度均呈波动增加趋势,表明新疆昼夜极端高温事件开始日期呈提前趋势,结束日期呈推迟趋势,时间长度呈延长趋势。在 RCP4.5、RCP8.5 情景下,开始日期、结束日期和时间长度的气候倾向率分别为 −5.96d/10a、0.24d/10a、6.76d/10a、−11.74d/10a、0.86d/10a、14.07d/10a,这些数据表明 2006—2099 年新疆夏季极端高温期比历史时期 1961—2005 年开始得更早,结束得更晚,极端热期更长,且这种特征在未来 RCP8.5 情景下表现更明显。

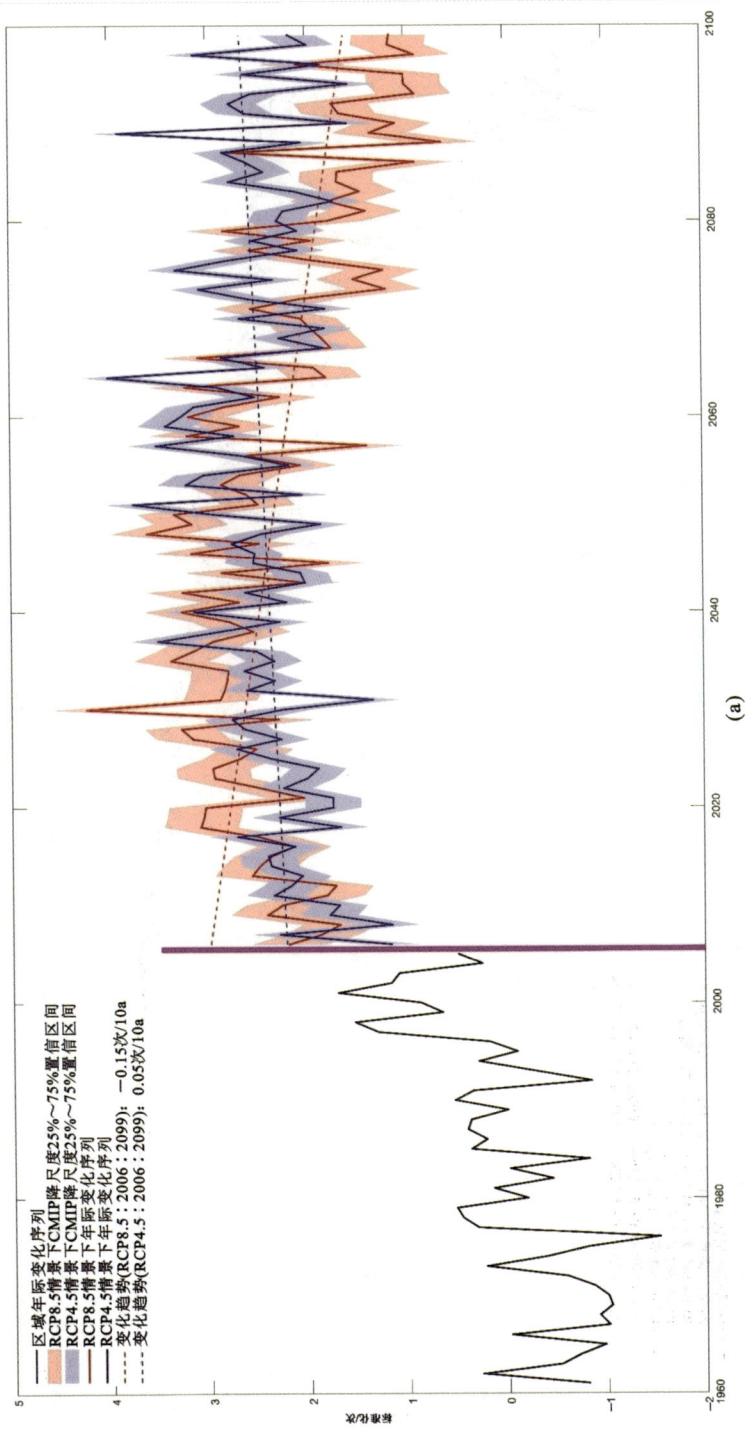

(a)

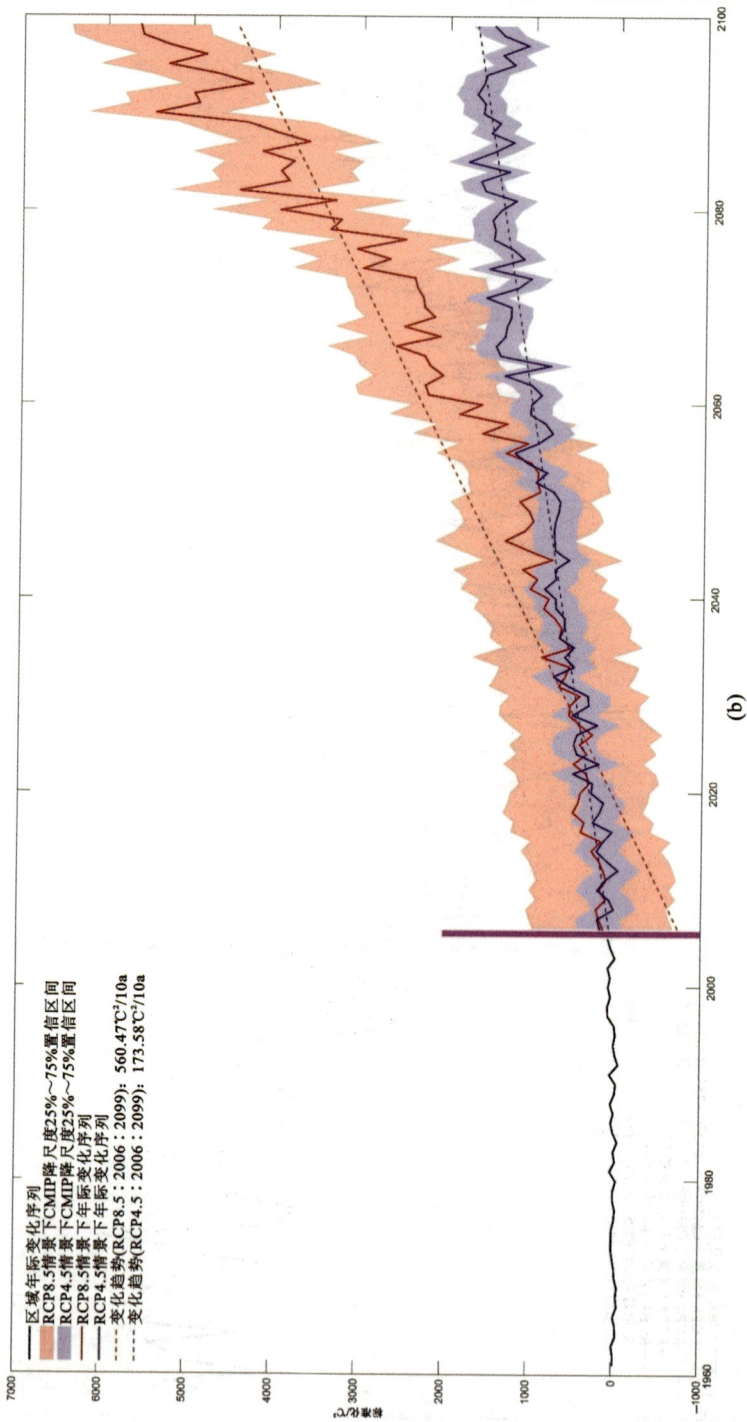

(b)

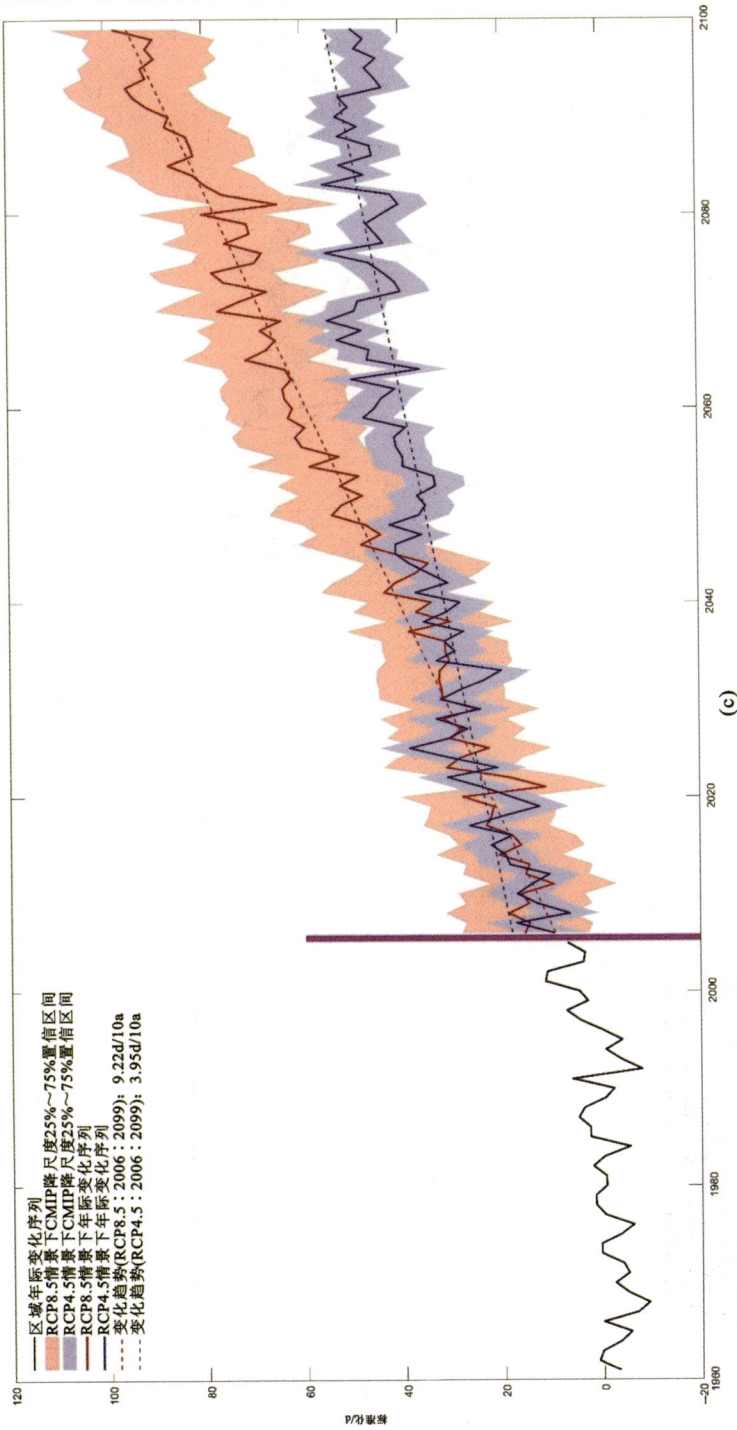

图 6-7 RCP4.5和RCP8.5情景下新疆昼夜极端高温事件频次、强度和持续日数指标相对于气候基准时期距平时间变化特征

(a)频次; (b)强度; (c)持续日数

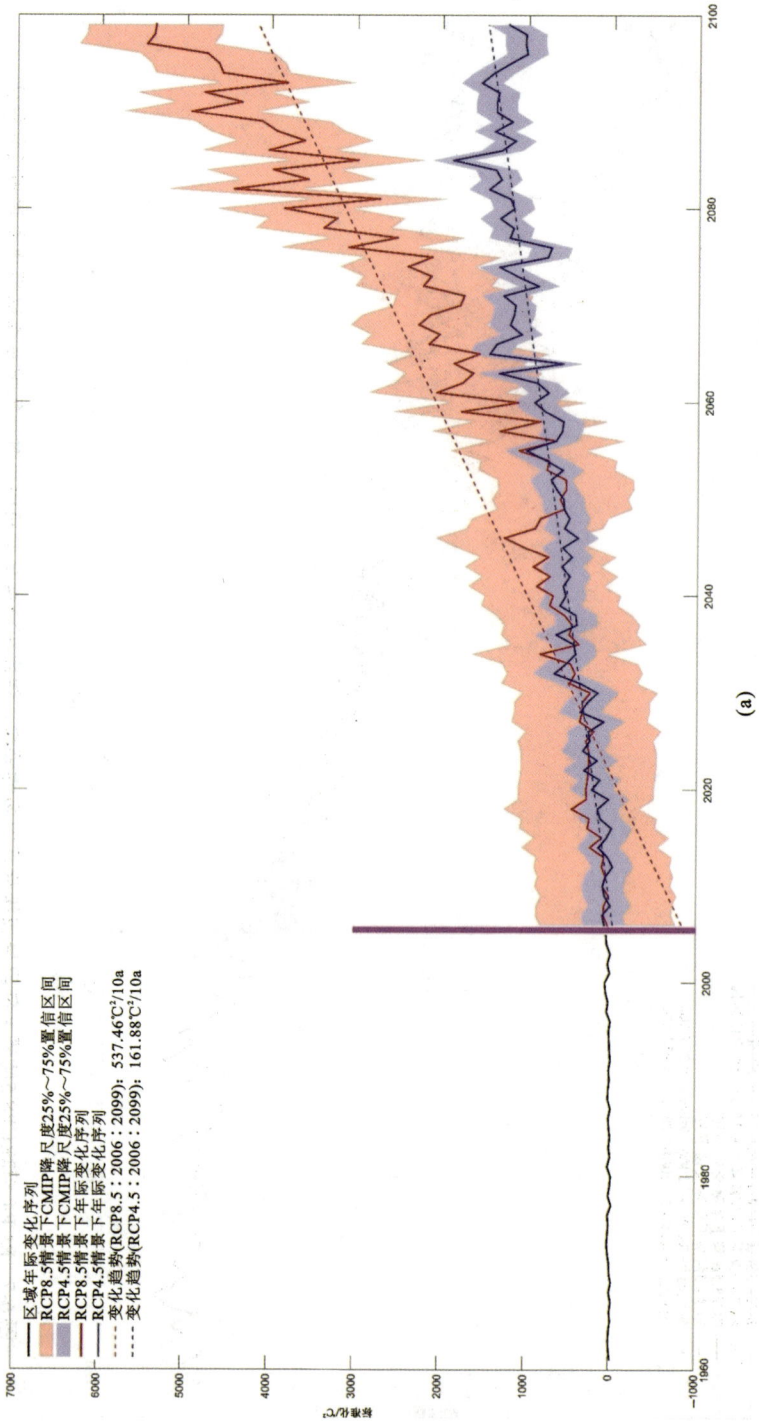

(a)

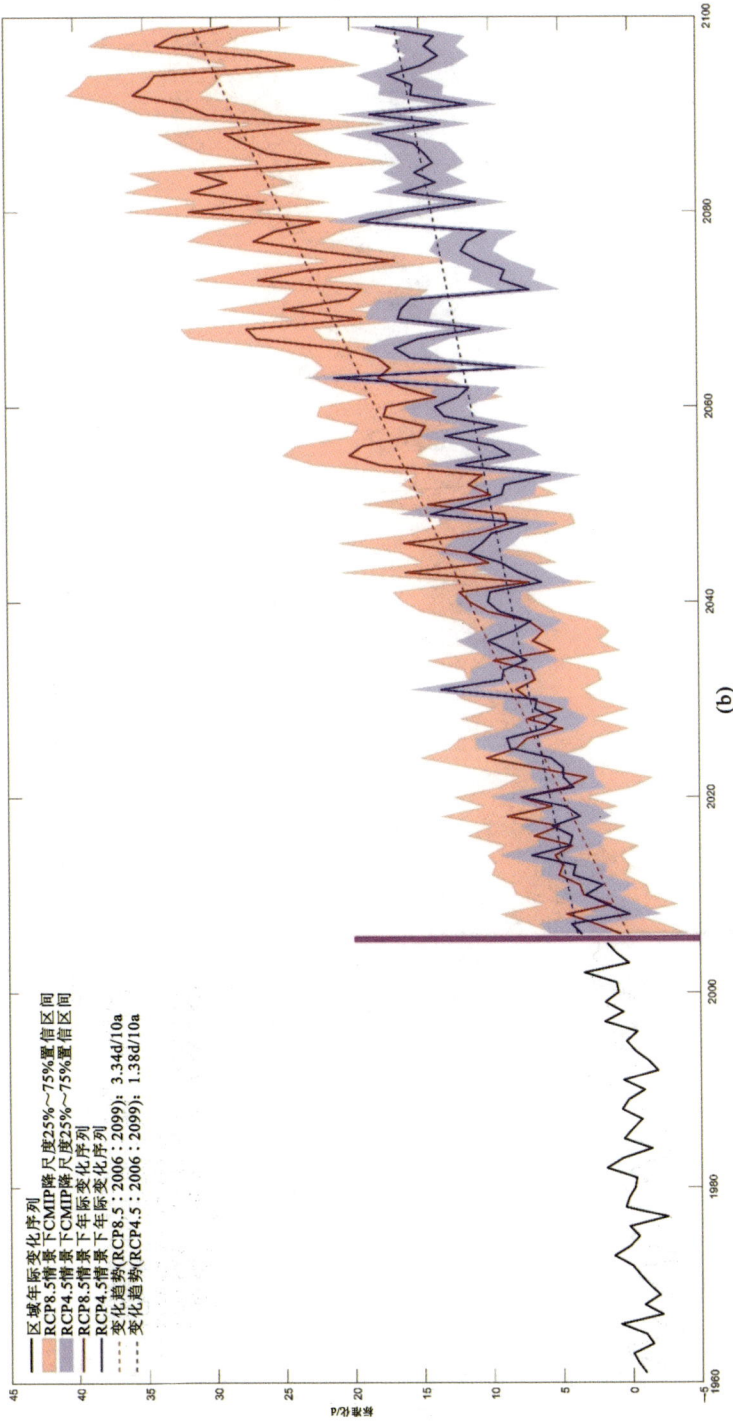

图 6-8 RCP4.5和RCP8.5情景下新疆昼夜极端高温事件强度最大值和持续日数最大值指标相对于气候基准时期距平时间变化特征

(a)强度最大值；(b)持续日数最大值

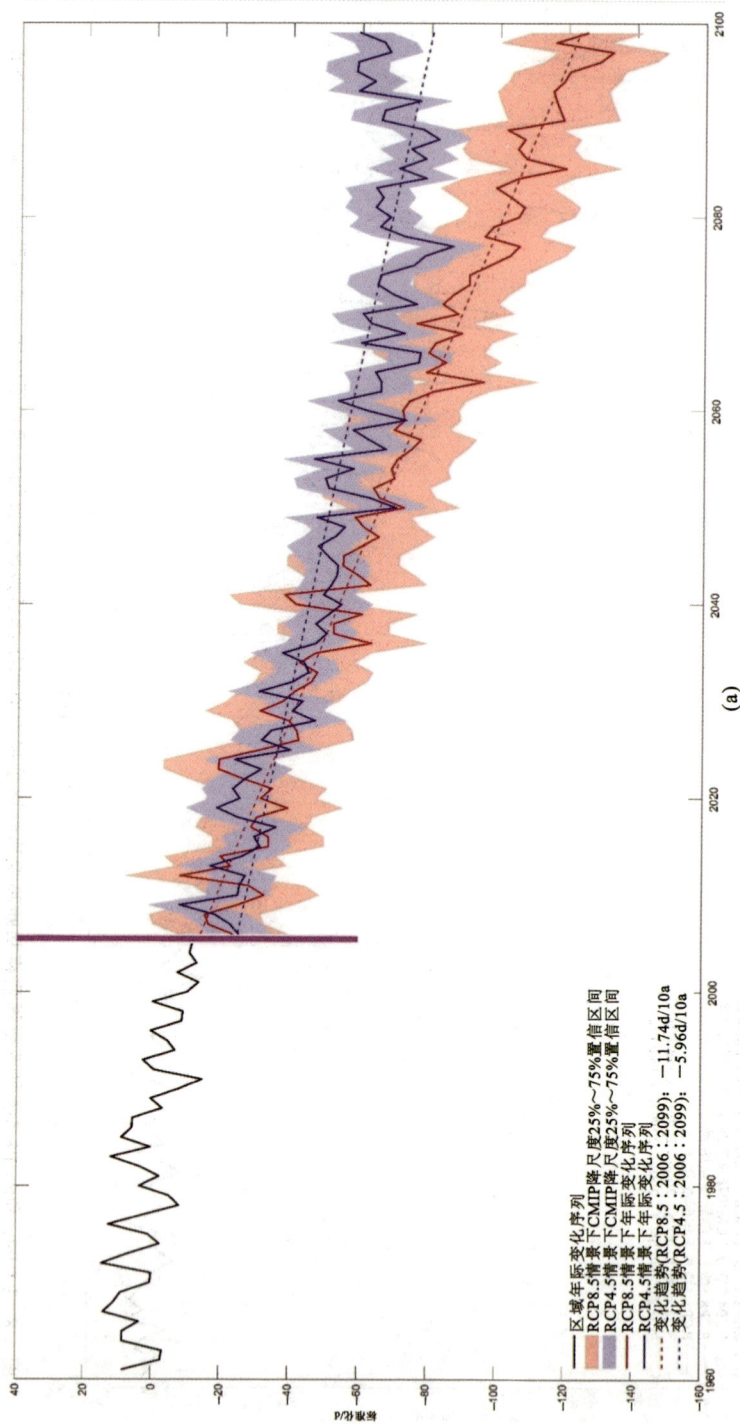

(a)

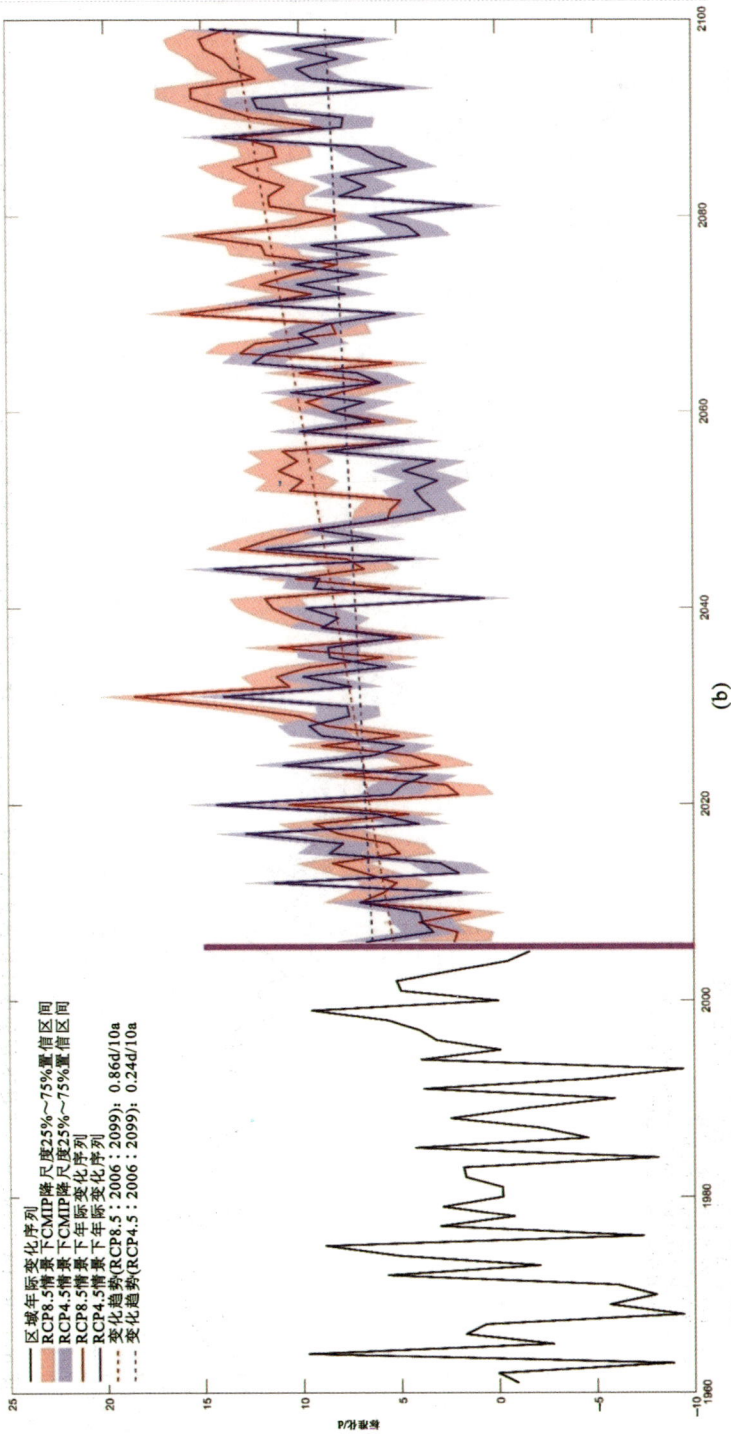

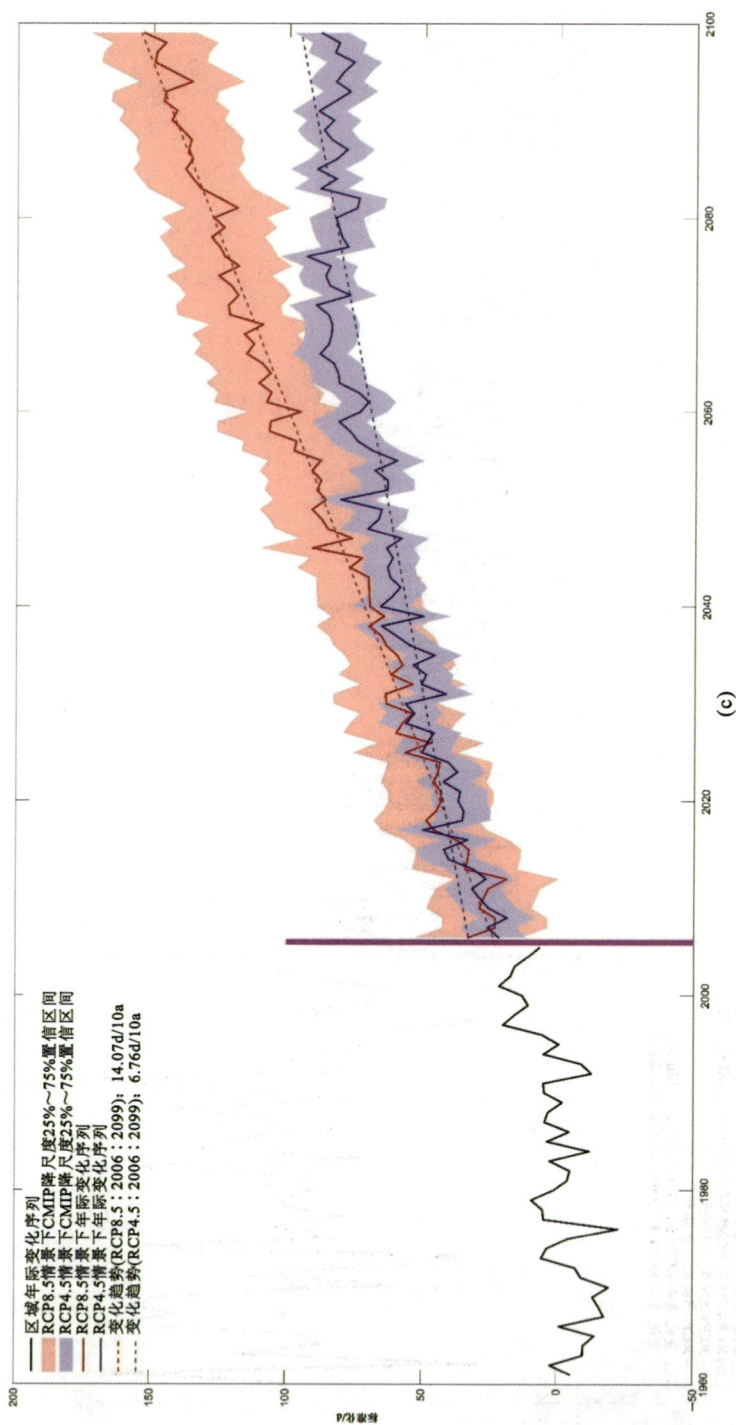

图 6-9 RCP4.5和RCP8.5情景下新疆昼夜极端高温事件开始日期、结束日期和时间长度指标相对于气候基准时期距平时间变化特征
(a)开始日期；(b)结束日期；(c)时间长度

6.2 全球气候模式对极端低温事件模拟能力评估

6.2.1 极端低温事件时间变化特征的模拟能力评估

（1）量级指标

图 6-10 为用于评估单一模式和多模式集合对昼夜极端低温事件频次、强度和持续日数观测数据模拟能力的泰勒图。图 6-10 显示，MIROC5 模式和 MIROC-ESM 模式的模拟能力相对较好，但仍不及多模式集合的模拟能力，从单一模式和多模式集合与观测场数据的相关系数可以看出，相关性最好的是 PLS 多模式集合，相关系数达到了 0.65，标准化后的中心化均方根误差最小（0.76）。各模式对于昼夜极端低温事件强度的模拟能力逊色于频次，从图中可看出，21 个模式标准化后的中心化均方根误差变化幅度不大，说明模式与模式之间模拟结果差异较小，其中 CESM1-BGC 模式、MIROC5 模式和 MPI-ESM-LR 模式的模拟能力较好，PLS 多模式集合的标准差与观测数据最接近，同时标准化后中心化均方根误差最小，表明其模拟能力最好。昼夜极端低温事件持续日数的泰勒图显示，多个模式对持续日数的模拟能力十分接近，多模式集合 MME 和 PLS 的模拟能力显著优于单一模式，其与观测数据的相关系数分别为 0.36 和 0.59，标准化后中心化均方根误差分别为 0.94 和 0.81。

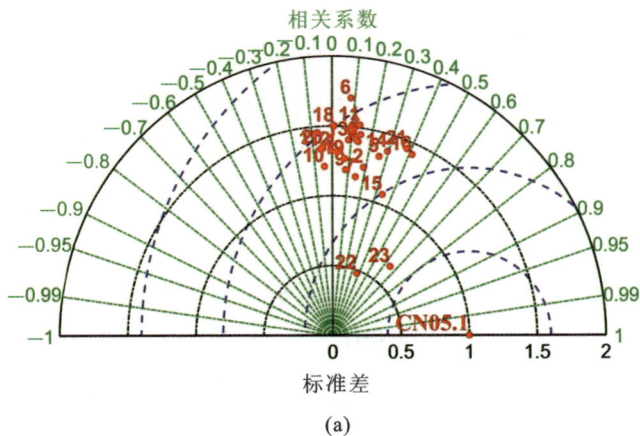

(a)

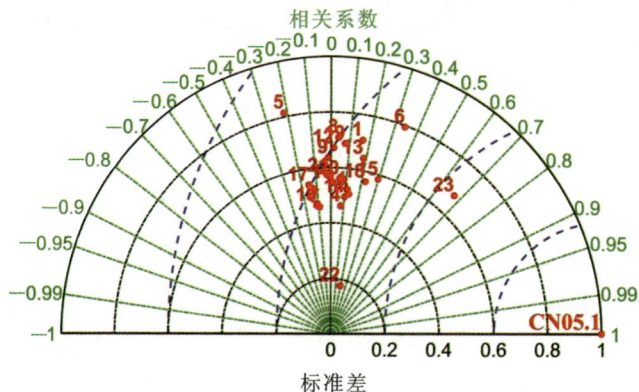

(b)

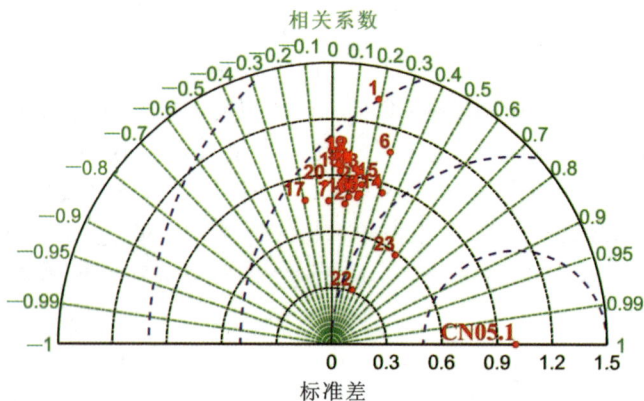

(c)

图 6-10　1961—2005 年多气候模式模拟新疆昼夜极端低温事件频次、强度和
持续日数指标时间变化特征相对于观测的泰勒图

(a)频次；(b)强度；(c)持续日数

(2)极值指标

昼夜极端低温事件强度最大值和持续日数最大值泰勒图如图 6-11 所示。对于强度最大值来说,CESM1-BGC 模式和 IPSL-CM5A-LR 模式标准化后中心化均方根误差分别为 0.94 和 1.03,表现出较好的模拟效果,标准化后中心化均方根误差最小的是 PLS 多模式集合(0.68),其与观测数据的相关系数为 0.73。对持续日数最大值来说,PLS 多模式集合模拟能力要显著优于 MME 多模式集合和单一模式,其标准化后中心化均方根误差值为 0.71。

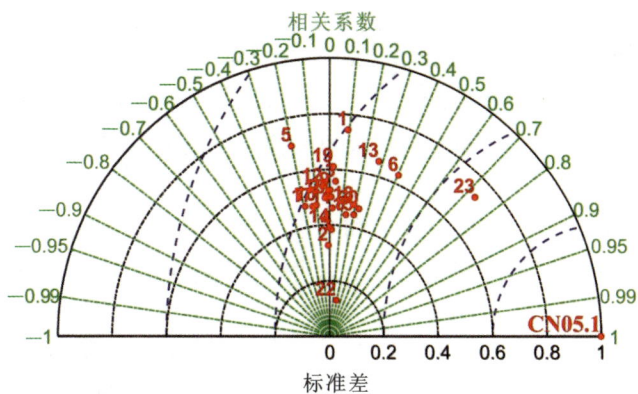

(a)

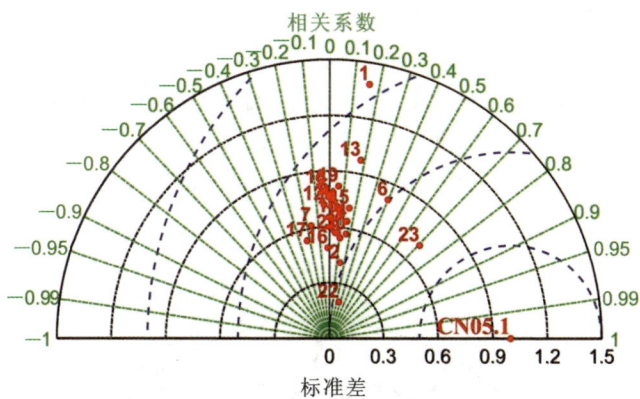

(b)

图 6-11 1961—2005 年多气候模式模拟新疆昼夜极端低温事件强度最大值和持续日数最大值指标时间变化特征相对于观测的泰勒图

(a)强度最大值;(b)持续日数最大值

（3）时间指标

图 6-12 是评估多气候模式对开始日期、结束日期和时间长度指标模拟能力的泰勒图。由图 6-12 可知,CanESM2 模式、GFDL-ESM2M 模式和 NorESM1-M 模式对开始日期的模拟能力较好,其中 CanESM2 模式的标准差与观测值最为接近。PLS 多模式集合的模拟能力优于 MME 集合,其与观测数据的相关系数为 0.7,标准化后中心化均方根误差值为 0.71。CSIRO-Mk3-6-0 模式、MIROC5 模式、MIROC-ESM 模式和 NorESM1-M 模式对结束日期的模拟能力较好,其中模拟能力最好的是 MI-

ROC5 模式,其标准化后中心化均方根误差为 1.03。PLS 多模式集合对昼夜极端低温事件结束日期的模拟能力是所有单一模式和多模式集合中最好的,其与观测数据的相关系数为 0.78,标准化后中心化均方根误差为 0.63,模拟效果与观测值最为接近。MIROC5 模式、MIROC-ESM 模式和 NorESM1-M 模式对时间长度的模拟能力优于其他单一模式,其中模拟能力最好的当属 MIROC-ESM 模式,其标准化后中心化均方根误差为 0.96。PLS 多模式集合的模拟能力最优,其与观测数据的相关系数达到 0.74,标准化后中心化均方根误差为 0.67,模拟效果与观测值十分接近。

由表 6-2 可知,几乎所有单一模式和多模式集合都能较好地模拟出昼夜极端低温事件频次、强度、持续日数、强度最大值、持续日数最大值。结束日期和时间长度指标的气候倾向率均为负值,表明呈显著下降趋势;开始日期的气候倾向率为正值,表明呈增加趋势。然而不同模式和多模式集合的模拟效果存在明显差别,综合比较单一模式和多模式集合的历史模拟值与观测值的气候倾向率、相关系数、均方根误差和标准差这 4 个指标后,发现 PLS 多模式集合对昼夜极端低温事件量级、极值、起止日期和时间长度等 8 指标时间变化特征的模拟能力最好。年际变化曲线(图 6-13)也同样呈现出 PLS 多模式集合对昼夜极端低温事件 8 指标年际变化特征的模拟能力明显优于 MME 多模式集合和单一模式。从 9 年滑动平均曲线图(图 6-14)中可看出,PLS 多模式集合可以较好地模拟出昼夜极端低温事件 8 指标的年际变化特征,对观测值波峰、波谷的模拟能力较好,对各指标年际变化特征大体趋势的模拟与观测值一致。

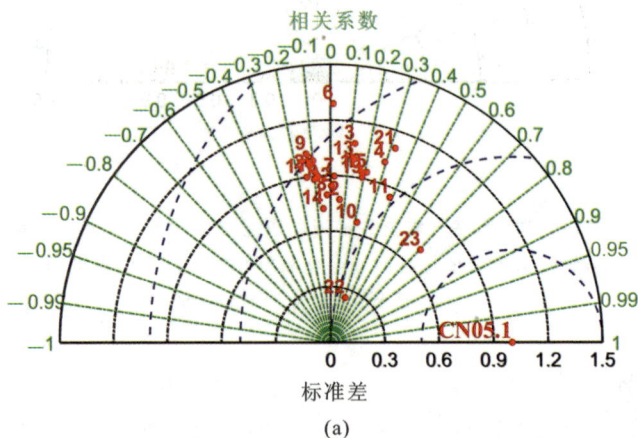

(a)

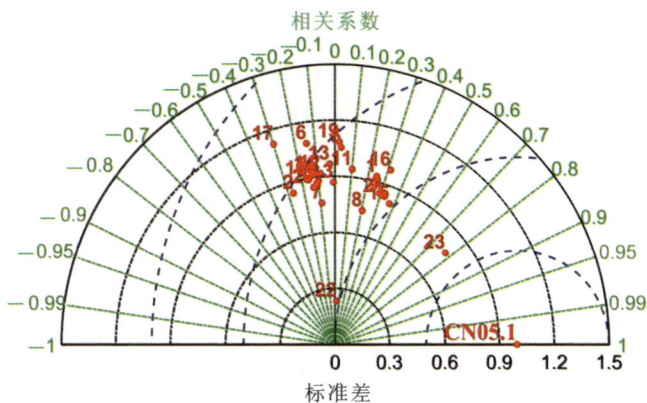

(b)

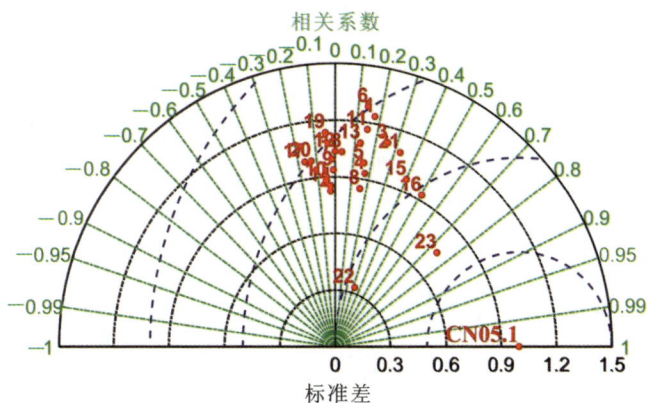

(c)

图 6-12　1961—2005 年多气候模式模拟新疆昼夜极端低温事件开始日期、
结束日期和时间长度指标时间变化特征相对于观测的泰勒图
（a）开始日期；（b）结束日期；（c）时间长度

表 6-2　　　　　多气候模式模拟 1961—2005 年新疆昼夜极端低温事件 8
指标时间序列的线性趋势

指标	CDNCF	CDNCI	CDNCD	CDNCMI	CDNCMD	CDNCS	CDNCE	CDNCL
ACCESS1-0	−0.11	−60.01	−3.28	−56.11*	−2.76**	0.66	−1.95	−3.53
bcc-csm1-1	−0.31*	−43.45	−2.5*	−11.54	−0.79*	3.11**	−1.11	−4.14**

指标	CDNCF	CDNCI	CDNCD	CDNCMI	CDNCMD	CDNCS	CDNCE	CDNCL
BNU-ESM	−0.28*	−100.01**	−2.45*	−52.16**	−0.67*	3.64*	−1.46	−5.15*
CanESM2	−0.37**	−83.9**	−2.86**	−37.88*	−0.61	1.01	−2.23	−3.23*
CCSM4	−0.27*	−127.03**	−3.17*	−81.96*	−1.41	0.6	−3.64**	−4.23**
CESM1-BGC	−0.21	−102.09	−2.72	−56.25	−1.15	0.92	−1.46	−2.4
CNRM-CM5	−0.1	−14.99	0.13	−5.19	0.54	0.89	−0.32	−1.24
CSIRO-Mk3-6-0	−0.15	−0.95	−1.47	−4.8	−0.59	2.27	−0.15	−2.57
GFDL-CM3	−0.05	−8.75	−0.64	−2.08	−0.28	1.01	−0.82	−1.83
GFDL-ESM2G	−0.36**	−51.62	−2.94**	−38.3	−1.09*	2.34*	−1.83	−4.55*
GFDL-ESM2M	−0.38**	−16.58	−1.36	−2.34	−0.23	2.7	−1.86	−5.12*
inmcm4	−0.24	−22.96	−2.6*	−8.19	−1.01*	2.82*	0.45	−2.42
IPSL-CM5A-LR	−0.2	−12.36	−1.42	−3.43	−0.45	1.46	−0.76	−2.28
IPSL-CM5A-MR	−0.36**	−56.4*	−2.73*	−29.15	−0.74	3.2**	−0.55	−3.82**

续表

指标	CDNCF	CDNCI	CDNCD	CDNCMI	CDNCMD	CDNCS	CDNCE	CDNCL
MIROC5	-0.25^{**}	-49.13	-2.47^{*}	-26.44	-1.06^{*}	1.72	-0.98	-2.8
MIROC-ESM	-0.27	8.92	-1.02	23.13	0.22	1.07	-1.21	-2.29
MIROC-ESM-CHEM	-0.28^{**}	-37.66	-1.52	-6.04	0.01	2.13	-1.25	-3.49^{**}
MPI-ESM-LR	-0.05	39.99	0.8	31.22	0.72	1.05	0.72	-0.55
MPI-ESM-MR	-0.31^{**}	-86.8	-3.49^{**}	-59.21^{*}	-1.63^{**}	2.51	-1.48	-4.08
MRI-CGCM3	-0.03	-11.21	-0.31	-5.33	-0.03	1.64	1.17	-0.42
NorESM1-M	-0.38^{**}	-40.28	-2.29^{*}	-7.7	-0.27	1.86	-2.44^{*}	-4.52^{*}
MME	-0.24^{**}	-41.78^{**}	-1.92^{**}	-20.94^{**}	-0.63^{**}	1.84^{**}	-1.1^{**}	-3.08^{**}
PLS	-0.19^{**}	-79.91	-2.73^{**}	-36.44	-1.91^{**}	1.85	-1.51	-3.53^{**}
CN05.1	-0.27^{**}	-117.76^{*}	-3.74^{**}	-80.62	-1.84^{*}	2.29	-2.19	-4.82^{**}

注：*代表通过 0.05 显著性水平检验，**代表通过 0.01 显著性水平检验。

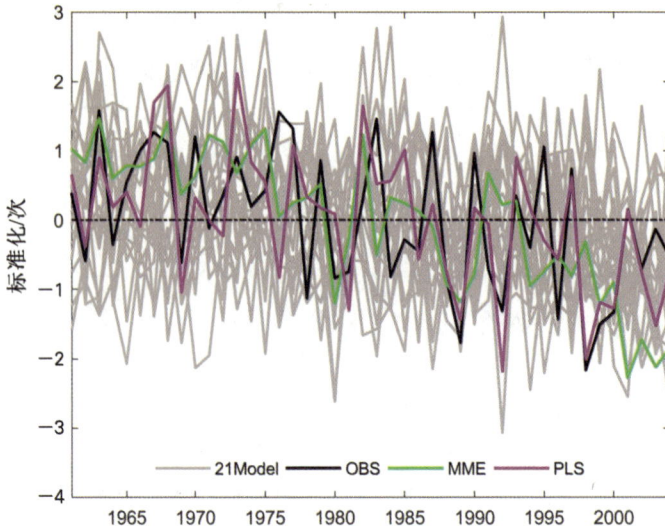

(a)

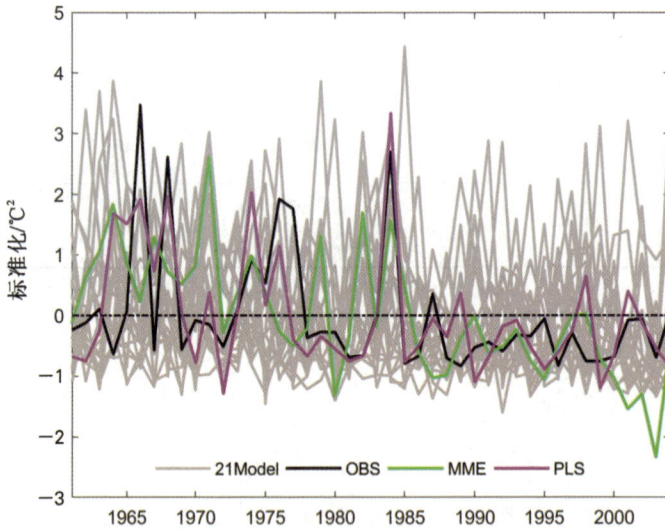

(b)

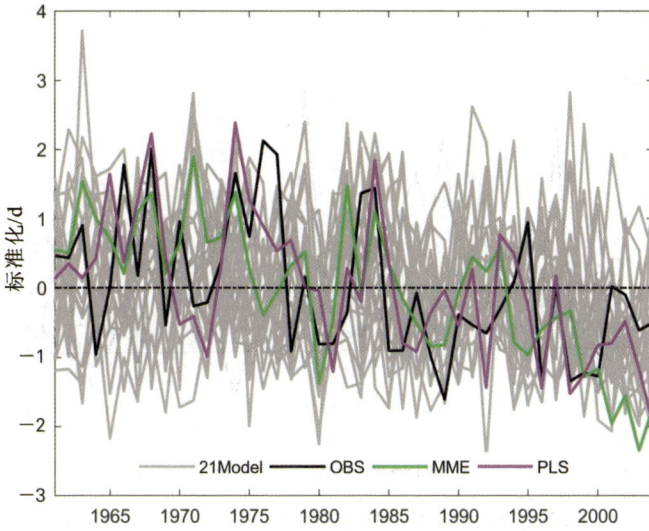

(c)

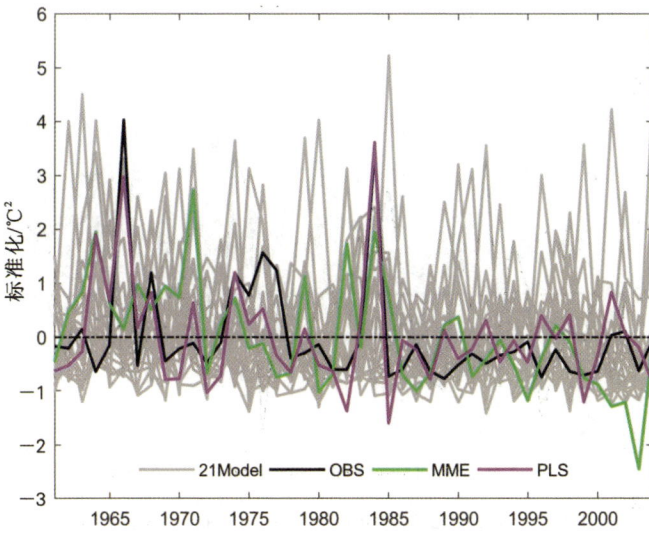

(d)

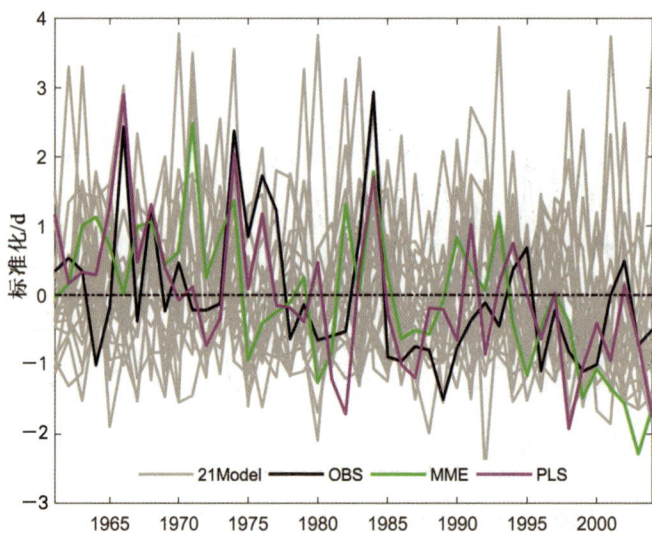

(e)

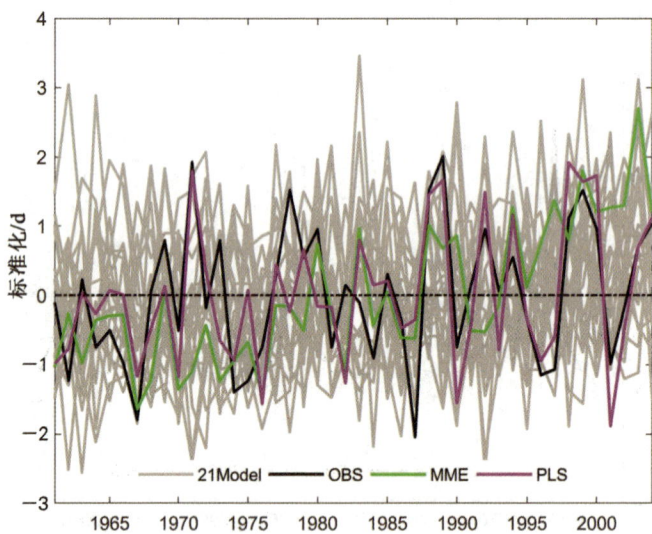

(f)

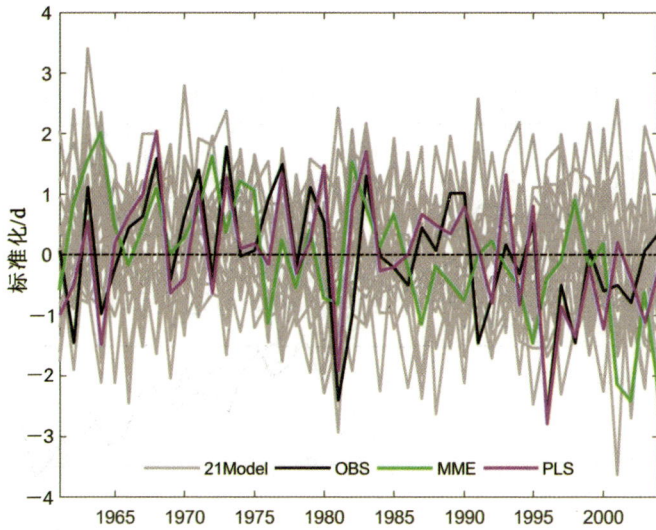

(g)

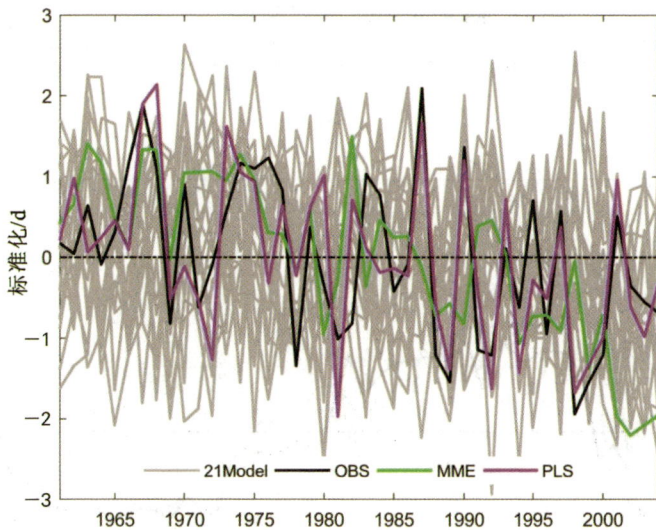

(h)

图 6-13　1961—2005 年新疆昼夜极端低温事件观测与多气候模式模拟的
各指标的年际变化曲线

（a）频次；（b）强度；（c）持续日数；（d）强度最大值；

（e）持续日数最大值；（f）开始日期；（g）结束日期；（h）时间长度

注：21Model—21 个模式值；OBS—观测值。

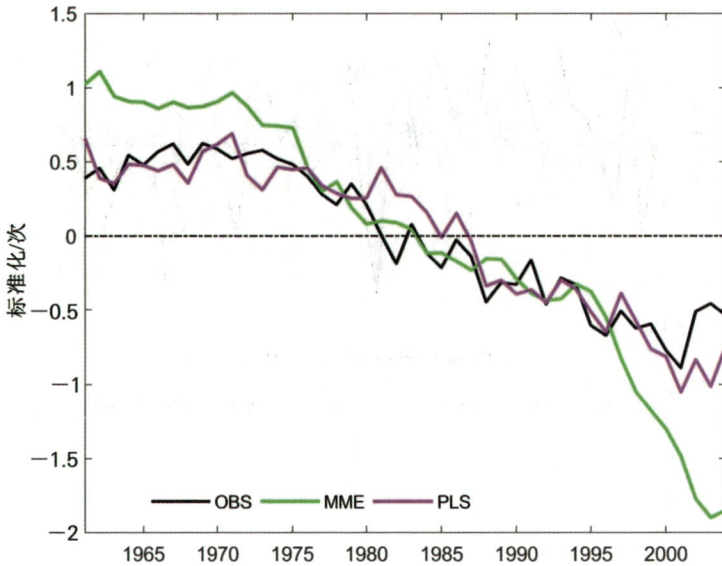

(a)

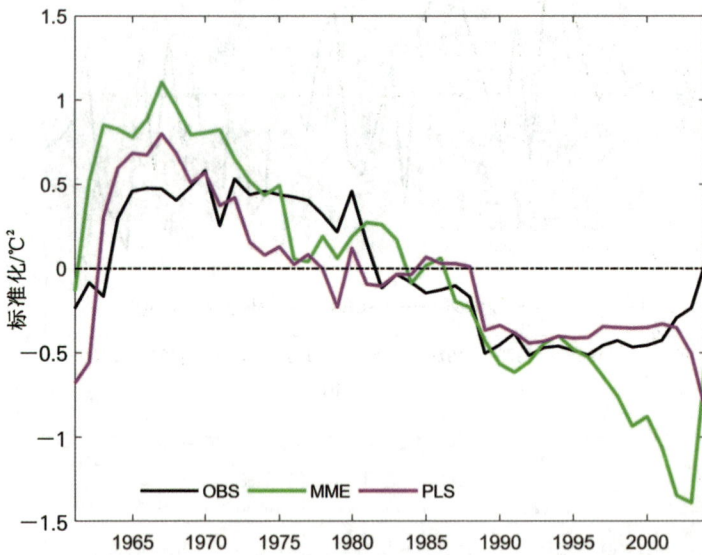

(b)

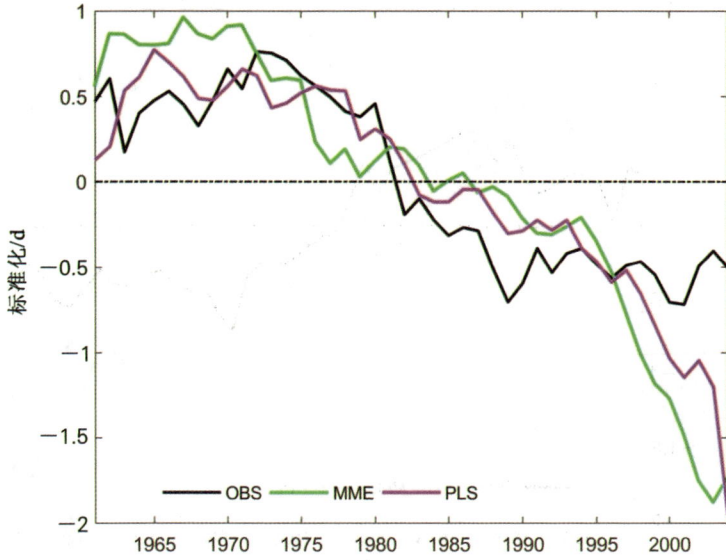

(c)

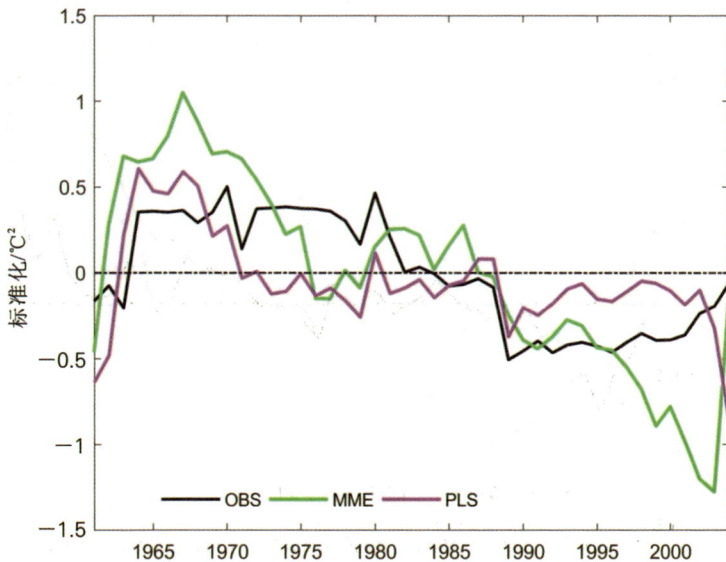

(d)

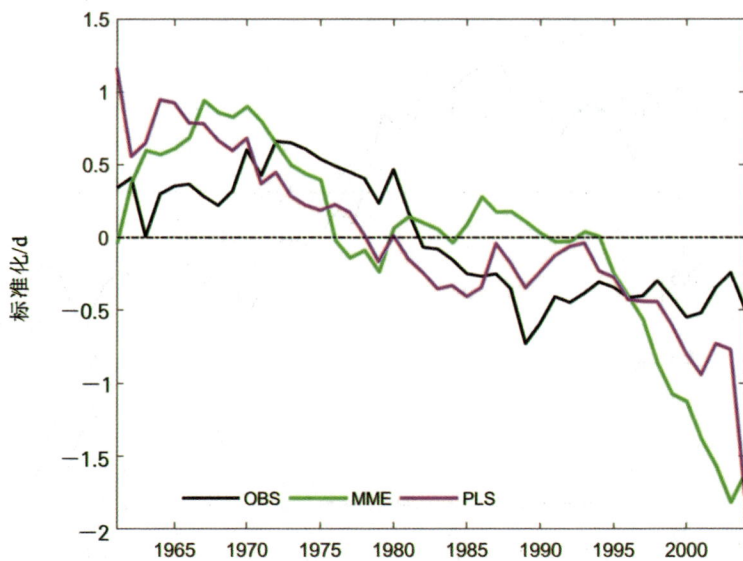

(e)

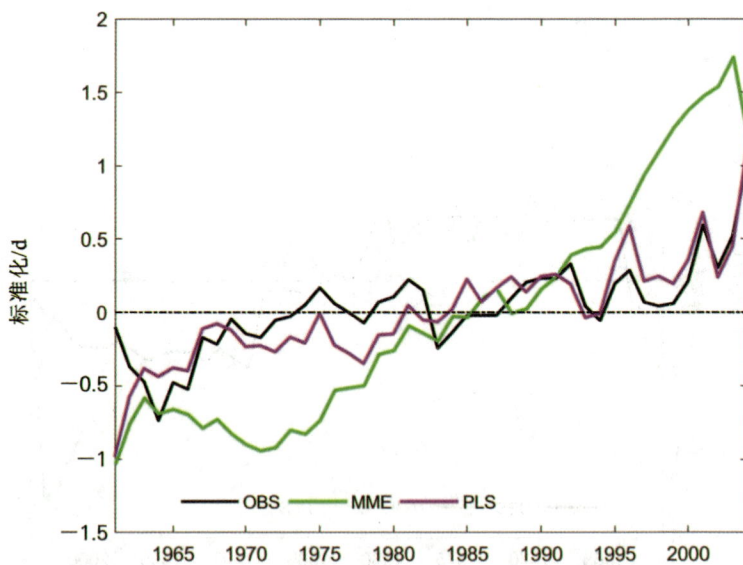

(f)

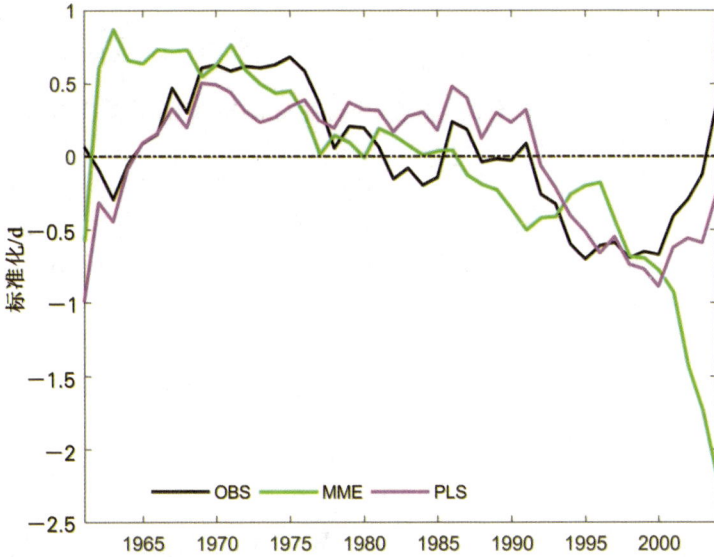

(g)

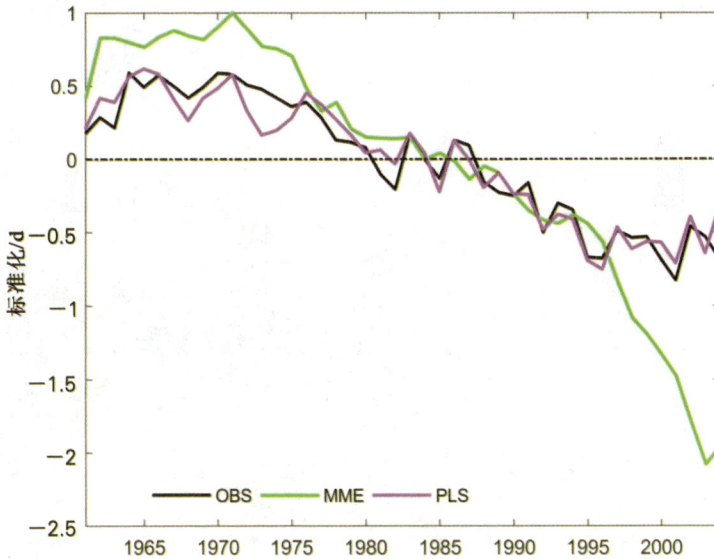

(h)

图 6-14　1961—2005 年新疆昼夜极端低温事件观测与多气候模式模拟的
各指标的 9 年滑动平均曲线

（a）频次；（b）强度；（c）持续日数；（d）强度最大值；

（e）持续日数最大值；（f）开始日期；（g）结束日期；（h）时间长度

注：OBS—观测值。

6.2.2 极端低温事件空间变化趋势的模拟能力评估

图 6-15 用来评估单一气候模式和多模式集合模拟对新疆昼夜极端低温事件各指标空间变化趋势的相对偏差。

对于昼夜极端低温事件频次、强度和持续时间等量级指标而言,bcc-csm1-1、CSIRO-Mk3-6-0、GFDL-ESM2M、MPI-ESM-LR 和 MPI-ESM-MR 等单一气候模式的模拟能力优于各模式模拟偏差的中等水平,其中 MIROC5 模式对强度和持续日数指标的模拟能力欠佳。

对于极值指标的单一气候模式来说,除了 ACCESS1-0、inmcm4、MIROC5 和 MRI-CGCM3 模式的模拟能力较差外,其余气候模式模拟能力优于各模式模拟偏差的中等水平,模拟结果较理想。

对于时间指标而言,bcc-csm1-1、CSIRO-Mk3-6-0、GFDL-ESM2M、MIROC5、MPI-ESM-MR 和 NorESM1-M 模式的模拟能力优于各模式模拟偏差的中等水平;

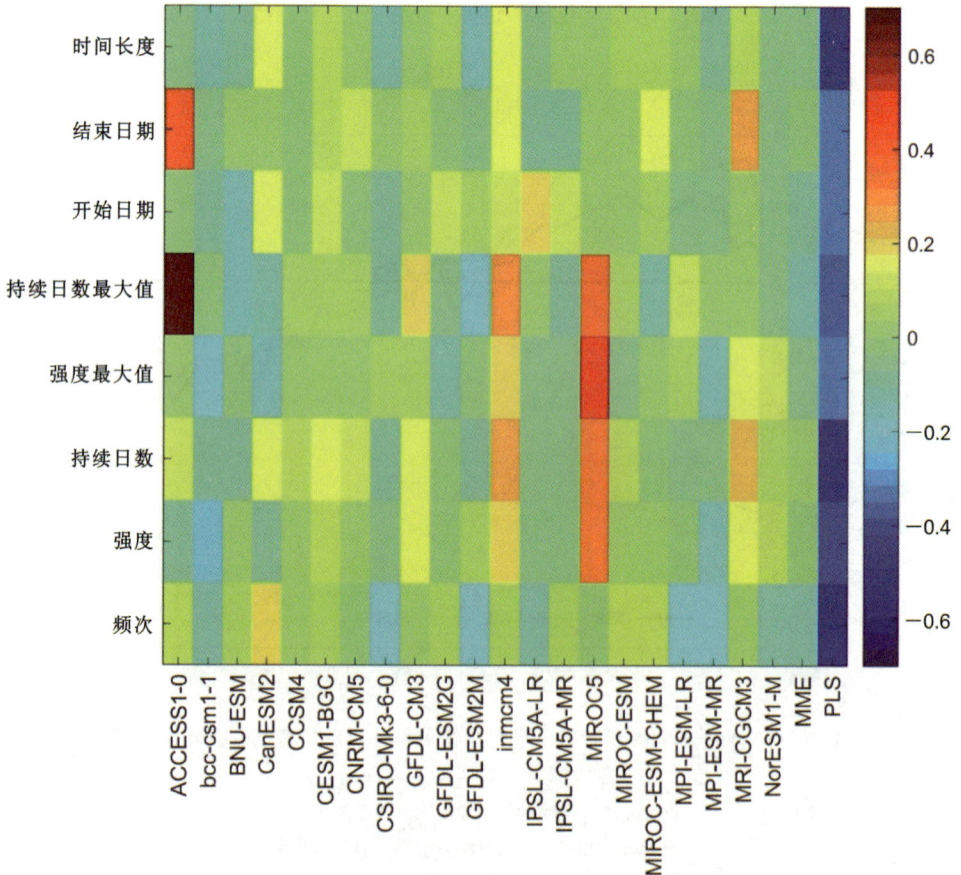

图6-15 单一气候模式及多模式集合模拟新疆昼夜极端低温事件8指标空间变化趋势的相对偏差

同样也存在对某些指标模拟不太理想的模式,比如 ACCESS1-0 和 MRI-CGCM3 气候模式对结束日期指标空间变化趋势模拟的相对偏差值较大,说明这两个模式对昼夜极端低温事件结束日期指标缺乏基本的模拟能力。

综上分析发现,不同气候模式对昼夜极端低温事件不同指标的模拟能力各异。总体上,bcc-csm1-1、CSIRO-Mk3-6-0、GFDL-ESM2M、MPI-ESM-MR、MME 多模式集合和 PLS 多模式集合对昼夜极端低温事件 8 指标的模拟能力优于各模式模拟偏差的中等水平,其中相对偏差值最小的是 PLS 多模式集合,表明 PLS 多模式集合对新疆昼夜极端低温事件 8 指标的模拟能力均最优。

6.2.3 基于全球气候模式的极端低温事件未来气候情景预估

(1)量级指标

新疆昼夜极端低温事件频次、强度和持续日数指标相对于气候基准时期距平时间变化特征如图 6-16 所示,新疆昼夜极端低温事件在气候基准时期和未来预估期的频次、强度和持续日数指标均呈现波动下降趋势,表明新疆冬季昼夜极端低温事件减少,气候平均态温度相对升高,暖冬出现概率增大。在 RCP4.5 情景下,频次、强度和持续日数指标的气候倾向率分别为 -0.17 次/10a、$-33.85℃^2$/10a 和 -1.28d/10a;在 RCP8.5 情景下,频次、强度和持续日数的气候倾向率分别为 -0.23 次/10a、$-44.14℃^2$/10a 和 -1.86d/10a。分析以上数据可知,未来预估期高排放情景 RCP8.5 的频次减少、强度减弱和持续日数减少幅度均显著大于低排放情景 RCP4.5。

(2)极值指标

图 6-17 是 RCP4.5 和 RCP8.5 情景下新疆昼夜极端低温事件强度最大值和持续日数最大值指标相对于气候基准时期距平时间变化特征。新疆昼夜极端低温事件强度最大值和持续日数最大值在 1961—2005 年和 2006—2099 年均表现为一致的波动下降趋势,历史时期减弱和减少幅度较小,未来时期则较大。在 RCP4.5 和 RCP8.5 情景下,强度最大值的减弱幅度分别为 $-16.14℃^2$/10a 和 $-19.84℃^2$/10a,持续日数最大值减少幅度分别为 -0.76d/10a 和 -1.44d/10a,强度最大值和持续日数最大值在高排放情景 RCP8.5 下的减弱和减少幅度均大于低排放情景 RCP4.5。

(3)时间指标

从新疆昼夜极端低温事件开始日期、结束日期和时间长度指标相对于气候基准时期距平时间变化特征(图 6-18)可看出,在气候基准时期(1961—2005 年)和气候预估期(2006—2099 年),开始日期呈波动上升趋势,结束日期和时间长度呈波动下降趋势,表明新疆 2006—2099 年新疆冬季昼夜极端低温事件开始日期呈推迟趋势,结束日期呈提前趋势,时间长度呈缩短趋势。在 RCP4.5、RCP8.5 情景下,开始日期、结束日期和时间长度的气候倾向率分别为 1.25d/10a、-0.46d/10a 和 -3.91d/10a;2.8d/10a、-1.63d/10a 和 -4.47d/10a,说明 2006—2099 年新疆冬季极端低温期比 1961—2005 年开始得更晚,结束得更早,冬季极端低温期更短,且这种特征在高排放情景下表现更显著。

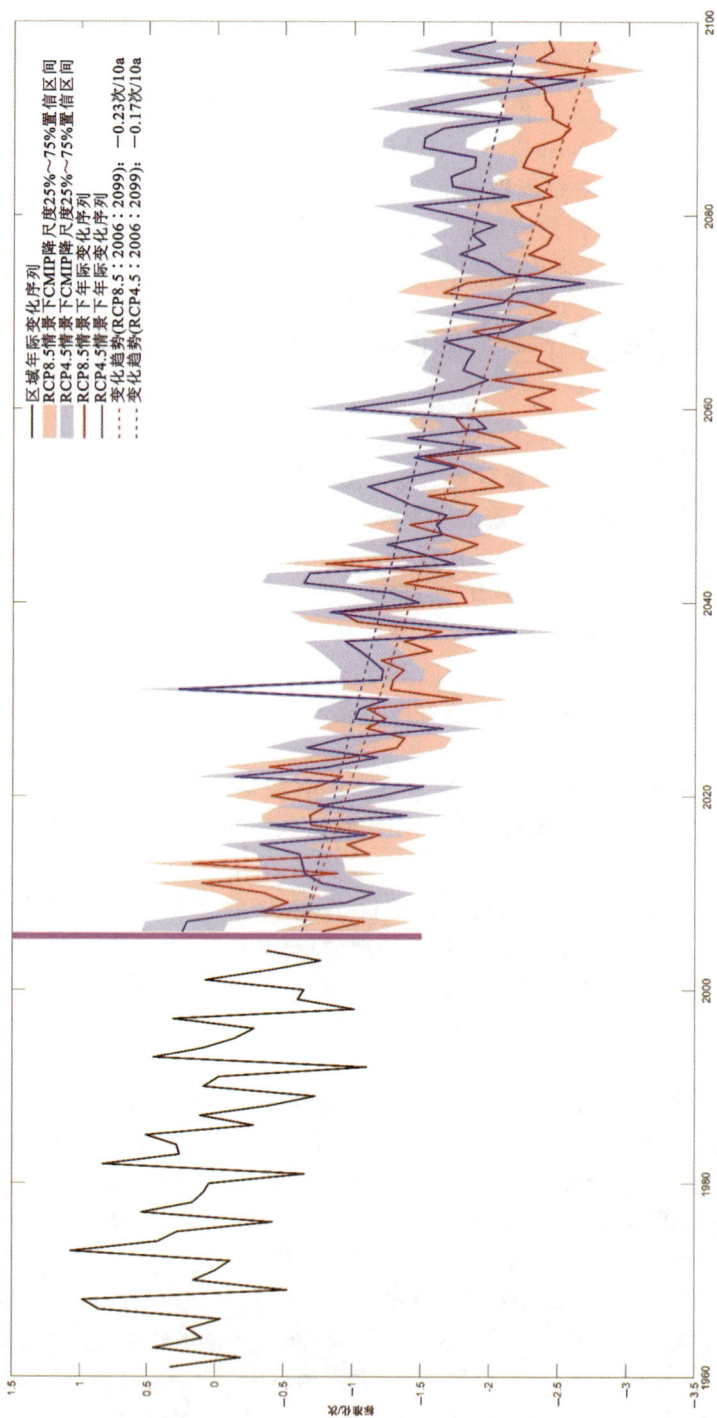

(a)

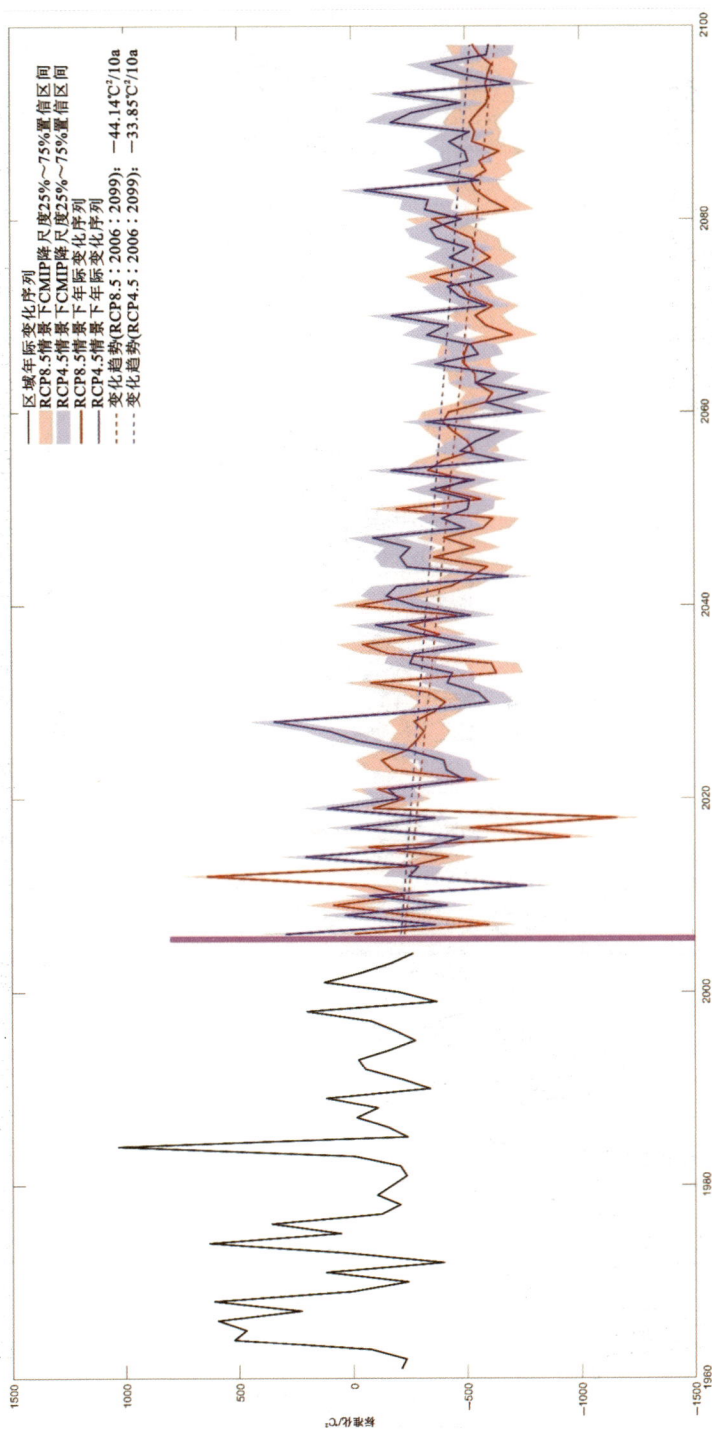

(b)

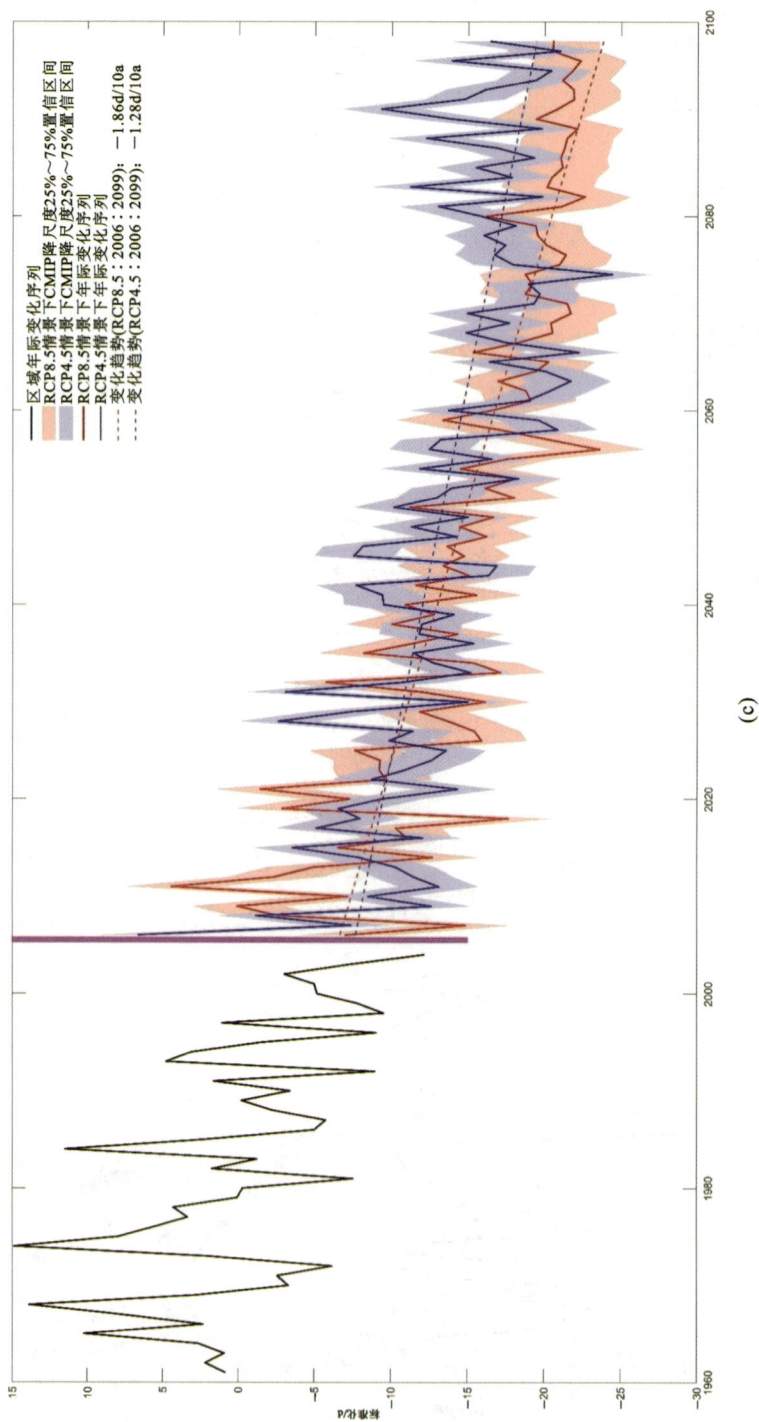

图 6-16 RCP4.5和RCP8.5情景下新疆昼夜极端低温事件频次、强度和持续日数指标相对于气候基准时期距平时间变化特征

(a)频次；(b)强度；(c)持续日数

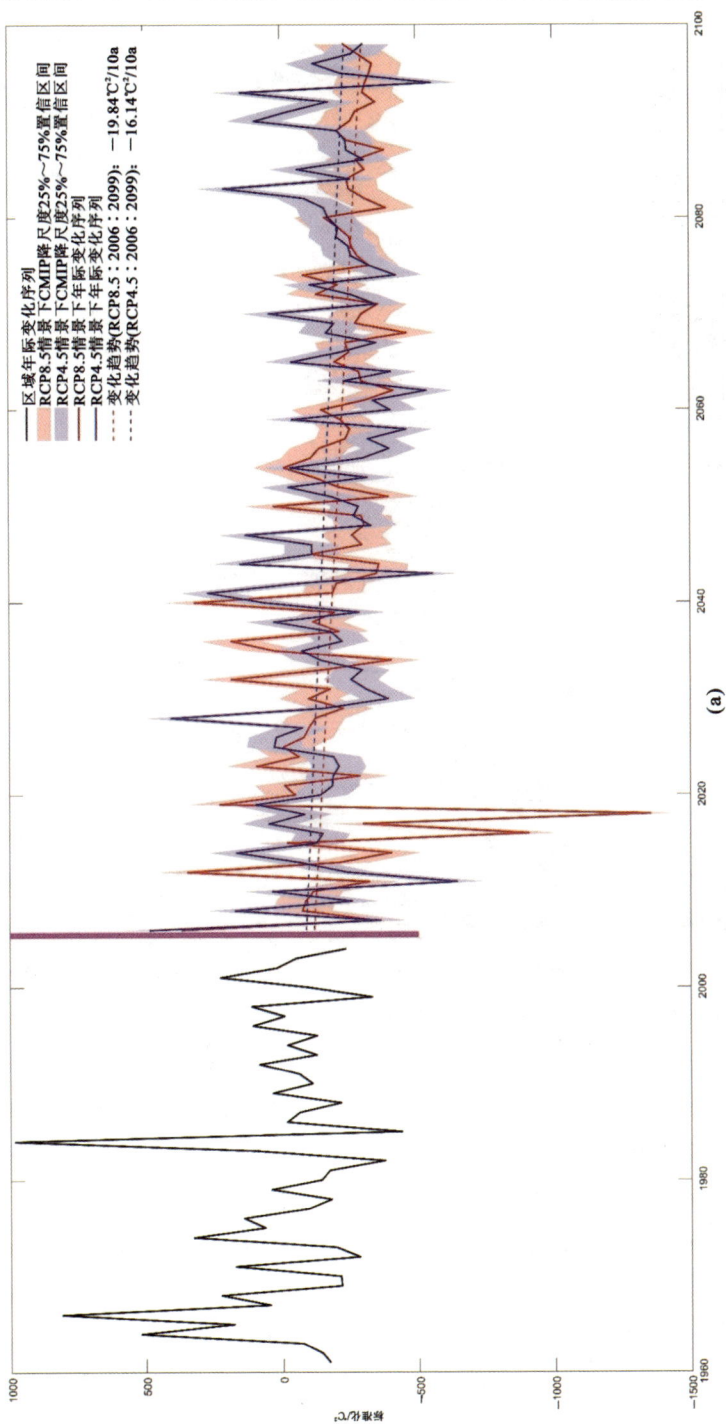

(a)

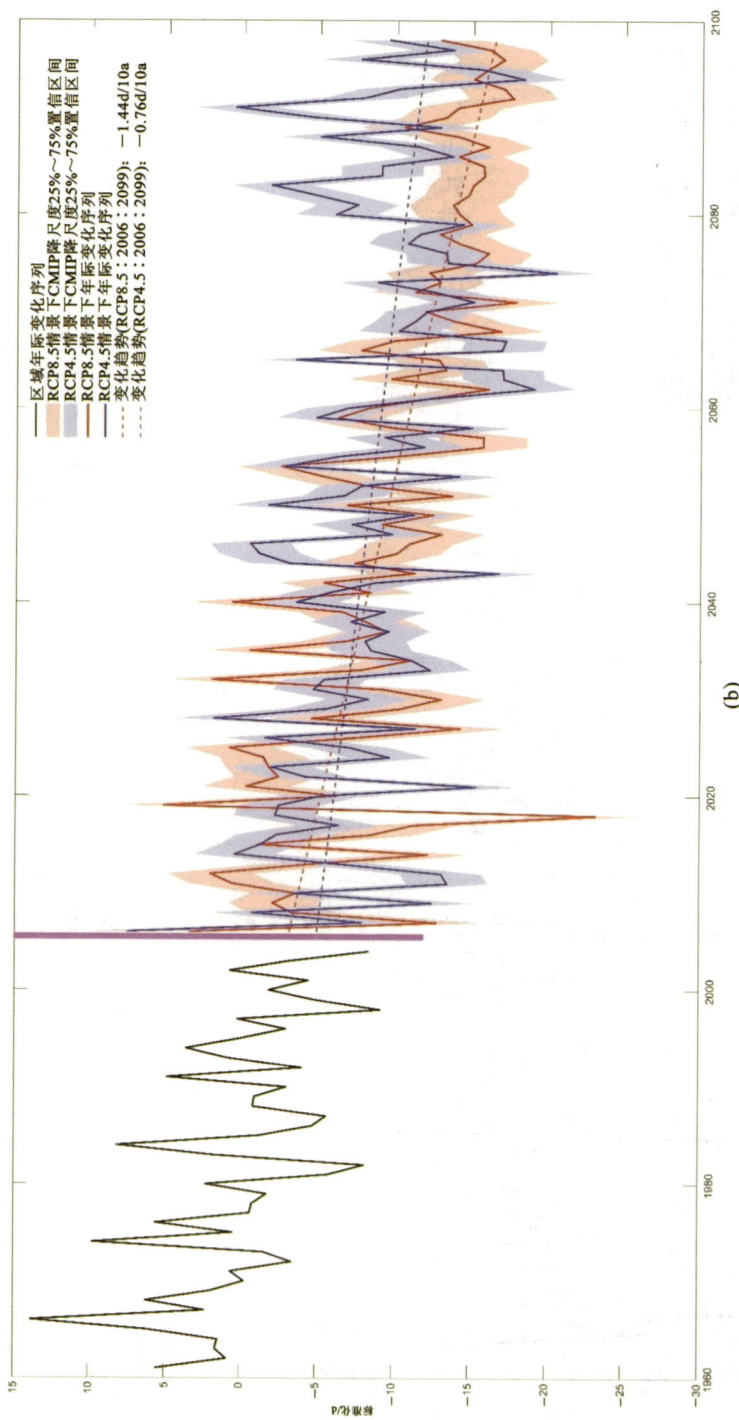

图 6-17 RCP4.5和RCP8.5情景下新疆昼夜极端低温事件强度最大值和持续日数最大值指标相对于气候基准时期距平时间变化特征

(a)强度最大值；(b)持续日数最大值

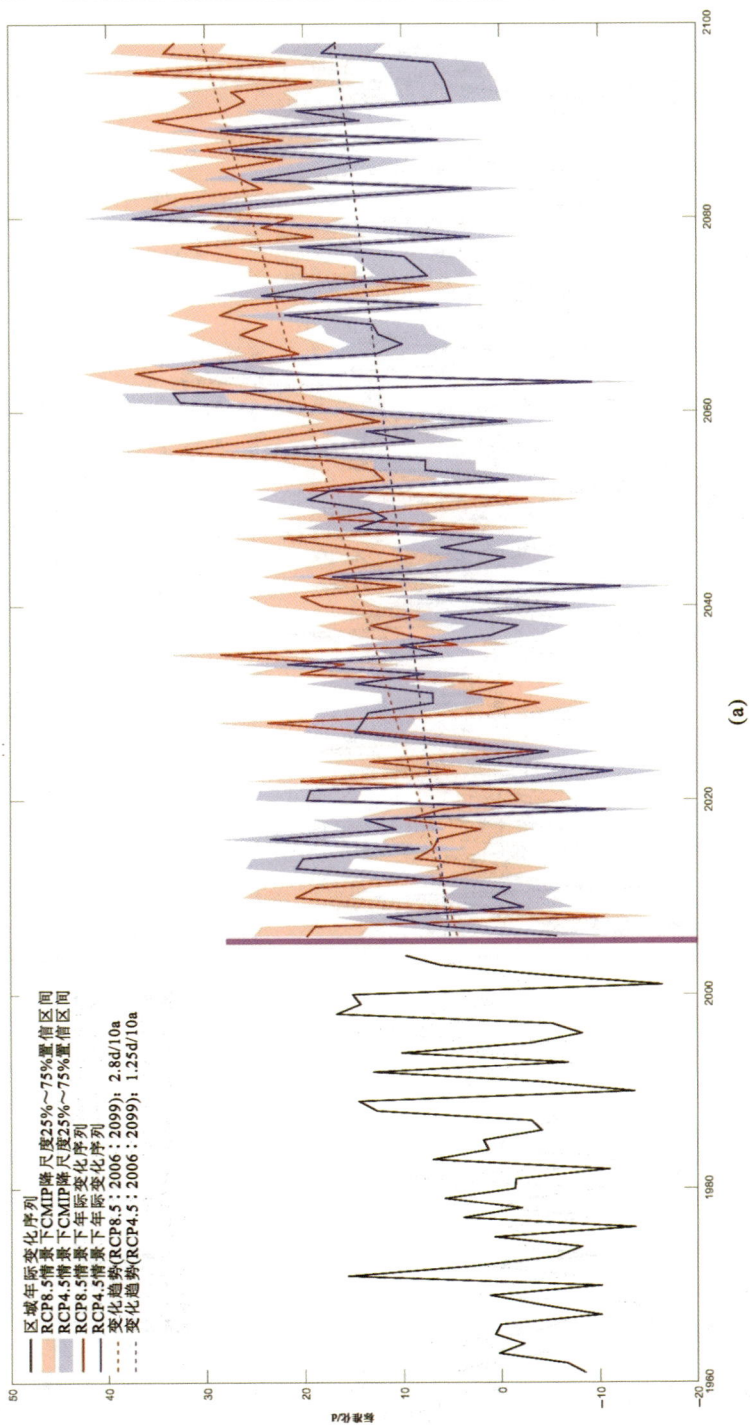

(a)

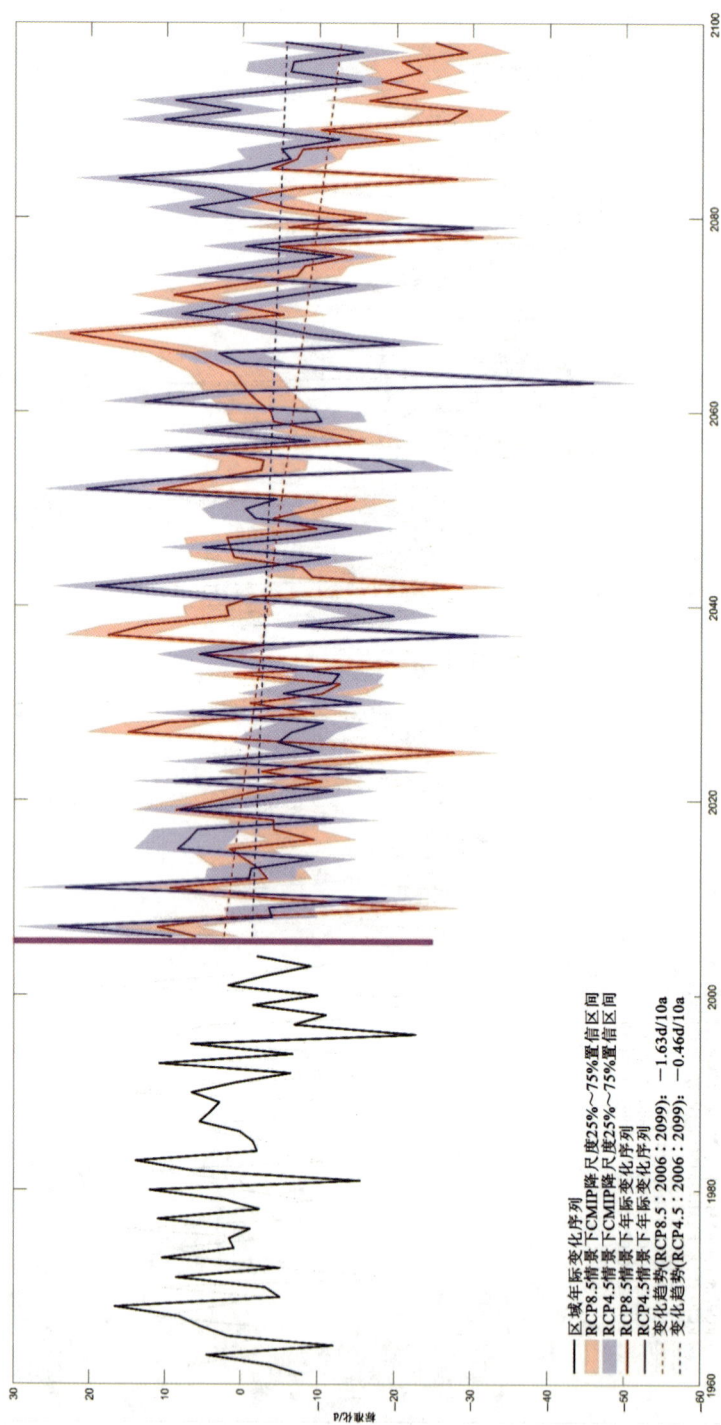

(b)

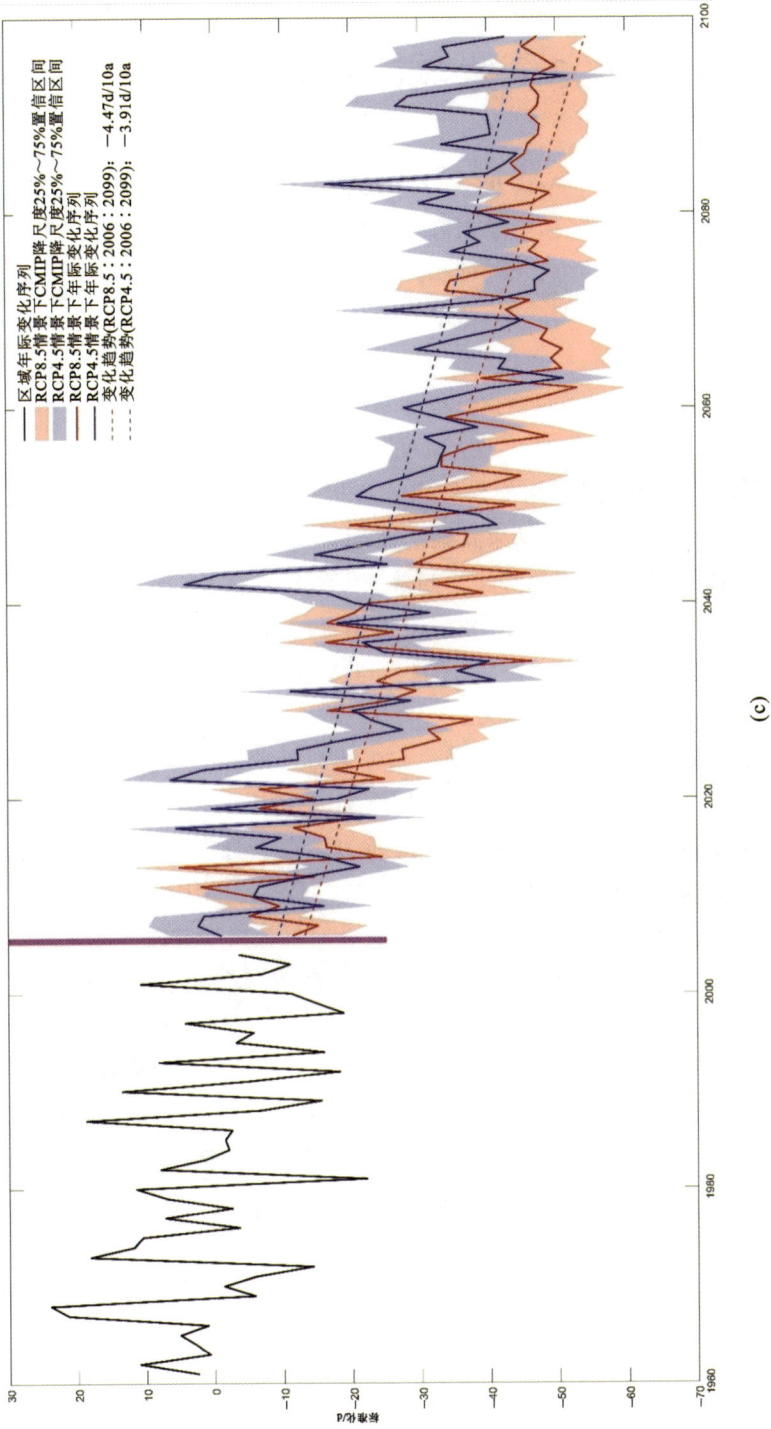

图 6-18 RCP4.5和RCP8.5情景下新疆昼夜极端低温事件开始日期、结束日期和时间长度指标相对于气候基准时期距平时间变化特征

(a)开始日期；(b)结束日期；(c)时间长度

6.3 本章小结

本章主要用高分辨率 NEX-GDDP 全球气候模式数据对新疆昼夜极端高温、低温事件的频次、强度、持续日数、强度最大值、持续日数最大值、开始日期、结束日期和时间长度等 8 指标观测数据的综合模拟能力进行检验和评估，并在优选模式集合基础上预估新疆未来夏季昼夜极端高温、冬季昼夜极端低温事件的频次、强度、持续日数、强度最大值、持续日数最大值、开始日期、结束日期和时间长度等 8 指标在 RCP4.5 和 RCP8.5 情景下的时间变化特征和空间变化趋势，主要结果如下。

（1）昼夜极端高温事件

单一气候模式和多模式集合均能模拟出昼夜极端高温事件频次、强度、持续日数、强度最大值、持续日数最大值、结束日期和时间长度指标随时间变化的增加趋势以及开始日期随时间变化的下降趋势。不同单一气候模式和多模式集合的模拟能力存在一定差异，综合对比单一气候模式和多模式集合的历史模拟值与观测值的气候倾向率、相关系数、均方根误差、标准差后发现，PLS 多模式集合对昼夜极端高温事件 8 指标时间变化特征的模拟能力最好。

从昼夜极端高温事件 8 指标的空间变化趋势相对偏差图中可看出，不同单一气候模式及多模式集合对昼夜极端高温事件相同指标以及相同模式和模式集合对昼夜极端高温事件不同指标空间变化趋势的模拟能力均存在显著差异。总体上，bcc-csm1-1、GFDL-ESM2G、GFDL-ESM2M、MIROC-ESM、MIROC-ESM-CHEM、NorESM1-M、MME 多模式集合和 PLS 多模式集合对昼夜极端高温事件 8 指标的模拟能力要优于各模式模拟偏差的中等水平，其中对观测数据模拟能力最好的当属 PLS 多模式集合。PLS 多模式集合的模拟能力显然优于 MME 多模式集合以及大多数单一气候模式，这是因为 PLS 多模式集合平均方法可以在一定程度上相互抵消不同气候模式之间的部分偏差，从而得到更好的模拟结果。从 8 指标变化趋势的空间分布图中也可得出，PLS 多模式集合模拟出的增加趋势空间分布格局与观测数据更为一致，较好地模拟出了昼夜极端高温事件 8 指标增加趋势的高值区域和减少趋势的低值区域空间分布特征。

新疆昼夜极端高温事件频次、强度、持续日数、强度最大值、持续日数最大值、结束日期和时间长度指标气候预估期的变化趋势与气候基准时期一致，均表现为增加趋势，1961—2005 年增幅较小，2006—2099 年增幅较大，且 RCP8.5 情景的增加速率均大于 RCP4.5 情景；开始日期表现为波动下降趋势，历史时期降幅较小，2006—

2099 年降幅较大,且 RCP8.5 情景的降幅均大于 RCP4.5 情景;说明与历史时期相比,新疆 2006—2099 年昼夜极端高温事件发生频次、持续日数和持续日数最大值增加得更多,强度和强度最大值的增强幅度更大,开始得更早,结束得更晚,极端热期更长,且这种特征在 RCP8.5 情景下表现更明显。

在 RCP4.5 和 RCP8.5 情景气候预估期(2006—2099 年),总体上,新疆昼夜极端高温事件的频次、强度、持续日数、强度最大值和持续日数最大值等指标的正趋势面积大于负趋势面积,表明新疆绝大部分地区夏季昼夜极端高温事件增多,小部分地区夏季昼夜极端高温事件减少,且 RCP8.5 情景下的各指标的增多、减少幅度均大于 RCP4.5 情景。在 RCP8.5 情景下开始日期的提前日数、结束日期的推迟日数和时间长度的延长日数均比 RCP4.5 情景平均增加约 2 倍。

(2)昼夜极端低温事件

几乎所有单一气候模式和多模式集合都能较好地模拟出昼夜极端低温事件频次、强度、持续日数、强度最大值、持续日数最大值、结束日期和时间长度指标的气候倾向率均为负值,表明各指标均呈显著下降趋势;开始日期的气候倾向率为正值,表明开始日期呈推迟趋势。然而不同模式和多模式集合的模拟效果存在明显差别,综合比较单一气候模式和多模式集合的模拟值与观测值的气候倾向率、相关系数、均方根误差、标准差等这 4 个指标后,发现 PLS 多模式集合对昼夜极端低温事件量级、极值、时间等 8 指标时间变化特征的模拟能力最好。

不同气候模式对昼夜极端低温事件不同指标空间变化趋势的模拟能力各异。总体上,bcc-csm1-1、CSIRO-Mk3-6-0、GFDL-ESM2M、MPI-ESM-MR、MME 多模式集合和 PLS 多模式集合对昼夜极端低温事件 8 指标的模拟能力优于各模式模拟偏差的中等水平,其中相对偏差值最小的是 PLS 多模式集合,表明 PLS 多模式集合对新疆昼夜极端低温事件 8 指标的模拟能力均最优。从昼夜极端低温事件 8 指标变化趋势的空间分布图中也可得出,PLS 多模式集合可以较好地模拟出 8 指标增加和减少趋势的空间分布格局,也可以较好地刻画出各指标增加、减少趋势高、低值中心的空间分布范围。

新疆昼夜极端低温事件在气候基准时期和未来预估期的频次、强度、持续日数、强度最大值、持续日数最大值、结束日期和时间长度等指标均呈现波动下降趋势,且在 RCP8.5 情景下的减弱和减少幅度均大于 RCP4.5 情景;开始日期呈现波动上升趋势,RCP8.5 情景下的上升幅度更大,表明新疆未来冬季出现昼夜极端低温事件的频次减少更多、强度减弱幅度更大,开始日期更晚,结束日期更早,冬季极端低温期更短,且这些变化特征在 RCP8.5 情景下表现更显著,冬季气候平均态温度相对升高。

新疆昼夜极端低温事件的频次、强度、持续日数、强度最大值和持续日数最大值等指标的未来空间变化趋势整体以下降趋势为主，各指标下降趋势所占面积明显大于增加趋势，且 RCP8.5 情景下的下降趋势幅度显著大于 RCP4.5 情景，表明新疆大部分地区未来 RCP8.5 情景下冬季出现暖冬的概率大于 RCP4.5 情景。RCP8.5 情景下开始日期的推迟日数、结束日期的提前日数均多于 RCP4.5 情景，RCP8.5 情景下昼夜极端低温事件时间长度缩短时间约为 RCP4.5 情景的 2 倍。

7 干旱区城市应对极端气候优化策略

7.1 我国城市应对气候变化相关政策支持

在全球变暖大背景下,我国积极部署温室气体减排指标和任务,相继出台了一系列相关政策和技术指南来提高城市应对气候变化。比如 1994 年的《中国 21 世纪议程》中提到人类住区可持续发展,城市发展适应气候变化。2008 年 11 月 25 日,中国气象局局务会审议通过第 18 号令《气候可行性论证管理办法》,提出应加强城乡规划、区域发展建设规划、重大基础设施、公共工程和大型工程建设项目、重大区域性经济开发、区域农(牧)业结构调整建设项目、大型太阳能、风能等气候资源开发利用等建设项目对气候可行性论证的管理,合理开发利用气候资源,避免或者减轻规划和建设项目实施后可能受气象灾害、气候变化的影响,规范气候可行性论证活动。2013年,我国国家发展和改革委员会及相关部门共同发布了第一部专门针对适应气候变化的战略规划《国家适应气候变化战略》,将城市作为适应气候变化的首个重点领域,强调应对气候变化问题迫在眉睫,各国应采取必要措施积极努力减少温室气体排放,完成减排目标;还应采取必要措施适应气候变化,促进经济、资源、环境和社会的可持续发展。《国家适应气候变化战略》系统梳理并总结了适应气候变化的薄弱环节,认为城市应加强防灾减灾风险管理,针对城市化、农业发展、工业发展和生态安全提出了具体的气候变化适应任务。2014 年国家发展改革委印发《国家应对气候变化规划(2014—2020 年)》,明确指出气候变化关系全人类的生存和发展,首次将积极应对气候变化作为国家重大战略和生态文明建设的重大举措,提出必须牢固树立生态文明理念,兼顾当前与长远利益,积极有效控制温室气体排放,努力走一条符合中国国情的发展经济与应对气候变化双赢的可持续发展之路,切实将减缓和适应气候变化的诉求和要求融合到经济发展各方面,积极努力探索中国特色的绿色低碳发展道路。

2015 年《中共中央 国务院关于加快推进生态文明建设的意见》明确提出：要大力推进绿色城镇化、积极应对气候变化；尊重自然格局，依托现有山水脉络、气象条件等，合理布局城镇各类空间，尽量减少对自然的干扰和损害。2015 年，中国气象局印发《城市总体规划气候可行性论证技术规范》，明确规定了城市总体规划、区域性规划、专项规划和控制性详细规划的气候可行性论证范围、需求调研与资料处理、论证方法与内容要求等，旨在进一步规范城市规划气候可行性论证技术，确保城市中可用来改善气候的地块得到合理保护、利用和建设。2016 年 6 月，国家发展改革委和住房城乡建设部同有关部门联合发布了《城市适应气候变化行动方案》，提出城市人口密度大、暴露度高，高温热浪、暴雨、干旱等极端气候事件增多增强，势必影响城市系统正常运行，因此城市发展应积极适应气候变化，加强应对极端气候事件能力建设。2017 年，《国家发展改革委 住房城乡建设部关于印发气候适应型城市建设试点工作的通知》(发改气候〔2017〕343 号)文件提出要全面提升城市适应气候变化能力，创新城市规划建设管理理念，将适应气候变化纳入城市发展目标体系。2021 年，《中国应对气候变化的政策与行动》白皮书指出，我国经济社会发展应将气候变化作为推进生态文明建设、实现高质量发展的重要抓手，不断提高气候变化应对能力，推动城乡建设领域绿色低碳发展，在城市地区制定城市适应气候变化行动方案，增强适应气候变化能力。

2024 年 6 月，上海市生态文明建设领导小组印发《上海市适应气候变化行动方案（2024—2035 年）》，方案提出气候变化是人类 21 世纪面临的严峻挑战之一。上海是一座典型河口海岸型城市，位于气候变化的敏感区和脆弱区，高温热浪、超强台风、强降水等极端气候事件带来的风险挑战异常复杂，有效防范气候变化不利影响和不可控风险显得尤为重要。预计到 2025 年，完善适应气候变化的相关体制机制，增强极端天气气候事件监测预警技术，进一步提升重点领域及区域的气候变化适应能力，气候适应型城市建设取得长足进展。到 2030 年，全面开展气候观测—影响风险评估—采取适应行动—行动效果评估工作，基本建成气候适应型城市。到 2035 年，气候变化监测预警能力达到国际先进，气候风险管理和防范体系完整完善，全社会适应气候变化能力显著提升，气候适应型城市全面建成。

从以上相关文件可以看出，国家已将城市规划作为改善城市气候环境的重要抓手，在应对气候变化和推进生态文明建设的重要举措中，首先要充分发挥城市规划的引领作用。

整体来看，我国在循序渐进地出台并推进一系列适应气候变化的政策和相关技术指南。首先，在宏观层面提出城市发展适应气候变化，随后，出台了一系列具体而细致的气候可行性论证范围、需求调研与资料处理、论证方法与内容要求等。尺度上，从最初的国家层面到后来具体的城市层面、居住区层面和地块层面，这些政策和相关技术指南旨在建设气候适应型城市,切实地将减缓和适应气候变化的诉求和要求融合到经济发展各方面,积极努力探索中国特色的绿色低碳发展道路。

7.2 气候适应型城市建设探索

全球变暖已是不争的事实,应对气候变化是当今经济社会发展的重要议题,包括减缓气候变化和适应气候变化两个层面。减缓气候变化就是采取一系列干预措施、手段和方法来减少温室气体排放或转移温室气体等,减少气候变化给城市带来的负面影响。适应气候变化主要包括适应极端气候和适应区域气候:适应极端气候主要指适应严重偏离平均状态的气候现象,如高温热浪、干旱、洪涝、海平面上升等;适应区域气候是指适应区域气候差异前提下,进行宏观和微观的设计来应对区域严寒和酷暑。

从规划视角出发,减缓气候变化的举措主要是在一系列减缓气候变化的政策和相关指南文件的指导下,通过碳汇的方式将温室气体转移的低碳城市建设,包括中观、微观层面的低碳建设。适应气候变化是自然、人类或城市生态系统应对气候变化恶劣影响而做出的趋利避害的调整或应对策略,主要从气候变化所带来的恶劣影响着手,通过相关文件、指南、行动计划和措施等,增强城市应对气候变化的能力,最大限度地降低气候变化所带来的经济损失和人员伤亡等负面影响。

7.2.1 气候适应型城市相关概念

气候适应型城市又称为包容城市、弹性城市和韧性城市,其中韧性城市在研究中被提及得最多。"韧性"一词最早来自机械工程学,表示材料在塑性变形和断裂过程中吸收能量的能力,后来被生态学家 Holling 引入系统生态学研究中,在系统生态学中主要指某一自然生态系统在遭到外界扰动后凭借自身能力维持系统自身稳定性的能力称为生态韧性。后来,生态韧性的概念演化为系统从一种稳定状态向另一种稳定状态的演化与发展。城市韧性的概念最早来自生态韧性,城市韧性包含工程韧性、生态韧性和演变韧性。工程韧性是指系统遭到外界冲击后恢复到初始平衡状态;生态韧性是指一个系统在维持自身状态条件下能消化吸收的最大外界冲击,一个系统内存在多个平衡稳态;演变韧性是指一种不断改进的动态变化系统。

城市韧性的定义存在多种学说,恢复说学者们认为城市韧性是人类社会在遭到外来冲击或干扰时恢复原样或抵抗外来冲击和干扰的能力;扰动说学者们认为城市韧性是系统遭到外来冲击和干扰后的反应能力;系统说学者们认为城市韧性是系统遭到外来冲击或干扰后仍具备适应、不断学习改进和自我恢复的能力,考虑系统之间相互影响的机制；能力提升说学者们认为城市韧性是指系统遭到外来冲击或干扰后可以凭借自身能力恢复到扰动前的平衡状态，还可以通过学习进一步提升外来冲击或干扰的应对能力。综合 4 种代表性观点可知，城市韧性指的是城市系统具备吸收自身及外部压力、干扰和冲击的能力，且在遭受外部压力、干扰和冲击后具备恢复原状的能力，与此同时，学习改进能力得到提升，使城市达到一种新的平衡状态且具备螺旋上升式的韧性。

城市韧性的内涵是在自然和人为双重因素影响下，城市生态系统面对突如其来的自然灾害、不合理且强烈过度的人类活动干扰和冲击时，会表现出系统恶化崩溃、人地矛盾突出等现象，当影响超过城市生态系统自身承受能力时，城市生态系统自身状态发生巨大改变。人类无休止地对自然生态环境的过度盲目开发会导致环境资源耗竭，若开发强度超过了城市生态系统自身的恢复速度，必然会影响城市生态系统的可持续发展，出现一系列不可避免的环境问题。

不同学科从不同视角对气候适应型城市展开了研究。经济领域学者 Brugmann 认为气候适应型城市就是在面对突如其来的自然灾害时，城市具备适应和应对能力。Wagner 和 Breil 从生态视角进行研究，认为韧性是一个城市具备一定的承受压力、生存、适应的能力，在突遇灾害时具备一定的恢复能力。地震学家 Bruneau 认为气候适应型城市是在一定程度上减少自然灾害的发生，最大限度减少灾害损失，且城市具备一定的恢复到正常水平的能力。

7.2.2　国内外减缓气候变化的城市规划探索

(1)国外减缓气候变化的城市规划探索

减缓气候变化是指采取必要措施减少一氧化碳、二氧化碳和甲烷等温室气体排放，在一定程度上增加碳汇，进而减少气候变化带来的恶劣影响，建设低碳城市。如英国在 2002 年开展了"应对气候变化的规划（The Planning Response to Climate Change）"研究，该研究将英国温室气体排放分为低排放、中低排放、中等排放和高排放四种情景，并进行了未来气候情景预测。随后又发表了《应对气候变化的规划——更好实践的建议》（The Planning Response to Climate Change—Advice on Better Practice）、《规划和气候变化的政策声明——补充规划政策声明》（Planning Policy Statement Planning and Climate Change—Supplement to Planning Policy Statement）、《规划和气候变化的政策声明影响评估》（Impact Assessment of the Planning Policy Statement Planning and Climate Change）、《气候变化法案》（Climate Change Act）等一系列文件和政策指南，明确提出了具体的碳减排目标，以及政府、规划和相关管理部门职责和任务，将温室气体减排目标写入国家法律，切实减少气候变化给城市带来的负面影响。

美国总统行政办公室在 2005 年发布文件《气候变化技术项目：战略计划》(*Climate Change Technology Program：Strategic Plan*)，详细介绍了美国在城市规划相关的建筑、交通、绿地、基础设施等领域的减排目标、行动计划、技术方法和未来发展前景。《变化中的美国大都市地区规划——为可持续的未来》(*Changing Metropolitan America：Planning for a Sustainable Future*)和《减缓气候变化的城市规划工具》(*Urban Planning Tools for Climate Change Mitigation*)两本著作相继在 2008 年和 2009 年出版，明确提出紧缩城市和公共交通是减缓气候变化的关键举措，各城市应在碳排放预测机制的指导下，制定碳减排目标，有的放矢地将碳减排目标分配到交通、建筑、绿地、基础设施和土地利用等相关规划部门，制定碳排放标准及减排策略。随后，华盛顿州、加利福尼亚州、亚利桑那州、科罗拉多州、明尼苏达州、伊利诺伊州、纽约州、宾夕法尼亚州、罗得岛州、密歇根州和弗吉尼亚州等 30 个洲相继出台了减缓气候变化的行动计划。

澳大利亚、新加坡、加拿大、日本等国家积极采取措施应对城市化和减缓气候变化的举措。东京都政府在 2008 年颁布《东京都环境总体规划》(*Tokyo Metropolitan Environmental Master Plan*)，明确了"成为世界上产生最小环境影响的城市"目标，制定了全面的减排规划。新加坡承诺到 2020 年，减少 16％的温室气体排放，鼓励使用公共交通、开发绿色建筑、改善公共交通系统，公共交通规模提升到 70％。加拿大魁北克在 2008 年发布《魁北克和气候变化——一个挑战性的未来》(*Quebec and Climate Change—A Challenge for the Future*)，提出了交通、环境、土地利用等部门应对气候变化的具体内容、行动计划及详细问责机制。

(2)国内减缓气候变化的城市规划探索

国内针对减缓气候变化的研究主要集中在低碳城市建设方面，付允等(2008)指出实现城市低碳发展，人们要改变以往传统的高消费、高浪费的生活方式。通过调整交通方式，如大力发展公共交通和轨道交通，大容量公共交通可以大大削减城市道路交通的能源浪费和温室气体排放。此外，城市建设应实行紧凑的城区布局，鼓励步行、自行车等绿色交通方式。再者，通过调整消费方式，优先选择低碳产品，推行绿色消费。每个家庭尽量使用节能电器和照明设施，尽量不使用一次性用品，如一次性筷子和塑料袋。最后，通过调整居住方式，提倡居住低碳建筑和公共住宅。对于办公楼、宾馆、商场等大型商业建筑，实时监测能源消耗情况，提高大型建筑节能能效。陈蔚镇等(2010)以伯克利应对气候变化的方案为案例，围绕上海低碳城市发展展开了深度解读和剖析，提出城市低碳发展的空间性、技术性与社会性的三大路径选择，阐明无论是以"生态"还是以"低碳"为目标开展的城市生态建设，城市空间性都被放置于首要的位置，城市规划行动和策略也被看作其他策略的基础。黄明涛等(2010)指出低碳城市建设也可从城市空间形态入手，连片发展的城市形态、带型城市及组团城市形态各自在减少碳排放方面存在较大差异，从而得出低碳城市建设的理想城市空间形态。叶祖达(2011)指出生态绿地空间系统的规模、内涵、布局和类别等元素是建设低碳城市应对气候变化的重要策略。蔺震生(2014)指出缩减化石能源比重,合理开发太阳能、风能等清洁能源,提升能源使用率,合理优化产业、建筑、交通、城镇等碳排放主体的产业结构,推动绿色节能建筑确保达到产业、交通、建筑低碳化发展,推动低碳城市发展。王昊(2018)指出上海的低碳技术发展重点主要以替代、节约、修复、再利用和循环等为方向,重点支持可再生能源和氢能技术的开发利用,加大燃料电池汽车等新能源汽车研究与示范应用;另外,应该在节能减排、新能源技术、生态环境治理与保护、碳捕捉、碳储存、清洁发展机制等方面更进一步与国际社会开展广泛的国际合作,促成发达国家对上海的技术转移以提升上海低碳技术水平。鲁钰雯等(2022)指出建设韧性城市也成为适应气候变化的新理念和新途径,提出应将低碳韧性理念纳入中国国土空间规划体系,形成与国土空间规划紧密衔接、相互协调的规划体系,为"双碳"目标的实现提供规划支撑,从而促进"双碳"目标和韧性城市建设的实现,推进空间形态、土地利用、交通体系、市政设施等重点领域的低碳韧性发展。

7.2.3　国内外适应气候变化的城市规划探索

适应气候变化的城市规划探索指的是一种有预先目的的应对行为,评估气候变化带来的影响和损失,有组织地安排一系列应对举措和行动计划,增强城市应对和适应气候变化的能力。近年来,极端气候事件如高温热浪、干旱、极端低温等频繁发生,给经济社会发展带来巨大经济损失和人员伤亡,因此城市适应极端气候事件研究备受重视。

(1)国外适应气候变化的城市规划探索

国外适应气候变化的城市规划研究开展较早且相对成熟。比如1997年4月英国牛津大学牵头组织了"英国气候影响计划(UK Climate Impacts Programme, UKCIP)"。该计划首次从国家和区域层面全面而细致地研究气候变化对城市产生的影响,为相关规划管理部门提供了理论和数据支撑。随后,英国发布了多项应对气候变化的相关政策和行动指南,其中包括城市应适应气候变化、气候变化应纳入城市总体规划、城市发展应充分考虑气候变化和城市洪灾防范等内容。2002年4月,英国发布《英国气候变化情景——UKCIP02简要报告》(*Climate Change Scenarios for the United Kingdom—The UKCIP02 Briefing Report*),报告包含英国到22世纪初可能发生的极端气候变化信息,分辨率是50km,同时也指出了城市应对极端气候变化的方法和相关规划过程。Shaw. R等(2007)基于区域尺度、社区尺度、建筑尺度三个层面,从控制城市极端高温热浪、城市可能遇到的洪灾、可持续利用水资源和环境保护等四个方面来详细阐述如何通过设计来适应城市极端气候变化,降低极端气候带来的潜在威胁、经济损失和人员伤亡。2008年,英国政府颁布《气候变化法案》(*Climate Change Act*),法案要求政府每5年出台一份国家气候变化风险评估(*Cli-*

mate Change Risk Assessment)报告。2012 年 1 月发布的第一份气候变化风险评估报告首次提出了气候变化风险评估框架、要求和具体操作步骤。

美国适应极端气候变化的城市规划探索起步较早,Michael 等(1984)详细阐述了海平面上升对城市发展造成的影响,并提出了相关应对措施。2002 年,美国交通、规划、能源、土地管理、环境等 13 个部门组织设立了全球变化研究项目,对城市交通、城市规划、城市能源利用与安全及环境保护展开了研究,发布了一系列报告,为规划、能源和土地管理等部门制定应对气候变化政策提供了重要支撑。2003 年,美国交通部联邦公路管理局对墨西哥湾沿岸各州展开气候变化对交通系统影响、潜在风险评估、适应及优化策略研究。Meyer 和 Schmidt 研究表明,在进行城乡基础设施规划时,应充分考虑气候变化对城乡基础设施的影响,修改现有道路设计和桥梁设计中存在的不合理之处。美国国家海洋与大气管理局(NOAA)利用遥感和地理信息技术,研发了推算沿海地区受海平面上升影响程度的程序,可以预估不同海平面上升高度情况下受影响的社会、人口、经济脆弱性和暴露度,据此可预先选择和制定应对措施。Jonathan(2008)研究指出德拉瓦河流域因气候变化导致的海平面上升、飓风、洪水等极端气候灾害对城市的影响,并提出了相应的应对措施。

美国地方环境行动国际委员会(ICLEI)相继出台了一系列行动指南,指导如何评估气候变化暴露度和脆弱性,协助相关管理部门制定应对措施,并组织在线培训、网络研讨,为社区参与和公民建设提出建议。美国极易受到海平面上升、高温热浪、风暴潮等极端气候事件影响的州相继制定了适应气候变化的行动计划,如加利福尼亚州完成了海平面上升的脆弱性评价和风险评估,指定了适应性措施及规划。威斯康星州展开了气候变化影响研究,主要分析了潜在风险、脆弱性和暴露度,制定未来应对计划。纽约市的《2030 年规划》中专门设置了气候变化专题,制定一系列有关行业和部门的减排政策,评估气候变化脆弱性、暴露度和风险等,以及规划项目如何应对气候变化。

加拿大自然资源部在 2003—2006 年指导规划部门工作人员评估加拿大 5 个省的城市气候变化的暴露度和脆弱性,并逐一确定适应和减缓策略,作为加拿大各省应对气候变化的研究范例。Jennifer 和 Thea(2009)研究了多伦多过去、现在、未来潜在的气候变化影响,并逐步制定了发展的适应性战略。加拿大不列颠哥伦比亚大学研究了不列颠哥伦比亚省的三角洲,开发了沿海城市海平面上升的模拟程序,并进一步阐明不列颠哥伦比亚省的三角洲如何适应气候变化带来的影响。

德国联邦环境、自然保护和核安全部在 2009 年发布《应对气候变化——德国适应性战略》,分析了德国所面临的气候变化现状及所受到的影响,指出城市空间规划在应对气候变化中的重要作用,并提出了适应气候变化的战略和应对注意事项。2011年8月,德国联邦内阁发布《德国适应气候变化战略适应行动计划》,主要包括脆弱性评估、风险性评价和适应性应对行动举措等内容。同年德国联邦交通部联合建筑与城市发展部发布《实践中的脆弱性分析》报告,该报告阐明了城市规划和区域规划中脆弱性分析的重要性,并引入前波莫瑞、斯图加特等区域作为脆弱性评估案例,充分证实了区域规划和城市规划中脆弱性分析的关键因素和重要步骤。

澳大利亚政府在2008年对维多利亚海岸22个沿海城市做了充分的调查研究,搜集相关数据和信息,重点对海平面上升和风暴潮进行风险性和脆弱性评估,分析并评估了这些城市受到气候变化的影响程度,制定了这些城市应对气候变化的相应策略、方法和案例。

日本东京技术研究所、日本海洋地球科学技术局、日本国家先进工业科学技术研究所联合开发了一个模型,从区域和城市尺度分析天气、气候,并进行敏感性分析、脆弱性评估和风险性评价,用模型来预测未来城市的热岛效应、极端高温和降水事件,重点探讨如何进行适应性规划以解决未来可能面对的问题。

2007年新加坡国立大学热带海洋科学研究所在海岸带保护、水资源高效利用、生物多样性与生态保护、绿地绿化、公众健康、能源、交通和城乡基础设施等七个领域深入开展了气候变化研究,制定了可行的适应性规划和实施的具体程序。

（2）国内适应气候变化的城市规划探索

国内有不少学者开展了适应气候变化的城市规划探索研究,如戴慎志等(2010)指出,城市规划需要重视气候变化,城市总规应增加适应性策略,也建议开展用地的气候变化适宜性评价研究工作。郑艳等(2012)总结归纳了国外城市应对气候变化的实践经验,指出要将适应性及气候风险管理纳入城市规划中,并明确了建设适应型城市的要点。姚杨洋(2014)分析并总结了国内外城市规划中应对气候变化的经验、方法与案例,结合我国城市规划编制内容,基于情景分析法,提出了一套气候变化维度下的中心城区规划情景方法,来探索适用于我国城市规划编制的技术方法,增强城市适应气候变化的能力。周全等(2016)鼓励引入新理论、新方法和新技术,完善和更新现有规划方法和手段,通过暴露度风险评估或脆弱性评估,开展适应气候变化的城市规划行动计划、研究与实践,预先评估气候变化可能带来的风险、影响和危害,有的放矢地提升城市应对气候变化的适应能力和韧性;引入新理论、新技术,完善现有规划手段,通过应用风险评估或脆弱性评价体系,绘制气候变化脆弱性地图。

管力(2018)总结了美国纽约和英国伦敦适应性规划的宝贵经验,提出应从建立灾害预警模拟平台、加强脆弱性风险评估,完善适应性规划管理体系,建立部门联动机制,提高公众认知和参与度四个方面来探讨我国适应性规划,提高城市应对气候变化能力、抵御自然灾害的能力。韩煜等(2021)认为气候变化给城市带来的风险、影响和损失十分复杂,城市规划与设计是应对气候变化和城市防灾减灾的有效手段之一,因此规划部门应充分评估自然灾害对基础设施的产生的影响、风险及可能的连锁反应,借助大数据和高性能计算机来制定适应性规划策略。石晓冬等(2023)总结了国际前沿的适应性理论和国际机构适应性规划框架,分析了国际大城市的气候适应性规划案例,明确提出适应性规划包含五项重要内容:气候变化趋势分析与预测、风险与脆弱性评估、适应能力评价指标体系、适应性规划策略和适应性规划实施。构建了完整的气候适应性规划技术体系。该研究特以北京为对象,全面诊断北京市域范围内气候风险区划及适应能力,进而在社区尺度上探索人与人居环境的气候适应性规划方法和实施方案。

综上所述,在减缓和适应气候变化的城市规划探索研究方面,国外的研究实践相对较早且成熟,明确提出了具体的碳减排目标及政府、规划和相关管理部门的职责和任务,有的放矢地将碳减排目标分配到交通、建筑、绿地、基础设施和土地利用等相关规划部门,制定碳排放标准及减排策略,从中观、微观层面进行低碳城市建设,减少气候变化给城市带来的负面影响。在适应气候变化的城市规划探索研究方面,首先对气候变化对城市产生的影响进行了全面而细致的研究,特别是针对海平面上升的研究尤为丰富,研发了推算沿海地区受海平面上升影响程度的程序,可以预估出不同海平面上升高度情况下受影响的社会、人口、经济脆弱性和暴露度,据此可预先选择和制定应对措施。

国内在减缓和适应气候变化的城市规划探索研究方面起步较晚,总结和分析国外减缓和适应气候变化的城市规划理论和实践,提出了新的理论和观点,如应将低碳韧性理念纳入中国国土空间规划体系,形成与国土空间规划紧密衔接、相互协调的规划体系,为"双碳"目标的实现提供规划支撑,从而促进"双碳"目标和韧性城市建设的实现;推进空间形态、土地利用、交通体系、市政设施等重点领域的低碳韧性发展;针对城市适应特大暴雨、高温热浪和干旱等极端气候事件的规划实践探索有待深入,未来应建立灾害预警模拟平台,加强脆弱性风险评估,完善适应性规划管理体系,建立部门联动机制,提高公众认知和参与度。

7.3 干旱区城市应对极端气候优化策略

7.3.1 加强基础设施建设

城市基础设施建设需要转换思路,彻底打破各项基础设施建设的老套模式。城市基础设施建设和公共服务设施建设不仅要达到相关基本目标,还应该满足动态变化的要求,也就是说建设的基础设施和公共服务设施不仅要符合各类建设标准和基本需求,还应使城市在遭受突如其来的极端灾害时具备韧性恢复适应能力。极端气候灾害来临时,原有的各项基础设施往往不能有效发挥抵御和应急作用而暴露出各种缺陷,灾后重建的过程中,绝不能简简单单以恢复原状为目标,而是要认真核查遭受极端气候灾害后实际暴露出的诸多问题,对现有基础设施和公共服务设施进行改进和提升。

夏季城市热岛效应对人体舒适度和人体健康的影响尤为显著,绿色基础设施作为城市生态环境建设的主体,对于缓解热岛效应发挥着重要作用。加强公共基础设施建设与配套是提高城市应对气候变化的有效途径之一。比如,在充分利用自然资源的基础上加强城市绿色基础设施建设,如国家公园、森林公园、历史文化遗产保护区、城市开放空间、通风廊道、城市水体系统、城市绿色廊道、宅旁绿化、生态停车场、屋顶绿化与垂直绿化、透水性铺装、街头绿化、喷水景观等,或者建设集中的室内避暑场所,以提供更多的夏季休闲避暑去处。另外,可以通过降低城市建设强度或建设绿色屋顶在一定程度上缓解城市热岛效应。

通常情况下,城市规划设计部门不会按照某种极端气候情景来设计城市基础设施和公共服务设施,但是可以在建设下沉式立交、地铁隧道、地下空间等城市脆弱空间、防空洞等避难空间和关键基础设施承灾力方面做好充分准备,提升此类设施在遭受极端气候时的适应能力。此外,需要切实保证城市交通、水务、能源、通信等设施在遭受极端气候时能够保障关键生命线供给,从空间布局、应急供应、恢复能力等多个方面对关键性基础设施进行建设,增强其风险防御能力。

7.3.2 提升城市生态环境适应性

城市生态环境适应性是在全球暖化背景下被提出的,指的是城市生态系统在一定程度上能够减缓、适应极端高温、极端低温和极端降水等极端气候事件。高温热浪、极端严寒和极端降水事件给城市带来诸多风险、影响和损失,因此如何提高城市对高温热浪、极端严寒和极端降水事件的适应性,提升居民适应高温热浪、极端严寒和极端降水事件的能力,越来越受到关注。在高温热浪、极端严寒和极端降水事件影响下,城市生态系统的良性运转需要各个要素间协调配合,城市空间应在满足居民防灾避灾需求的基础上,围绕大众意愿、场所适应功能、适应性管理等思路展开规划,寻求良好适应极端气候事件的适应性规划,使城市能够满足居民幸福生活的需求。

在进行城市设计和施工时,应首要考虑城市的生态韧性系统建设,着重提升城市生态系统适应风险和遭受冲击后快速复原的能力。在遭受突如其来极端气候灾害后,城市生态系统可在一定程度上承压、消化、吸收、适应、管理和修复。在城市设计初期阶段,充分尊重自然、顺应自然规律,重点打造城市蓝绿景观设施,为城市居民和动植物提供更加宜居的居住和生活环境,打造海绵城市,大幅度提高城市生态环境韧性和应对突如其来极端气候灾害的能力。

7.3.3　提升灾后经济的恢复能力

城市发展要注重构建多样化和多元化的产业结构,一二三产业齐头并进发展,多措并举提高灾后经济的恢复能力。好的产业结构可有效助推国家或城市经济长足发展,城市经济发展的主导力量是该地区第三产业及高新技术产业。因此,应立足该市或区域的现实基础,分析该市或者区域的优势自然环境和资源禀赋,通过城市产业技术革命、创新和产业转型,引进高新技术产业投资,加大投资力度,构建多样化和多元化的产业结构,从而提升灾后经济恢复能力。

7.3.4　完善城市社会公共服务体系

完善的公共服务体系对维持国家和社会的和谐、稳定、繁荣,提高国际影响力和竞争力,提高社会资源服务效率等均具有非常重要的意义,各城市应积极建设教育体系、公共卫生体系、公共文化服务体系、社会福利体系等;积极完善社会保险、社会救助、社会福利、优抚安置和社会互助、个人储蓄积累保障等。加强城市公共服务体系的可靠性建设,在城市遭遇极端气候灾害冲击时能够主动而及时地提供强有力的社会保障支持。此外,加强防灾减灾教育也是提升城市韧性的重要举措之一,由于极端气候灾害具有突发性、破坏力大、发生概率小的特点,因此要加强城市居民的防灾减灾教育,通过展板、广告、印制防灾手册、开发防灾 APP、录制防灾减灾视频、请防灾专家做报告等形式普及防灾自救知识。鼓励广大居民接受并练习防灾教育与防灾演习,确保每个人能够在无法预料的极端气候灾害到来时迅速自救,保护自己和家人的安全。

7.3.5 提高城市组织管理水平

过分"僵化老套"的城市组织管理水平会直接降低城市的韧性水平,进而影响到灾前、灾中及灾后的预防、应急和重建能力。城市组织管理部门工作人员要提高应对灾害的思维,在极端气候灾害发生前,制订完善的应对极端气候灾害预案,切实提升防灾能力;灾害发生时,积极协调各管理和救助部门之间的运作效率,尽最大可能减少灾害带来的经济损失;灾害发生后,总结灾害经验,改进和优化应对措施,努力打造韧性城市。此外,从安全和减灾角度出发,将公共服务设施设备、商业服务设施设备、开敞的公共活动空间、市政配套设施设备就近与社区的应急避难场所结合设置,这些场所既要满足日常服务和经营,同时配备应急物资,大大提升城市制度组织方面建设的灵活性和韧性,以及公共服务的便民化和均等化。

8 结论与展望

西北干旱区地域广袤,地形复杂,自然生态环境十分脆弱,对全球气候变化响应异常敏感,也是极端气候事件频发区域。本书分析西北干旱区极端气温、降水指数的时空特征和周期、突变规律,利用高度场资料、云量资料、水汽通量场资料、海温场资料与有代表性的极端气温、降水指数进行合成分析,初步探讨西北干旱区极端气温、降水事件与云量场、海温场、环流场、水汽通量场之间存在的可能联系,探究大气环流和海表温度对极端气候事件的可能影响。

新疆作为干旱区的典型地区,重点针对新疆夏季昼夜并发极端高温事件和冬季昼夜并发极端低温事件的发生频次、强度、持续日数、强度最大值、持续日数最大值、开始日期、结束日期和时间长度等指标展开时空变化特征和突变研究。分析夏季昼夜极端高温事件和冬季昼夜极端低温事件的大气环流背景场特征,探寻关键大气环流驱动因子。采用超高分辨率 NEX-GDDP 全球气候模式对新疆夏季昼夜极端高温事件和冬季昼夜极端低温事件模拟能力进行评估检验,在优选模式集合的基础上对新疆夏季昼夜极端高温和冬季昼夜极端低温事件进行未来气候情景预估。针对干旱区城市应对极端气候,提出了加强基础设施建设、提升城市生态环境适应性、提升灾后经济的恢复能力、完善城市社会公共服务体系、提升城市组织管理水平等一系列优化策略,期待为区域气象灾害风险管理提供科学依据和参考。

8.1 结 论

8.1.1 西北干旱区极端气温指数时空变化特征

1960—2013 年中国西北干旱区冷夜日数(TN10P)、冷昼日数(TX10P)、霜冻日数(FD0)、暖夜日数(TN90P)、夏季日数(SU25)、暖昼日数(TX90P)等极端气温指数通过经验正交函数分解后的第一模态空间型表明,6 种极端气温指数在第一模态空间尺度上具有很好的一致性,即极端气温指数呈现一致偏多或偏少特征,第一模态空间型结合时间系数清晰表明,在 20 世纪 80 年代末 90 年代初,西北干旱区极端气温暖指数由减少转变为增加趋势,而极端气温冷指数由增加转变为减少趋势。

西北干旱区极端气温指数 EOF 第二模态空间型表明,西北干旱区极端气温指数大致呈现南、北反方向的空间分布特征,即北疆地区表现为正异常,南疆地区、河西走廊地区表现为负异常,反之亦然。

从西北干旱区极端气温指数年际变化特征来看,表征寒冷的极端气温指数均呈波动减少趋势,其中霜冻日数(FD0)和冷夜日数(TN10P)减少趋势最显著;表征温暖的极端气温指数均呈波动增加趋势,其中暖昼日数(TX90P)增加趋势最显著;说明西北干旱区气温向暖化方向发展,这与全球气候变暖背景相吻合。

从西北干旱区极端气温指数空间变化趋势上看,霜冻日数(FD0)、冷夜日数(TN10P)、冷昼日数(TX10P)等极端气温冷指数整体在西北干旱区呈减少趋势,但各个极端气温冷指数减少趋势存在空间差异,霜冻日数和冷夜日数在北疆地区减少趋势最显著,冷昼日数在南疆和河西走廊地区减少趋势最显著;夏季日数(SU25)、暖夜日数(TN90P)、暖昼日数(TX90P)等极端气温暖指数整体在全区呈增加趋势,但各个极端气温暖指数增加趋势存在空间差异,夏季日数和暖昼日数在河西走廊地区增加最显著,暖夜日数在南疆地区增加最显著。

8.1.2 新疆昼夜极端高温事件时空变化特征

新疆昼夜极端高温事件频次、强度、持续日数、强度最大值、持续日数最大值等指标在时间变率上均呈显著变暖趋势,新疆整体在 20 世纪 90 年代增暖趋势最显著。此外,新疆昼夜极端高温事件开始日期提前,结束日期推迟,时间长度在延长,新疆夏季炎热日数增多,变暖趋势极显著。

新疆昼夜极端高温事件各指标增暖站点数占总站点数量的 86.21% 以上,其中 67.24% 以上站点呈显著增暖趋势,表明新疆昼夜极端高温事件在空间上表现为显著而广泛的增暖趋势。此外,67.24% 和 32.76% 气象站点开始日期分别呈推迟和提前趋势,86.21% 气象站点结束日期呈推迟趋势,89.66% 气象站点时间长度呈延长趋势,这从侧面反映新疆大部分区域夏季昼夜极端高温期在延长。

与新疆夏季气温较高区域相比,夏季气温较低区域的昼夜极端高温事件的发生频次更多,强度更强,持续日数更多,开始日期提前日数更多,结束日期推迟日数更多,时间长度相对较长。新疆各典型区域暖化趋势极显著($p<0.01$),其中吐哈盆地的增暖趋势最显著,其次是北疆地区和天山山区,增暖趋势最小的是南疆地区。

8.1.3 新疆昼夜极端低温事件时空变化特征

新疆昼夜极端低温事件频次、强度、持续日数、强度最大值、持续日数最大值等指标时间变化总体上呈显著下降趋势,其中 19 世纪 80 年代后的下降趋势极显著,说明新疆 1960—2016 年昼夜极端低温事件发生频次减少,强度降低,持续日数减少,强度最大值和持续日数最大值均呈减小的变化趋势。此外,新疆昼夜极端低温事件的开始日期呈增加趋势,结束日期和时间长度均呈下降趋势,表明新疆昼夜极端低温事件开始日期推迟,结束日期提前,低温期持续时间长度显著缩短,这在一定程度上间接反映新疆冬季呈现渐进式变暖趋势。

新疆 1960—2016 年昼夜极端低温事件的频次、强度、持续日数、强度最大值、持续日数最大值等指标在空间上呈现出显著而广泛的下降趋势,各指标呈下降趋势的站点数占总站点数量的 94.83% 以上,表明新疆昼夜极端低温事件的减少趋势具有区域性特征,推测可能受到大范围天气系统控制。此外,86.21% 气象站点的开始日期呈增加趋势,94.83% 气象站点的结束日期呈下降趋势,98.28% 气象站点的时间长度呈下降趋势,这从侧面反映新疆大部分区域冬季昼夜极端低温事件开始日期推迟,结束日期提前,极端低温期显著缩短。

与新疆冬季相对较暖区域相比,冬季相对较冷区域发生昼夜极端低温事件的频次更多,强度更大,持续日数更多,开始日期相对更早,结束日期相对更晚,时间长度相对更长。各典型区域昼夜极端低温事件各指标下降趋势存在显著差异,表明新疆各典型区域冬季变暖步调不一致,其中冬季增暖最显著的是北疆地区,其次是天山山区和吐哈盆地。

8.1.4 西北干旱区极端降水指数时空变化特征

1960—2013 年中国西北干旱区一日最大降水量(RX1day)、降水强度(SDII)、强降水量(R95p)、五日最大降水量(RX5day)、强降水日数(R10)、持续干燥日数(CDD)等极端降水指数 EOF 第一模态和第二模态空间型空间变化特征差异性较大。

从西北干旱区极端降水指数整体上看,表征湿润的极端降水各指数在波动中增加;表征干旱的持续干燥日数在波动中逐年减少,说明西北干旱区较以前湿润,这可能与全球变暖大背景有关。

从西北干旱区极端降水指数空间变化趋势上看,一日最大降水量(RX1day)、降水强度(SDII)、强降水量(R95p)、五日最大降水量(RX5day)、强降水日数(R10)等表征湿润的极端降水指数在整个西北干旱区呈增加趋势,但各个极端降水指数增加趋势存在空间差异,强降水日数、强降水量、五日最大降水量等表征湿润的极端降水指数在北疆地区增加趋势最显著,河西走廊和南疆地区次之;持续干燥日数在整个西北干旱区呈减少趋势,但减少趋势的空间差异较大,其中在北疆和河西走廊地区减少趋势最显著,其次是南疆地区。

8.1.5　西北干旱区极端气候指数突变和周期分析

西北干旱区表征寒冷的极端气温指数自突变年后减少趋势显著,表征温暖的极端气温指数自突变年后增加趋势显著,在一定程度上表明西北干旱区气温自突变后增温趋势明显;西北干旱区极端降水指数在 20 世纪 80 年代末 90 年代初均存在突变现象,表征湿润的极端降水指数自突变年后增加趋势显著,而表征干旱的极端降水指数自突变年后减少趋势显著,在一定程度上说明西北干旱区自突变年后增湿趋势显著。

极端降水各指数在 20 世纪 80 年代存在一个或强烈或微弱的周期变化信号,说明极端降水在 20 世纪 80 年代变化比较活跃。极端气温指数周期变化特征各异,极端气温周期变化比较复杂。

8.1.6　新疆昼夜极端高温、低温事件突变特征

6 种突变检测方法的检测结果显示,新疆昼夜极端高温事件频次、强度、持续日数、持续日数最大值的突变时间是 1996 年;强度最大值、开始日期、结束日期和时间长度指标的突变时间分别为 1994 年、1989 年、1993 年和 1994 年。T 检验结果表明,6 种突变检测方法得到的新疆昼夜极端高温事件 8 指标的综合突变结果具有较高的可信度。与突变前相比,突变后的昼夜极端高温事件发生频次明显增多,强度显著增大,持续日数明显延长,强度和持续日数最大值显著增大,开始日期更早,结束日期更晚,时间长度更长,这充分说明突变年后新疆暖化趋势异常显著。

新疆昼夜极端低温事件频次的突变时间是 1977 年,强度、持续日数、强度最大值、持续日数最大值的突变时间均为 1984 年;开始日期、结束日期和时间长度指标的突变时间分别为 1987 年、1980 年和 1987 年。T 检验结果证实 6 种突变检测方法得到的新疆昼夜极端低温事件 8 指标的综合突变结果具有较高的可信度。与突变前相比,突变年后新疆发生昼夜极端低温事件的频次显著减少,强度显著减弱,持续日数明显减少,强度和持续日数最大值均显著减小,开始日期更晚,结束日期更早,时间长度更短,这充分说明突变年后新疆极端寒冷天气减少,在一定程度上说明新疆冬季暖化趋势较显著。

8.1.7　西北干旱区极端气候变化与大气环流和海表温度异常的联系

西北干旱区气温一致偏高对应西北干旱区 500hPa 位势高度正异常,反之对应负异常;极端降水突变年后的水汽通量散度场数据显示,极端降水指数呈普遍增加趋势,北疆地区、南疆东部地区、河西走廊中西部地区散度值为负,比较容易形成有效降水,气候有变湿润的趋势;低云量对西北干旱区昼夜温度具有显著影响;西北干旱区

主要受西风环流的影响,北大西洋暖湿气流无法有效输送到西北干旱区,因而该地区气候干旱。

西北干旱区极端气温异常偏暖年对应全球大部分海区的海温为正距平,而偏冷年则反之。北大西洋西部、鄂霍次克海和地中海海域可能与西北干旱区极端气温关系比较密切,气温偏高对应着上述海区的海温呈正距平,反之则亦然。西北干旱区湿润年份对应全球大部分海区的海温为正距平分布,而干燥年则相反。北大西洋、印度洋、鄂霍次克海、地中海海温为正距平,太平洋(29°N~45°N、148°W~176°W)海域为海温负距平分布时,西北干旱区容易出现极端降水异常偏多现象,反之则容易出现极端降水异常偏少现象,说明极端降水事件与上述海区关系较密切。

8.1.8 新疆 1960—2016 年昼夜极端高温事件变化与大气环流异常的联系

新疆昼夜极端高温事件发生频次第一空间模态整体上变化趋势一致,第一模态标准化时间系数显示自 20 世纪中期之后新疆昼夜极端高温事件频次表现为显著增多趋势。极地-欧亚遥相关型的强弱变化会对新疆高压脊发展产生重要影响,纬向西风的强弱也是直接影响新疆昼夜极端高温事件发生多寡的一个重要因素。在热夏年,经向环流减弱,中高纬阻高变弱变浅,新疆盛行偏南气流,同时受位势高度正距平控制且暖平流影响显著,不利于冷空气南下,使高温天气得以形成和维持。在凉夏年,新疆处在一个强大的负距平中心区域,伊朗高压系统发展浅薄且位置偏南,环流经向度加大,使极地冷空气南流,在一定程度上阻碍了新疆高压脊的发展,同时西北方向输入冷平流不利于高温天气的形成,新疆昼夜极端高温事件发生频次相对偏少。

新疆昼夜极端高温事件发生频次第二空间模态呈南北反位相的偶极子型变化特征,其中 20 世纪 60 年代、70 年代和 90 年代为负值,表现为南疆偏少而北疆偏多的分布特征。热夏年,在海平面气压场上,新疆全区受弱正距平高压控制,青藏高原异常偏高气压对新疆南部地区的影响要比新疆北部地区明显,加之天山山脉的阻挡作用,北方冷空气更难深入新疆南部地区。在 500hPa 位势高度场上,新疆处在位势高度正距平区,新疆南部的位势高度正距平值要显著大于新疆北部地区。在 500hPa 温度场上,新疆南部地区处在正距平区受暖平流的影响,而新疆北部地区处在负异常区受冷平流的影响。在 200hPa 风场上,蒙古高原上空较弱的距平气旋位置偏北,伊朗高原和青藏高原区域的强大反气旋位置偏西,将会源源不断地将里海—咸海区域的暖平流输入新疆,且南部地区多于北部地区,这样的环流场配置会使新疆昼夜极端高温事件在新疆南部地区偏多而在北部地区偏少。凉夏年,在海平面气压场上,极地涡旋较弱,导致极地地区的绕极西风偏弱,使极地冷空气较易南下侵袭亚洲中高纬度地区,同时西伯利亚高压减弱,不利于冷空气在高纬度地区堆积,从而增强偏北气流,整体上不利于新疆高温事件的发生。新疆北部地区的低压负距平值明显大于南部地区,这意味着新疆北部地区更易受北方冷空气的影响。500hPa 位势高度场的环流形势分布,对于增加中高纬度和低纬度地区的位势高度梯度十分有利,使冷空气持续不断沿着西北—东南走向影响新疆地区,同时新疆南部地区处于伊朗—青藏高原负距平中心区域,使新疆南部地区的昼夜极端高温事件明显多于北部地区。500hPa 温度场距平显示新疆南部地区受冷平流影响而北部地区受暖平流的影响。200hPa 风场距平显示新疆位于强大反气旋的东北部,全区受强盛西南风和南风异常影响显著,强劲的西南风还会将冷平流源源不断输送到新疆南部地区,这样的环流场形势使新疆昼夜极端高温事件呈现南多北少的分布特征。

8.1.9 新疆 1960—2016 年昼夜极端低温事件变化与大气环流异常的联系

新疆昼夜极端低温事件发生频次第一空间模态均为正值,全区具有较好的一致性,第一模态标准化时间系数显示自 20 世纪 80 年代初期后表现为显著下降趋势,这在一定程度上从侧面反映新疆冬季表现出温暖化发展趋势。此外,AO 遥相关型异常环流模态与新疆昼夜极端低温事件紧密相连,这一环流型异常主要影响西伯利亚高压强弱和经向环流异常,从而影响新疆昼夜极端低温事件发生的频次。在冷冬年,纬向西风减弱,乌拉尔山东至贝加尔湖较强反气旋将极地冷空气源源不断地输送到下游地区,大气的南北经向度梯度加大,新疆位于气旋中心北部,全区受强盛北方和东北方向冷气流影响显著,这样的环流场配置有利于新疆昼夜极端低温事件增多。在暖冬年,西伯利亚高压减弱,从而减小中高纬度和低纬度地区的位势高度距平差,北方冷空气不易集聚为大规模冷空气南下,同时新疆受强大位势高度正距平控制和偏南气流影响,在一定程度上对冷空气南下形成一定阻力,不利于新疆温度降低而形成更多的昼夜极端低温事件。

新疆昼夜极端低温事件发生频次第二模态空间表现为南北反位相变化特征。冷冬年,在海平面气压场上,北部冷空气活动势力范围广且极易南下影响中纬度地区,同时,新疆北部受高压正异常影响、新疆南部地区受青藏高原低压负异常影响明显,这意味着昼夜极端低温事件第二模态南多北少的空间分布格局与亚欧大陆中高纬度地区海平面气压场异常关系紧密。500hPa 位势高度场上,乌拉尔—贝加尔湖地区形成稳定且深厚的阻高系统,偏北气流强盛使北方冷空气多次爆发式南下入侵导致新疆整体易出现昼夜极端低温事件。此外,新疆南部和北部地区分别受位势高度正、负异常控制,因此新疆昼夜极端低温事件呈现南多北少的空间分布型。500hPa温度场表现为新疆北部和南部地区分别受到明显的暖、冷平流影响,这样的温度距平场分布使新疆昼夜极端低温事件在新疆南部地区偏多而在北部地区偏少。200hPa风场距平显示新疆盛行南风异常,会将冷平流源源不断输送至新疆南部地区使该地区的昼夜极端低温事件多于北部地区。暖冬年,在海平面气压场上,东半球35°N以北的广阔区域气压偏高,有利于西伯利亚高压系统发展深厚,使更多的高纬冷空气南下,由于山脉的屏障作用,新疆北部地区受冷空气影响远比南部地区显著。500hPa位势高度场上表现为北高南低的环流形势有利于北方强冷空气持续不断侵袭新疆,同时会减慢自西向东传播的波列速度,加强位势高度场的气压梯度。同时,新疆北部受明显位势高度负距平控制,新疆南部地区受位势高度正距平控制,使昼夜极端低温事件呈现北部偏多而南部偏少的分布特征。500hPa温度场显示西伯利亚地区有一个强大的冷异常中心覆盖新疆全区,新疆整体受冷平流影响显著,北疆的负异常值要大于南疆。200hPa风矢量场距平显示新疆全区受强劲的北风和西北风异常,这意味着强大的冷空气侵袭新疆,造成新疆北部受影响程度要远大于新疆南部地区,这样的环流场异常配置导致新疆昼夜极端低温事件呈现北多南少的空间分布格局。

8.1.10 新疆昼夜极端高温事件未来气候情景预估

单一气候模式和多模式集合均能模拟出昼夜极端高温事件频次、强度、持续日数、强度最大值、持续日数最大值、结束日期和时间长度等指标随时间变化的增加趋势,以及开始日期随时间变化的下降趋势。不同模式和多模式集合的模拟能力存在一定差异,综合对比单一模式和多模式集合的历史模拟值与观测值的气候倾向率、相关系数、均方根误差、标准差后发现PLS多模式集合对昼夜极端高温事件8指标时间变化特征的模拟能力最好。

不同模式及多模式集合对昼夜极端高温事件相同指标以及相同模式和多模式集合对昼夜极端高温事件不同指标空间变化趋势的模拟能力均存在显著差异。总体上,bcc-csm1-1、GFDL-ESM2G、GFDL-ESM2M、MIROC-ESM 和 MIROC-ESM-CHEM、NorESM1-M、MME多模式集合和PLS多模式集合对夏季昼夜极端高温事件8指标空间变化趋势的模拟能力要显著优于各模式模拟偏差的中等水平,PLS多模式集合的模拟结果显然要优于MME多模式集合以及大多数单一气候模式。此外,PLS多模式集合模拟出增加趋势的空间分布格局与观测数据更为一致,较好地模拟出了昼夜极端高温事件8指标增加趋势的高值区域和减少趋势的低值区域的空间分布特征。

新疆昼夜极端高温事件频次、强度、持续日数、强度最大值、持续日数最大值、结束日期和时间长度指标未来气候预估期的变化趋势与气候基准时期一致,均表现为增加趋势,历史时期增幅较小,未来时期增幅较大,且高排放情景 RCP8.5 的增加速率均大于低排放情景 RCP4.5;开始日期指标则表现为波动下降趋势,历史时期降幅较小,未来时期降幅较大,且高排放情景 RCP8.5 的降幅均大于低排放情景RCP4.5;说明与历史时期相比,新疆 2006—2099 年昼夜极端高温事件发生频次、持续日数和持续日数最大值增加更多,强度和强度最大值的增强幅度更大,开始得更早,结束得更晚,极端热期更长,且这种特征在未来高排放情景 RCP8.5 下表现更明显。

在两种排放情景气候预估期,新疆总体上昼夜极端高温事件频次、强度、持续日数、强度最大值和持续日数最大值等指标的正趋势面积大于负趋势面积,表明新疆绝大部分地区夏季昼夜极端高温事件增多,小部分地区夏季昼夜极端高温事件减少,且 RCP8.5 情景下各指标的增多、减少幅度均大于 RCP4.5 情景。在 RCP8.5 情景下开始日期的提前日数、结束日期的推迟日数和时间长度的延长日数均比低排放情景RCP4.5 平均增加约 2 倍。

8.1.11　新疆昼夜极端低温事件未来气候情景预估

几乎所有单一气候模式和多模式集合均能较好地模拟出新疆冬季昼夜极端低温事件频次、强度、持续日数、强度最大值、持续日数最大值、结束日期和时间长度等指标气候倾向率的显著下降趋势以及开始日期气候倾向率的增加趋势,然而不同模式和多模式集合的模拟效果存在明显差别,综合比较单一模式和多模式集合的历史模拟值与观测值的气候倾向率、相关系数、均方根误差、标准差等 4 个指标后,发现 PLS 多模式集合对昼夜极端低温事件量级、极值、时间等 8 指标时间变化特征的模拟能力最好。

总体上,bcc-csm1-1、CSIRO-Mk3-6-0、GFDL-ESM2M、MPI-ESM-MR、MME 多模式集合和 PLS 多模式集合对新疆冬季昼夜极端低温事件 8 指标空间变化趋势的模拟能力要显著优于各模式模拟偏差的中等水平,其中相对偏差值最小的是 PLS 多模式集合,表明 PLS 多模式集合对新疆昼夜极端低温事件 8 指标的模拟能力均最优。此外,PLS 多模式集合可以较好地模拟出 8 指标增加和减少趋势的空间分布格局,也可以较好地刻画出各指标增加、减少趋势高、低值中心的空间分布范围。

新疆昼夜极端低温事件在气候基准期和未来预估期的频次、强度、持续日数、强度最大值、持续日数最大值、结束日期和时间长度指标均呈现波动下降趋势,且在高排放情景 RCP8.5 下的减弱和减少幅度均大于低排放情景 RCP4.5;开始日期呈现波动上升趋势,高排放情景下的上升幅度更大,表明新疆未来冬季出现昼夜极端低温事件的频次减少更多、强度减弱幅度更大,开始日期更晚,结束日期更早,冬季极端冷期更短,且这些变化特征在高排放情景下表现更显著,冬季气候平均态温度相对升高。

新疆昼夜极端低温事件频次、强度、持续日数、强度最大值和持续日数最大值等指标未来空间变化趋势整体以下降趋势为主，各指标下降趋势所占面积明显大于增加趋势，且高排放情景 RCP8.5 的下降趋势幅度显著大于低排放情景 RCP4.5，表明新疆大部分地区未来 RCP8.5 情景下冬季出现暖冬的概率大于 RCP4.5 低排放情景。在 RCP8.5 情景下开始日期的推迟日数、结束日期的提前日数均多于低排放情景 RCP4.5，RCP8.5 情景下昼夜极端低温事件时间长度比低排放情景 RCP4.5 缩短约 2.3 倍。

8.1.12 干旱区城市应对极端气候优化策略

干旱区应对极端气候变化优化策略主要有：①加强基础设施建设。建设的基础设施和公共服务设施不仅要符合各类建设和基本需求标准，还应满足城市遭受突如其来极端灾害时的韧性恢复适应能力。②提升城市生态环境适应性。打造海绵城市，大幅度提高城市生态环境韧性和应对突如其来极端气候灾害的能力。③提升灾后经济的恢复能力。城市发展要注重构建多样化和多元化的产业结构，一二三产业齐头并进发展，多措并举提高灾后经济的恢复能力。④完善城市社会公共服务体系。加强城市公共服务体系的可靠性建设，在城市遭遇极端气候灾害冲击时能够主动而及时地提供强有力的社会保障支持。⑤提高城市组织管理水平。将不同层级的规划及不同层级和领域的组织、个人纳入统一的目标统领下，不同层级多个组织和部门之间实现多元协同参与规划和组织，形成一股团结协作的合力，努力建设韧性城市。

8.2 展   望

本书对西北干旱区极端气温、降水事件的时空变化特征、周期和突变规律等进行分析，初步探讨了西北干旱区极端气温、降水与位势高度场、云量、水汽通量和海温之间关系，得到一些有意义的结论。但是，本书并未对极端气候事件深层次内在影响机制进行深入探讨，因此在之后的研究工作中，有必要进一步探究揭示其内在变化规律和物理发生机制。西北干旱区气候的影响因素除了本书所提到的位势高度、云量、水汽通量、海温等影响因子外，环流指数、高原感热和积雪等因子对西北干旱区极端气候事件的影响同样需要考虑。

　　此外,分析昼夜极端高温和低温事件的时空变化和突变特征,得出一些有意义的研究结论,但是针对特定强度大且持续时间长的极端温度事件(高影响事件),人口、耕地暴露所造成的人员、牲畜受灾情况和经济损失有待进一步评估研究。综合权衡多个评价指标对极端温度事件的模拟能力进行评估,发现 PLS 多模式集合模拟性能最优,但气候模式和排放情景本身存在较大不确定性,未来应不断优化多模式集合方法,尽可能降低这种不确定性来提高预估准确性。

　　极端温度变化是诸多因素相互作用的结果,未来有待综合考虑大气环流、海表温度、地形地貌、土地利用覆被变化、温室气体排放、人类活动等多因素对极端温度事件的影响机制和过程。

参 考 文 献

[1] 安洁,付博,李玮,等. 东亚地区典型极端气候指标未来预估及高温下人口暴露度研究 [J]. 北京大学学报(自然科学版),2020,56(5):884-892.

[2] 敖雪,翟晴飞,崔妍,等. 不同升温情景下中国东北地区平均气候和极端气候事件变化预估 [J]. 气象与环境学报,2020,36(5):40-51.

[3] 曹祥会,龙怀玉,张继宗,等. 河北省主要极端气候指数的时空变化特征 [J]. 中国农业气象,2015,36(3):245-253.

[4] 曹永旺,延军平. 1961—2013年山西省极端气候事件时空演变特征[J]. 资源科学,2015,37(10):2086-2098.

[5] 陈发虎,黄伟,靳立亚,等.全球变暖背景下中亚干旱区降水变化特征及其空间差异[J].中国科学:地球科学,2011,41(11):1647-1657.

[6] 陈丽娟,王壬,陈友飞. 1960—2014年福建省极端气候事件时空特征及变化趋势[J]. 中国水土保持科学,2016,14(6):107-113.

[7] 陈楠,赵光平,陈晓光.近40年宁夏云量和气温年际变化的相关分析[J]. 高原气象,2006,25(6):1176-1183.

[8] 陈鹏翔,江志红,彭冬梅. 基于BP-CCA统计降尺度的中亚春季降水的多模式集合模拟与预估[J]. 气象学报,2016,75(2):236-247.

[9] 陈少勇,夏权,白登元,等.中国东部冬季气温异常的主模态与大气环流的关系[J].气象科学,2010,30(1):27-33.

[10] 陈蔚镇,卢源.低碳城市发展的框架、路径与愿景:以上海为例[M].北京:科学出版社,2010.

[11] 陈亚宁,李稚,范煜婷,等.西北干旱区气候变化对水文水资源影响研究进展[J].地理学报,2014,69(9):1295-1304.

[12] 陈亚宁,李稚,方功焕,等.气候变化对中亚天山山区水资源影响研究[J].地理学报,2017,72(1):18-26.

[13] 陈亚宁,王怀军,王志成,等.西北干旱区极端气候水文事件特征分析[J].干旱区地理,2017,40(1):1-9.

[14] 陈亚宁,杨青,罗毅,等.西北干旱区水资源问题研究思考[J].干旱区地理,2012,35(1):1-9.

[15] 陈燕丽,谢映,张会,等.1961—2019年广西喀斯特地区极端气候事件时空变化规律[J].广西林业科学,2022,51(6):859-865.

[16] 陈豫英,陈楠,王式功,等.近45年宁夏极端气温与太平洋海温的遥相关[J].干旱区研究,2008,25(2):273-281.

[17] 陈峥,甘波澜,吴立新.基于CMIP3与CMIP5模式对北太平洋大气环流模态的评估分析[J].中国海洋大学学报(自然科学版),2018,48(1):1-11.

[18] 程国生,杜亚军,陈烨.近52年太阳活动与江淮梅雨异常关系分析[J].自然灾害学报,2012,21(4):161-167.

[19] 池再香,白慧.黔东南地区近40年来气候变化研究[J].高原气象,2004,23(5):704-708.

[20] 次旺,旦增顿珠,边玛罗布,等.1981—2021年雅鲁藏布江中下游极端气温事件变化特征[J].高原科学研究,2023,7(4):40-47.

[21] 崔妍,敖雪,周晓宇,等.城市适应气候变化能力评价——以朝阳市为例[J].气象与环境学报,2020,36(6):122-129.

[22] 戴升,保广裕,祁贵明,等.气候变暖背景下极端气候对青海祁连山水文水资源的影响[J].冰川冻土,2019,41(5):1053-1066.

[23] 邓念武,徐晖.单因变量的偏最小二乘回归模型及其应用[J].武汉大学学报(工学版),2001,34(2):14-16.

[24] 邓欣.全球极端气候下的城市应对[J].生态经济,2023,39(11):1-4.

[25] 翟盘茂,潘晓华.中国北方近50年温度和降水极端事件变化[J].地理学报,2003,58(S1):1-10.

[26] 丁一汇.高等天气学[M].2版.北京:气象出版社,2016:43-53.

[27] 段长春,孙绩华.太阳活动异常与降水和地面气温的关系[J].气象科技,2006,34(4):381-386.

[28] 冯磊.川渝地区极端气候变化特征及其对NDVI的影响研究[D].兰州:西北师范大学,2020.

[29] 冯松,汤懋苍. 2500 多年来的太阳活动与温度变化[J]. 第四纪研究,1997,17(1)：28-36.

[30] 符淙斌,王强. 气候变化的定义和检测方法[J]. 大气科学,1992,16(4)：482-493.

[31] 付允,汪云林,等.低碳城市的发展路径研究[J].科学对于社会的影响,2008,2：5-10.

[32] 葛根巴图,魏巍,张晓,等. 柴达木盆地极端气候时空趋势及周期特征[J]. 干旱区研究,2020,37(2):304-313.

[33] 葛全胜,刘路路,郑景云,等.过去千年太阳活动异常期的中国东部旱涝格局[J].地理学报,2016,71(5);707-717.

[34] 管力.韧性城市下应对气候变化的适应性规划探索[C]//中国城市规划学会,杭州市人民政府.共享与品质——2018 中国城市规划年会论文集(01 城市安全与防灾规划).北京:北京工业大学,2018:9.

[35] 管玥,何奇瑾,刘佳鸿,等. 黄淮海地区 1961—2015 年极端气温及其初终日序的变化特征[J].水土保持研究,2021,28(1):147-152.

[36] 郭元喜,龚道溢,汪文珊,等.中国东部夏季云量与日气温统计关系[J].地理科学,2013,33(1):104-109.

[37] 韩雪云,赵丽,张倩,等.西北干旱区极端高温时空变化特征分析[J].沙漠与绿洲气象,2019,13(4):17-23.

[38] 韩煜,黄啸,叶信岳,等.通过关联基础设施系统的适应性防灾减灾规划提升气候变化背景下的城市韧性[J].景观设计学(中英文),2021,9(6):78-87.

[39] 何旭强,张勃,孙力炜,等. 气候变化和人类活动对黑河上中游径流量变化的贡献率[J]. 2012,31(11)：2884-2890.

[40] 侯可雷.气候适应性植物对提高城市生态韧性的影响[J].分子植物育种,2024,22(13):4460-4466.

[41] 侯伟芬,王谦谦.江南地区冬季气温异常及其海温关键区[J].气象,2005,31(11):46-48.

[42] 胡伟伟. 中国北方地区极端低温的变化特征及其全球增暖 1.5/2℃下的预估[D].南京:南京信息工程大学,2019.

[43] 胡宜昌,董文杰,何勇,等.21 世纪初极端天气气候事件研究进展[J].地球科学进展,2007,22(10):1066-1075.

[44] 黄嘉佑.气候状态变化趋势与突变分析[J].气象,1995,21(7):54-57.

[45] 黄明涛,汪小文.低碳城市的空间形态探索——以恩施市为例[J].华中建筑,2010,28(12):80-83.

[46] 黄荣辉,张振洲,黄刚,等.夏季东亚季风区水汽输送特征及其与南亚季风区水汽输送的差别[J].大气科学,1998,4(22):460-469.

[47] 江滢,徐希燕,刘汉武,等.CMIP5和CMIP3对未来中国近地层风速变化的预估[J].气象与环境学报,2018,34(6):56-63.

[48] 蒋存妍,袁青,于婷婷.城市应对气候变化不确定性的动态适应性规划国际经验及启示[J].国际城市规划,2021,36(5):13-22.

[49] 姜国艳,祁莉,陆桂荣,等.河北省7个主要极端温度指数时空变化特征及原因分析[J].云南大学学报(自然科学版),2016,38(3):430-438.

[50] 焦鹏华,牛健植,苗禹博,等.2001—2020年全球植被对极端气候的响应[J/OL].应用生态学报,1-15[2024-7-29].

[51] 金瑞萌,杨洋.CMIP5全球气候模式对中国东部雨带北推模拟的评估[J].气象水文海洋仪器,2022,39(3):19-23.

[52] 居丽丽,史军,张敏.1961—2015年华东地区极端气温变化研究[J].沙漠与绿洲气象,2020,14(3):112-121.

[53] 李富民,殷淑燕,殷田园.1960—2017年秦巴山地及邻近区域极端气温时空变化特征[J].中山大学学报(自然科学版),2020,59(6):80-92.

[54] 李桂华,周玉科,范俊甫,等.青藏高原极端气温指数时空格局及可持续性分析[J].测绘与空间地理信息,2019,42(12):51-54.

[55] 李红梅,周天军,宇如聪.近四十年我国东部盛夏日降水特征变化分析[J].大气科学,2008,32(2):358-370.

[56] 李玲,肖子牛,罗淑湘,等.城市极端降水事件及海绵城市建设应对策略[J].建筑技术,2020,51(1):81-85.

[57] 李双双,杨赛霓,刘宪锋.1960—2013年秦岭—淮河南北极端降水时空变化特征及其影响因素[J].地理科学进展,2015,34(3):354-363.

[58] 李绥,李晨熙,周诗文.城市局地气候区空间划分与适应性提升途径——以沈阳市为例[J].城市发展研究,2022,29(11):33-41.

[59] 李晓菲,徐长春,李路,等.21世纪开都-孔雀河流域未来气候变化情景预估[J].干旱区研究,2019,36(3):556-566.

[60] 蔺震生.关于低碳城市规划的若干思考[J].科技创新与应用,2014 (32):259.

[61] 刘红,吴丹,刘鹏飞,等.基于CMIP5气候模式的辽宁省气象要素模拟能力评估及其订正[J].内蒙古科技与经济,2022,(11):83-86,90.

[62] 刘青娥,吴孝情,陈晓宏,等.珠江流域1960—2012年极端气温的时空变化特征[J].自然资源学报,2015,30(8):1356-1366.

[63] 刘长征,杜良敏,柯宗建,等.国家气候中心多模式解释应用集成预测[J].应用气象学报,2013,24(6):677-685.

[64] 卢明,谭桂荣,陈海山,等.江淮夏季降水异常与西印度洋地区大气环流异常的关系[J].气象科学,2013,33(5):510-518.

[65] 鲁钰雯,翟国方."双碳"目标下低碳韧性城市建设的国际经验及启示[J].科技导报,2022,40(6):56-66.

[66] 鹿梓鸣,高天程,陈若萱,等.中国五大城市群产业韧性水平测度与区域差异研究[J].时代经贸,2024,21(11):177-182.

[67] 马明德,马学娟,谢应忠,等.宁夏生态足迹影响因子的偏最小二乘回归分析[J].生态学报,2014,34(3):682-689.

[68] 马柱国,符淙斌,任小波,等.中国北方年极端温度的变化趋势与区域增暖的联系[J].地理学报,2003,58(S1):11-20.

[69] 毛文书,王谦谦,景艳,等.江淮梅雨与冬季西太平洋海温的SVD分析[J].气象,2007,33(8):83-89.

[70] 孟梦,李文竹,王世福,等.治理视角下的气候适应性规划——荷兰水管理和国土空间规划的一体化进程[J].国际城市规划,2021,36(5):41-51.

[71] 苗书玲,曹艳萍,李晴晴.1951-2019年黄河流域极端气候事件时空变化规律分析[J].河南大学学报(自然科学版),2022,52(4):416-429.

[72] 欧阳丽,戴慎志,包存宽,等.气候变化背景下城市综合防灾规划自适应研究[J].灾害学,2010,25:58-62.

[73] 潘海啸,汤諹,吴锦瑜,等.中国"低碳城市"的空间规划策略[J].城市规划学刊,2008(6):57-64.

[74] 庞静漪,刘布春,刘园,等.CMIP5全球气候模式统计降尺度数据对辽宁省极端气温模拟能力评估[J].中国农业气象,2021,42(5):351-363.

[75] 裴孝东,吴静,薛俊波,等.中国城市气候变化适应性评价[J].城市发展研究,2022,29(3):39-46.

[76]   彭仲仁,路庆昌.应对气候变化和极端天气事件的适应性规划[J].现代城市研究.2012(1):7-12.

[77]   齐冬梅,赖欣,李跃清,等.高原冬季风及热带太平洋海温对西南地区冬季气温的影响[J].高原山地气象研究,2016,36(3):32-38.

[78]   齐庆华,蔡榕硕,郭海峡.中国东部气温极端特性及其气候特征[J].地理科学,2019,39(8):1340-1350.

[79]   齐月,陈海燕,房世波,等.1961—2010年西北地区极端气候事件变化特征[J].干旱气象,2015,33(6):963-969.

[80]   钱正安,吴统文,宋敏红,等.干旱灾害和我国西北干旱气候的研究进展及问题[J].地球科学进展,2001,16(1):28-38.

[81]   秦大河,罗勇,陈振林,等.气候变化科学的最新进展:IPCC第四次评估综合报告解析[J].气候变化研究进展,2007,3(6):311-314.

[82]   秦大河.气候变化科学与人类可持续发展[J].地理科学进展,2014,33:874-883.

[83]   任朝霞,杨达源.近40a西北干旱区极端气候变化趋势研究[J].干旱区资源与环境,2007,21(4):10-13.

[84]   任福民,翟盘茂.1951—1990年中国极端气温变化分析[J].大气科学,1998,22(2):217-227.

[85]   任国玉,陈峪,邹旭恺,等.综合极端气候指数的定义和趋势分析[J].气候与环境研究,2010,15(4):354-364.

[86]   任国玉,封国林,严中伟.中国极端气候变化观测研究回顾与展望[J].气候与环境研究,2010,15(4):337-353.

[87]   任志刚,张强,涂警钟,等.基于气候适应性分析德国被动房概念在中国的实现[J].建筑科学,2017,33(4):150-157.

[88]   石晓冬,黄晓春,高雅,等.超大城市气候适应性规划技术体系及应用——以北京为例[J].城市学报,2023,(5):105-113.

[89]   史军,丁一汇,崔林丽.华东极端高温气候特征及成因分析[J].大气科学,2009,33(2):347-358.

[90]   宋昕.气候变化影响下的城市适应性规划策略研究——以临港新片区国土空间规划生态专题为例[J].城市建筑,2024,21(17):32-35.

[91]   孙泓川,周广庆,曾庆存.IAP第四代大气环流模式的气候系统模式模拟性能评估[J].大气科学,2012,36(2):215-233.

[92] 孙建奇,敖娟.中国冬季降水和极端降水对变暖的响应[J].科学通报,2013,58(8):674-679.

[93] 唐宝琪,延军平,曹永旺.福建省极端温度事件对气候变暖的响应[J].中国农业大学学报,2016,21(9):123-132.

[94] 陶辉,白云岗,毛炜峄.CMIP3气候模式对北疆气候变化模拟评估及未来情景预估[J].地理研究,2012,31(4):589-596.

[95] 田孟勤,张杰,罗阳,等.CMIP5气候模式对云南气候变化模拟评估及未来情景预估[J].中低纬山地气象,2019,43(6):24-29.

[96] 童尧,韩振宇,高学杰.QM和QDM方法对中国极端气候的高分辨率气候变化模拟的误差订正对比[J].气候与环境研究,2022,27(3):383-396.

[97] 汪宝龙,张明军,魏军林,等.西北地区近50a气温和降水极端事件的变化特征[J].自然资源学报,2012,27(10):1720-1733.

[98] 王会军,孙建奇,祝亚丽.中国极端气候及东亚地区能量和水分循环研究的若干近期进展[J].自然杂志 2012 34(1):10-17,63.

[99] 王光焰.塔里木河干流区极端气温变化特征研究[J].华北水利水电大学学报(自然科学版),2019,40(3):16-26.

[100] 王昊.上海迈向全球低碳城市发展路径的思考与探索[J].上海节能,2018(9):661-671.

[101] 王冀.中国地区极端气温变化的模拟评估及其未来情景预估[D].南京:南京信息工程大学,2008.

[102] 王劲松,陈发虎,靳立亚,等.亚洲中部干旱区在20世纪两次暖期的表现[J].冰川冻土,2008,30(2):224-233.

[103] 王谦谦,钱永甫,徐海明,等.1991年太平洋海温异常对降水影响的数值试验[J].南京气象学院学报,1995,18(2):200-206.

[104] 王琼,张明军,王圣杰,等.1962—2011年长江流域极端气温事件分析[J].地理学报,2013,68(5):611-625.

[105] 王晓,李佳秀,石红彦,等.1960—2011年云南省极端气温事件的时空分布及趋势预测[J].资源科学,2014,36(9):1816-1824.

[106] 王学,李少娟,裴顺强,等.澜沧江流域近55年来极端气温时空变化特征[J].云南师范大学学报(自然科学版),2017,37(2):64-72.

[107] 王颖苗.山西省近47年来极端气候事件的时空分布特征[J].水资源开发与管理,2020,10:64-71.

[108]　魏凤英.现代气候统计诊断与预测技术[M].2版.北京:气象出版社,2007.

[109]　吴佳,高学杰.一套格点化的中国区域逐日观测资料及与其他资料的对比[J].地球物理学报,2013,56(4):1102-1111.

[110]　吴胜安,江志红,刘志雄,等.中国夏季降水与太平洋 SSTA 年代际变化关系的初步研究[J].热带气象学报,2005,21(2):153-162.

[111]　吴胜安,吴慧.海南岛气温年际变化与海温的关系[J].气象研究与应用,2009,30(4):38-41.

[112]　伍丽泉,李清泉,丁一汇,等.BCC_CSM1.1 气候模式年代际试验对北极涛动季节回报能力的初步评估[J].气候变化研究进展,2019,15(1):1-11.

[113]　伍红雨,杨崧.华南冬季气温异常与大气环流和海温的关系[J].热带气象学报,2014,30(6):1061-1068.

[114]　吴欣宇,朱秀芳.中国不同植被区对极端气候的响应差异[J].生态学报,2023,43(24):10202-10215.

[115]　夏坤,王斌.欧亚大陆积雪覆盖率的模拟评估及未来情景预估[J].气候与环境研究,2015,20(1):41-52.

[116]　肖毅强.亚热带绿色建筑气候适应性设计的关键问题思考[J].世界建筑,2016,(06):34-37.

[117]　邢楠,李建平,王兰宁.CMIP5 模式对大尺度年平均地面气温异常的多年代际趋势的模拟评估和未来预估[J].Engineering,2017,3(1):289-305.

[118]　徐海韵,刘栗,丁鹏,等.基于生态系统的适应在气候变化适应性城市多尺度合作雨洪管理中的实践——以哥本哈根为例[J].风景园林,2022,29(10):53-66.

[119]　许崇海,沈新勇,徐影.IPCC AR4 模式对东亚地区气候模拟能力的分析[J].气候变化研究进展,2007,3(5):287-293.

[120]　雅茹,丽娜,银山,等.1960—2015 年内蒙古极端气候事件的时空变化特征[J].水土保持研究,2020,27(3):106-112.

[121]　杨方兴.内蒙古地区极端气候事件时空变化及其与 NDVI 的相关性[D].西安:长安大学,2012.

[122] 杨丽桃,李喜仓,侯琼. 1961—2005 年嫩江流域右岸气候变化及对水资源的影响[J]. 气象与环境学报,2008,24(5):16-19.

[123] 杨蓉,王龙,申官正,等.昆明地区降水、气温及极端天气的长期变化趋势[J].南水北调与水利科技,2016,14(6):45-49.

[124] 杨素英,王谦谦,孙凤华.中国东北南部冬季气温异常及其大气环流特征变化[J].应用气象学报,2005,16(3):334-344.

[125] 杨维涛,孙建国,康永泰,等.黄土高原地区极端气候指数时空变化[J].干旱区地理,2020,43(6):1456-1466.

[126] 姚俊强,杨青,陈亚宁,等.西北干旱区气候变化及其对生态环境影响[J].生态学杂志,2013,32(5):1283-1291.

[127] 姚杨洋.气候变化维度下的中心城区规划情景方法研究[D].武汉:华中科技大学,2014.

[128] 叶祖达.低碳生态空间:跨维度规划的再思考[M].2 版.大连:大连理工大学出版社,2014.

[129] 殷子昭,王成芳.大城市极端暴雨洪涝灾害防灾体系建设的经验与启示——以日本东京为例[J].防灾科技学院学报,2023,25(4):63-73.

[130] 于凤硕,廉丽姝,初翠翠.山东省极端气温事件的时空变化特征[J].气象科技,2016,45(5):843-850.

[131] 于凤硕,廉丽姝,李宝富,等.城市化对山东省极端气温事件的影响[J].气象科技,2019,47(1):129-139.

[132] 袁文德,郑江坤,董奎.1962—2012 年西南地区极端降水事件的时空变化特征[J].资源科学,2014,36(4):766-772.

[133] 张飞跃,姜彤,苏布达,等.CMIP5 多模式集合对南亚大河气候变化模拟评估及未来情景预估[J].热带气象学报,2016,32(5):734-742.

[134] 张克新,董小刚,廖空太,等.1960—2017 年黄河流域极端气温的季节变化特征及其与 ENSO 的相关性分析[J].水土保持研究,2020,27(2):185-192.

[135] 张茜,李栋梁.东北及邻近地区夏季气温异常的新特征及对大气环流的响应[J].高原气象,2011,30(6):1604-1614.

[136] 张庆云,陶诗言.亚洲中高纬度环流对东亚夏季降水的影响[J].气象学报,1998,56(2):210-222.

[137] 张婷,张晨琛,于莉. 长白山区极端气温气候特征分析[J].气象灾害防御,2016,23(3):43-48.

[138] 张向东,傅云飞,管兆勇,等. 北极增幅性变暖对欧亚大陆冬季极端天气和气候的影响:共识、问题和争议[J].气象科学,2020,40(5):596-604.

[129] 张兴东,于磊,苏也,等.京津冀地区极端降水时空变化特征——基于CMIP6气候模式分析[J].绿色科技,2023,25(18):103-110.

[140] 张延伟,史本林,朱孔来. 1960—2010年河南省极端气候事件变化趋势[J].人民黄河,2016,38(8):10-13.

[141] 赵海燕,韩延本,陈黎,等. 太阳活动对地球表面温度影响的研究进展[J].自然灾害学报,2003,12(4):137-142.

[142] 赵丽,韩雪云,杨青.近50a西北干旱区极端降水的时空变化特征[J].沙漠与绿洲气象,2016,10(1):19-26.

[143] 赵中军,刘善亮,游大鸣,等. 偏最小二乘回归模型在辽宁汛期降水预测中的应用[J].干旱气象,2015,33(6):1038-1044.

[144] 赵宗慈,罗勇,黄建斌. CMIP5和CMIP3对东亚降水和全球热带气旋模拟效果的评估[J].气候变化研究进展,2015,11(6):443-446.

[145] 郑景云,郝志新,方修琦,等. 中国过去2000年极端气候事件变化的若干特征[J].地理科学进展,2014,33(1):3-12.

[146] 郑艳,李惠民,李迅. 提升人居环境系统的气候适应性:适应途径与协同策略[J].环境保护,2020,48(13):9-16.

[147] 冶建明,贾永生,刘国锋.基于ENVI-met的干旱区传统聚落气候适应性评价——以吐鲁番麻扎村为例[J].华中建筑,2021,39(6):53-57.

[148] 周立旻,BRIAN A,郑祥民,等. 太阳活动驱动气候变化空间天气机制研究进展[J].地球科学进展,2007,22(11):1099-1108.

[149] 周莉,兰明才,蔡荣辉,等. 21世纪前期长江中下游流域极端降水预估及不确定性分析[J].气象学报,2018(1),76(1):47-61.

[150] 周全,陈渝,亢晶晶,等.国外适应气候变化的城市规划研究及其对中国的启示[J].中外建筑,2016,(7):73-75.

[151] 周天军,邹立维,陈晓龙. 第六次国际耦合模式比较计划(CMIP6)评述[J].气候变化研究进展,2019,15(5):445-456.

[152] 周天军,邹立维,吴波,等. 中国地球气候系统模式研究进展:CMIP计划实施近20年回顾[J].气象学报,2014,72(5):892-907.

[153] 周文翀,韩振宇.CMIP5 全球气候模式对中国黄河流域气候模拟能力的评估[J].气象与环境学报,2018,34(6):42-55.

[154] AHMED K,SHAHID S,NAWAZ N,et al. Modeling climate change impacts on precipitation in arid regions of Pakistan：a non-local model output statistics downscaling approach[J]. Theoretical and Applied Climatology,2019,137:1347-1364.

[155] Bundesregierung. Aktionsplan Anpassung der Deutschen Anpassungsstrategie an den Klimawandel[R]. Berlin：Bundesregierung,The Federal Governmen. 2011.

[156] SAMOULY A A,LUONG C N,LI Z,et al. Performance of multi-model ensembles for the simulation of temperature variability over Ontario, Canada[J]. Environmental Earth Sciences,2018,77(13)：524.

[157] ALEXANDER L V,UOTILA P,NICHOLLS N. Influence of sea surface temperature variability on global temperature and precipitation extremes[J]. Journal of Geophysical Research：Atmosphereres,2009, 114(D8).

[158] ALEXANDER L V,ZHANG X,PETERSON T C, et al. Global observed changes in daily climate extremes oftemperature and precipitation[J]. Journal of Geophysical Research,2006,111(D5).

[159] ALMAZROUI M,ISLAM M N,SAEED S,et al. Assessment of uncertainties in projected temperature and precipitation over the Arabian Peninsula using three categories of CMIP5 multimodel ensembles[J]. Earth Systems & Environment,2016,1(2)：23.

[160] ALMAZROUI M,KHALID M S,ISLAM M N,et al. Seasonal and regional changes in temperature projections over the Arabian Peninsula based on the CMIP5 multi-model ensemble dataset[J]. Atmospheric Research,2020,239：104913.

[161] ANDRADE C,FRAGA H,SANTOS J A. Climate change multi-model projections for temperature extremes in Portugal[J]. Atmospheric Science Letters,2014,15：149-156.

[162] BALA G,CALDEIRA K,NEMANI R. Fast versus slow response in climate change：Implications for the global hydrological cycle[J]. Cli-

mate Dynamics,2010,35: 423-434.

[163] BARFUS K,BERNHOFER C. Assessment of GCM performances for the Arabian Peninsula Brazil and Ukraine and indications of regional climate change [J]. Environmental Earth Sciences, 2014, 72: 4689-4703.

[164] BEHARRY S L,CLARKE R M,KUMARSINGH K. Variations in extreme temperature and precipitation for a Caribbean island: Trinidad [J]. Theoretical and Applied Climatology,2015,122(3-4): 783-797.

[165] BIENIEK P A,WALSH J E. Atmospheric circulation patterns associated with monthly and daily temperature and precipitation extremes in Alaska[J]. International Journal of Climatology,2016,37: 208-217.

[166] BRUGMANN J. Financing the resilient city[J]. Environment and Urbanization,2012,24(1): 215-232.

[167] BRUNEAU M,CHANG S E,EGUCHI R T,et al. A framework to quantitatively assess and enhance the seismic resilience of communities [J]. Earthquake Spectra,2003,19(4):733-752.

[168] CATTIAUX J,VAUTARD R,YIOU P. North-Atlantic SST amplified recent wintertime European land temperature extremes and trends[J]. Climate Dynamics,2011,36: 2113-2128.

[169] CHEN F,WANG J,JIN L,et al. Rapid warming in mid-latitude central Asia for the past 100 years[J]. Frontiers of Earth Science in China,2009,3: 42-50.

[170] CHEN W,DONG B. Drivers of the severity of the extreme hot summer of 2015 in western China[J]. Journal of Meteorological Research, 2018,32(6): 1002-1010.

[171] CHHIN R,OEURNG C,YODEN S. Drought projection in the Indochina Region based on the optimal ensemble subset of CMIP5 models [J]. Climatic Change,2020,162: 687-705.

[172] CHOI G,COLLINS D,REN G Y,et al. Changes in means and extreme events of temperature and precipitation in the Asia-Pacific Network region,1955—2007[J]. International Journal of Climatology, 2009, 29 (13):1906-1925.

[173]　CHRISTIDIS N，STOTT P A. Attribution analyses of temperature extremes using a set of 16 indices[J]. Wea Climate Extremes,2016,14：24-35.

[174]　CHRISTIDIS N,STOTT P A,BROWN S J. The role of human activity in the recent warming of extremely warm daytime temperatures[J]. Journal of Climate,2011,24(7)：1922-1930.

[175]　CHRISTIDIS N,STOTT P A,BROWN S,et al. Detection of changes in temperature extremes during the second half of the 20th century[J]. Geophysical Research Letters,2005,32(20)：1-4.

[176]　CHULALONGKORN S,LIMSAKUL A. Observed Trends in Surface Air Temperatures and Their Extremes in Thailand from 1970 to 2009 [J]. Journal of the Meteorological Society of Japan,2012,90(5)：647-662.

[177]　Climate change adaptation by design：a guide for sustainable communities[R]. TCPA,2007.

[178]　Climate change scenarios for the United Kingdom：the UKCIP02 briefing report[R]. UK Climate Impacts Programme,2002.

[179]　COSTA C A,SANTOS D. Trends in indices for extremes in daily air temperature over Utah, USA[J]. Revista Brasileira de Meteorologia,2011,26(1)：19-28.

[180]　CRABBE R A,DASH J,RODRIGUEZ-GALIANO V F,et al. Extreme warm temperatures alter forest phenology and productivity in Europe [J]. Science of the Total Environment,2016,563-564：486-495.

[181]　CVIJANOVIC I,CALDEIRA K. Atmospheric impacts of sea ice decline in CO_2 induced global warming[J]. Climate Dynamics,2015,44 (5)：1173-1186.

[182]　Dem Klimawandel begegnen—Die Deutsche Anpassungsstrategie [R]. Bundesministerium für Umwelt, Naturschutz und Reaktoricherheit,2009.

[183]　DITTUS A J,KAROLY D J,DONAT M G,et al. Understanding the role of sea surface temperature-forcing for variability in global temperature and precipitation extremes[J]. Weather and Climate Extremes,

2018,21：1-9.

[184] DOKTYCZ C,ABKOWITZ M. Loss and damage estimation for extreme weather events：state of the practice[J]. Sustainability,2019, 11：4243.

[185] DOMONKOS P,KYSELY J,PIOTROWICZ K,et al. Variability of extreme temperature events in south-central Europe during the 20th century and its relationship with large-scale circulation[J]. International Journal of Climatology,2003,23(9)：987-1010.

[186] DONAT M G,ALEXANDER L V,YANG H,et al. Global land-based datasets for monitoring climatic extremes[J]. Bulletin of the American Meteorological Society,2013,94(7)：997-1006.

[187] DONAT M G,ALEXANDER L V. The shifting probability distribution of global daytime and night time temperatures[J]. Geophysical Research Letters,2012,39(14)：L14707.

[188] DONAT M G,PETERSON T C,BRUNET M,et al. Changes in extreme temperature and precipitation in the Arab region：long-term trends and variability related to ENSO and NAO[J]. International Journal of Climatology,2014,34：581-592.

[189] DONG B W,SUTTON R T,CHEN W,et al. Abrupt summer warming and changes in temperature extremes over Northeast Asia since the mid-1990s：Drivers and physical processes[J]. Advances in Atmospheric Sciences,2016,33：1005-1023.

[190] DONG B,SUTTON R T,SHAFFREY L,et al. Attribution of forced decadal climate change in coupled and uncoupled ocean-atmosphere model experiments[J]. Journal of Climate,2016,30：6203-6223.

[191] DONG X,ZHANG S,ZHOU J,et al. Magnitude and frequency of temperature and precipitation extremes and the associated atmospheric circulation patterns in the Yellow River Basin (1960—2016) China[J]. Water,2019,11(11)：2334.

[192] DUFRESNE J L,FOUJOLS M A,DENVIL S,et al. Climate change projections using the IPSL-CM5 earth system model：From CMIP3 to CMIP5[J]. Climate Dynamics,2013,40：2123-2165.

[193] DUGMORE A J,BORTHWICK D M,CHURCH M J,et al. The role of climate in settlement and landscape change in the North Atlantic islands: an assessment of cumulative deviations in high-resolution proxy climate records[J]. Human Ecology,2007,35(2): 169-178.

[194] EASTERLING D R,MEEHL G A,PARMESAN C,et al. Climate extremes: observations modeling and impacts[J]. Science, 2000, 289 (5487): 2068-2074.

[195] EDDY J A. Climate and the changing sun[J]. Climatic Change,1977,1 (2): 173-190.

[196] ELGUINDI N,GRUNDSTEIN A,BERNARDES S,et al. Assessment of CMIP5 global model simulations and climate change projections for the 21st century using a modified Thornthwaite climate classification [J]. Climatic Change,2014,122(4): 523-538.

[197] U.S. Climate Change Technology Program: Strategic Plan[R]. U.S. Department of Energy, 2005.

[198] FANG X,WANG A,FONG S,et al. Changes of reanalysis-derived Northern Hemisphere summer warm extreme indices during 1948—2006 and links with climate variability[J]. Global and Planetary Change,2008,63(1): 67-78.

[199] FIORAVANTI G,PIERVITALI E,DESIATO F. Recent changes of temperature extremes over Italy: an index-based analysis[J]. Theoretical and Applied Climatology,2016,123(3-4): 473-486.

[200] FREYCHET N,SPARROW S,TETT S F B. Impacts of Anthropogenic Forcings and El Nio on Chinese Extreme Temperatures [J]. Advances in Atmospheric Sciences,2018,35(8): 994-1002.

[201] FRIIS-CHRISTENSEN E,LASSEN K. Length of the solar cycle-An indicator of solar activity closely associated with climate[J]. Science, 1991,254:698-700.

[202] GAY-GARCIA C,ESTRADA F,SANCHEZ A. Global and hemispheric temperatures revisited [J]. Climatic Change, 2009, 94: 333-349.

[203] GE F F,YAN T,ZHOU L,et al. Impact of sea ice decline in the Arctic Ocean on the number of extreme low-temperature days over China[J]. International Journal of Climatology,2020,40(3): 1421-1434.

[204] GELADI P,KOWALSKI B R. Partial least-squares regression: a tutorial[J]. Analytica Chimica Acta,1986,185(86): 1-17.

[205] GERBER F,SEDLACEK Jan,KNUTTI R. Influence of the western North Atlantic and the Barents Sea on European winter climate[J]. Geophysical Research Letters,2014,41(2): 561-567.

[206] GLECKLER P J,TAYLOR K E,DOUTRIAUX C. Performance metrics for climate models[J]. Journal of Geophysical Research Atmospheres,2008,113(6): 1-20.

[207] GLEICK P H,ADAMS R M,AMASINO R M,et al. Climate change and integrity of science[J]. Science,2010,328:689-690.

[208] GONG H,WANG L,CHEN W,et al. The climatology and interannual variability of the EAST Asian winter monsoon in CMIP5 models[J]. Journal of Climate, 2014,27(4): 1659-1678.

[209] GOSWAMI B N,VENUGOPAL V,SENGUPTA D,et al. Increasing trend of extreme rain events over India in a warming environment[J]. Science,2006,314(5804):1442-1445.

[210] GRIFFITHS M L,BRADLEY R S. Variations of twentieth-century temperature and precipitation extreme indicators in the northeast United States[J]. Journal of Climate,2007,20(21): 5401-5417.

[211] GRIFFITHS G M,CHAMBERS L E,HAYLOCK M R,et al. Change in mean temperature as a predictor of extreme temperature change in the Asia - Pacific region[J]. International Journal of Climatology,2005,25(10):1301-1330.

[212] GRUZA G,RANKOVA E,RAZUVAEV V,et al. Indicators of climate change for the Russian Federation[J]]. Climate Change, 1999, 42: 219-242.

[213] GUAN Y H,ZHANG X C,ZHENG F L,et al. Trends and variability of daily temperature extremes during 1960—2012 in the Yangtze River Basin China[J]. Global and Planetary Change,2015,124: 79-94.

[214] HAIGH J D. The sun and the earth's climate[J]. Living Reviews in Solar Physics,2007,4(2): 2298.

[215] HATFELD J L,PRUEGER J H. Temperature extremes: effect on plant growth and development[J]. Weather and Climate Extremes, 2015,10: 4-10.

[216] HEINO R,BRÁZDIL R,FORLAND E,et al. Progress in the study of climatie extremes in Northern and Central Europe[J]. Climate change, 1999,42:151-181.

[217] HORTON D E,JOHNSON N C,SINGH D,et al. Contribution of changes in atmospheric circulation patterns to extreme temperature trends[J]. Nature,2015,522: 465-469.

[218] HÖSKULDSSON A. PLS regression methods[J]. Journal of Chemometrics, 1988,2(3): 211-228.

[219] HOUGHTON J H,DING Y,GRIGGS D J,et al. Climate change 2001: The Scientific basic [M]. Cambridge: Cambridge University Press, 2001:156-159.

[220] HSIANG S M,BURKE M,MIGUEL E. Quantifying the influence of climate on human conflict[J]. Science,2013,341(6151): 1235367.

[221] HUANG J B,ZHANG X D,ZHANG Q Y,et al. Recently amplified arctic warming has contributed to a continual global warming trend [J]. Nature Climate Change,2016,7(12): 875-879.

[222] HUANG W C,LEE Y Y. Strategic planning for land use under extreme climate changes: a case study in Taiwan[J]. Sustainability, 2016,8: 53.

[223] HUO A D,LI H. Assessment of climate change impact on the streamflow in a typical debris flow watershed of Jianzhuangcuan catchment in Shaanxi Province. Environmental Earth Sciences,2013,69: 1931-1938.

[224] HURRELL J W. Decadal trends in the North Atlantle Oscillation:Regional temperatures and precipitation. Science, 1995, 269 (5224): 676-679.

[225] IPCC. Climate Change 2007: the physical science basis[M]//SOLOMON S, QIN D H, MANNING M, et al. Contribution of working

group Ⅰ to the fourth assessment report of the intergovernmental panel on climate change. Cambridge, U. K. ;Cambridge University Press, 2007.

[226] IPCC. Managing the risks of extreme events and disasters to advance climate change adaptation[M]//FIELD C B,BARROS V,STOCKER T F,et al. A special report working groups Ⅰ and Ⅱ of the intergovernmental panel on climate change. Cambridge, U. K. ;Cambridge University Press,2012.

[227] IPCC. Climate Change 2013: the physical science basis[M]//STOCKER T F, QIN D, PLATTNER G K,et al. Contribution of Working Group Ⅰ to the fifth assessment report of the Intergovernmental Panel on Climate Change. Cambridge, U. K. : Cambridge University Press,2013.

[228] IPCC. Climate change 2007: impacts, adaptation and vulnerability [M]//PARRY M L, CANZIANI O F,PALUTIKOF J P,et al. Contribution of working group Ⅱ to the fourth assessment report of the intergovernmental panel on climate change. Cambridge, U. K. : Cambridge University Press,2007.

[229] JAN K. Implications of enhanced persistence of atmospheric circulation for the occurrence and severity of temperature extremes[J]. International Journal of Climatology,2007,27(5): 689-695.

[230] JEFFRIES M O,OVERLAND J E,PEROVICH D. The Arctic shifts to a new normal[J]. Physics Today,2013,66(10): 35-40.

[231] JENNIFER P,THEA D. Climate change adaptation planning In Toronto: progress and challenges[J]. Fifth Urban Research Symposium. 2009.

[232] JOHNSON N C,XIE S P,KOSAKA Y,et al. Increasing occurrence of cold and warm extremes during the recent global warming slowdown [J]. Nature Communications,2018,9(1): 1724.

[233] JONATHAN B. Climate change:impact and response In the Delaware river basin[M]. Studio in Penn Design,2008.

［234］ JONES G S,STOTT P A,CHRISTIDIS N. Attribution of observed historical near-surface temperature variations to anthropogenic and natural causes using CMIP5 simulations［J］. Journal of Geophysical Research Atmospheres,2013,118: 4001-4024.

［235］ RYU J-H,HAYHOE K. Observed and CMIP5 modeled influence of large-scale circulation on summer precipitation and drought in the South-Central United States ［J］. Climate Dynamics, 2016, 49: 4293-4310.

［236］ KARAKHANYAN A A,ZHEREBTSOV G A,KOVALENKO V A,et al. The possible cause of the change of the minimum and maximum surface air temperatures in the second half of the 20th century［J］. Proceedings of SPIE,2006,6522E.

［237］ KASOAR M,VOULGARAKIS A,LAMARQUE J-F,et al. Regional and global temperature response to anthropogenic SO_2 emissions from China in three climate models［J］. Atmospheric Chemistry and Physics,2016,16: 9785-9804.

［238］ KENDALL M G. Rank Correlation Methods［M］. London:Charles Girffin,1975.

［239］ KHARIN V V,ZWIERS F W,ZHANG X,et al. Changes in temperature and precipitation extremes in the CMIP5 ensemble［J］. Climatic Change,2013,119(2): 345-357.

［240］ KIM Y H,MIN S K,ZHANG X,et al. Attribution of extreme temperature changes during 1951—2010［J］. Climate dynamics,2016,46(5-6): 1769-1782.

［241］ KIRTMAN B P,MIN D. Multimodel ensemble ENSO prediction with CCSM and CFS［J］. Monthly Weather Review,2009,137: 2908-2930.

［242］ KREFT S,ECKSTEIN D,MELCHIOR I. Global Climate Risk Index 2016［R］. Germanwatch, 2016.

［243］ KRISHNAMURTI T N,MISHRA A K,CHAKRABORTY A,et al. Improving global model precipitation forecasts over India using downscaling and the FSU super ensemble. Part I: 1-5-day forecasts［J］. Monthly Weather Review,2009,137(9): 2713-2735.

[244] KUNKEL K E, EASTERING D R, REDMOND K, et al. Temporal variations of extreme precipitation events in the United States 1895-2000 [J]. Geophysical Research Letters, 2003, 30(17): 1900.

[245] LEE J Y, WANG B. Future change of global monsoon in the CMIP5 [J]. Climate Dynamics, 2014, 42: 101-119.

[246] LELIEVELD J, PROESTOS Y, HADJINICOLAOU P, et al. Strongly increasing heat extremes in the Middle East and North Africa (MENA) in the 21st century[J]. Climatic Change, 2016, 137: 245-260.

[247] LESK C, ROWHANI P, RAMANKUTTY N. Influence of extreme weather disasters on global crop production[J]. Nature, 2016, 529 (7584): 84-87.

[248] LEWIS S C, KAROLY D J. Anthropogenic contributions to Australia's record summer temperatures of 2013[J]. Geophysical Research Letters, 2013, 40: 3705-3709.

[249] LI C X, ZHAO T B, YING K. Effects of anthropogenic aerosols on temperature changes in China during the twentieth century based on CMIP5 models[J]. Theoretical and Applied Climatology, 2016, 125: 529-540.

[250] LI C, WANG J, HU R, et al. Relationship between vegetation change and extreme climate in-dices on the Inner Mongolia Plateau China from 1982 to 2013[J]. Ecological Indicators, 2018, 89: 101-109.

[251] LI X D, ZHU Y F, QIAN W H. Spatiotemporal variations of summer rainfall over eastern China[J]. Advances in Atmospheric Sciences, 2002, 19(6): 1055-1068.

[252] LI Y, YE P, PU Z, et al. Historical statistics and future changes in long-duration blocking highs in key regions of Eurasia[J]. Theoretical and Applied Climatology, 2016, 130(3-4): 1-13.

[253] LI Z, HE Y, WANG C, et al. Spatial and temporal trends of temperature and precipitation during 1960—2008 at the Hengduan Mountains China[J]. Quaternary International, 2011, 236: 127-142.

[254] LIU X L, ZHAO C X, ZHAO T B. Future changes of global potential evapotranspiration simulated from CMIP5 to CMIP6 models[J]. At-

mospheric and Oceanic Science Letters,2020,13: 568-575.

[255] LIU X Q,ZHANG Y Y,LIU Y S,et al. Characteristics of temperature evolution from 1960 to 2015 in the Three Rivers' Headstream Region, Qinghai, China[J]. Scientific Reports,2020,10: 20272.

[256] LIU Z Y,ALEXANDER M. Atmospheric bridge oceanic tunnel and global climatic teleconnections [J]. Reviews of Geophysics, 2007, 45: RG2005.

[257] LOIKITH P C,BROCCOLI A J. Characteristics of observed atmospheric circulation patterns associated with temperature extremes over North America[J]. Journal of Climate,2012,25(20): 7266-7281.

[258] LORENZ R,ZÉLIE S,FISCHER E M. Detection of a climate change signal in extreme heat, heat stress, and cold in Europe from observations[J]. Geophysical Research Letters,2019,46: 8363-8374.

[259] LU C,SUN Y,WAN H,et al. Anthropogenic influence on the frequency of extreme temperatures in China[J]. Geophysical Research Letters,2016,43(12): 6511-6518.

[260] MA S M,ZHOU T J,STONE D A,et al. Attribution of the July-August 2013 heat event in Central and Eastern China to anthropogenic greenhouse gas emissions. Environmental Research Letters, 2016, 12: 054020.

[261] MAHERAS P,FLOCAS H,TOLIKA K,et al. Circulation types and extreme temperature changes in Greece[J]. Climate Research,2006,30 (2): 161-174.

[262] MALINOVIC-MILICEVIC S, RADOVANOVIC M M,STANOJEVIC G,et al. Recent changes in Serbian climate extreme indices from 1961 to 2010 [J]. Theoretical and Applied Climatology, 2016, 124: 1089-1098.

[263] MANN H B. Nonparametric tests against trend[J]. Econometrica: Journal of the Econometric Society,1945,245-259.

[264] MANTON M J, DELLA-MARTA P M, HAYLOCK M R, et al. Trends in extreme daily rainfall and temperature in Southeast Asia and the South Pacific:1961—1998[J]. International Journal of Climatology,

2001,21(3):269-284.

[265] MARAVILLA D,MENDOZA B,JÁUREGUI E,et al. The main periodicities in the minimum extreme temperature in northern Mexico and their relation with solar variability[J]. Advances in Space Research, 2004,34(2): 365-369.

[266] MARAVILLA D,MENDOZA B,JáUREGUI E. Solar signals in the minimum extreme temperature records in the southern region of the Gulf of Mexico[J]. Advances in Space Research, 2008, 42 (9): 1593-1600.

[267] MARVEL K G A,SCHMIDT D,SHINDELL C,et al. Do responses to different anthropogenic forcings add linearly in climate models[J]. Environmental Research Letters,2015,10: 104010.

[268] MASCIOLI N R,FIORE A M,PREVIDI M,et al. Temperature and precipitation extremes in the United States: quantifying the responses to anthropogenic aerosols and greenhouse gases[J]. Journal of Climate,2016,29: 2689-2701.

[269] MEEHL G A,KARL T,EASTERLING D R,et al. An introduction to trends in extreme weather and climate events: observations socioeconomic impacts terrestrial ecological impacts and model projections[J]. Bulletin of the American Meteorological Society, 2000, 81 (3): 413-416.

[270] MEIER W N,STROEVE J,BARRETT A,et al. A simple approach to providing a more consistent Arctic sea ice extent time series from the 1950s to present[J]. Cryosphere,2012,6(6): 1359-1368.

[271] MENDOZA B,LARA A,MARAVILLA D,et al. Temperature variability in central Mexico and its possible association to solar activity[J]. Journal of Atmospheric & Solar-Terrestrial Physics, 2001, 63: 1891-1900.

[272] MEYER M D,SCHMIDT N. Incorporating climate change considerations into transportation planning[J]. Transportation Research Record,2009,2199(1):66-73.

［273］ MIAO C Y,SUN Q H,KONG D X,et al. Record-breaking heat in Northwest China in July 2015：Analysis of the severity and underlying causes［J］. Bulletin of the American Meteorological society,2016,97：S97-S101.

［274］ MICHAEL C B,JAMES G T. Greenhouse effect and sea level rise：a challenge for this generation［M］. New York：Van Nostrand Reinhold, 1984.

［275］ MIN S K,ZHANG X B,ZWIERS F,et al. Multimodel detection and attribution of extreme temperature changes［J］. Journal of Climate, 2013,26(19)：7430-7451.

［276］ MITCHELL D,COAUTHORS. Attributing human mortality during extreme heat waves to anthropogenic climate change［J］. Environmental Research Letters,2016,11：074006.

［277］ MOON S,HA K J. Temperature and precipitation in the context of the annual cycle over Asia：model evaluation and future change［J］. Asia-Pacific Journal of Atmospheric Sciences,2016, 53(2)：229-242.

［278］ MORAES J M,PELLEGRINO G Q,BALLESTER M V,et al. Trends in hydrological parameters of a southern Brazilian watershed and its relation to human induced changes［J］. Water Resources Management, 1998,12(4)：295-311.

［279］ MORAK S,HEGERL G C,CHRISTIDIS N. Detectable changes in the frequency of temperature extremes［J］. Journal of Climate,2013,26：1561-1574.

［280］ NAYAK S,DAIRAKU K,TAKAYABU I,et al. Extreme precipitation linked to temperature over Japan：current evaluation and projected changes with multi-model ensemble downscaling［J］. Climate Dynamics,2016,51：4385-4401.

［281］ NEW M,HEWITSON B,STEPHENSON D B,et al. Evidence of trends in daily climate extremes over southern and west Africa［J］. Journal of Geophysical Research：Atmospheres, 2006, 111：3007-3021.

[282] ORLOWSKY B,SENEVIRATNE S I. Global changes in extreme e-vents：regional and seasonal dimension[J]. Climatic Change,2012,110 (3)：669-696.

[283] PATRICK M C,DUNCAN C,NICOLE M. Urban planning tools for climate change mitigation[R]. Cambridge：Lincoln Institute of Land Policy,2009.

[284] PENG X,SHI Q N,LONG L B,et al. Long-term trend in ground-based air temperature and its responses to atmospheric circulation and anthropogenic activity in the Yangtze River Delta, China[J]. Atmospheric Research,2016,195：20-30.

[285] PERERA A T D,NIK V M,CHEN D,et al. Quantifying the impacts of climate change and extreme climate events on energy systems[J]. Nature Energy,2020,5：150-159.

[286] PETTITT A N. A non-parametric approach to the change-point prob-lem[J]. Applied Statistics,1979,28(2)：126-135.

[287] POPOVA V V. Extreme heat in June 2012 and 2016 in Western Siber-ia in the light of long-term change of the macro-scale atmospheric cir-culation[C]. 24th International Symposium Atmospheric and Ocean Optics：Atmospheric Physics,2018.

[288] QU X,HUANG G,ZHOU W. Consistent responses of east Asian summer mean rainfall to global warming in CMIP5 simulations[J]. Theoretical & Applied Climatology,2014,117(1-2)：123-131.

[289] RAGONE F,LUCARINI V,LUNKEIT F. A new framework for cli-mate sensitivity and prediction：a modelling perspective[J]. Climate Dynamics,2016,46：1459-1471.

[290] RAHIMI M,HEJABI S. Spatial and temporal analysis of trends in ex-treme temperature indices in Iran over the period 1960—2014[J]. In-ternational Journal of Climatology,2016,38：272-282.

[291] RAHIMZADEH F,ASGARI A,FATTAHI E. Variability of extreme temperature and precipitation in Iran during recent decades[J]. Inter-national Journal of Climatology,2009,29(3)：329-343.

[292] RAISANEN J,YLHAISI J S. How much should climate model output be smoothed in space[J]. Journal of Climate,2011,24(3): 867-880.

[293] RAMMIG A,MAHECHA M D. Ecosystem responses to climate extremes[J]. Nature,2015,527: 315-316.

[294] RIDDER N N,PITMAN A J,WESTRA S,et al. Global hotspots for the occurrence of compound events[J]. Nature Communications,2020, 11: 5956.

[295] RIND D. The sun's role in climate variations[J]. Science,2002,296 (5568):673-677.

[296] ROBINE J M,CHEUNG S L K,LE R S,et al. Death toll exceeded 70000 in Europe during the summer of 2003[J]. Comptes Rendus Biologies,2008,331: 171-178.

[297] RUML M,GREGORIC F,VUJADINOVIC M,et al. Observed changes of temperature extremes in Serbia over the period 1961-2010[J]. Atmospheric Research,2016,183:26-41.

[298] RUSSO S,STERL A. Global changes in indices describing moderate temperature extremes from the daily output of a climate model[J]. Journal of Geophysical Research: Atmospheres,2011,116(D3).

[299] SAKAGUCHI K,VARUGHESE A,AULD G. Climate wars? A systematic review of empirical analyses on the links between climate change and violent conflict[J]. International Studies Review,2016,19: 622-645.

[300] SCAIFE A A,FOLLAND C K,ALEXANDER L V,et al. European climate extremes and the North Atlantic Oscillation[J]. Journal of Climate,2008,21(1): 72-83.

[301] SCHEFFRAN J,BRZOSKA M,KOMINEK J,et al. Climate change and violent conflict[J]. Science 2012,336(6083): 869-871.

[302] SCREEN J A,DESER C,SUN L T. Projected changes in regional climate extremes arising from Arctic sea ice loss[J]. Environmental Research Letters,2015,10(8): 084006.

[303] SEMENOV M A,STRATONOVITCH P. Use of multi-model ensembles from global climate models for assessment of climate change im-

pacts[J]. Climate Research,2010,41(1): 1-14.

[304] SHI J,CUI L L,MA Y,et al. Trends in temperature extremes and their associati-on with circulation patterns in china during 1961-2015 [J]. Atmospheric Research,2018,212: 259-272.

[305] SHI J,CUI L L,WANG J B,et al. Changes in the temperature and precipitation extremes in China during 1961-2015[J]. Quaternary International,2019,527:64-78.

[306] SHI X H,XU X D. Interdecadal trend turning of global terrestrial temperature and precipitation during 1951—2002 [J]. Proggress in Natural Science,2008,18(11): 1383-1393.

[307] SHIOGAMA H,CHRISTIDIS N,CAESAR J,et al. Detection of greenhouse gas and aerosol influences on changes in temperature extremes[J]. Sola,2006,2: 152-155.

[308] SILLMANN J,KHARIN V,ZHANG X,et al. Climate extremes indices in the CMIP5 multi-model ensemble: Part 1. Model evaluation in the present climate [J]. Journal of Geophysical Research: Atmospheres,2013,118(4): 1716-1733.

[309] STARR V P,PEIXOTO J P. On the global balance of water vapor and the hydrology of deserts[J]. Tellus,1958,10(2):188-194.

[310] STOTT P A,JONES G S,CHRISTIDIS N. Single-step attribution of increasing frequencies of very warm regional temperatures to human influence[J]. Atmospheric Science Letters,2011,12:220-227.

[311] STOTT P A. How climate change affects extreme weather events[J]. Science,2016,352:1517-1518.

[312] SUN Q H,MIAO C Y,AGHAKOUCHAK A,et al. Unraveling anthropogenic influence on the changing risk of heat waves in China[J]. Geophysical Research Letters,2016,44: 5078-5085.

[313] SUN W,MU X,SONG X,et al. Changes in extreme temperature and precipitation events in the Loess Plateau (China) during 1960—2013 under global warming[J]. Atmospheric Research,2016,168: 33-48.

[314] SUN Y,ZHANG X B,ZWIERS F W,et al. Rapid increase in the risk of extreme summer heat in eastern China[J]. Nature Climate Change,

2014,4:1082-1085.

[315] TANG Q H,ZHANG X J,YANG X H,et al. Cold winter extremes in northern continents linked to Arctic sea ice loss[J]. Environmental Research Letters,2013,8(1):014036.

[316] TAO H,FRAEDRICH K,MENZ C,et al. Trends in extreme temperature indices in the Poyang Lake Basin China[J]. Stochastic Environment Research and Risk Assessment,2014,28:1543-1553.

[317] TAYLOR K E,STOUFFER R J,MEEHL G A. An overview of CMIP5 and the experiment design[J]. Bulletin of the American Meteorological Society,2012,93(4):485-498.

[318] TAYLOR K E. Summarizing multiple aspects of model performance in a single diagram[J]. Journal of Geophysical Research Atmospheres, 2001,106(D7):7183-7192.

[319] THIRUMALAI K,DINEZIO P N,OKUMURA Y,et al. Extreme temperatures in Southeast Asia caused by El Niño and worsened by global warming[J]. Nature Communications,2016,8:15531.

[320] Tokyo Metropolitan Environmental Master Plan[R]. Tokyo Metropolitan Government,2008.

[321] TONG S,LI X,ZHANG J,et al. Spatial and temporal variability in extreme temperature and precipitation events in Inner Mongolia (China) during 1960-2016[J]. Science of The Total Environment,2019,649: 75-89.

[322] TRENBERTH K E,FASULLO J T,SHEPHERD T G. Attribution of climate extreme events[J]. Nature Climate Change, 2015, 5 (8): 725-730.

[323] TRENBERTH K E,FASULLO J T. Climate extremes and climate change: The Russian heat wave and other climate extremes of 2010 [J]. Journal of Geophysical Research: Atmospheres, 2012, 117:17103.

[324] TRENBERTH K. Uncertainty in hurricanes and global warming [J]. Science,2005,308(5729):1753-1754.

[325] UK Climate Change Risk Assessment 2012[R]. Defra.2012.

[326] ULLAH S,YOU Q,ULLAH W,et al. Observed changes in temperature extremes over China-Pakistan economic corridor during 1980-2016 [J]. International Journal of Climatology,2018,39(3): 1457-1475.

[327] UNKAŠEVIĆ M,TOŠIĆ I. Trends in temperature indices over Serbia: relationships to large-scale circulation patterns[J]. International Journal of Climatology,2013,33(15):3152-3161.

[328] USTRNUL Z,CZEKIERDA D,WYPYCH A. Extreme values of air temperature in Poland according to different atmospheric circulation classifications[J]. Physics & Chemistry of the Earth,2010,35(9): 429-436.

[329] VAN BAALEN S,MOBJORK M. Climate change and violent conflict in east Africa: integrating qualitative and quantitative research to probe the mechanisms[J]. International Studies Review,2018,20(4): 547-575.

[330] Vulnerabilitätsanalyse in der Praxis [R]. Bundesministerium fur Verkehr,Bau und Stadtentwicklung,2011.

[331] DANSGAARD W,CLAUSEN H B,GUNDESTRUP N,et al. A new greenland deep ice core[J]. Science,1982,218(4579):1273-1277.

[332] WAGNER I,BREIL P. The role of ecohydrology in creating more resilient cities [J]. Ecohydrology & Hydrobiology, 2013, 13 (2): 113-134.

[333] WANG B,LEE J Y,KANG I S,et al. Advance and prospectus of seasonal prediction: Assessment of the APCC/CliPAS 14-model ensemble retrospective seasonal prediction (1980-2004) [J]. Climate Dynamics, 2009,33(1): 93-117.

[334] WANG H,CHEN Y,XUN S,et al. Changes in daily climate extremes in the arid area of northwestern China[J]. Theoretical and Applied Climatology,2013,112(1-2): 15-28.

[335] WEN Q Z H,ZHANG X B,XU Y,et al. Detecting human influence on extreme temperatures in China[J]. Geophysical Research Letters, 2013,40: 1171-1176.

[336] WEN X,WU X,GAO M. Spatiotemporal variability of temperature and precipitation in Gansu Province (northwest china) during 1951—2015[J]. Atmospheric Research,2016,197: 132-149.

[337] WENG H. Impacts of multi-scale solar activity on climate. Part Ⅰ: Atmospheric circulation patterns and climate extremes [J]. Advances in atmospheric sciences,2012,29(4): 867-886.

[338] WIJNGAARDEN V W A. Temperature trends in the Canadian arctic during 1895—2014[J]. Theoretical and Applied Climatology,2015, 120: 609-615.

[339] WILLIAM H, HUDNUT III. Changing metropolitan American: planning for a sustainable future[M]. Washington D. C:Urban Land Institute,2008.

[340] WOLD S,TRYGG J,BERGLUND A,et al. Some recent developments in PLS modeling[J]. Chemometrics & Intelligent Laboratory Systems,2001,58(2): 131-150.

[341] WU Y N,ZHONG P A,XU B,et al. Evaluation of global climate model on performances of precipitation simulation and prediction in the Huaihe River basin[J]. Theoretical & Applied Climatology,2018, 133: 191-204.

[342] XU C H,XU Y. The projection of temperature and precipitation over China under RCP scenarios using a CMIP5 multi-model ensemble[J]. Atmosphere and Oceanic Science Letters,2012,5(6): 527-533.

[343] XU M,KANG S H,WU H. Detection of spatio-temporal variability of air temperature and precipitation based on long-term meteorological station observations over Tianshan Mountains, Central Asia[J]. Atmospheric Research,2018,203:141-163.

[344] YAN R H,GAO J F,LI L L. Streamflow response to future climate and land use changes in Xinjiang basin, China[J]. Environmental Earth Sciences,2016,75: 1108.

[345] YANG S,LAU K M,KIM K M. Variations of the East Asian jet stream and Asian-Pacific-American winter climate anomalies[J]. Journal of Climate,2002,15:306-325.

[346]　YAO J, TUOLIEWUBIEKE D, CHEN J, et al. Identification of drought events and correlations with large-scale ocean-atmospheric patterns of variability: a case study in Xinjiang, China[J]. Atmosphere, 2019, 10(2): 94.

[347]　YATAGAI A, YASUNARI T. Variation of summer water vapor transport related to precipitation over and around the arid region in the interior of the Eurasian Continent[J]. Journal of Meteorological Society of Japan, 1998, 76(5): 799-815.

[348]　YIN H, SUN H, WAN X, et al. Detection of anthropogenic influence on the intensity of extreme temperatures in China[J]. International Journal of Climatology, 2016, 37: 1229-1237.

[349]　YIN H, SUN Y. Detection of anthropogenic influence on fixed threshold indices of extreme temperature[J]. Journal of Climate, 2018, 31(16): 6341-6352.

[350]　YOU Q, KANG S, AGUILAR E, et al. Changes in daily climate extremes in China and their connection to the large-scale atmospheric circulation during 1961-2003 [J]. Climate Dynamics, 2011, 36: 2399-2417.

[351]　YU B, LIN H, KHARIN V V, et al. Interannual variability of North American winter temperature extremes and its associated circulation anomalies in observations and CMIP5 simulations[J]. Journal of Climate, 2020, 33: 847-865.

[352]　YU Z, LI X. Recent trends in daily temperature extremes over northeastern China (1960-2011) [J]. Quaternary International, 2015, 380-381: 35-48.

[353]　ZHAI Y, HUANG G, WANG X, et al. Future projections of temperature changes in Ottawa Canada through stepwise clustered downscaling of multiple GCMs under RCPs [J]. Climate Dynamics, 2019, 52: 3455-3470.

[354]　ZHANG H, WANG Y, PARK T W, et al. Quantifying the relationship between extreme air pollution events and extreme weather events[J]. Atmospheric Research, 2016, 188: 64-79.

[355] ZHANG S,TAO F L,ZHANG Z. Changes in extreme temperatures and their impacts on rice yields in southern China from 1981 to 2009 [J]. Field Crops Research,2016,189: 43-50.

[356] ZHANG X B,AGUILAR E,SENSOY S. Trends in middle east climate extreme indices from 1950 to 2003[J]. Journal of Geophysical Research: Atmospheres,2005,110: 3159-3172.

[357] ZHANG X D,ZHANG J. Heat and freshwater budgets and pathways in the arctic mediterranean in a coupled ocean/sea-ice model[J]. Journal of Oceanography,2001,57(2): 207-234.

[358] ZHANG X H,SORTEBERG A,ZHANG J,et al. Recent radical shifts of atmospheric circulations and rapid changes in Arctic climate system [J]. Geophysical Research Letters. 2008,35(22): L22701.

[359] ZHAO T B,CHEN L,MA Z G. Simulation of historical and projected climate change in arid and semiarid areas by CMIP5 models[J]. Chinese Science Bulletin,2014,59(4): 412-429.

[360] ZHONG K,ZHENG F,WU H,et al. Dynamic changes in temperature extremes and their association with atmospheric circulation patterns in the Songhua River Basin, China[J]. Atmospheric Research,2016,190: 77-88.

[361] ZHU C,PARK C K,LEE W S,et al. Statistical downscaling for multi-model ensemble prediction of summer monsoon rainfall in the Asia-Pacific region using geopotential height field[J]. Advances in Atmospheric Sciences,2008,25(5): 867-884.

[362] ZHU Q,SHI N. Variations in the teleconnection intensity and their remote response to the El Nino events in the Northern Hemisphere[J]. Journal of Meteorological Research,1992,6(4):443-445.

[363] ZWIERS F W,ZHANG X B,FENG Y. Anthropogenic influence on long return period daily temperature extremes at regional scales[J]. Journal of Climate,2011,24:881-892.